文化伟人代表作图释书系

An Illustrated Series of Masterpieces of the Great Minds

非凡的阅读

从影响每一代学人的知识名著开始

　　知识分子阅读，不仅是指其特有的阅读姿态和思考方式，更重要的还包括读物的选择。在众多当代出版物中，哪些读物的知识价值最具引领性，许多人都很难确切判定。

　　"文化伟人代表作图释书系"所选择的，正是对人类知识体系的构建有着重大影响的伟大人物的代表著作，这些著述不仅从各自不同的角度深刻影响着人类文明的发展进程，而且自面世之日起，便不断改变着我们对世界和自然的认知，不仅给了我们思考的勇气和力量，更让我们实现了对自身的一次次突破。

　　这些著述大都篇幅宏大，难以适应当代阅读的特有习惯。为此，对其中的一部分著述，我们在凝练编译的基础上，以插图的方式对书中的知识精要进行了必要补述，既突出了原著的伟大之处，又消除了更多人可能存在的阅读障碍。

　　我们相信，一切尖端的知识都能轻松理解，一切深奥的思想都可以真切领悟。

文化伟人代表作图释书系

The Birth of Tragedy

张中良 / 译

悲剧的诞生（全译插图本）

〔德〕弗里德里希·尼采 / 著

重庆出版集团 重庆出版社

图书在版编目（CIP）数据

悲剧的诞生 /（德）尼采著；张中良译. —重庆：
重庆出版社，2020.8
ISBN 978-7-229-14812-6

Ⅰ.①悲… Ⅱ.①尼…②张… Ⅲ.①美学理论-德国-近代 Ⅳ.①B83-095.16

中国版本图书馆CIP数据核字（2020）第118155号

悲剧的诞生
BEIJU DE DANSHENG
〔德〕弗里德里希·尼采 著　张中良 译

策　划　人：刘太亨
责任编辑：刘　喆　苏　丰
特约编辑：陆言文
责任校对：何建云
封面设计：日日新
版式设计：冯晨宇

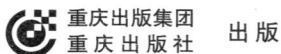 出版

重庆市南岸区南滨路162号1幢　邮编：400061　http://www.cqph.com
重庆市国丰印务有限责任公司印刷
重庆出版集团图书发行有限公司发行
全国新华书店经销

开本：720mm×1000mm　1/16　印张：29.5　字数：460千
2021年1月第1版　2021年1月第1次印刷
ISBN 978-7-229-14812-6
定价：68.00元

如有印装质量问题，请向本集团图书发行有限公司调换 023-61520678

版权所有，侵权必究

致理查德·瓦格纳

　　鉴于我们审美大众的特有性格，为了避开集中在本书中的思想可能带来的干扰、激动与误解，也为了能带着同样沉思的快乐（这种快乐像灵感时刻的美好结晶，铭刻在每一页之上）来写一篇前言，我设想着您，我最尊敬的朋友，在收到这本书时的情景。您，也许是在冬雪中的夜晚散步之后，看到扉页上被解放了的普罗米修斯，读到我的名字，然后便立刻确信：不管这本书的内容如何，作者要说的必定是一些严肃而迫切的东西。此外，他的一切感想都像是与您当面交谈一样，并且只能把适合当面交谈的东西记入书中。

　　有鉴于此，您将记得，当您那篇辉煌的贝多芬纪念文章问世之时，也就是在战争爆发时的震惊与庄严之中，我把这样的想法汇集到了这本书里。然而，有人可能认为，这种想法的收集是审美上的放纵而非爱国的鼓舞，是快乐的游戏而非勇敢的严肃。那这些人就大错特错了。在真正读完这本书后，这些读者会惊讶地发现——我们要讨论的是多么严肃的德国问题，我们把这个问题真正置于德国希望中心的旋涡与转折点上。

　　然而，看到一个审美问题被如此严肃地对待，这可能会有点令人不快，因为他们认为艺术不过是一种娱乐的消遣，不过是系在"存在的严肃"上可有可无的鸣钟，似乎无人知晓这样的对立立场与"存在的严肃"有何关系。

　　那些严肃的读者可以把这作为一个告诫：我深信，艺术是人生最高的使命以及最本质的形而上学的能力。在这里，我要把这本书献给这样的人，献给在这条路上我的振奋人心的先驱们。

尼采　1871年底，巴塞尔

自我批评的尝试[1]

1

这本成问题的书究竟因何而成，这无疑是一个极重要、颇有趣味的问题，同时也是一个深刻的个人问题。之所以这样说，恐怕要归咎于其写成的时期（尽管是在这一时期，它仍然出现了）——令人不安的普法战争时期（1870—1871年）。在沃尔特战役席卷欧洲大陆之际，这本书注定的作者，一个耽于沉思的谜题爱好者，坐在阿尔卑斯山的一角潜心思索，并怀着忧虑、复杂却又闲逸自在的心绪，写就了他对希腊人的思索。这正是这本奇特而复杂的书的核心所在，而后面的这篇序（或后记）[2]正是其中之一。几个星期后，即使身处梅斯城下，他仍然对关于希腊人和希腊文化所谓的"乐观"的疑问无法释怀。直到最紧张的那个月，凡尔赛和谈之际，他才与自己和解，慢慢从战场带回的疾病中恢复，完成了《悲剧从音乐精神中诞生》一书。

从音乐中来？音乐与悲剧？希腊人与悲剧音乐？希腊人与悲观主义艺术作品？最成功、最美丽、最令人妒羡且拥有最积极生命魅力的种族——希腊人？这是怎么回事？希腊人一定要有悲剧？更有甚者，一定要有艺术？何为希腊艺术，它又如何产生？

从这之中，我们可以猜测到关于存在价值的重大疑问在哪里。难道悲观主义一定是崩溃、毁灭与灾难以及枯竭、孱弱本能的标志吗？在印度人那里，以及

---

[1]《悲剧的诞生》（包括致理查德·瓦格纳的序言与正文）写于1870至1871年，而《自我批评的尝试》则是在《悲剧的诞生》出版多年后增补的，写于1886年。

[2] 即指"致理查德·瓦格纳"，尼采原书中将其置于《自我批评的尝试》之后，编者在此书中调整了其顺序。

从所有现象来看，在现代人与欧洲人那里，显然都是这样。但是，有没有一种强者的悲观主义？一种出于健康，出于满溢的幸福以及充实的存在，对存在中的艰难、可怕、愤怒与问题事物的理智上的偏爱。是否可能有一种因人生过于充实而产生的痛苦，一种最敏锐目光下的诱人勇气，渴望可怕的事物就像渴望敌人——与己相配的敌人——借以验证自己的力量，并从中领悟"恐惧"的意味？

悲剧神话对于最美好、最强大、最勇敢时代的希腊人意味着什么？伟大的酒神现象又意味着什么？从酒神现象中产生的是什么，悲剧吗？对比而言，我们如何看待毁灭悲剧的东西——苏格拉底道德观、辩证法以及理论家的满足与乐观？难道这种苏格拉底主义不是崩溃、枯竭、病态以及错乱本能解体的表征吗？希腊后期的"希腊式乐观"只是一种回光返照吗？反悲观主义的伊壁鸠鲁意志[1]会不会只是受苦人的审慎？甚至科学探索本身，我们的科学——实际上，一切常说的科学探索作为生命的象征，意味着什么？所有的科学意归何处，更严肃来说，又从何而来？科学的内容又是什么？或许，科学精神只是面对悲观主义时的恐惧与借口，一种对真理的巧妙自卫？或从道德层面上说，是一种懦弱与虚伪的东西？或从非道德层面上说，是一种聪明的诡计？哦，苏格拉底，苏格拉底，难道这就是你的秘密吗？哦，神秘的讽刺者，这难道就是你的讽刺吗？

2

我当时试图抓住的是一个带角的问题（不一定是一头公牛，但无论如何都是一个新问题），某种可怕的危险的东西。今天我要说的是，这是科学问题，科学第一次被看作是有问题的、值得怀疑的东西。但是，这本我带着年轻的勇气与怀疑写成的书，却是出于一个同青年精神如此相悖的使命，那么这会是怎样不可能的一本书呢？

这本书出于早期不成熟的个人经验，这些经验迫切想要被表达，并建立在艺

---

[1] 源自于伊壁鸠鲁学派奉持的快乐主义。

术的基础上（因为科学研究的问题不能在科学探索的基础上被认识）。这本书也许是为有分析倾向与反省能力的艺术家（也就是那种例外的艺术家，一种人们必须找到却永不想去寻找的艺术家类型）而写的。这本书中满是心理学的创新与艺术家的奥妙，它以艺术家的形而上学为背景，充满了青年的精神与悲哀，甚至在带着特殊的崇敬屈服于权威之时，仍然独立自主，高傲自负。总而言之，尽管其中谈论的问题很古老，有青年人的各种缺陷，尤其充斥了过量的冗词、愤怒与压力，但即便是从最坏的意义上讲，这也是一部首创之作。

另一方面，回顾这本书的成功（尤其是在书中叙述这位伟大的艺术家时，就好像是在同他——理查德·瓦格纳谈话）——这本书已经证明了其本身。我说的是，它至少是一本让当时最优秀的人印象深刻的书。正因如此，我们应该带着尊重与谨慎对待这本书。然而，我不会完全隐瞒，这本书现在对于我来说是多么不顺眼，在16年之后，在我这个不再年轻、比之前鉴赏力好上百倍但目光依旧冷酷的老人面前，这本书是如此的陌生。但这本书敢于首次直面的问题已不再陌生：从艺术家的角度看科学探索，从人生的角度看艺术。

3

让我再次重申，这是一本让现在的我无法忍受的书：如此贫乏、笨拙、痛苦，带着狂想混乱的意象，时不时娇媚得带着女子气，节奏失衡，缺乏寻求逻辑清晰的冲动，过于自信而缺乏证据，甚至怀疑论证的关联性，仿佛是写给知情者的书，又像是写给受过音乐洗礼、一开始就因秘传的审美体验而连在一起的人的"音乐"，一种艺术上有血缘关系的人认可的秘密标志，一本自负而狂热的书，从一开始就同知识分子中的世俗平民隔离，甚至是同人民隔离，但同时，正如已经并将被持续证明的效果那样，这本书一定会充分地认识到这个问题，以便寻找志同道合的狂言者，引他们走上新的神秘道路与舞场。

不管怎样，在这里说话的是一个奇怪的声音（对此好奇或者厌恶的人都意识到了），一个未知的神的信徒，他暂时藏身在学问人的兜帽之下，在德国人严肃与辩证的庄严之下，甚至是在瓦格纳追随者们的不良品行之下。这是一个有着奇怪，甚至无名需要的灵魂，记忆里装满了问题、经历与神秘，而旁边写着的狄奥尼索斯的名字就像是个问号。一个神秘的、近乎酒神侍女灵魂之类的东西在这里诉说（人们在犹疑地对自己诉说），它结结巴巴，说得艰难而随意，仿佛是用一门外语在说话，几乎不确定是要表达还是要沉默。这"新的灵魂"本应歌唱，而不是说话！我当时不敢像诗人那样，说出我想说的，多么可惜！也许，我原本能够那样做！或者，至少像语言学家那样——但是，即便到现在，这个领域的一切仍然等待着语言学家去探索挖掘。首先要解决的是，这个问题仍然存在，并且，希腊人将像以前一样完全不被理解与认知，除非我们能回答"酒神精神是什么"这个问题。

4

酒神精神是什么？这本书给出了一个答案：在书中说话的是一个有学识的人，他是自己信仰的神的信徒与了解者。也许，我现在会以更多的谨慎、更少的雄辩，来谈论这个作为希腊悲剧起源的复杂的心理学问题。这之中的根本问题是希腊人对待痛苦的态度以及他们的敏感程度。这种关系仍然未变，还是有所扭转？这个问题：他们对美、宴会以及节日的一贯渴望，以及新的狂热崇拜，是否出自某种缺乏、剥夺、忧郁或痛苦呢？假设这种对美与善的渴望是事实，伯里克利，甚至修昔底德，在《葬礼上的演说》中已经让我们理解了这一点。那么，早于对美的渴望，即对丑陋的渴望，或者说，古代希腊人对悲观主义、悲剧神话的强烈的善的意志，以及对存在之基础上的一切可怕的、愤怒的、成谜的、破坏性的以及决定性东西的意志，从哪里来？悲剧必定从何而来？也许来自渴望、力量、充沛的健康，或者生活的完满？

从心理学上来讲，从悲剧与喜剧艺术中产生的那种疯狂，酒神的疯狂，又意味着什么？疯狂可能并不一定是堕落、崩溃以及文化衰落的象征？这里是否可能有一种（像治疗精神病的医生提出的问题）同健康、人民的青春时期以及与青春活力有关的神经官能症？萨提尔身上，神与公山羊的结合揭示了什么？出于什么个人经历、怎样的冲动，希腊人构想出了萨提尔这个独创的酒神狂热者？而悲剧合唱队的起源又如何？

在希腊躯体生机勃发、希腊灵魂洋溢活力的那些世纪，可能有一种普遍的狂喜、幻想与错觉笼罩了整个社会与整个文化团体。如果希腊人在风华正茂之时渴望悲剧，并且是悲观主义者，那会怎样？如果正是那种显著的精神疯狂，用柏拉图的话说，给整个希腊带来了最大的福祉，那会怎样？

另一方面，倘若正是在希腊人瓦解与衰弱之时，他们反而变得更加乐观、肤浅与虚伪，贪求对世界的那种逻辑理性的认知，并且更快乐、更科学呢？这又如何解释？尽管存在着所有现代观念与民主趣味的判断，而乐观主义的胜利、理性的主导、实用和理论功利主义以及发生在同一时期的民主本身，又是所有力量衰弱、临近年老和生理衰竭这些因素的而非悲观主义的象征吗？难道伊壁鸠鲁正是因为遭受苦难而成为乐观主义者的吗？可以看出，这本书担负着一大堆棘手的问题：从生命的角度来看，道德意味着什么？

5

致理查德·瓦格纳的序言提出，艺术，而非道德，是人类必不可少的形而上学活动，在正文中又多次出现了这样的提示性陈述：世界之中的存在只有作为一种审美现象才合理。事实上，全书只承认一种审美意义，一种发生在一切背后的深层次意义，你也可以说它即是个"神"，但他肯定是一位完全无思想的非道德的艺术之神。这个神渴求在创造与毁灭、善与恶之中发现自己的快乐与力量，这个创世的神，摆脱了充实与肤浅的负担，摆脱了那种紧迫的内在矛盾的痛苦。世界在每一刻都实现了神的显圣，这是最痛苦、最矛盾、反抗意识最强者的永恒变化的、永远新鲜的幻想——这样的人知道只有在幻想中才能拯救自己。

人们可以说这整个艺术的形而上学随意、空洞且荒诞，但至关重要的是，它已表露了一种精神，这种精神在某种程度上建立于危险的基础上，并反对对存在的道德解释与赋义。在这里，这本书可能是第一次宣告了一种"超越善恶"的悲观主义。这里有了一种对言语与形式的"乖戾信仰"，对此叔本华不厌其烦地投之以最凶猛的诅咒与抨击，这种哲学胆敢把道德置于现象世界，并不把它包括在视像［在某些唯心主义技术的终点(terminus technicus)的意义上］而是在幻想之中，作为一种假象、错觉、谬误、解释、编造与艺术品。

我们可以用本书中对待基督教的谨慎与敌对来衡量这种精神反道德的倾向程度，而基督教是迄今能听到的道德主题里最放纵、最彻底的构思。事实上，正如本书中所述，没有什么比基督教义更敌对于世界的纯粹审美的解释与论证，而基督教义正在并将要保持纯粹的道德，用它的绝对道德标准（比如，神的真实），将艺术放逐到谎言的王国。换句话说，它否定艺术、谴责艺术，并对艺术施以判决。

在这种必须视艺术为敌的思维与评价方式背后，我总是感知到一种对生命的敌对，一种对生命本身的愤怒的、报复性的厌恶，因为一切生命都依赖于假象、艺术、幻想、视觉，也依赖于对观点与错误的需要。基督教从一开始就完全厌恶、厌倦生活，它只不过用另一种或更好的生活来乔装、掩藏或装饰自己。仇恨世界，诅咒情感，恐惧美与感性，创造彼岸以更轻易地否定此岸，这归根结底是对虚无、灭绝、安息与"一切安息日中的安息日"的渴望；正如基督教只对道德价值给予价值的绝对渴望，这一切在我看来，正是所有可能的毁灭意志的表现中最危险、最可怕的形式，至少是生命病入膏肓而疲惫、暴躁、衰竭以及贫乏的标志。

在道德眼里（尤其是基督教的道德，即绝对的道德），由于生命在本质上是非道德的，生命就必须被看作持续的、不可避免的邪恶。因而，在鄙视与永久否定负担的压制下，人生最终给人的感觉是不值得渴望的、毫无价值的东西。道德本身呢？难道道德不是一种"否定人生的渴望"，一种毁灭的神秘本能，一种腐朽、消减与中伤的原则，一种结束的开始，因而也是所有危险中最大的危险吗？

因此，当时在这本成问题的书中，我本能地反对道德，这是出于对人生的本能肯定。作为一种完全不同的学说、一种完全相反的人生评价方式，某种纯粹艺术的且反基督的东西，该如何命名呢？作为一个语言学家与精通言辞之人，我带着某种随意性（因为，谁知道反基督徒的准确名字呢？）把它命名为酒神精神——以一位希腊之神的名字。

6

我大胆用本书挑起的任务之本质，人们会理解吗？……我现在后悔的是，我当时没有勇气（或者不够自以为是？）考虑用一种适合如此奇怪的视角与大胆壮举的独特语言，以至于，我辛苦地用叔本华与康德的公式来表达异常而新颖的估值，某种原则上违背康德与叔本华精神以及他们趣味的东西。

那么叔本华对悲剧的看法如何？他说："给予一切悲剧特有的崇高动机，正是出于对这样认识的领悟：世界与人生不能提供任何正确的满足，因而对此的忠诚也是无价值的。悲剧精神就存在于这样的洞察之中，它把我们引向顺从。（《作为意志与表象的世界》卷二，495页）"哦，酒神与我说的如此截然不同！当时这种完全顺从的教条于我是如此之遥！

但是，我书中还有某些更糟糕的东西，比起用叔本华公式遮盖破坏我的酒神预感来说，它更让我遗憾：我把最现代的问题混杂进去，从而亲手毁掉了最了不起的希腊问题。让我遗憾的是，在毫无希望之处，在一切明显是终结的地方，我寄予了希望；在近期德国音乐的基础上，我开始谈论德国天性，就好像它正在发现自己、再次找到自己。这一切都是在这样的时代：德意志精神（不久前还有统治欧洲的渴望和领导欧洲的力量），现在却有了临终遗嘱，并在建立帝国的冠冕堂皇的借口下，向中庸、民主与现代观念过渡。

事实上，在这期间，我已学会不带任何希望和怜悯地思考"德国天性"，并以同样的方式思考德国音乐——这是彻头彻尾的浪漫主义，一切可能的艺术形式中最非希腊的形式。此外，对于一个热爱酗酒并视模糊暧昧为美德的民族而言，它还是最厉害的麻醉剂、双重危险的东西，因为它有既使人陶醉又使人昏迷的双重特性。当然，除了对当代的种种轻率的希望及其缺陷的应用（这让我毁掉了自己的处女作）外，伟大的酒神问题仍然悬而未决，包括音乐——一种起源不再是浪漫主义（比如德国音乐）而是酒神的音乐，如何创造？

7

但是，我亲爱的先生，如果你的书不是浪漫主义，那地球上还有什么是浪漫主义？您那艺术家的形而上学宁可相信虚无或魔鬼，也不愿相信现在，相比之下，这种对现代主义、现实以及现代观念的深刻仇恨还能更过分吗？在您的对位声乐艺术与诱惑之声之下，隆隆作响的难道不是一种愤怒与对毁灭之渴望的低音音符吗？一种反对当代一切的愤怒决心，一种似乎同实用的虚无主义不远的渴望，似乎在说："我宁愿虚无是真理，也不愿承认你说的正确、你的真理有理。"

我的悲观主义先生、艺术的爱慕者，倾听您自己，洗耳倾听从您书中摘选的段落，那有关屠龙者雄辩的句子，对于年轻的耳朵与心灵来说，听起来就像令人尴尬的魔笛手吹奏的音乐。怎么，您的书难道不是在1850年悲观主义的面具之下，对1830年真实合理的浪漫主义的宣言吗？在您的书的背后，奏起了通常的浪漫主义终曲的前奏——破裂、衰退、回归以及在古老信仰与古老神灵前的跪倒……怎么？您的悲观主义著作本身不正是反希腊、反浪漫主义的作品，甚至是某种让人陶醉又昏迷的东西，或是一种麻醉剂、一首音乐、一首德意志音乐吗？听听下面的话吧：

> 让我们想象一下成长了的这一代人，他们有无畏的目光，投入伟大事业的英雄般的推动力；让我们想象一下，那些屠龙者迈着坚定的步伐，他们借助鄙弃全部乐观主义懦弱教条的自豪的鲁莽，得以彻底完满地"坚定地生活"。这种文化的悲剧人物，在进行了严肃与畏惧的自我教育之后，难道没有必要渴望一种新的艺术，一种形而上学的慰藉艺术——悲剧？如同渴望那属于他自己的特洛伊的海伦一样，并同浮士德一同喊道：

> 难道我不该凭我的渴望之力，
> 把这最非凡的形式拉到世间吗？

"难道没必要吗？"……不，三倍的不！你们这些年轻的浪漫主义者——不一定必要！事情最终很可能被终结，但你们最终也很可能得到"慰藉"，正如书中所写的那样——尽管有严肃与畏惧的自我教育的存在，却仍然得到"形而上学的慰藉"，就像浪漫主义者成为基督徒那样结束……不！你们当下应该学会此生中的慰藉艺术——我的年轻朋友们，你们应当学会欢笑，即便是你们想永远做彻底的悲观主义者。作为欢笑者，你们有朝一日将把一切形而上学的慰藉送入地狱，然后抛弃形而上学！或者，用酒神的魔鬼查拉斯图拉[1]的话说：

"我的兄弟们，提升你们的心灵，向上，再向上！也别忘了你们的双腿！抬高你们的双腿，你们这些优秀的舞者，当你们倒立起来时就更好了！"

"这顶笑者的王冠，这顶玫瑰花环的王冠——我自己戴上了这顶王冠，我向自己说出我欢笑的神圣。今天我没有发现任何人强大于斯。"

"舞者查拉斯图拉，欢快者查拉斯图拉，一个用翅膀示意的人，一个致敬百鸟准备飞翔的人，一个粗心的受庇佑之人。"

"说真话者查拉斯图拉，真笑者查拉斯图拉，不是急躁的人，不是绝对的人，一个爱蹦跳的人——我给自己戴上王冠！"

"这顶笑者的王冠，这顶玫瑰花环的王冠——我的兄弟们，我把这顶王冠扔给你们！我宣布欢笑的神圣——你们这些更高贵的人，看我的薄面，学着欢笑吧！"

尼采　1886年8月

---

[1]查拉斯图拉（前628—前551年），也称琐罗亚斯德，波斯人，延续了2500年的琐罗亚斯德教（汉称"拜火教""祆教"）的创始人，拜火教经典《阿维斯塔》中《迦泰》的作者。其教派信仰融合了一神论与二元论，强调正直、诚实，反对禁欲，是古波斯的主要宗教。

目 录 CONTENTS

致理查德·瓦格纳 / 1

自我批评的尝试 / 3

悲剧的诞生 ………………………………… 1

不合时宜的沉思 ………………………………… 101

关于《不合时宜的沉思》/ 103

大卫·施特劳斯：告白者与作家 …………… 127

历史对于人生的利与弊 …………………… 191

教育家叔本华 …………………………… 253

瓦格纳在拜洛伊特 ………………………… 315

雅斯贝尔斯：尼采的人生历程 / 369

尼采年表 / 451

悲剧的诞生

THE BIRTH OF TRAGEDY

一

当我们达成了逻辑上的理解,还有了直接确定的认识,认识到艺术的进一步发展同日神与酒神的二元性密切相关(正如繁殖有赖于持续斗争但会周期性和解的雌雄两性),那么我们的美学研究就会收获良多。我们从希腊人那里借用了这两个名词,他们不是用概念,而是通过他们神话世界的强大形象,让我们听到他们关于艺术的深奥的秘密教义。

我们把阿波罗与狄奥尼索斯两个艺术之神同我们的认识联系起来——在古希腊,按照起源与目的,日神阿波罗的造型艺术同酒神狄奥尼索斯的非造型音乐艺术之间,存在着鲜明的对比。这两种不同的驱动力携手并行,多数时候它们公开决裂,同时又相互激发出新的、更强大的产物,以永久保持这种对立的斗争——而艺术这个共同的词语似乎只是中间的桥梁,直到最终,通过一个绝妙的形而上学行为,这两者又结合起来,并因而产生了阿提卡悲剧这种既是日神也是酒神的艺术作品。

为了更接近这两种本能的动机,我们把它们想象成两个分离的艺术世界:梦境与醉境。在这两种生理现象之间,我们可以观察到一种

□ 阿波罗(左)与狄奥尼索斯(右)

阿波罗(日神)是希腊神话中奥林匹斯十二主神之一,是光明、预言、音乐、医药、灾害、文明与迁徙之神。他聪明磊落、多才多艺且俊美无比,在德尔斐发布神谕,赐人光明又予以保护,堪称个体的完美化身。他是古希腊人之秩序、理想状态的形象具现。

狄奥尼索斯(酒神)是希腊神话中奥林匹斯十二主神之一。他教人们种葡萄及酿酒,赐予人们原始的欢乐,而不曾告诫人们有何后果,使人们沉浸于酒后的狂欢、宣泄与放纵。他是古希腊人之欲望、本性追求的形象具现。

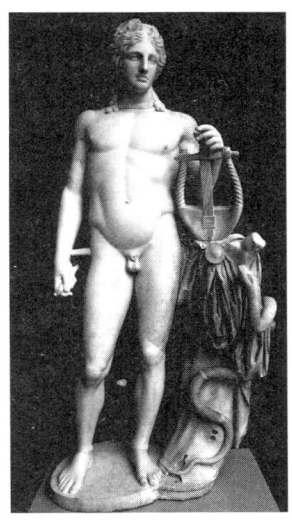

对应于日神与酒神间的对立。在卢克莱修[1]看来，神的伟岸形象首先是在梦中向人类的心灵显现。伟大的艺术家也是在梦中见到这些超人般存在的令人愉悦的形体，而这位希腊诗人，在被问及诗歌创作的秘密时，也会想起梦境，并提出一种完全类似于汉斯·萨克斯在《纽伦堡的工匠歌手》中提供的解释：

我的朋友，这正是诗人的责任；
解释并记录你的梦。
相信我，人类最真实的幻想
往往在梦中显现；
一切诗艺与诗化
不过是真实梦境的诠释。

就创造梦境而言，每个人都是完全的艺术家，而梦境的美丽假象则是所有造型艺术的前提条件，同时，正如我们将要看到的，它还是诗的重要前提。在梦里，我们享受对形象的直接体验，所有形象都对我们说话，梦中没有无足轻重的、多余的东西。

即使在梦境的现实最热烈时，我们仍然有对那种幻想的彻底的不适感。至少这是我的经验。我可以提供许多例证与诗人的名句，证明这种假象的频繁与常态。甚至哲学人士也有一种预感，我们生活并存在其中的现实是一种幻想，在这个现实之下隐藏着另一种完全不同的现实。一个人拥有在特定时候认识到人类与万物都是幻影和梦景的能力，叔本华明确地把这种能力称为哲学才能的标志。

现在，艺术上敏感的人同梦中现实的关系，就好比哲学家同存在的现实的关系。他细致而愉快地看着这些梦景，并从梦景中寻找对人生的解读，从事件中预演人生。这不仅是他认知的完全愉快友善的形象，还有严肃、阴郁、悲哀、昏暗的形象，突然的顾虑，命运的戏弄，不安的期待。总之，整部人生《神曲》及

---

[1] 卢克莱修，罗马共和国末期诗人，哲学家，著有长诗《物性论》。

其《地狱篇》，都从他身边掠过，这不仅仅是皮影戏，因为他就在这些景象中生活、受苦，而且他也不乏短暂的虚幻感。也许，有些人会像我一样记得，在梦境的危难和恐怖中，他们有时会自我鼓励，并成功地喊出："这是梦吧，我想继续做下去！"我也曾听有些人说，他们一连三四个晚上做了同一场梦，并能说出其中的因果联系。这样的事实提供了明证——我们最内在的本质、每个人隐秘的深处，都带着深深的欢愉在体验着梦，并把这看成是一种愉悦的必要。

古希腊人在他们的日神阿波罗身上表达了这种快乐的梦境体验的必要性。日神是一切造型艺术之神，同时也是预言之神。日神，按照他同光明一词的词源来说，乃是光明之神。他掌管着我们内心幻象世界中的美丽假象。更高的真理，与我们日常现实的粗略认知相对立的条件的完善，以及对自然在睡梦中治病助人的深刻意识，都是真理预言能力与一切艺术的象征性类比。借此，人生才有可能，才有价值。然而，梦景不能跨越一条微妙的界线，否则就会产生病态的作用，导致我们把假象误认为粗糙的现实。这条界线在日神的形象中也不能少——适度的克制，未曾着迷的兴奋，以及形象之神完全冷静的智慧。他的眼睛必须如太阳一般，这才符合他的来源。即便是他因愤怒而怒视时，他的身上仍然留着美丽幻象的圣洁。

因此，我们可以（以一种反常的方式）验证叔本华关于藏在摩耶之幕[1]下的人所说的话："在巨浪翻滚、无边无际的大海上，有个水手坐在小船上，依靠着这一叶小舟；而孤独者也这样平静地坐在人世的苦海中，信任、依赖个体化原则。（见《作为意志与表象的世界》）"是的，我们可以说，这种对个体化原则的信任以及安心静坐的精神，在日神身上实现了最崇高的表达。我们甚至可以把日神看作是个体化原则的最了不起的神圣形象，他的表情和目光诉说了所有幻象的快乐、智慧与美丽。

在同一处，叔本华还给我们描述了那种可怕的恐惧。当一个人突然对幻想的

---

[1] "摩耶之幕"出自《吠陀》，指欺骗之纱幕遮蔽了人的双眼，使人看到了虚妄的存在。摩耶是印度的宗教术语，意指虚假、欺骗。

□ 日神与酒神

人们或许会认为日神代表纯粹理性而酒神代表纯粹非理性，两者极端对立，但其实不然。单就日神而言，日神精神依靠完美和谐的梦境状态使个体仿佛拥有神性意识，这其中尽管拥有理性的完美与和谐，却依然并非真实。日神与酒神的精神作为对人类不可避免的悲剧性的拯救，实际上都是非理性的冲动。图为列昂尼德·伊留金的《阿波罗与狄奥尼索斯》。

认识方式产生怀疑，当他所依据的定理在任何形态下都能被打破时，他就会产生恐惧。如果我们在这种恐惧之上，再加上一种狂喜，那种当个体化原则崩溃时从人的内心深处，甚至从天性的最深处产生的狂喜，那么，我们便可以窥测到酒神狄奥尼索斯的本性，把它类比为醉境，使其以最贴切的方式展现给我们。

在所有原始人与民族所受的麻醉饮料的影响下，或者春天欢快地降临万物之时，酒神的激情便产生了。随着激情的增长，主观意识消退，并进入全然忘我之境。在德意志的中世纪，在相同的酒神力量的影响下，日益增加的歌队载歌载舞，巡唱各地。在圣约翰节和圣维托斯节的歌舞中，我们再次目睹了古希腊酒神的合唱队，其先驱可追溯到小亚细亚，远至巴比伦纵欲的萨卡亚节[1]。

有些人，因为缺乏经验或者冷漠，嘲讽地避开这样的现象，就好像这是一种

---

[1] 萨卡亚节是先后由古巴比伦人和古波斯人所奉行的狂欢节日，类似于古罗马的农神节，以纪念赛西亚人（古波斯称其为"萨卡人"）之胜利，具有相当奇特的角色转换之特色：在此期间，主人为其奴隶服务；罪犯可以当国王，甚至合法出入国王的后宫。

疾病；他们对自己的健康感到满足，并带着怜惜。这些可怜虫自然想不到，当酒神歌队的盎然生机喧闹地从他们身边经过时，他们的健康显得多么死气沉沉、仿若幽灵！在酒神的魔力下，不仅人与人之间的团结再次巩固，甚至那最被疏远、敌视、征服的自然，也再次庆贺她与浪子人类的和解。大地慷慨地献上礼物，猛兽也平和地从山岩与荒漠中走来。酒神的战车满载着鲜花，虎豹被他驱使着阔步前进。

如果有人想把贝多芬的《欢乐颂》改造成图画，并在想到数百万人戏剧性地堕入尘埃时毫不抑制自己的想象力，那么我们就接近酒神了。这时，奴隶也是自由人，必要、专断或可耻的时尚在人与人之间设立的一切僵硬、敌对的障碍，将土崩瓦解。此时，在世界和谐的福音中，每个人都感到自己同邻人的团结、和解与融合，甚至摩耶之幕也被撕破，只剩碎片在神秘的太一[1]前飘扬。他载歌载舞，以更高统一体的成员自表。他已然忘却行走与言语，他起舞之际，便是凌空之时！他的姿态表达出一种魔力。就像野兽说话、大地流出牛奶与蜂蜜一样，他身上发出了某种超自然的回响。他觉得自己是个神。他现在高傲、狂喜地舞动，仿佛他看到了神在他梦中游动。他已经不是一个艺术家，而变成了一件艺术品。整个自然的艺术力量，太一的狂喜满足，在陶醉的表演中表露而出。人——这最好的黏土，最昂贵的大理石，在这里被捏塑、雕琢，而为附和那酒神艺术家的凿击声，厄琉息斯秘仪[2]的呐喊声响起了："苍生呀，你们倒下了吗？世界呀，你感知到你那造物主了吗？"

二

到此为止，我们考虑了作为艺术力量的日神及其对立面酒神，这些艺术力量

---

[1] 英译本中的"primordial oneness"，也可译作"原始统一"。
[2] 古希腊时期位于雅典西北部厄琉息斯的秘密教派的入会仪式，崇拜女神德墨忒耳及其女儿珀耳塞福涅，属于与女神崇拜、极乐世界（来世）相对应的原始宗教体系。其发展可以追溯到迈锡尼文明，经历了希腊黑暗时代，之后又传到古罗马。它的秘密入会仪式被认为是信众与其神灵直接沟通的重要渠道，信众由此期望神的保佑及赐予。部分现代学者认为，其仪式涉及了致幻药物，以此引起的超凡感受让信徒仿佛得以亲身倾听神谕。古希腊人祭祀酒神的狂欢仪式正与此秘仪类似。

□ 亚里士多德

亚里士多德（前384—前322年），古希腊哲学家、科学家、教育家，柏拉图之徒，亚历山大大帝之师，希腊哲学之集大成者。他涉猎甚广：形而上学、伦理学、逻辑学、自然科学、经济学、政治学、诗歌、戏剧、音乐。其著作多且涉及范围较为全面，影响也甚巨。此书中，尼采谈论到的主要是其美学著作《诗学》中的"模仿说"。

从自然迸发而出，无需人类艺术家的介入，并且，人类艺术冲动也在其中得到了直接满足：一方面，作为梦境的世界，它的完善同个人的高水平智力或艺术教育无关；另一方面，作为醉境的现实，它再一次不尊重个体，甚至试图摧毁个体，并通过一种统一的神秘感恢复自我。相比这种未加介入的自然的艺术状态，每个艺术家都是模仿者，事实上，他要么是酒神艺术家，要么是日神艺术家，或者最后，如在希腊悲剧中一样，同时是两者的艺术家。作为两者的艺术家，我们可以想到，他如何在酒神的沉醉与自我的神秘消失中倒下，独自离开这狂喜的歌队。他又如何通过日神梦境的影响，将他自己的境界——也就是他与世界最内在基础的统一——在一幅比喻性的梦境中表露。

按照这些一般的假设与比较，让我们现在考察古希腊人，以便认识他们身上的自然艺术冲动发展的高度，以及我们如何更深入地理解、评价希腊艺术家同他的原始形象的关系——用亚里士多德的话说，他的"模仿自然"。尽管存在着大量有关梦与梦之轶事的文献，但我们只能靠推测来谈论希腊人的梦，不过这种推测得有相当的把握。鉴于他们的双眼有着难以置信的清晰准确的塑造能力，以及对色彩的那种开放且智慧的喜爱，我们就不禁设想，他们的梦也有线条、轮廓、颜色、组合上的逻辑因果关系，一种相当于类似他们最优美浮雕的场景效果（这是所有后世的耻辱）。这样的完美让我们有理由，如果可以打个比喻的话，把做梦的希腊人称为荷马，把荷马称为做梦的希腊人。相比现代人在谈及自己的梦时敢于自比莎士比亚，这有更深刻的意义。

另一方面，当我们要暴露酒神的希腊人与酒神的野蛮人之间的巨大鸿沟时，我们甚至不需要推测。在古代世界的各个地方（这里不谈现代世界），从罗马到巴比伦，我们都能确认酒神节会的存在，但其类型同希腊人的关系，最多是跟那名称和特征取自如公山羊的、有胡须的萨提尔与酒神的关系一般。几乎在所有地方，这些节会的核心都是过分的性放纵，它的浪潮淹没了所有的家庭成规与传统法律。天性中最野蛮的兽性在这里被释放，从而创造出了情欲与残暴的可鄙的混合，这对我来说，往往是女巫的迷药。

然而，面对这些节日的狂热激情，面对从陆海两路、四面八方到达希腊的有关知识，希腊人显然长期依靠骄傲屹立着的日神形象来保护自己。日神举起美杜莎的头颅，便可抵抗那粗暴怪诞的酒神的无可匹敌的力量。多立克艺术让日神站起反抗时的庄严风采变得不朽。然而，一旦类似的冲动逐渐从希腊文化的最深根源处爆发，这种对抗就会变得可疑甚至不可能。现在，在这种及时的和解中，德尔斐神的作用，仅限于从他强大的对手手中夺走那毁灭性的武器。

这次和解是希腊文化史上最重要的时刻。无论何时回顾，都可以看到它革命性的影响。这是两个对手的和解，并从现在开始观察彼此的差异，它们之间有了明确的分界，偶尔还互送礼物致敬。但是，两者之间的鸿沟并未消除。然而，如果我们看到了酒神的力量在这和平协议的压力下如何显现，那么，我们就会知道，相比使人向虎猿退化的巴比伦萨卡亚节，希腊酒神纵欲中的世界救赎与圣化日的意义。

在希腊节日中，自然首次实现了艺术狂欢，而个性原则的分裂第一次成了一种艺术现象。在这里，女巫那可怕的情欲与残暴之迷药失去了力量。酒神信徒情感的那种奇怪的混合与模棱两可，正如良药让人想起毒药一样，让我们想起这样的感受：痛苦唤醒快乐，发自肺

□ 巴克斯

酒神在古希腊神话中被称为狄奥尼索斯，在古罗马神话中则被称为巴克斯。图为米开朗基罗·卡拉瓦乔的《巴克斯》。

□ 多立克建筑艺术

通常所称的多立克建筑艺术即指多立克柱式。多立克柱式是三种古典柱式（多立克柱式、爱奥尼柱式和科林斯柱式）中最早的一种，这种柱式没有柱基，柱身有20条凹槽，柱头为倒圆锥台且没有装饰，柱整体粗大雄壮，也被称为男性柱。雅典卫城帕特农神庙的柱式即为多立克柱式。

腑的欢呼撕碎悲痛的哀号；从无比的快乐中，听到对无法挽回之损失的恐惧哭泣或悲叹之声。在这些希腊节日上，自然的伤感特性仿佛爆发而出，似乎在为自己被分解成独立个体而哀叹。

对于荷马时代的希腊世界而言，有关这种双重界定的酒徒歌唱与诗歌语言属于某种新鲜而闻所未闻的事物。酒神音乐尤其激起了恐惧与惊讶。如果音乐一向被认为是日神艺术，这个音乐，严格地说，不过是指如波浪之声的节奏模式，而发展了节奏的艺术力量原本是为了展示日神的心境。阿波罗音乐是用声音表达的多立克建筑艺术，但只是一些特定的音调，比如竖琴的音调。正是非日神的特征，让酒神音乐远离了这样的元素，从而使音乐通常变成了：扰人情感的音调力、统一的旋律流以及无可比拟的和声世界。

在酒神颂歌中，人被激励达到了他的一切象征能力的最高程度。一些从未感受过的东西迫切地想要表达：摩耶之幕的毁灭，对作为形式之天才（实际上是自然本身的天才）的一元性的感受。现在，自然的本质必须以象征的方式来表达。必须有一个新的象征世界，它整个躯体都有象征意义，不仅仅是嘴巴、脸部、语言，还有所有舞姿——整个四肢都跟着节奏运动。然后，其他的象征能力，包括音乐、节奏、动态与和声——突然自发地产生。

为了抓住这完全释放的一切象征能力，人必须已经达到高度的自我解脱，并试图在这些力量中象征般地表达这种解脱。正因如此，酒神颂的信徒，只能理解同自己相像的人。日神式的希腊人看到他时将是多么的惊愕！当他恐惧地感到，这可能对他真的不陌生，甚至他的日神式意识不过是在他面前遮盖酒神世界的一层面纱，这可能是他最大的惊愕！

三

为了把握这一点，我们必须把日神文化的艺术大厦一块块拆除，直至看到它的地基。在这里，我们第一次认识到了壮丽的奥林匹斯众神的形象，他们耸立在大厦的山墙之上，他们的事迹装扮了带饰，照亮了浮雕。如果日神阿波罗还站在他们中间，但只是同众神并肩而站，对最优越的位置没有权利，那么，我们不会因此受到欺骗。让日神被感知的同一本能，产生了整个奥林匹斯世界。在这一意义上，我们必须把日神看作众神之父。那么，产生如此辉煌的奥林匹斯众神的，是怎样一种巨大的需要？

倘若有人怀着另一种宗教走近奥林匹斯众神，并试图从他们身上得到道德的高尚、圣洁、超肉体的精神追求、充满怜悯的神情目光，那么，他不久就会沮丧失望，掉头离去。因为在这里，没有任何可以让人想起禁欲、灵性与责任的东西。在这里跟我们说话的是一个完整而胜利的存在，这里的一切都被崇拜，不论善恶。因而，旁观者会吃惊地站在这荒诞而过分的生机盎然面前，自问道：这些意气风发的人到底吃了什么妙药，能如此地享受人生，以至于，不论往哪里看，他们盘旋在甜蜜感官上那存在的理想形象——海伦都在朝他们微笑。

然而，我们必须把那位掉头离去的旁观者召回：不要离开，先听听希腊民间智慧对这种生活——这种带着难以言表的宁静而展示在你面前的生活——说了些什么。这里有一个古老神话：米达斯国王长期在森林中寻找酒神的伴侣，聪明的西勒诺斯，但却无果。当西勒诺斯最终落入国王之手时，国王问他，人类最好的东西是什么？这位神沉默不语、一动不动，直到在国王的逼迫下，他发出尖利的笑声，说道：一朝降生的受苦大众、无常与辛劳的儿子，你为何强逼我说出你最不想听的话呢？最好的东西你永远得不到，那就是从未降生，不要存在，化为虚无。但是，对你而言，第二好的是——早日死去。

奥林匹斯神界与民间智慧的关系如何？就像受折磨的殉道者的欣喜愿景与其

□ 西勒诺斯

西勒诺斯是森林之神，酒神的伴侣和导师，酒神追随者中的最长者，以秃顶厚唇的老人形象出现。虽然常常酩酊大醉，但他却是酒神追随者中最明智者，能在醉酒中道出特别的知识与预言。在希腊哲学与文学中，西勒诺斯的智慧通常代表了一种反对主义的哲学立场。文中提到的西勒诺斯被抓正是因为其醉酒。图为安东尼·范·戴克的《被萨提尔搀扶着的醉酒的西勒诺斯》。

苦难之间的关系。

现在，奥林匹斯灵山向我们敞开，显示了它的根基。希腊人知道并感受到了存在的恐怖。为了生存下去，他们必须在自己面前展示梦境中的光辉的奥林匹斯。对自然的提坦[1]力量的极不信任，无情凌驾于一切知识之上的摩伊赖（命运女神），吞食着人类朋友普罗米修斯的秃鹰，智慧的俄狄浦斯的可怕命运，那驱使俄瑞斯忒斯去弑母的阿特柔斯家族的诅咒，总之，森林之神的整个哲学，以及诱使忧郁的伊特鲁利亚人灭亡的神秘事例，都被希腊人借助奥林匹斯艺术的中间世界[2]一再战胜（或者，至少掩藏并从眼前除去）。

为了生存下去，希腊人出于最深的必要性创造了这些神。我们很容易想象众神的产生过程：通过日神本能对美的冲动，从原始提坦的恐怖秩序中，逐步发展出奥林匹斯快乐的神圣秩序，就像玫瑰从带刺的灌木中生发一样。一个情感如此敏感，渴望如此自然，如此易于受苦的民族，若非他们周身流转着与更高荣耀的众神身上相同的品质，他们如何能忍受自己的存在？相同的本能冲动，把艺术召唤进了生命，作为继续生存下去的诱人补偿以及存在的完成，它也产生了奥林匹斯世界，而在这里，希腊人的意志拿着一面美化自己的镜子。

---

〔1〕提坦：提坦也称泰坦，是希腊神话中在原始神之后出现的古老神族，为天神乌拉诺斯与地神盖亚所生，共有十二位。

〔2〕中间世界：此处即指介于理想世界与现实世界之间的艺术世界，这个中间世界将生命及其不可避免的悲剧性审美化而拒绝道德的偏见，给了希腊人缓冲心理痛苦的可能，使其可以接受和超越人生的悲剧性。

通过这种方式，众神为人的生活提供了理由，因为神也是这样生活。这是唯一令人满意的神正论！在众神的明亮之光照耀下的存在，让人感到值得追求。荷马式的人的本质痛苦，就在于同这种光照的分离，尤其是这样的分离已近在咫尺。因此，我们可以把西勒诺斯的名句颠倒过来，告诉希腊人："对于他们来说，最坏的是早死，其次，是终究会死。"这种挽歌在现在响起，他们诉说的是短命的阿喀琉斯，像树叶凋零般的人世变迁，以及英雄时代的毁灭。哪怕是做一天的奴隶，他们也不愧为最伟大的英雄。在日神的阶段，这种意志如此自发地渴望生存，而荷马式的人充满了这样的感受，以至于这种挽歌也成了赞美之歌。

在这一点上，我们必须指出，这种人与自然的和谐统一（最近几个时代羡慕地渴望着它）——席勒[1]正是为此造出了"朴素"这个艺术术语——无论如何都不是简单、必然的状态，它本就是我们必然在每个文化之门遇到的不可避免的状态（一个人间天堂）。只有一个时代会相信这样的状态，这个时代试图相信，卢梭的爱弥儿是位艺术家，并想象着在荷马身上发现，像爱弥儿那样由自然怀抱养育的艺术家。

不论在哪里遇到艺术上的朴素，我们都要认为这是日神文化的最高效果，而这样的文化必须产生推翻提坦的王国，杀死怪兽并通过强大的欺人的形象与快乐的幻想，战胜我们在人世看到的可怕深渊与对痛苦的最大敏感。然而，这种完全沉浸于假象之美的朴素很少能实现。正因如此，荷马的崇高是如此的难以言传！作为一个人，他同日神的大众文化的关系，犹如一个梦境艺术家于他的人民梦想的能力以及自然的关系。

荷马的朴素只能理解为日神幻想的完全胜利。这是自然为达到她的目标而频繁使用的一类幻想。真正的目的被这骗人的幻象所遮盖。我们伸出手去够这幻象，

---

[1] 弗里德里希·席勒（1759—1805年），神圣罗马帝国著名诗人、哲学家、历史学家和剧作家，他被公认为德意志文学史上仅次于歌德的伟大作家，是德国启蒙文学代表人物之一，也是德国"狂飙突进运动"的代表人物之一，著有戏剧《阴谋与爱情》《华伦斯坦三部曲》《奥尔良的姑娘》《墨西拿的新娘》《威廉·退尔》、诗歌《欢乐颂》《艺术家》等。

而自然通过这种欺骗达到她的目的。对于希腊人，意志想要通过天才与艺术世界的改造力凝视自身。为了颂扬自己，她的创造物就应该感到他们值得被赞美。他们必须在更高的领域看到自己，而无这个完整的静观世界作为命令或责任的影响。这个领域就是美的领域，他们在其中看到了他们镜中的形象——奥林匹斯众神。凭着这种美的映像，希腊的意志得以对抗与艺术才能密切相关的痛苦的天赋与智慧，而作为它胜利的纪念碑，荷马，这位朴素的艺术家，就矗立在我们面前。

四

通过以梦作类比，我们了解到一些有关朴素艺术家的东西。一个梦者在他梦境的幻想中，不愿扰乱这梦，对自己喊道："这是梦吧，我想继续做下去！"一方面，我们可以推断出一种深刻的内在快感，另一方面，他必定全然忘掉了日常生活中的紧迫问题，以能快乐地做梦。于是，我们可以在解梦者——日神的指导下，以类似下列的方式来解读所有这些现象。

当然，关于人生的两面，即醒与梦两个状态，前者让我们感觉更好、更重要、更有价值、更值得生活，也是唯一的生存方式。然而，我还是主张（这悖于所有假象），按照我们作为其表现自己本质的神秘基础，我们恰恰该对梦给予相反的评价。因为，对于那些万能的自然艺术冲动、对冲动包含的幻想的热烈渴望，以及对通过假象得到救赎的渴望，我认识得越深，就越觉得不得不作出这种形而上学的假设：真正的存在基础，以及永恒的受苦与矛盾的太一性，不断使用愉悦的想象与快乐的幻想，以求自己的救赎。我们被迫经历这种幻想，完全被它卷入，并由它构成，认为它就是真正的非存在者——时间、空间与因果的持续演变，一种经验的现实。但是，如果我们暂时不考虑我们的现实，如果我们把经验的存在与一般的世界看成是在每个时刻产生的想法，那么，我们就必须把梦看成幻想中的幻想，甚至是幻想的原始渴望的更高满足。出于相同原因，自然的内在深处对朴素的艺术家与朴素的艺术作品，也就是，一种幻想中的幻想，怀着无法形容的快乐。

作为不朽的朴素艺术家之一，拉斐尔在他的一幅象征画中展示了把一种幻想转化为另一种幻想的过程，也就是朴素艺术家与日神文化的基本过程。他的《耶稣显圣》下半幅画，通过着魔的男孩、失望的搬运工、无助惊恐的信徒，展示了永恒的原始痛苦的形象，以及世界的唯一基础。这里的幻想是永恒矛盾的反映，也是万物之父。现在，从这个幻想中产生了一个新的幻想世界，仿佛一种沁人的芬芳，但陷入第一种幻想的人却看不到。这种幻想像一种美景，某种闪耀悬浮在最纯洁、无痛苦的幸福之中的东西，一种需要睁大双眼注视的灿烂景象。

在这里，在最高的艺术象征中，我们亲眼看到了日神的美的世界及其基

□ 耶稣显圣
　　意大利画家拉斐尔之画作。该画作描绘了耶稣在塔博尔山改变容貌、发光显圣并被上帝唤为儿子的情形，以及与此同时在约旦河受洗的人们对这一幕的神态反应。此画也是拉斐尔临终前的最后一作。

础——西勒诺斯的可怕智慧，并凭借直觉领悟到两者的相互依赖性。但日神再次以个性化原则的神圣化身出现在我们面前，在这里，太一的永恒目标依靠幻想的救赎才能实现。他以令人敬畏的姿态告诉我们，整个世界的苦难多么必要，通过它才能驱使个人去创造救赎的幻想，然后沉浸在这种幻想的沉思中，安坐于他的小船上，在苦海中漂泊。

个体化原则的神化，如果作为一般的强制与禁止性的东西，只承认一条法则——个人，也就是，遵守个体的限制，即希腊人所说的适度。作为伦理之神，日神要求他的信徒做到适度以及遵守适度所必要的自知。同美的审美必要性并行的，是要求认识自我与切忌过分，而自负与过分被认为是与非日神领域的本质敌对的恶魔，因而，具有日神之前提坦时代的特征，超越日神的野蛮世界的特征。

因为对人类的提坦式的爱,普罗米修斯不得不被秃鹰啄食撕裂;因为解答斯芬克斯之谜的过分智慧,俄狄浦斯不得不陷入混乱的罪恶旋涡。这就是德尔斐神对希腊过去的解释。

对于日神式的希腊人而言,酒神产生的效果同样是提坦的、野蛮的。但他们也不能掩盖,他们同那些被废黜的众提坦与英雄内在的关联性。实际上,他们必定更多地感受到,他们的整个存在及其全部的美丽与适度,都建立在痛苦与知识的某种隐藏的根基上,而酒神恰好再次唤醒了这样的根基。瞧!日神离不开酒神!最终,提坦与野蛮同日神一样必要。

现在让我们想象一下,在这样一个建立在幻想与适度之上并受艺术限制的世界中,酒神节的庆祝以它那持续诱人的魔力,四处响起;而那在这庆祝声中,自然的整个过度如何在快乐、痛苦、认知以及最刺骨的尖叫中大声呼啸。让我们想象一下,相对于这种恶魔般的全民歌唱,那些咏唱圣歌的日神艺术家,用这幽灵式的竖琴,能奏出什么呢?面对一种在醉境中说出真理的艺术,幻想艺术的女神黯然失色!智慧的西勒诺斯向安详的奥林匹斯喊出:"悲哀!悲哀!"个人主义,带着它全部的局限与适度,在酒神的忘我之境中被摧毁,并忘记了它的日神式原则。

过度将自身揭示为真理,从痛苦中产生矛盾的快乐从自然的心灵道出。因而,凡是酒神侵入的地方,日神就会被取缔、被毁灭。但同样确定的是,在第一次攻击被制止的地方,德尔斐神的声誉与威严就会表现得更坚

□ 酒神节日

古希腊神话和古罗马神话中都有为酒神狄奥尼索斯(巴克斯)所举办的节日。节日中的人们带着一种原始的热情与狂放,在宴席之中忘我地醉酒、舞蹈并歌唱,进行一场放浪形骸的狂欢,以祭祀酒神。图为科拉多·吉安昆托的《秋日》。

□ **酒神颂歌**
　　酒神颂歌即赞颂酒神的祭祀歌曲，它现在也是一种文学形式，被用以代指一些狂热的诗歌、文章等。亚里士多德在其《诗学》中便谈到了酒神颂歌，认为古希腊悲剧正是由酒神颂歌演变而来。图为威廉-阿道夫·布格罗的《酒神的青年们》。

定、更盛气凌人。因为，我把多立克状态与艺术解释为日神的营地。只有通过对提坦——酒神之野蛮本质的不断反抗，如此大胆超然的艺术、如此严密保护的艺术、如此严格如同备战的训练、如此残酷无情的国家制度，才能长久存在。

　　到这里，我已经相当详尽地陈述了我在本文开篇提出的观点：酒神与日神文化如何在不断的新生中彼此加强，并支配着希腊世界；从青铜时代，在同提坦与他们严酷的民间哲学的斗争中，荷马的世界在日神美的动机支配下如何发展；这种朴素的辉煌如何被酒神的洪流再次吞没；而在对抗这新的力量之时，日神又是如何树立多立克艺术与多立克世界观的严格权威。

　　如果希腊的古代史，在这两种敌对原则的斗争中，可以按照这样的方式划分为四个主要的艺术阶段，那么，我们有必要更多地追问这种发展与追求的最后阶段，以免我们把最后达到的时期，即多立克艺术的时期，认为是这些艺术动机的顶点与意图。在这里，阿提卡悲剧与戏剧酒神颂歌的崇高而备受赞誉的艺术成就展现在我们眼前，它们是两种艺术动机的共同目的。这两种动机在长期的斗争之后，最终在一个既是安提戈涅又是卡珊德拉[1]的孩子身上，庆祝它们之间的秘密联姻。

五

我们现在正在接近我们研究的真正目的，即认识酒神兼日神天才及其艺术的作品，或者至少对其神秘统一有直观认知。现在我们提出了这个问题：日后长成为悲剧与戏剧酒神颂的种子首先在希腊世界的哪里出现？关于这个问题，古希腊人给我们提供了例证：他们把荷马与阿尔齐洛科斯并称为希腊诗歌的始祖和持炬人，并列在雕塑与饰物之上，并确信只有这两位被认为是具有同等创造天性的人，而从这样的天性之中燃起了一股火流，传遍了整个希腊的千秋后世。

荷马，这位专注的古老梦想家、朴素日神艺术家的原型，现在惊讶地注视着：缪斯女神之仆阿尔齐洛科斯，他那充满热情的脑袋被存在所击打。近代美学只知道把这解释为第一个主观艺术家与客观艺术家的对抗。这种解释用处不大，因为我们认为主观艺术家不是好的艺术家，并要求每个艺术及高级艺术成就，首先要克服主观，摆脱自我，让所有个人意志与渴望沉默。事实上，最微不足道的艺术创作，没有了客观性、没有了纯粹公正的沉思，我们就不会接受它是真正的艺术。

因而，我们的美学必须首先解决抒情诗人如何成为艺术家的问题。根据各个时代的经验，抒情诗人总是在谈论自我，以自己的整个音阶歌唱自己的激情与渴望。这个荷马旁边的阿尔齐洛科斯（第一位被称为主观艺术家的艺术家），因他的愤恨与嘲笑的呐喊、如醉渴望的爆发，让我们惊愕。那么，阿尔齐洛科斯本质上岂不是非艺术家吗？但是，对他的崇敬从何而来？作为客观艺术中心的德尔斐神谕也以卓绝的言语向这位诗人表达了崇敬。

---

[1] 安提戈涅是俄狄浦斯之女，也是古希腊悲剧作家索福克勒斯同名戏剧作品中的人物。她因不顾国王克瑞翁的禁令，安葬了自己的兄长——反叛城邦的波吕涅克斯而被处死。卡珊德拉则是特洛伊的公主、阿波罗的祭司，因阿波罗的赐予（或有说法称"蛇神以舌为之洗耳"）而有预言能力，又因抗拒阿波罗的求爱而被诅咒，其预言不再被人相信。安提戈涅反抗王权而遵从天神之意、卡珊德拉拒绝天神，由此引申她们为日神与酒神精神的代表。

席勒通过心理观察阐述了他的写作过程,这种心理观察他无法解释,但似乎并非可疑。他承认,当他处在真正开始创作前的准备状态时,他在眼前并没有一系列有条理的连贯的图画,有的倒是一种音乐情绪,"我最初的感觉并无明确清晰的目的,这后来才形成。先来的是某种音乐的情感状态,然后从中产生诗意的想法"。

现在,如果我们再补充整个古代抒情诗中最重要的现象——普遍认为自然的那种抒情诗人与音乐家的结合,甚至他们共同的身份(相比而言,我们近代的抒情诗看起来像是无头之神的形象),那么,基于我们前面讨论的审美形而上学,我们能以下列方式解释抒情诗人。首先,抒情诗人,作为酒神艺术家,他完全同他的痛苦与矛盾自然的太一成为一体,产生了反映太一的音乐,如果音乐被公正地称为世界的再造或者再铸的话。但是,在日神梦境的影响下,在象征性的梦景中,音乐再次变得可见。这种原始痛苦在音乐中缺少形象与概念的反映,再加上它在幻想中的救赎,现在产生出作为特别比喻或例证的第二反映。艺术家在酒神化的过程中已经放弃了他的主观性。现在,表明他与宇宙心灵统一的景象,实际上是个梦境,象征了原始的矛盾与痛苦,以及幻想中的原始快乐。抒情诗人的自我就从存在的深渊中发出回响。近代美学家所指的抒情诗人的主观性只不过是一种错觉。

当希腊第一个抒情诗人阿尔齐洛科斯对吕甘伯斯的女儿表达了他痴狂的爱与蔑视之时,在我们眼前疯狂舞动的并非只有他的激情。我们看到了酒神及其侍女们,看到了饮酒狂欢者阿尔齐洛科斯的睡态,正如欧里庇德斯《酒神的伴侣》中描述的那样:在正午灿烂的阳光下,卧睡在高高的阿尔卑斯山的草地上。这时,阿波罗朝他走去,并用月桂枝触碰他。于是,卧睡者的酒神音乐魔力在他四周闪烁出如画的火光,这便是抒情诗,其最高形式便被称为悲剧与戏剧酒神颂。

造型艺术家及与其相似的史诗诗人都沉浸在对形象的纯粹沉思中。酒神音乐家缺少一切形象,他本身完全只是对那形象的原始痛苦与原始回响。抒情天才则感觉到,一个形象与比喻世界从放弃自我的神秘而统一的状态中产生。这个世界有不同于造型艺术家与史诗作家世界的色彩、因果与速度。后者(史诗诗人)生活在这些形象中,并且只有在这之中才能有快乐的满足,并能不厌其烦地注视它

□ 阿尔齐洛科斯

阿尔齐洛科斯（前680—前645年），古希腊最早的抒情诗人，与荷马齐名，部分学者也将其划为抑扬格诗人。其作品几乎完全以自己的情感和经历为题材，如文中提到的他对吕甘伯斯之女的示爱，他就因吕甘伯斯对这份感情的否定而作诗加以讽刺，甚至最终导致吕甘伯斯父女双双自杀。

们，甚至连最微小的细节也不放过。愤怒的阿喀琉斯的形象对他也只是一幅图画，他以对幻想的那种梦一般的快乐，享受着阿喀琉斯愤怒的表情。因此，依靠这面假象的镜子，他免于产生那种统一感，免于同他创造的形式融为一体。相比而言，抒情诗人的形象只不过是自己，是自己的不同对象化。他是那个世界的运动中心，所以他可以说"我"。但这个"我"不是唤醒的经验现实的人，而是真实永恒的人的唯一的"我"，那个立足于万物的"我"。正是通过这样对自我的描绘，抒情天才看到了万物的基础。

现在，让我们想象下，他在这些描绘中看到了自己的非天才，也就是他自己的主体，那以某种似乎真实的东西为目标的、桀骜不驯的主观热情与意志追求。如果现在抒情天才似乎与非天才属于一体，并且天才也用"我"这个字谈论自己，那么，这种错觉再也不能欺骗我们，至少，不能以欺骗那些把抒情诗人界定为主观诗人的人的方式来欺骗我们。

事实上，阿尔齐洛科斯，这个激情燃烧的爱者与恨者，不过是这个天才自己的一个想象而已，而他已经不再是阿尔齐洛科斯，而是一个世界天才，他借阿尔齐洛科斯象征性地表达人类的原始痛苦。那位主观意愿并渴望的人——阿尔齐洛科斯永远不可能是个诗人。这位抒情诗人也完全不必要，把它眼前的阿尔齐洛科斯其人的想象看作永恒存在的反映。悲剧表明，抒情诗人的想象世界与近在咫尺的清晰现象多么遥远！

叔本华并未隐藏抒情诗人给艺术的哲学观察者带来的困难，他认为，他找到了解决办法（虽然我对这种方法并不赞同）。在他深刻的音乐形而上学中，他发现了果断解决这种困难的方法，我相信，按照他的精神，我能做到，并且带给他应有的荣誉。然而，他这样描述了抒情诗歌的本质：

"一个歌者的意识中充满了意志的主体，也就是，自己的意愿经常是一种得到解脱且满足的意愿（快乐），但更多时候，是一种抑制的意愿（悲伤）。它总是一种心灵的一种动态：情感或激情。然而，伴随着这种状态，歌者同时瞥见了周围的自然，认识到自己也是一种纯粹的无意志认知的主体。这个主体未受破坏的神圣宁静，同那总是无趣而受限的意愿形成对比。这种对比以及两者交替的感觉，正是一切抒情诗歌表达的主要内容，并从总体上创造了抒情的心境。在这种心境下，纯粹认知似乎在向我们走来，把我们从意愿及其压迫中解救。我们一路跟随，但仅是片刻。意志、我们个人目标的记忆，持续打断我们平静的沉思，但是，下一个美丽的场景总是再次让我们摆脱意愿，无意志的认识在这样的场景中显现。因而，在诗歌与抒情的心境中，意愿（个人对自己目的的兴趣）与对场景的纯粹静观奇妙地混合在一起。我们对两者间的关系进行探索与设想。主观情绪与意志的情感状态，同我们考虑的周围事物相联系，而后者也在一种反射作用中给这样的情绪以色彩。真正的诗歌是以这样的方式混合或分离的整个情感状态的表达。（《作为意志与表象的世界》）"

在上述描述中，抒情诗就是一种未完全实现的、很少达到其目的的艺术，事实上，是一种半艺术，其本质在于意志力与纯粹沉思，也就是非审美与审美状态的奇妙混合，这谁会认识不到呢？相较而言，我们认为，主观与客观的对立（叔本华甚至将这种对立作为对艺术进行分类的价值衡量标准）通常在美学中毫无地位。因为，这个主体，即要求自我目的、有意愿的个体，只能被认为是艺术之敌而非源泉。

但只要主体还是艺术家，他就已经脱离了他的个人意愿，成为了一种媒介，而真正存在的主体借以庆贺它的救赎。我们必须清楚这一点，不管它于我们是耻辱还是荣誉：整个艺术戏剧的存在，不是为了让我们更好或教育我们而演出，更不是因为我们是艺术世界的真正创造者。我们真的应该把我们自己看作真正创造者的美丽图画与艺术投影，而我们的最高价值就存在于艺术作品的意义中，因为，存在与世界只有作为一种审美现象才永远合理，而我们对这种意义的认识，几乎同画布上的士兵对画布上的战争的意识毫无区别。

在这里，我们对艺术的整个认识基本上是幻想，因为，作为认知者，我们并非那个作为艺术喜剧的唯一创造者与观众的存在，这个存在已经为自己准备好了永久的享受。唯有当天才在艺术创作中同世界的原始艺术家融为一体，他才能对艺术的永恒本质有所认识。在这种状态下，正如在神话故事中的怪诞画面一样，他神奇地转动眼珠注视自己。现在他既是主体也是客体，同时也是诗人、演员与观众。

六

关于阿尔齐洛科斯，相关的学术研究表明，他把民歌引入文学之中，出于这一贡献，他在希腊史上享有与荷马并驾齐驱的地位。但是，相对于完全的日神史诗，民歌又是什么呢？除了日神与酒神相结合的 *perpetuum vestigum*（永恒的迹象），还能是什么？民歌广泛流行，扩展到所有民族，而且不断新生，这向我们证明，自然的艺术二元性是多么强大：它在民歌中留下痕迹，正如一个民族的秘仪活动在音乐中留下痕迹。事实上，历史可以证明，民歌丰富的时期，往往是受酒神潮流冲击最强烈的时期，我们必须把这看作是民歌的基础与条件。

但首先，我们把民歌视为一面反映世界的音乐之镜，作为原始的曲调，试图寻找自己对应的梦境，并在诗歌中加以表达。这种曲调因而是首要的、普遍的，能在多种歌词中经受多种客观化。其次，在人民的朴素评价中，它也是最重要、最必要的东西。曲调反复地从自身产生诗歌。民歌中的诗节形式向我们证明了这一点。我总是吃惊地观察着这种现象，直到我找到了这样的解释：凡是带着这样的理论研究民歌集的人，他都将找到无数的例子，比如《少年的魔角》[1]。这连

---

[1] 19世纪初，德国诗人克莱门斯·布伦塔诺和德国作家阿赫森·冯·阿尔尼姆两人合作，收集整理了德国民间流传百年的诗歌、民谣，并将其编成诗集《少年的魔角》出版，这一诗集对德国浪漫主义诗歌的兴起有巨大的推动作用，影响了一代诗人。到19世纪末，奥地利作曲家古斯塔夫·马勒根据此诗集创作出了共有12首曲目的同名歌曲集。当然，不只是马勒，德国的许多音乐名家（如门德尔松、舒曼、勃拉姆斯）都曾据此诗集创作过歌曲。本文此处提到的就是古斯塔夫·马勒的《少年的魔角》歌曲集。

续产出的曲调，怎样在周围喷涌如火的形象。这些形象色彩明丽，瞬息突变，动力强劲，揭示出与史诗幻想极其平静向前过程迥然不同的力量。从史诗的角度，抒情诗中的这种不均匀、不规则的形象易受谴责，而在特尔潘德时代，日神节庆上庄严的吟诵史诗者无疑就是这样谴责它的。

因而，在民歌诗歌中，我们看到了强烈模仿音乐的诗歌语言。一个新的诗歌世界随着阿尔齐洛科斯开始了，这是同荷马世界深刻冲突的世界。在这里，我们阐明了诗与音乐、词句与声音之间一种可能的关系：词语、形象与概念，在音乐中寻找隐喻，来表达体验音乐的力量。在这个意义上，我们可以把希腊民族的语言史区分成两大潮流：模仿现象、形象的语言与模仿音乐世界的语言。

让我们深思片刻荷马与品达[1]的语言在色彩、句法与词汇上的差异，以便捕捉这种对立的意义。然后，我们就会一清二楚：在荷马与品达之间，肯定响起过奥林匹斯秘仪的笛曲，甚至在亚里士多德时代，在极其成熟的音乐中间，这笛声还能让人欣喜若狂、如醉如痴，其自然效果无疑激励了当代一切诗歌表现形式的竞相模仿。

我想起我们时代的一个被美学讨厌的众所周知的现象。我们一再体验到，贝多芬交响乐总是让一些听众不得不通过想象来谈论它，即便一个乐章创造的不同形象组合看起来真的相当混乱甚至矛盾。我们的这些美学家把可怜的智慧都用到了这样的组合上，忽略了真正值得解释的现象，这是我们美学家特有的风格。即便这位交响乐作曲家用形象来说明音乐创作，比如，他把一首交响曲命名为《田园交响曲》[2]，把某一乐章称为"溪边景色"，把另一个乐章称为"农夫欢聚"，这些表达无论如何都只是对音乐中产生的形象的比喻而已，而非音乐所模仿的对象。这些概念不能教会我们任何关于音乐的酒神内容，相比其他的形象图

---

[1] 品达（约前518—前438年），古希腊抒情诗人，被后世学者认为是古希腊九大抒情诗人之首。他的诗风格庄重、词藻华丽、思想深邃，包含着某种扑朔迷离的神秘色彩，阐明了古典时期早期古希腊的信仰和价值，具有泛希腊的爱国热情和道德教诲。品达作品以合唱歌著称，其合唱歌对后世的欧洲文学有很大影响，且在17世纪古典主义时期被认为是"崇高颂歌"的典范。

[2] 即《F大调第六交响曲》，为贝多芬失聪后所作，曲中饱含贝多芬对大自然的依恋之情，朴实细腻，颇为动人。

画也无独特的价值。

现在，我们只需把寓音乐于形象的过程挪用到一个有朝气、富于语言创造性的人群，以便感知分节民歌如何产生，以及整个语言能力是如何被模仿音乐这一新原则所激发的。如果我们因此把抒情诗看作图画与概念中的音乐的模仿，那么我们现在会问："音乐在形象与概念之镜中是什么样子？"按照叔本华所指的意义，它表现为意志，也就是审美的、纯粹的、静观的无意志状态的对立面。在这里，我们应该把本质与现象的概念区分开来。音乐就其本质而言不可能是意志，否则得把音乐挡在艺术领域之外，因为意志是固有的非审美之物。但音乐表现为意志。

为了用形象表达现象，从柔情耳语到疯狂怒吼，抒情诗人需要全部的激情。在以日神象征表达音乐的冲动下，他把整个自然与自身仅仅理解为永恒的意愿、渴望与思慕。然而，当他用形象来解释音乐时，他就处在日神静观之海的平静之中，不管它通过音乐媒介观看到的一切如何运动变化。实际上，当他把音乐当媒介来看自己时，他自己的形象就在一种不满足的情感状态中显现。他的意愿、渴望、呻吟与欢笑都是他借以解读音乐的比喻。这就是抒情诗人的现象；作为日神天才，他通过意志的形象来解释音乐，而他完全摆脱了意志的欲望，成为了纯洁的洞察一切的太阳之眼。

整个上面的讨论都坚定地主张，抒情诗依赖于音乐精神，正如音乐本身一样，音乐在完全的自由状态下，不需要形象与概念，而仅把它们作为自己的依附容忍在旁。对于音乐的无限普遍性与有效性中未潜伏的东西，抒情诗丝毫不能表达，这强迫诗人用形象来表达。因此，音乐的世界象征都不能用语言来表达，或沦为语言，因为音乐可以象征太一中心的原初矛盾与痛苦，从而以象征的形式展现超越并先于现象的领域。与音乐相比，每个现象远不止是一个比喻。因而，作为现象的器官与符号，语言从未把音乐最核心的东西转化为某种外部的东西，相反，只要语言还是在模仿音乐，它就不过是同音乐有肤浅的接触。抒情诗的完美修辞并不能让我们靠近音乐最深的意义半步。

七

我们现在必须寻求上述所有艺术原理的帮助,以便在这个迷宫中找到一条正确的路径——用一个描述性术语来指定希腊悲剧的起源。我认为我的见解绝非不合逻辑——不管古老传统的破布多么频繁地被拼合又撕破,这个起源问题至今未被严肃地提出过,更别提解决了。

传统断然地告诉我们,悲剧从悲剧合唱队中产生,最初只不过是合唱队而已。这个事实要求我们把悲剧合唱队看作真正的原始戏剧来探究,而不是在任何方面满足于作为日常讨论的艺术——合唱队是理想的观众,或者说,有责任代表人民对抗舞台上的王公贵族。

后一种观点,在许多政治家听来是个如此崇高的概念解释(似乎是民主的雅典人在民众的合唱队上表现了永恒的道德法则,而这些合唱队在应对国王的暴力与过度行为时总是站在正义一边),它在亚里士多德的话中可能有所提及,但这种解释对于悲剧的最初构成毫无影响,因为,人民及国王与一切政治社会问题的对立,总体上是在纯粹的宗教根源之外。回看我们所知的埃斯库罗斯与索福克勒斯合唱队的古典形式,我们可以认为,在这里说它预言了立宪人民代表制,那真是在亵渎上帝。然而,有些人就是不怕说出如此亵渎上帝的主张。古代的政治制度对立宪人民代表制没有实际认识,他们也从未在悲剧中对此作出有希望的预言。

比这种政治解释更有名的是奥古斯特·威廉·施莱格尔[1]的观点。他建议,我们要在一定程度上把合唱队看作观众的典范——理想的观众。这种观点,加上悲剧最初完全是合唱队的历史传统,表明它自己是一种粗糙的、无知的但却炫目的见解。但这种炫目只在于其紧凑的表现形式,源于真正德国人对一切所谓理想的事物的偏爱,以及我们短暂的惊讶。

一旦我们把熟悉的剧场观众同合唱队比较,并且自问是否有可能从这样的

---

[1] 奥古斯特·威廉·施莱格尔(1767—1845年),德国诗人、翻译家及批评家,德国浪漫主义运动的杰出领导者之一。他曾将莎士比亚的作品翻译为德文。

□ 被缚的普罗米修斯

在希腊神话中，普罗米修斯因帮助人类而惹怒宙斯被锁链缚在高加索山的岩石上，由一只恶鹰来每日啄食他的肝脏，其肝脏则日复一日地重新长出，并且，此等痛苦要重复三万年之久。图为彼得·保罗·鲁本斯的《被缚的普鲁米修斯》。

观众得出类似悲剧合唱队理想的东西时，我们就会感到惊讶。我们会默默地否定这一点，并惊讶于施莱格尔大胆的主张以及希腊大众迥然不同的天性。因为我们始终认为，真正的观众，不管是什么样的人，总是知道在他面前的是一件艺术品，而不是一个经验的现实。对比而言，希腊悲剧合唱队要把舞台上的形象看作活生生存在的人。扮演海洋女神的合唱队真的相信，他们看到了自己面前的普罗米修斯[1]，并认为自己就是舞台上的真神。

像海洋女神一样，认为普罗米修斯真的亲临现场，难道这样的观众便是最高级、最纯粹的观众吗？难道跑上舞台、从酷刑中解救普罗米修斯，就是理想观众的标志吗？我们相信有审美能力的公众，并认为一个观众越是能从审美上把艺术作品当作艺术，他的能力也就越充分。施莱格尔的名言告诉我们，完全理想的公众会让舞台世界从经验上对自己产生影响，而不是从审美上。我们叹息道："这些希腊人！他们推翻了我们的美学。"但我们已经习惯了这样的观念，以至于每次谈到合唱队，我们都会重复施莱格尔的名言。

但是，有说服力的传统在这里反驳施莱格尔。最初的合唱队，也就是悲剧的原始形式，原本就没有舞台，同理想观众的合唱队也并不兼容。我们从观众的概念中得出其真正形式——自在观众（纯粹观众）的艺术形式是什么？无戏剧的观众是一个矛盾的概念。我们认为，悲剧的诞生既不能从群众对道德智慧的高度尊

---

[1] 参见珀西·雪莱《解放了的普罗米修斯》。

敬中得到解释，亦不能从无戏剧的观众概念中得到解释。我们认为这个问题太深刻，如此肤浅的评价方式根本触及不到。

在《墨西拿的新娘》[1]的著名序言中，席勒已经对合唱队的意义提供了一个极有价值的见解。他把合唱队看作在悲剧四周的一面活的墙，把它自己同客观世界隔离，并保护其理想空间与诗歌自由。席勒以此为武器对抗大众的自然主义的观点，对抗大众对幻想派戏剧诗的需要。在剧院，生活只能是人造的艺术，舞台布置只能是一种象征，韵律语言的本质带有理想的特性，但从整体上说，仍然存在某种误解：席勒主张，把所有诗歌本质的东西当作诗的自由来容忍，这还不够。合唱队的引入，在席勒看来，是决定性的一步，代表了对艺术自然主义的公开且豪迈的宣战。

正是这样的看待方式，让我觉得，我们时代（自认为优秀地）使用了"伪理想主义"这个令人鄙视的字眼。相反，我怀疑，我们现在对自然主义与现实主义的崇拜，让我们处在了一切理想主义的另一极，也就是说，一个蜡像陈列室的领域。在这里，艺术也存在，就像在当代的某些爱情小说中一样。然而，但愿不会有人拿下面的主张来纠缠我们：我们靠这种艺术推翻了席勒与歌德的艺术伪理想主义。

当然，按照席勒的正确认识，希腊的萨提尔合唱队、原始悲剧合唱队，其通常演出的舞台是理想的舞台，一个在凡人的真正巡演舞台之上的舞台。希腊人为这个合唱队建造了一个虚构的自然状态中的空中楼阁，在它上面放置着虚构的自然万物。悲剧从这个基础产生，并因此从一开始就免去了虚构现实的种种痛苦。

这并不是说，这是个在天地之间任意幻想的世界。对于虔诚的希腊人而言，这更是一个有着同等现实性与可信性的世界，正如奥林匹斯及众神一样。作为酒神合唱队的一员，萨提尔生存在被宗教允许、神话与文化认可的现实之中。悲剧从他开始，悲剧的酒神智慧由他代言，这对我们而言是个陌生的现象，就如悲剧通常从合唱队发展而生一样陌生。

---

[1] 1803年席勒所作戏剧。席勒试图将古典与现代戏剧结合起来，在剧中使用了希腊悲剧元素（指合唱队），而这种在当时显得过时的悲剧元素，使得这一作品备受争议。

当我声称这个虚构的自然生灵萨提尔同文化人的关系，等同于酒神音乐与文明的关系，我们就可能到达了一个讨论的出发点。关于文明，理查德·瓦格纳指出，音乐夺走了它的光芒，就像日光让灯火黯然一样。我相信，有教养的希腊人在看到萨提尔合唱队时也会自觉黯然失色。这是酒神悲剧最直接的影响：通常，国家与社会，人与人之间的间隙，让步于一种引导我们回归自然的、所向披靡的统一感。

正如我所指，真正的悲剧留给我们形而上学的慰藉。尽管现象有众多变化，就一切事物的本质而言，生命总是一种无坚不摧的力量，令人欣喜。这种慰藉清晰地体现为萨提尔合唱队、自然生命合唱队，它们似乎活在文明的背后，无法抹去，历经世代更替、历史变迁，始终未变。深刻的希腊人能感受到最微妙最深重的痛苦，他们用这合唱队来自我安慰。他们以大胆的目光环视所谓世界史的骇人破坏本能以及自然的残酷，他们处在渴望佛教意志否定的危险之中。艺术拯救了他们，而生活也通过艺术拯救了他们。

酒神状态的狂喜，以及它对存在的束缚与界限的破坏，当然包含着一种昏睡的元素，而个人过去经历的一切都沉浸其中。正是因这遗忘的鸿沟，世界的日常现实同酒神现实相互分隔。一旦日常现实再次进入我们的意识，我们就会对其生厌。这种状态的结果，就是产生一种禁欲的否定意志力量的心情。

在这个意义上，酒神式的人相似于哈姆雷特，两者都真正窥见了事物的本质。他们觉悟了，厌烦一切行动，因为他们的行动改变不了事物的永恒本质。他们认为，期望他们纠正这个颠倒的世界既可笑又可耻。知识残害了行动，因为行动需要我们进入一种戴着幻想面纱的存在状态。这是哈姆雷特给我们的教训，而不是关于梦想家的虚假智慧。这种梦想家，因思虑过多、可能性太多，不能走向行动。这不是一种反思。不是！真正的知识以及对残酷真理的洞察，抑制了他们行动的动机，这在哈姆雷特与酒神式的人身上都是如此。

现在任何慰藉都毫无作用。他的渴望超越了这个世界，甚至超越了诸神，走向死亡。存在，以及他在诸神或不死来世的光辉反照，都被否决。在意识到曾一度窥视到的真理后，他四处看到的只有存在的可怕与荒谬，他现在领悟了奥菲莉亚[1]命运的象征，认识到了森林之神西勒诺斯的智慧。他厌世了。

意志陷入了最大的危险之中。为了自救，它向艺术这位救世者靠近。唯有艺术能把因存在的可怕与荒谬而产生的厌世转变为虚假的构造，让人得以继续生存下去。作为对恐惧的艺术化的掌握，这种构造是一种崇高；作为对厌倦荒谬的艺术化的解放，这种构造是一种滑稽。酒神颂的萨提尔合唱队是拯救希腊艺术的事实。这里，描述的情感通过酒神颂唱者的世界得以释放。

八

萨提尔与近代牧歌中的牧羊人都是对原始与自然渴望的集中体现，但希腊人是多么强大无畏地抓住林中之人不放，而现代人又是多么羞怯无力地玩弄着文雅温和的吹笛牧羊人的谄媚形象。希腊人尚未受到使文化受禁的认知影响，他们在萨提尔身上看到了自然，因而他没有把萨提尔错认为猿人。恰恰相反，萨提尔是人的原初形象，是人最激昂最强烈的情感表达，是因神灵接近而受激励的狂欢者，是神灵的痛苦在其身上重现的意气相投的伙伴，是从自然的内心深处带来智慧的先驱，是希腊人惯于带着恭敬的惊愕所看到的自然的性的全能形象。

萨提尔是崇高神圣的东西，他尤其要在酒神式的人的痛苦而破碎的目光中看起来如此，这位酒神式的人将受到我们精心装饰的虚假牧羊人的侮辱。他的眼睛带着崇高的满足，流连于自然那袒露的、茁壮的、绚丽的笔触。在这里，人的原初形象洗净了文明的错觉，而真正的人露出了真面目，那个快乐地呼喊神灵的长胡子萨提尔。与他相比，文明的人也沦落成一幅误导人的讽刺画像。席勒同样在这些事情上看到了悲剧的开端，他是对的：合唱队是一面反对现实的活生生的墙，因为——萨提尔合唱队——相比通常认为自己是唯一现实的文明人，它呈现的存在更诚实、更真实、更完整。

---

[1] 奥菲莉亚，悲剧《哈姆雷特》中的角色，年轻贵族小姐，波洛涅斯的女儿，雷尔提斯的妹妹。她与哈姆雷特陷入爱河，政治立场使他们结合无望，而王子的复仇也受到种种阻力。后来，作为王子复仇计划的一部分，她被无情抛弃，再加之父亲被哈姆雷特误杀，她陷入精神错乱，最后身着盛装溺于河中。

□ 宁芙与萨提尔

萨提尔是酒神的追随者之一，拥有人类的身体，同时兼具部分山羊的特征，如羊角、羊耳、羊蹄等，他爱酒成性，贪图欢乐而放纵好色，喜好与宁芙（希腊神话中的次级女神，常以妙龄少女的形象出没于山林原野、溪流大海中）嬉戏享乐，被视为低等的森林精灵。图为威廉-阿道夫·布格罗的《宁芙与萨提尔》。

诗歌的领域并非诗人头脑中异想天开的世界。它想要的恰恰相反，即对真理不加掩饰的表达，并必须因此抛却文明人构思的真理的虚假外衣。自然的真正真理与表现为唯一现实的文化谎言之对立，类似于万物即自在之物的永恒核心与整个现象世界的对立。正如悲剧依靠形而上学的慰藉，以吸引我们对在现象被持续破坏中的存在核心的永恒生命的注意，萨提尔合唱队的象征已经用比喻表达了自在之物与现象间的原始关系。那牧歌中的牧羊人不过是虚假的被他视为自然的整个文化错觉。酒神式希腊人想要最高力量的真理与自然。他会觉得自己变成了萨提尔。

这一群狂喜的酒神信徒因此种情绪与见识而欢喜，它们的力量在他们面前改变了他们，导致他们把自己想象成重现的自然天才——萨提尔。之后悲剧合唱队的建立就是对这种自然现象的艺术模仿，而其中必定有必要在酒神观众与受酒神魔力影响者之间划清界限。但我们必须一直记住，阿提卡悲剧的观众在合唱队上重新发现了自己，并且，观众与合唱队不存在对立。一切都是歌舞着的萨提尔或者允许自己被萨提尔代表的人所组成的庞大而崇高的合唱队。

现在我们必须在更深的意义上借用施莱格尔的观点。如果合唱队一直是唯一的旁观者，并看到了舞台上的想象世界，那么他就是理想的观众。正如我们所知，希腊人不了解作为观众的大众。在他们的剧场，观众席位是一排排递升的同心弧形结构，让每个人都能俯瞰他周围的整个文明世界，并拥有完整的视角把自己想象为合唱队的一员。鉴于这样的见识，我们可以把原始悲剧最早阶段的合唱队称为酒神式人的自我反照，我们在演员的体验中能最清楚地识别到这样的现象，而真正有天赋的演员，能看到他所扮演角色的形象，仿佛在眼前飘动着等待他的拥抱。

首先，萨提尔合唱队主要是酒神群众的幻想，正如舞台世界是萨提尔合唱队的幻想一样。这种幻想的力量如此强大，足以让人看不见"现实的印象"与周围就座的有教养之人。希腊剧场的造型像是个孤独的山谷，舞台架构看起来是一片光亮的云朵。当酒神的伴侣从山顶俯瞰时，这就仿若显现了酒神形象的壮丽场景。

我们在此用原始的艺术现象来解释悲剧合唱队，从有关基本艺术过程的学术观点来看，它们几乎都很唐突，尽管再没有比这明显的——诗人之所以为诗人，在于他看到了自己周围的形象，看到它们在自己面前存在与行动，凝视着它们最内在的本质。透过我们现代人才有的某些独特弱点，我们倾向于把那原始的审美现象想象得过于复杂抽象。

对于真正的诗人而言，比喻不是修辞上的，而是取代概念在他面前浮动的代表性形象。对他而言，个性不是一点点收集的单个特性的整体，而是在他面前的执着之人，仅仅靠持续的存在和行动同画家类似的幻想加以区别。为什么荷马的描述比其他任何诗人都鲜明生动呢？因为他在周围看到得更多。我们之所以如此抽象地谈论诗歌，乃是因为我们都是拙劣的诗人。从根本上说，审美现象是简单的：如果一个人有能力看到周围上演的活生生的游戏，并一直生活于幽灵的包围之中，那么这个人就是诗人。如果一个人只能感觉到改变自己的冲动，并以他人身心向外诉说，那么他就只是个戏剧家。

酒神式的兴奋能把这种艺术才能传递给整个群众，这样，他们便看到了周围的这群幽灵，并因此知道了他们内在的一体。悲剧合唱队的这种动态是最原始的戏剧现象：看到自己在自己面前改变，并行动起来，好像自己真的进入另一个人的身体与性格之中。这种过程发生于戏剧发展的开始阶段。在这里，有种不同于史诗吟诵者的东西，史诗吟诵者从未与他的形象融合，而是像画家一样，用一双自己之外的观察之眼看待它们。在这一戏剧中，通过进入一个陌生的天性，自我的个性已经被抛弃。这种现象如传染病般爆发：整个群体都觉得自己被传染了。

　　出于这个原因，酒神颂歌本质上不同于其他的合唱。少女们手拿月桂枝，庄严地走向阿波罗神庙，边走边唱着进行曲，她们依然是自己，保留了作为公民的姓名。而酒神合唱队是一群变化之人的合唱队，他们公民的过去以及社会地位都被完全忘却。他们成了自己神灵的永恒仆人，居住在所有社会领域之外。希腊所有其他合唱抒情诗不过是日神颂独唱者的无限强化，而在酒神颂中，却是一群无意识的演员，站在我们面前，并把彼此看作变化之人。这种魔力是一切戏剧艺术的前提条件。在其中，酒神的狂欢者把自己看作萨提尔，而作为萨提尔，他看到了他的神灵。在改变后的状态下，他看到了自己之外的新幻象——视为自己状态的日神式的实现。戏剧则因这种新幻象而完整。

　　伴随着这样的认识，我们必须把希腊悲剧理解为：反复不断地将自己释放于日神形象世界的酒神合唱队。在悲剧中散布的合唱诗篇，是所谓的整个对白的母体，也就是整个舞台世界与戏剧本身的母体。这个悲剧的原始基础把从多次释放中得到的幻象送出，这种幻象完全是梦境，从而在本质上是史诗，但另一方面，它作为酒神状态的对象化，展现的不是日神的慰藉，而是个体的分解以及同原始存在的融合。因此，戏剧成了酒神认知与效果的日神式投射，并因而与史诗之间隔着一条巨大的鸿沟。

　　我们的这种观念为希腊悲剧合唱队提供了充分解释，它是整个狂乱的酒神式的群体的象征。然而，鉴于我们习惯了合唱队在现代舞台上的作用（尤其是戏剧合唱队），我们完全不能理解悲剧合唱队如何比真实的情节更古老、更重要、更原始（正如传统如此清楚地告诉我们）。同时，考虑到传统上的高度重要性与原始卓越性，我们也搞不清楚，为什么合唱队只由低贱的仆人组成，且最初只由山羊类的萨提尔组成。而对于我们，舞台前的乐队仍然是个未解之谜，我们现在已经认识到，舞台与情节最初只被看作幻象，而合唱队本身才是唯一的现实。它从自身创造幻象，并通过舞蹈、声音与言语的全部象征符号来表达。

　　合唱队在幻象中注视着它的主人酒神，因而总是由仆人组成乐队。这个乐队看到了酒神如何受苦、如何美化自我，因而自身从未行动。但在作为神的完全仆人的角色上，乐队无论如何都是自然的最高表达（也就是酒神），并狂喜地说出神谕的智慧，就像一位同情者与智者，传达来自世界内心的真理。因而，那位聪明狂喜的萨提尔，那个幻象的明显无礼的形象就出现了。与酒神相比，他还是个天真的人——一个自然及其最强烈动机的形象，自然的符号；同时他又是自然与艺术的宣告者：音乐家、诗人、舞蹈家与空想家集于一身。

按照这样的认识与传统，酒神，作为本质上的舞台英雄与幻象中心，在悲剧最古老的时期并未真的在场，只是被想象在场。这意味着，最初的悲剧只不过是合唱队，而非戏剧。后来，人们才尝试将神灵作为真人展现，并让每一双眼都看到这幻想的形式与美化的场景。严格的戏剧正是在这时才开始出现的。现在，酒神颂合唱队承担了激励观众情绪的任务，让他们情绪达到酒神的水平，以便于在悲剧英雄上台后，他们看到的不是某个难看的、戴面具的人，而是从他们自我痴迷中幻想出的形象。

如果我们想象着阿德墨托斯深深思念着他那新亡的妻子阿尔刻提斯，并在这种内心的思念中日渐憔悴，这时，把一个体态举止相似的女子带到他面前又是多么突然，想象一下他突然不安的期待、情感上的纠葛以及本能的确信，那么，我们就会产生一种类似的感觉，就像被唤醒的酒神式的观众看到神灵大步走上舞台，而他已同神灵患难与共。他会自发地把整个神灵的形象（如同他内心中的魔怔一般）转移到那个戴面具的演员身上，并意图在一个幽灵般的非现实中消解这一形象的现实。这是日神梦中的情境，白昼世界在其中蒙着面纱，而一个比它更清晰、更易懂、更动人的新世界，如同幻影一般，在我们看到的一切持续变化中自我再生。

带着这样的认识，我们从悲剧中认识了风格上的鲜明对比：语言、色彩、动作以及言语力度，作为彼此完全隔离的表现领域，出现在合唱队的酒神抒情诗以及舞台的日神梦境之中。酒神在其中客观化的日神幻象，不再是永恒的海洋、变化的编排动作、炽热的生命意识（就像合唱队音乐那样），不再是那个能感知却无法转变为诗歌形象的力量——狂喜的酒神仆人在其中感觉到神的临近。现在，史

□ 意外重逢

费莱的国王阿德墨托斯被阿波罗预知到将死,阿波罗为了延续朋友的寿命说服了命运女神,但需要一人代之去世,阿德墨托斯的妻子阿尔刻提斯自愿牺牲,被死神带去冥界,而后被赫拉克勒斯从冥界救出,被蒙面带回到阿德墨托斯面前。国王揭开面纱,两人便得以重逢。图为约翰·海因里希·蒂施拜因的《赫拉克勒斯从死神手中夺回阿尔刻提斯,并将其带回到阿德墨托斯身边》。

诗形式的明晰与庄严从舞台上向他诉说;这时,酒神不再靠强制力诉说,而是像一位史诗英雄一样,用荷马的语言来诉说。

九

在希腊悲剧的日神精神以及对白中显露的一切,都是简单、透明且美丽的。在这个意义上,对白就成了希腊人的形象,并在舞蹈中显露他们的本性,因为,最伟大的力量只是潜伏在舞蹈中,并在灵巧而丰富的动作中表露出来。索福克勒斯的英雄悲剧的语言,因其日神精神的明晰与鲜明让我们意外,以至于我们马上想象到,我们瞥见了他们存在的最内在的基础,并惊讶于通向这一基础的道路是如此之短。

然而,一旦我们把目光从显现而变得可理解的英雄性格(这种性格基本上是投射到昏暗墙上的光亮画面,一种彻底的幻象)上移开,我们就深入到了这种在明亮的反射中投射自己的神话。这时,我们突然体验到那种同众所周知的光学现象相反的现象。当我们决意要直视太阳,并因眩晕而躲开时,我们眼前就会闪现暗色的光斑,以缓解阳光对我们眼睛的刺激。索福克勒斯的英雄的这些光亮的幻象与此正好相反:简而言之,日神的面具,作为瞥见自然内在恐惧的必然产物,就像是明亮的斑点,医治我们那双在惊悚之夜失去视力的双眼。只有在这个意义上,我们才能认为我们正确地理解了"希腊的乐观"这一庄重而重要的概念,但是今天,我们陷入了错误的认识,把这看作了一种条件,一种对人生安全的满足条件。

希腊悲剧中最悲惨的人物形象——那位不幸的俄狄浦斯——在索福克勒斯看来，是一个高尚的人，一个尽管智慧但注定要承受谬误与痛苦的人，他受尽苦痛，最终对自己周围的人发挥了一种神秘的造福之力，这种力量对与他不同的人产生了作用。这个高尚的人并没有罪，这是深刻的诗人想要告诉我们的——俄狄浦斯的行为，可能会让一切法律、一切自然秩序，甚至整个道德世界毁灭，但也因他的行为，一个更高层级的后果也产生了，它将在被推翻的旧世界的废墟上建立一个新世界。这就是诗人告诉我们的东西——只要他还是一个宗教思想家。作为诗人，他首先给我们展示了一个复杂的法律之结，由法官在自我毁灭之中逐节解开。在这种辩证的解决之道中，希腊人的真正快乐如此强烈，导致一股强大的乐观之感包围了整部作品，削弱了开始这一过程的可怕前提的刺痛。

我们在《在科罗诺斯的俄狄浦斯》中遇到了同样的乐观，但却被一种不可估测的转变升华了。这位老者受尽磨难，忍受着作为一切遭遇之牺牲品的痛苦，现在，我们看到一种超脱尘世的乐观从神界降临，向我们指明：这位英雄在他纯粹消极的行为中完成了最崇高的行动，远远超出了他自己的人生（然而，他人生早期的自觉追求引导他进入了纯粹的消极）。因而，那在凡人看来难分难解的俄狄浦斯之结，慢慢被解开，而在这一神圣的辩证发展中，让我们感到了人世间最深刻的快慰。

即便我们在这里对诗人的解读是正确的，仍然会有人问：神话的内涵在这种解释中是否已经说尽了？我们在这里看到，诗人的全部意图不过是那种光亮的形象，这是自然在瞥见深渊后作为医治者展示在我们面前的形象。俄狄浦斯是杀父

□ **索福克勒斯**

索福克勒斯（前496—前406年），与埃斯库罗斯、欧里庇德斯并称古希腊三大悲剧作家。其人生活于雅典民主制的全盛时期，在悲剧创作领域相当高产，一生共写过123部剧本。就对戏剧的贡献而言，索福克勒斯首先在戏剧中引入了第三个演员，这减小了希腊戏剧合唱队的重要性。由此，戏剧家有可能引入更多的角色，并使得角色间的互动更加丰富。戏剧冲突的范围因此得到扩展，使剧情更加流畅。索福克勒斯的悲剧是雅典全盛时期社会的缩影，他对戏剧艺术最大的贡献不是开拓性的，而是完善性的。他的剧作在形式上和内容上都达到了古代世界的最高水平。

的凶手、娶母为妻的丈夫，还是斯芬克斯之谜的破解者！这神秘的三重致命事件告诉我们什么？有这样一个古老的民间信仰（尤其是在波斯）：聪明的巫师只能生于乱伦。想到谜团的破解者、娶母为妻的俄狄浦斯，我们立刻要解读的事实是：正是在现在与未来的界限、严格的个体化原则、一般的自然魔力被预言与神奇力量破坏的地方，必定有一种巨大的自然恐怖事件（比如，乱伦）作为原始的因出现。如果不是我们与自然斗争并取胜，亦即我们借助了非自然的行为，我们又如何强迫自然交代她的秘密？

我们从俄狄浦斯可怕的三重命运中看出了这个道理：他破解了自然之谜（斯芬克斯之谜），必须以弑父娶母的行为打破最神圣的自然法则。确实，这个神话似乎要向我们耳语：智慧，尤其是酒神的智慧，是某种可怕且敌对自然的东西；谁靠知识把自然推向毁灭的深渊，谁就必定亲身经历自然的解体。"知识的长矛转而刺向这个聪明人。智慧是有害自然的罪恶。"这个神话向我们发出了如此可怕的呼喊。但是，希腊诗人就像一束光，照射到神话中崇高而可怕的门农雕像上，从而让神话突然奏出索福克勒斯的旋律！

现在我要把消极荣光同照亮埃斯库罗斯[1]笔下普罗米修斯的积极荣光作比较。思想家埃斯库罗斯在这里要告诉我们的东西，作为诗人的他只能通过比喻的形象给予暗示——这正是青年歌德知道如何借自己在《普罗米修斯》中的豪言而揭示的东西：

我在这里坐着，

依我的形象，塑造人，

一个类我之人的种族，

受苦，抽泣，

享乐，欢喜，

---

[1] 埃斯库罗斯（前525—前456年），古希腊悲剧作家，他是第一个在希腊话剧中引入两个演员的剧作家，通过对话的形式，革新了希腊话剧。埃斯库罗斯一生写有90部剧作，其中大多已经遗失，部分作品（如《被缚的普罗米修斯》《阿伽门农》）则流传至今。

尔后不予理会，

如我一般。[1]

人类上升到了提坦的高度后，战胜了他自己的文明，并迫使诸神与他结盟，因为人类凭借自己把控的智慧掌握了诸神的存在与界限。颂诗《普罗米修斯》按照其基本概念是赞美亵渎的圣歌，然而，其最非凡之处在于埃斯库罗斯对正义的深刻冲动：一方面是勇敢个人的无限痛苦，另一方面是诸神面临的险境，甚至是对诸神黄昏的预知，以及那种对形而上学同一、对两个受苦世界之和解的强迫力量，这一切，都是对埃斯库罗斯世界观的核心与主张的有力提醒——这种世界观视命运女神为统御诸神与人类的永恒正义。

埃斯库罗斯把奥林匹斯神界放到正义的天平上称量，其勇敢让人惊叹。这让我们想到，深思熟虑的希腊人在神秘祭仪中有一个不可动摇的形而上学的思想基础，并且，他能够把自己所有的怀疑情绪宣泄到奥林匹斯身上。希腊的艺术家，特别是在回想这些神灵之时，会有一种模糊的相互依存感。这种感受尤其在埃斯库罗斯的《普罗米修斯》中得到了象征的表达。这位提坦艺术家（普罗米修斯）发现了自身的一种违抗的信仰，即，他能造人，至少能毁灭奥林匹斯诸神——这一切都靠他的更高智慧实现了，当然，他不得不在永恒痛苦中赎罪。伟大天才的伟大力量（永恒痛苦对他而言不过是微小的代价）、艺术家严厉的自豪：这是埃斯库罗斯诗歌的内容与灵魂。而索福克勒斯在他的《俄狄浦斯》中奏响了圣人的凯歌，借此证明了自己。

但埃斯库罗斯赋予神话的意义，并未窥测出深不可测的恐怖。艺术家存在之快乐，带着亵渎的艺术创造的乐观，不过是映照在黑暗苦海中，云朵与天空的明亮图画。普罗米修斯神话是整个雅利安部族的原始财产，是他们深厚悲剧天赋的文献证明。事实上，可能的情况是，这个神话对于雅利安人有着决定性意义，正如人类堕落的神话对于闪米特人的意义，并且，这两个神话在某种程度上犹如兄

---

[1] 此段及全篇诗剧俱为普罗米修斯对宙斯之言。不过歌德并未把此剧写完。

妹一般。

普罗米修斯神话的前提在于天真人类给予火的非凡价值，视其为新生文化的真正神圣守护者。但是，人类并不只是把火当作天界的礼物，当作雷电之火或温和的光照，而是随意滥用，这在那些原始的沉思者看来是一种道德败坏，是对神圣自然的犯罪。正是在这里，这第一个哲学问题就让人与神之间面临着一个棘手且不可解决的矛盾，就像一块被推到文化之门前的拦路石一般。人类所能共享的最美好最高贵的东西，都是靠这种犯罪实现的，而现在人类必须接受进一步的恶果，即，痛苦与磨难之洪水，借此，受冒犯的神灵折磨雄心勃勃的高贵人族。这样的事肯定会发生——这种严肃的观念，赋予犯罪以价值，因而站在了同闪米特的人类堕落神话的奇特对立的位置。对于后者而言，好奇、欺骗、虚假、诱惑、淫欲，总之，一系列女性情绪为主的东西被看作罪恶之源。

雅利安观念的特色在于这样一种崇高的观点，即把积极的犯罪看成普罗米修斯的真正美德。悲观悲剧的伦理基础以及对人类罪恶的辩护被一并确立，而对人类罪恶的辩护就是把人类罪行作为罪恶的惩罚。于事物本质的不敬，对此好思考的雅利安人并不打算诡辩。世界内心中的矛盾，显现为不同世界之间的相互渗透，比如，神界与人界，两者分开看都是合理的，但两个世界靠近时，又必定因彼此的个性而相互折磨。

在这种英勇地把个体推向普遍的过程中，在个体试图跨越个性化限制，渴望成为统一的世界存在之时，人类自身经受着隐藏在事物中的矛盾冲突，也即是说，他违背了法则，因而要受苦。正如雅利安人把犯罪看成男性特征的，闪米特人把罪恶看成女性特征的，因此，男人犯了原恶，女人犯了原罪。在这一点上，女巫合唱队唱道：

我们所说，并非挑剔：

女行千步，

无论多快，

男欲赶超，

只需一跃。

（歌德《浮士德》）

　　如果你理解了普罗米修斯神话的最内在核心——像提坦一样追求个人必定要犯罪的必然要求，那么你必定同时感觉到在这种悲观概念中的非日神品质。日神想要让这个独立的个人世界安宁，其原因恰恰在于他在他们之间划定了界限，要求他们自知与节制，并总是以世上最神圣的法则来提醒他们。然而，为防止这种日神倾向从冻结转变为埃及式的僵硬与冰冷，并通过日神倾向以限定单个波浪的路线与范围，防止整个海洋活动的消失，酒神汹涌的洪水会随时摧毁那意欲限制希腊精神的片面日神意志之波浪。现在，酒神的浪潮突然背负起那个特别渺小的波浪，正如普罗米修斯的兄弟提坦阿特拉斯肩负起地球一样。这种提坦的冲动意欲成为所有个体的阿特拉斯，把它们背负到自己宽阔的背上，背得更高更远，这正是普罗米修斯与酒神精神的共同之处。

　　这样来看，埃斯库罗斯的普罗米修斯是酒神的面具，同时，在上述对正义的深刻渴望中，对于那些理解他来自日神（个性化与正义界限之神）的父系血统的人，埃斯库罗斯透露了这一点——他的普罗米修斯二重特性——兼具的酒神与日神本质——也许能用简单易懂的话来表达："一切存在既是合理的又是不合理的，两者有同等的权利。"

　　这是你的世界！这就是人所谓的世界！

十

　　最古老的希腊悲剧题材仅仅是酒神的痛苦，并在之后很长一段时间里，舞台上唯一的主角一直是酒神。这是个无可争议的传统。同样可以确定的是，酒神作为悲剧的主角在欧里庇德斯[1]笔下从未停止过。希腊戏剧中的一切知名角色，

---

　　[1] 欧里庇德斯（前480—前406年），一生著有92部作品，现存18部（如《美狄亚》《海伦》《独眼巨人》等）。欧里庇德斯对传统的悲剧进行了革新，使其取材不集中于英雄主题，而更偏向日常生活，语言风格也不近于史诗而更平民化，对彼时的希腊传统审美而言，欧里庇德斯的戏剧显然颇为异质，故其人也受到了许多质疑。

比如普罗米修斯、俄狄浦斯等，都不过是原始英雄酒神的面具而已。在这些面具下都站着一位神灵的事实，就是这些知名角色经常具有典型理想性的根本原因。

有人（我不知道是谁）声称，所有个体作为个体都是喜剧的，因而是非悲剧的，以至于希腊人一般都容忍不了个人出现在悲剧舞台上。事实上，他们似乎已感觉到了这样的呈现方式。柏拉图对理念与偶像的区分和评价，在希腊人的本质中已经根深蒂固。但为了使用柏拉图的术语，我们就不得不用类似下面的话来谈论希腊舞台上的悲剧人物：以多种形象出现的真正的酒神，一位戴着面具的战斗英雄，仿佛陷入了个人意志之网中。因此，这位神的言谈举止就像是一个犯错的、挣扎的、受苦的个人。他带着史诗的明晰显现，这是日神的影响之故——而日神是解梦者，通过比喻现象向合唱队指明了它的酒神状态。

□ 肩负地球的阿特拉斯

阿特拉斯作为提坦的一员，因提坦族对奥林匹斯众神之战的失败而被宙斯惩罚，他将在世界之西地作为擎柱——与普罗米修斯之罪罚相似，他永远不得解脱。图为乔凡尼·弗朗西斯科·巴比里（现也常称圭尔奇诺）的《举起天空之球的阿特拉斯》。

然而，事实上，这位英雄是受苦的秘仪酒神，那位从自身体验到个体痛苦的神。这个神奇的神话告诉这位神，他在幼年如何被提坦肢解，而现在又如何被尊为扎格列欧斯[1]。这揭示的是，这种本质上酒神式的痛苦肢解，就好比是向空气、水、土与火的转化，同时，我们要把个体化的条件看成是一切痛苦的根源与基础，作为其本身就应受谴责的东西。奥林匹斯诸神从酒神的笑声中产生，而人

---

[1] 扎格列欧斯是宙斯与宙斯之女珀耳塞福涅所生之子。在俄耳甫斯神话中，他被赫拉所派的提坦撕碎，其心和灵魂被宙斯保留并缝进了大腿。在重新出生后，扎格列欧斯被宙斯命名为狄奥尼索斯。

类则从他的眼泪中产生。在这种肢解后的存在下，酒神具备了残酷野蛮之恶魔与仁慈温和之主人的双重性质。

厄琉息斯秘仪的信徒渴望着酒神的重生，对此我们现在可以理解为个体化的神秘终结。信徒在向正在到来的第三位酒神唱出庆祝之歌。只有这种希望，才能让撕碎成个体的支离破碎的世界的面庞出现一丝快乐之光，就像神话在沉沦的德墨忒耳[1]永恒悲痛中揭示的那样。当德墨忒耳听到有人对她说她能再次让酒神诞生时，她第一次重获快乐。在这些确立的概念中，我们已经汇聚了深刻而悲观的世界观的一切因素，以及悲剧的神秘教义：对万物统一性的基本认识，个体化是一切罪恶的终极基础，艺术是个体化魔力等待我们去破除的快乐希望，是对重新建立的统一性的预感。

前面已经指出，荷马史诗是奥林匹斯文化的诗歌，它歌唱出这种文化对提坦的恐怖斗争的胜利。现在，在悲剧诗歌的强大影响下，荷马神话再次新生，并在这种神话中蜕变显现，而现在，奥林匹斯文化已经被一种更深刻的世界观所战胜。这位大胆的提坦普罗米修斯向折磨他的奥林匹斯神预言，其统治将首次面临最大的危险，除非尽快与他联盟。我们在埃斯库罗斯的作品中看到，因担心自己的权利被终结而惊恐的宙斯，同提坦联盟。

因而，提坦的早期时代再次从塔耳塔洛斯[2]回归，重见天日。野蛮且裸露的自然哲学，带着不加掩饰的真理表情，注视着翩翩而过的荷马世界神话。在这位女神闪烁的目光下，这些神话变得苍白，战战栗栗，直到他们强迫酒神艺术家的强大拳头为新的神灵服务。酒神的真理掌控了整个神话领域，作为它认知的象征，并在公共的悲剧文化以及戏剧秘仪节日中的秘密庆典中道出这样的认识（但总是披着古老神话的伪装）。是什么力量把普罗米修斯从秃鹰手中解救，并把神话变成了一种酒神智慧的工具？是音乐的赫拉克勒斯之力。音乐，那种在悲剧中实现最高表达的音乐，能以最深刻的方式赋予神话新的意义，这便是之前已经描述的

---

[1] 德墨忒耳是希腊神话中掌管农业和丰收的女神，奥林匹斯十二主神之一，在希腊神话的不同版本之一中被认为是狄奥尼索斯的母亲。

[2] 塔尔塔洛斯即指地狱，位于大地的最低端。

□ 卢奇安

卢奇安（约125—180年）生于叙利亚，是古罗马以希腊语写作的讽刺作家，其本人为唯物主义者、无神论者，批判唯心主义，怀疑否定一切迷信习俗、宗教信仰及超自然，并常从社会的不合理之处论证神的不存在。其作品众多，且对后来的诸多哲学家与作家都产生了积极影响。

音乐的最强大能力。

逐渐进入假定的历史现实裂隙，并被分析为一种独特的事实，以满足后世解答历史的需要，这是所有神话的命运。希腊人已经在这条路上走了很远，他们机智而随意地给青年的神秘梦想贴上历史的、实用的青年历史的标签。因为这是神话趋于毁灭的方式，也就是说，当宗教的神话前提，在正统教条主义强烈而理性的目光下，被当作历史事件的封闭总和加以归类，人们开始焦急地维护神话的信誉，但又抵制神话自然而持续的存在与增长。对神话的感情泯灭，而把宗教放在历史基础之上的主张则取而代之。

新生的酒神音乐天才现在抓住了这些行将灭亡的神话，在他手里神话再次开花，绽放出从未有过的色彩，散发出激起人对形而上学世界渴望的芳香。在这最后的繁荣之后，神话衰退了，叶黄枝枯，而不久，卢奇安就抓起了这些落花，它们枯萎褪色，被风吹得散落一地。神话凭借悲剧实现了其最深刻的内容以及它最高的表现形式。它再次把自己举起，像一位受伤的英雄，伴随着将死之人残存的力量与明智平静，它的眼里燃起了最后的灿烂光芒。

当你试图强迫这位将死之人为你效劳时，你这位无赖欧里庇德斯，究竟意欲何为？他在你强大的手中死去，而现在你需要一种只能靠古老辉煌伪装自己的虚假神话，像赫拉克勒斯的猴子一般。正如神话与你同逝，音乐的天才也已死去。即便是你带着贪婪掠夺一切音乐花园，你得到的不过是虚假的音乐。因为你放弃了酒神，所以日神也放弃了你。即便是你从他们的床前猎获所有的激情，并诱骗它们进入你的怀中，即便你为你主角的言辞磨砺自己，并备下真正老练的辩证法，你的主角也只拥有伪装的激情，只说得出虚假的语言。

十一

希腊悲剧的灭亡方式不同于其他一切古老的艺术形式。它因一种无解的冲突而自杀（因而是悲剧），而一切其他艺术则是在美好与平静中寿终正寝。如果留下了美好后代，没有任何痛苦的挣扎，这才是告别人世的幸福而自然的状态——那么，这些古老艺术形式的结尾向我们显示的正是这样一种幸运的自然状态。他们慢慢地消失，而他们美好的子孙已经站在了他们奄奄一息的目光前，急迫地以勇敢的姿态昂起头来。相较而言，随着希腊悲剧的灭亡，出现了随处都被感受到的巨大空虚。就像提比略时代的希腊船夫听到从某个孤岛上传来的惊人哭喊："伟大的潘[1]死了！"而现在，像痛苦的哀号一般响彻希腊世界的是，"悲剧死了，而诗歌也随之逝去！滚吧，你这衰弱猥琐的追随者！滚到地狱，这样你们能再次饱餐先辈们的剩菜残羹！"

如果现在一种新的艺术形式繁荣起来，视悲剧为其先驱与女主人来称颂，但看到它会让人吃惊，因为它虽然有母亲的容貌，但却是母亲在长期的垂死挣扎中展露的面容。欧里庇德斯的争斗正是在这种悲剧中的垂死挣扎，而这种后期的艺术形式被称为新阿提卡喜剧。在那里，作为悲剧极度艰苦与横死的纪念碑，悲剧的衰退形式留存其中。

这种看待事物的方式，让新喜剧诗人对欧里庇德斯那种激情的钟爱变得可以理解。因而，腓利门的愿望（他愿意马上上吊，以便自己能去冥界寻找欧里庇德斯。前提是他确信死人仍然有理智）不再是某种奇怪的东西。然而，用简短而简洁的话来说，欧里庇德斯同米南德与腓利门有何共同之处，以及欧里庇德斯对于他们有哪些如此惊动人心的榜样与效力，这里可以肯定地说，欧里庇德斯把观众带到了舞台上。谁能认出欧里庇德斯之前的普罗米修斯悲剧作家用什么材料创造了他们的

---

[1]希腊神话中的牧神，众神传信者赫密斯之子，掌管树林、田地和羊群。他有人的躯干和头，山羊的腿、角和耳朵。其人爱好音乐，擅长吹排笛，对自己的音乐颇为自满，曾自诩堪与阿波罗相媲美；又生性好色，常藏匿在树丛之中等待美女经过，然后上前求爱。

英雄，以及把真正的现实面具带到舞台上的意图距离他们有多远，谁就能看清欧里庇德斯完全偏离的倾向。

因为欧里庇德斯，世俗之人被挤出了观众席，走上舞台。早期只展现伟大与勇敢特征的镜子，现在却照出了一种痛苦的忠诚，一丝不苟地映照出自然的败笔。古老艺术中典型的希腊人奥德修斯现在落入新诗人之手，沦落成 *graeculus*[1] 的形象，而从现在开始，他作为善良聪明的家奴已经站在了戏剧趣味的核心里。阿里斯托芬[2]在《蛙》中对欧里庇德斯的称赞，即，他通过自己的家常用药让悲剧艺术摆脱了浮夸的熙攘，对此，我们能从他的悲剧英雄身上找到蛛丝马迹。

观众现在从欧里庇德斯舞台上看到、听到的本质上是自己，并欣然于这个人物的能说会道。但这不是唯一的乐事。人们从欧里庇德斯身上学会了说话。他自豪于自己同埃斯库罗斯的论战——人们如何通过他学会用艺术的方式、最敏锐的诡辩来观察判断并推出结论。由于这种公众语言的彻底转变，他让新喜剧的出现成为了可能。从那时起，尘世生活如何登上舞台，用什么样的语言，已经不再是神秘的事情了。

欧里庇德斯正是在中产阶级的平庸之上建立了他所有的政治希望，而这种平庸现在已经脱颖而出。在这点上，悲剧中的半神、喜剧中的醉鬼萨提尔或半人之物已经确定了语言的本质。因而，阿里斯托芬剧中的欧里庇德斯给了他自己高度评价[3]，评价他如何展现常见的、众所周知的普通生活与追求，对此任何人都有能力判断。如果现在所有民众都理性地思考，带着惊人的精明管理土地与财产，进行法律诉讼，那么，他认为，这是他的功劳，是他灌输给人民的智慧成果。

新喜剧现在可以把注意力转到这样有准备的开明民众。对于他们而言，欧里庇德斯在某种程度上成了合唱队老师。不过这一次，观众合唱队有必要接受训

---

〔1〕对希腊人的蔑称，可理解为"可怜的希腊人"。

〔2〕阿里斯托芬（约前448—前380年），古希腊喜剧作家，也是古希腊喜剧（尤其是旧喜剧）的代表人之一，有"喜剧之父"一称。他在一生中写有44部喜剧，不过现在仅存11部（如《阿卡奈人》《鸟》《蛙》等），这11部喜剧也是现存于世的最早的希腊喜剧。阿里斯托芬的作品不仅在当时的希腊，也在后来的古罗马时期获得了欢迎。它们还对欧洲的政治幽默文学（特别是英国文学）有所影响。

〔3〕参见阿里斯托芬《阿卡奈人》。

练。一旦合唱队训练有素到能唱出欧里庇德斯的乐调——类似棋类游戏的戏剧风格，那种因狡猾的精明而持续胜利的新喜剧则应运而生。而合唱队的队长欧里庇德斯则不断得到赞扬。事实上，如果没有认识到悲剧诗人像悲剧一样已经死去了的话，他们为了向他学习更多东西，甚至愿意让自己去殉葬。

希腊人因悲剧放弃了对不朽的信仰，不仅是对理想过去的放弃，还是对理想未来的放弃。有这样一句知名的墓志铭，"作为老人，鲁莽而怪癖"[1]，这同样适用于希腊文化时代的晚年。瞬间性、机智、愚蠢以及反复无常，这些是最高贵的神性，第五等级——奴隶阶级现在（或者至少在精神上）在掌权了。如果还讨论希腊的乐观，那也只是奴隶的乐观。但是，对于如何承担艰难的一切、如何追求伟大的一切，或者如何给予过去或未来比现在更高的价值，奴隶们毫无概念。

如此激怒了基督教前四个世纪的深刻而可怕本性的，正是出现在此的希腊乐观。对于他们，这种对严肃与恐怖的女性化逃避，对舒适消费的怯懦的自我满足，看起来不仅可鄙，而且本质上是反基督教的思想。我们可以把这种愤怒的影响归因于这样的事实：希腊古代被看作瑰色的乐观时代，并以几乎所向披靡的顽强持续了数个世纪，仿佛希腊古代从未有过第六世纪[2]，没有其悲剧的诞生、秘仪崇拜以及它的毕达哥拉斯与赫拉克利特，甚至那个伟大时代的艺术作品也从未有过。那种存在与乐观中衰老的快乐，奴性的心境，或那种证明一个完全不同的世界观，以作为自己存在基础的东西，完全不能作为这些作品的解释。

最后，当我们断言，欧里庇德斯把观众带上舞台，旨在让观众首次掌握真正评判戏剧的能力，这可能让人觉得，古老的悲剧艺术仍未化解它同观众的错误关系，欧里庇德斯意图实现艺术作品与公众间的一种恰当关系，作为超越索福克勒斯的进步，而人们可能被诱导去赞扬这种激进倾向。然而，这个公众只是一个词，全无一种持续而坚定的价值。为什么艺术家有义务让自己适应那仅靠人数取胜的力量？

---

[1] 参见歌德《墓志铭》。
[2] 此处是指公元前第六世纪。

此外，如果他认为自己的才能和意志优于任何一位观众，那么，相较于最有天赋的个别观众，他又怎么能从所有能力不如他的人的公共表达中感受到更多尊重呢？事实上，没有哪位希腊艺术家能比欧里庇德斯更勇敢更自满地对待他的观众。当大众俯身其足下，他就以崇高的蔑视行为把个人的态度抛到他们面前，那种他已经借以征服大众的同种态度。如果这位天才对公众的混乱有一点敬畏之心的话，那么，早在他事业巅峰前很久，他就在失败的打击下崩溃了。

考虑到这一点，我们看到我们这样的表述——欧里庇德斯把观众带到舞台上，让观众有判断的能力——只是暂时的——因此我们必须对他的戏剧倾向有更深的认识。对比而言，埃斯库罗斯与索福克勒斯生前身后一直饱受公众爱戴，这众所周知。因而，在欧里庇德斯的先辈那里，谈论艺术作品与大众的误解就毫无道理。那么，是什么推动这位才华横溢、渴望持续创造的艺术家（欧里庇德斯）偏离这条伟大诗人的太阳与大众爱戴的晴空所照耀的康庄大道？是怎样一种对观众的稀奇考量引领他背弃观众？他又如何出于对公众的高度尊重而变得蔑视他们？

这个刚刚提到的谜团的答案是：欧里庇德斯觉得，作为诗人他比大众都高明，但有两位大众除外。他把大众带到舞台上。他把这两位大众尊为合格的裁判官与他所有艺术的导师。他遵从他们的教导与提醒，把整个感觉、激情与经验的世界，即作为每次节日演出时看不见的合唱队出现在观众席的世界，移置到舞台英雄的灵魂中去。在这两位裁判的要求下，他为他的主角寻找新的个性、新的语言与音调。当他再次看到自己被舆论正义谴责时，他从这两位观众的声音中听到了对自己创作的判决，就像是听到了预示胜利的鼓励。

这两位观众中的其中之一就是欧里庇德斯，思想家欧里庇德斯，而非诗人。对于他，我们可以说的是，他非凡的批评才能，犹如莱辛一般，至少不断激励着一种富有成效的艺术冲动（即便不能说创造了）。带着这样的才能，带着他批判思维的一切明晰与敏捷，欧里庇德斯坐在剧院里，像鉴赏一幅褪色的画作一般，努力认识伟大先辈的杰作，逐行逐字地品读。在这里，他遇到了某种东西，这对于那些知道埃斯库罗斯悲剧深刻奥秘的人来说毫不陌生。

他在字里行间认出了某种无法通约的东西，一种虚假的明确性，同时也是一种神秘的深邃、一种背景的无限性。最清晰的人物总是带着一条彗星的尾巴，它似乎暗示了某种未知的费解之物。同样的二元性笼罩着戏剧的构建，以及合唱队的意义。这个伦理问题的答案对他而言是多么含糊不清！这样的神话处理是多么成问题的！幸运与灾难的分配是多么不均！甚至在古老悲剧的语言中，他发现了大量冒犯性的，至少是神秘的东西。他尤其发现了，简单关系被处理得太过浮夸，简单的人物却使用了过多的比喻与荒谬的东西。因此，他坐在剧场，心神不宁，而他作为观众认识到，他并未理解他的伟大先辈。但他认为理性是一切欣赏与创造力的根源，他问自己，并环顾四周，看看有没有其他人跟自己的想法一样，也以同样的方式证实了古老戏剧的不可通约性。

但是，包括最优秀的人在内的公众只对他报以怀疑的微笑，却无人向他解释，他的所思所想以及他对大师的反对是否正确。他在这种痛苦的状态下发现了另一个观众，这个观众不理解悲剧，因而也不重视悲剧。同这个观众结盟，他就敢于摆脱孤立，从而对埃斯库罗斯和索福克勒斯的艺术作品展开如火如荼的斗争——不是靠批判的作品，而是作为戏剧诗人反对传统的悲剧。

十二

在我们道出另一位观众的名字前，让我们在此逗留片刻，重新考虑埃斯库罗斯悲剧核心中的二元性与不可通约性（我们之前描述过的内容）。让我们想象我们发现了合唱队与悲剧英雄是多么奇怪，他们不能同我们的习惯或传统相调和，直到我们发现作为希腊悲剧根源与本质的二元性，它是日神与酒神这两种交织的艺术动机的表达。

把那种原始而万能的酒神因素从悲剧中剔除，重建一个纯粹的、全新的、非酒神的艺术、道德与世界观——这是现在清晰地展现给我们的欧里庇德斯的倾向。在他的晚年，欧里庇德斯在神话中向同时代的人断然提出了有关这一倾向的价值与意义的问题。酒神精神应该存在吗？难道不该强行从希腊土壤上根除吗？诗人对我们说，如果可能的话，我们当然应该这样做。但酒神过于强大了。最聪明的对手，就像《酒神的伴侣》中的彭透斯[1]一样，意外着了酒神的迷，并在着魔的状态下奔向自己的毁灭。

这两位古人卡德摩斯[2]和忒瑞西阿斯[3]的判断，看来也是这位诗人的判断：最聪明的人仍然没有放弃古老的民间传统——那种永恒传播的对酒神的崇敬；确实，在涉及如此惊奇的力量时，至少恰当的做法是，展示一种外交性的审慎参与。但即使如此，对于如此冷淡的参与，这位酒神仍然可能表示愤怒，并把外交家变成一条龙（正如卡德摩斯的遭遇）。

诗人告诉我们，他以英雄的力量终生反抗酒神，最终竟然给了对手荣耀：他以自杀结束了自己的人生，像一位患了眩晕症的老人，为了逃避再也无法忍受的可怕眩晕，竟从塔上跳下。这个悲剧是对他艺术倾向于实用性的抗议，但它已经成功了！奇迹发生了——恰恰在诗人要放弃时，他的倾向已经胜利了。酒神已经被逐出了悲剧舞台，并借欧里庇德斯之口称之为被一种魔鬼之力所驱逐。但欧里庇德斯在某种程度上也是一个面具。他说出的神灵不是酒神，也不是日神，是一个被称为苏格拉底的完全新生的恶魔。

这是一种新的对立。酒神精神与苏格拉底的对立，而在这种对立中，希腊悲剧的艺术作品毁灭了。因而，现在，不管欧里庇德斯有多想撤回前言以安慰我们，他都没能成功。最为雄伟壮观的庙宇已成废墟，破坏者哀痛地认识到这是最华美的庙宇，但这对我们有何用处？作为惩罚，甚至欧里庇德斯本人也被一切时代的艺术批评家变成了一条龙，但谁又会对这点微末的补偿满意呢？

让我们现在更进一步地考察这种苏格拉底式的倾向，而欧里庇德斯就是借此进行斗争，并征服了埃斯库罗斯的悲剧。

欧里庇德斯意欲把戏剧仅仅建立在非酒神精神的基础上，即便我们假定这样的意图得到了最理想的执行，这样的意图（这是我们在这里要提出的问题）目的何

---

[1]希腊神话中的底比斯国王，从祖父卡德摩斯处获得王位，在继位后禁止酒神崇拜，因而招致酒神的报复。
[2]希腊神话中的底比斯建立者兼初代国王，希腊人认为是他发明了腓尼基字母。
[3]希腊神话中的育人先知，生活于底比斯，有过诸多应验的预言。他为男性，曾因惹怒赫拉而被变为女性，在七年后变回男性。

在？如果戏剧不是从音乐中、不是从酒神神秘的朦胧中诞生的话，那还会留下怎样的戏剧形式？恐怕只有戏剧史诗了，那种悲剧效果在其中无法实现的日神艺术形式。

这不是所表现事件的内容问题。我甚至可以说，歌德在他的《瑙西卡》中，不可能把牧歌式人物的自杀[1]写成扣人心弦的悲剧，因为日神史诗的力量如此强大，以至于依靠其中的快乐与通过假象得到的救赎——我们眼前最恐怖的东西被神奇地改变了。戏剧史诗的诗人不能完全与他的诗中景象融为一体，这丝毫不比史诗吟诵者强多少。他始终以一种冷静而平和的情况与状态，凝视着眼前的景象。戏剧史诗中的演员归根到底仍然只是一位吟诵者；内在梦境落在其所有行动之上，以至于他永远不会是一个演员。

□ 苏格拉底

苏格拉底（前469—前399年）是古希腊的哲学家、思想家、教育家，被认为是西方哲学的奠基者。他发展了辩证的思考方法（这对后来的欧洲思想产生了巨大影响），但不曾留下著作，其思想与生平主要由其学生柏拉图记录在《对话录》（还包括色诺芬、亚里士多德等人的记录）中。其一生困苦，最终饮毒而死。

欧里庇德斯的作品同这种日神喜剧的理想有何关系？正如古代严肃的吟诵者同年轻吟诵者的关系，而在柏拉图的《伊安篇》中，年轻吟诵者态度的本质是这样描述的："当我吟诵悲伤之事时，我会热泪盈眶。但当我吟诵可怕之事时，我会毛骨悚然、心惊肉跳。"在这里，我们再也看不到自我在假象中的史诗式消失，见不到真正演员那种冷漠的无动于衷，而真正的演员，即便是在事业最高峰，仍全然保留着假象，并以假象为乐。欧里庇德斯是一个令人心惊肉跳、毛骨悚然的演员。他如一位苏格拉底式思想家般设计自己的作品，并如一个激情的演员般演绎。

不论是在作品规划还是执行上，欧里庇德斯都不是一个纯粹的艺术家。因而，欧里庇德斯的戏剧成了一种又冷又热的东西，既能冻结又可燃烧。一方面，

---

[1]参见歌德《瑙西卡》第五幕。

它不可能实现史诗的日神效果，另一方面，它又最大限度地远离酒神因素。现在，为了能产生效果，它需要新的方法激励人们，而这些方法又不再存在于酒神或日神这两种独立艺术冲动范围之内。这些激励方法有着分离的矛盾想法以及热烈的情感效应，前者取代了日神式的沉思，而后者则取代了酒神式的迷醉。诚然，这些热烈的情感被模仿得惟妙惟肖，但这些思想与情感却丝毫没有浸染艺术精神。

如果我们现在认识到，欧里庇德斯并未成功地把戏剧完全建立在日神原则之上，他的非酒神倾向反而让他迷失于非艺术的自然主义中，那么，我们现在可以更接近他的苏格拉底美学的基本特性，而其最高法则是"只有能被理解的东西才美丽"。这是从苏格拉底的名言"只有有知识的人才是道德的人"推导而出的。欧里庇德斯拿着这个标准衡量戏剧的各个特征，并按照这个原则论证语言、个性、戏剧结构以及合唱队音乐。

相比索福克勒斯悲剧，我们习惯于这样评价欧里庇德斯，他身上有诗的缺陷与倒退，这大体上是他有力的批判行为与大胆理解的产物。且把欧里庇德斯的开场白作为那种理性主义方法效果的例证，对于我们的舞台技巧而言，再没有什么比欧里庇德斯戏剧的开场白更令人生厌的了。戏剧的开场，会有一个人上台，自报姓名，解释剧情的前因，到目前为止发生的事，以及随着剧情展开将要发生什么。对此，现代剧作家认为这是对悬念效果的过度放弃，是不可原谅的。如果我们已经知道了要发生的一切，谁还会闲坐着等着看它发生呢？这里没有任何那种预言之梦与此后真实发生的事之间让人兴奋的关系。而欧里庇德斯对此的想法却截然不同。

悲剧的效果从不依靠史诗的悬念，不依靠对现在与未来之事的一种诱人的不确定性，而更多依靠伟大的修辞抒情场景——主角的激情与辩论在其中掀起了一场强大的暴风雨。一切都在为感染力而非情节做准备，但凡不是为此铺路的东西都被认为是不可取的。但是，最阻碍听众沉醉于这些场景的，正是任何缺失的部分以及剧情前因后果上的脱节。一旦听众仍然需要揣摩不同人物意味着什么、动机或目的的冲突如何产生，那么，他就不可能完全沉浸在主要人物的痛苦与行为、对他们的同情或担忧之中。埃斯库罗斯和索福克勒斯的悲剧,运用了最高雅的艺术方法,在开头的场景就仿佛偶然地为观众提供了一切必要的线索,这种技巧证明了它们高明的艺术价值,让必要的特征作为某种掩饰的偶然显现出来。

然而,欧里庇德斯仍然相信,他在前几场中注意到了观众受到的扰乱,因为他们要推断先前的剧情,从而忽略了诗歌之美与背景交代之悲怆。因此,欧里庇德斯在背景交代前设置了独白,并借人们信任之人的口说出。这个信任之人是一位神灵,他必然为公众确认悲剧的结果,消除他们对神话真实性的怀疑,就像笛卡尔借助上帝的真诚确立了经验世界的真实性一样。在戏剧结束之时,欧里庇德斯再次使用了这种神的真诚,以便为公众确认剧中英雄的未来。这就是声名狼藉的 deus ex machina[1] 的使命。因而,这种戏剧且抒情的现实,即本质的戏剧,就处在史诗的序言与结语之间。

因而,作为诗人,欧里庇德斯首先意识到认知的回响,而恰恰是这一点让他在希腊艺术史上占有着显著的地位。

就他的批判性创造力,他必定经常想到,他应该把阿那克萨哥拉[2]著作的开头运用到戏剧上,而前几行这样写道:"万物起初一片混沌,然后理性来临,秩序确立。"如果在哲学家当中,阿那克萨哥拉以其理性的主张,似乎成为了醉汉之中唯一清醒的人,那么,欧里庇德斯可能已经以相同的形象构思了他同其他诗人的关系。只要唯一的秩序创造者与万物统治者——理性仍被排除在艺术创造性之外,万物就将继续处在原初的混沌状态。这必定是欧里庇德斯所想过的,他作为第一位清醒者,必然会对醉酒诗人加以批判。

索福克勒斯对埃斯库罗斯所说的话——他做了对的事,但却没有意识到——对此,欧里庇德斯肯定不这么看。欧里庇德斯只会承认——埃斯库罗斯做事不当,但他是无意为之。甚至,神一般的柏拉图也说诗人的创作能力是一种不自觉

---

〔1〕天外救星:戏剧术语,也称"机械降神""解围之神",指当戏剧剧情陷入艰难胶着之时,出乎意料、突然而牵强的解围之角色或事件(通常在舞台上通过机械而达成突然的效果),属于剧作家强行制造的逆转剧情。

〔2〕阿那克萨哥拉(约前500—前428年),古希腊哲学家、科学家,他是伯里克利的门生,在20岁时被带到雅典,他由此成为第一个向雅典人介绍哲学的人,也对苏格拉底的思想产生过影响。

□ 酒神侍女

酒神侍女也称迈那得斯，酒神狄奥尼索斯的女性追随者、狂热信徒，头戴常青藤编的花环，身披兽衣，手持酒神节杖。在酒神的狂欢仪式中，她们伴随着音乐醉酒、舞蹈，状若疯狂；同时，她们力大无穷，常在仪式中徒手撕裂牛羊等牲畜（甚至人类），并生啖其肉，以之为圣餐。图为约翰·马勒·科利尔的《迈那得斯》。

的认识，但多半是以讽刺的口吻，同时，他还将这种才能同预言者与解梦者的才能作比较，因为，诗人直到失去自觉意识与理性后才会写作。欧里庇德斯（柏拉图也这样）负担了这项使命，亦即，向世界展示非理性诗人的对立面。他的基本审美原则，"意识到的东西才会美"，正如我所说，这可以类比苏格拉底的名言"意识到的东西才是善"。

由此，我们可以把欧里庇德斯评价为苏格拉底美学的诗人。然而，苏格拉底式的第二位观众，他不理解因而也不重视古老悲剧。以苏格拉底为盟，欧里庇德斯敢于成为一个新的艺术创作先驱。如果说古老悲剧都在这种发展中毁灭，那么苏格拉底美学就是谋杀的原则。只要这种斗争针对的是古老艺术的酒神精神，我们就从苏格拉底身上认出酒神的敌人，那位起来反抗酒神的俄耳甫斯，尽管他注定要被雅典正义法庭的酒神侍女撕碎，他还是赶走了这位强大的神灵。

当酒神从埃多诺伊国王莱克格斯逃离时，他便一如从前，栖身于海洋深处，亦即，在那逐渐颠覆整个世界的秘仪的神秘洪流之中。

十三

苏格拉底与欧里庇德斯倾向关系密切，这在当时并未逃过同代人的双眼。这是当时人的一种喜悦的直觉，而最清晰表达这种直觉的，是在雅典广为流传的一种传闻[1]：苏格拉底习惯于借助诗歌来帮助欧里庇德斯。当我们列举当代受尊敬的领导者之时，这些美好往昔的支持者们便会说出他们的名字。他们的影响力造成了这样一种局面：希腊人在马拉松战役中表现出的头脑与体力上的巨大力量，正在因为一种成问题的解读方式而逐步牺牲，其身体与精神力量在不断地遭受侵蚀。

阿里斯托芬喜剧习惯于用这样的语调（半是愤怒、半是蔑视）谈论这些人，这让后人恼怒，他们虽然乐见对欧里庇德斯的背弃，但却总是惊讶于这样的情况：苏格拉底在阿里斯托芬喜剧中被说成是第一位也是最重要的智者，是所有智者抱负的映照与本质。因而，他们就把阿里斯托芬说成是诗人中的说谎者亚西比德，并从中获得慰藉。在这里，我没有对这种攻击进行反驳，也没有替阿里斯托芬的深刻直觉辩护。我将阐明苏格拉底与欧里庇德斯的密切关联，正如古人所见的那样……在此尤为重要的是，作为悲剧艺术的反对者，苏格拉底从未观看过悲剧演出，只在欧里庇德斯的新剧上演时出现在观众当中。然而，两者间最出名的关联是，德尔斐神谕中并列提及两者的名字，这表明，苏格拉底是最有智慧的人，同时，作出了欧里庇德斯在智慧之争中摘得银牌的判决。

索福克洛斯在这个序列上位居第三，他在同埃斯库罗斯比较时会赞美自己，说他做了对的事，因为他知道什么是对的事。显而易见，正是他们认知的那种清晰程度，让他们三人被称为当时的三位智者。

但这种对知识与理性的高度评价不仅新颖而且闻所未闻，而对其最尖锐的观点，则出自苏格拉底，他称自己是唯一认为自己无知的人，同时，他带着批判走遍雅典，同最伟大的政治家、演讲家、诗人与艺术家谈话，他遇到的都是自认为有知识的人。他惊奇地认识到，所有这些名人对自己的职业都没有正确而清晰的洞察，只是本能地开展工作。"只靠本能"——这样的表述让我们触及了苏格拉底倾向的核心。

苏格拉底思想以这样的表述谴责了当时的艺术与道德。他那探索的目光无论

---

[1] 参见第欧根尼·拉尔修《名哲言行录》。

□ 亚西比德

亚西比德（前450—前404年），古雅典的政治家、演说家和将军，其人机敏善辩、桀骜不驯且自由放荡。青年时期受到过苏格拉底的教导（主要是思想道德方面），在修辞艺术上颇有造诣。苏格拉底同他亦师亦友，并在伯罗奔尼撒战争（公元前432年）中竭力救下了受伤的亚西比德。图为弗朗索瓦·安德烈·文森特的《聆听苏格拉底教诲的亚西比德》。

落到何处，看到的都是洞察力的缺乏、妄想的力量，并由此推断出了现状内在的虚假与毫无价值。基于这样一点，苏格拉底相信他必须匡正存在。他孤身一人，带着高傲与蔑视，作为一种全新的文化、艺术与道德之先驱，走进那个世界，那个我们即使捕捉到一角，也会引以为荣的世界。

无论何时遇到他，我们都感到极大的不安，并总是激励我们去探寻这个人，这位古代最具争议人物的意义与意图。诸如荷马、品达、埃斯库罗斯、菲狄亚斯、伯里克利、皮提亚以及狄奥尼索斯等天才，他们确实值得我们给予最高崇敬，那么，谁又是那个敢于否定希腊整个本质的人呢？什么样的魔力敢于把这魔药喷洒在尘埃里？是什么样的半神让最高贵人类的合唱队也要对他呼喊："哎呀！哎呀！你已经用你有力的拳头，毁掉了我们美丽的世界。它坍塌了！坍塌了！"

苏格拉底的术语"守护神"指明了一种惊人的现象，这提供了认知苏格拉底核心的钥匙。在他的巨大推理能力让人质疑的特殊情况下，那种在此时发出的神灵声音会消除他的犹豫不决。当这种声音来临时，它总是带着劝诫。直觉的智慧以完全陌生的特性出现，从而随时阻碍意识认知。但是，直觉在所有创造者身上都是真正的创造性与确定性力量，而意识则发挥批判与劝诫的作用。在苏格拉底身上，直觉成了批判者，而意识则成了创造者，这真是一个巨大的缺憾。

现在，我们在神话的意识中看到了一种怪诞的缺陷，以至于苏格拉底可以被称为非神秘主义者，他的逻辑特性因过度使用而变得过于强大，就像神秘主义者身上的直觉智慧一样。另一方面，苏格拉底身上的逻辑冲动不可能自相矛盾。让我们惊讶到战栗的是，那种我们只在最伟大的本能力量中才能看到的自然力，在它的不羁奔跑中得以展现。凡是能在柏拉图作品中感受到那一丝苏格拉底教义的似神天真与自信的人，同样能感受到，苏格拉底身后仿佛有苏格拉底逻辑的巨大动机之轮在运转，以及我们如何必须在苏格拉底身后看到这一幕，就像看透一个影子一般。

甚至是在他的判官面前，苏格拉底也随时会对神圣使命进行评估，而在这高贵的庄严中，苏格拉底对这种关系有所预感。我们不能在这点上责备他，就像不可能赞成他在消除直觉方面的影响一样。当苏格拉底被押到希腊城邦的法庭时，对于这种不可调和的冲突，唯一的判决方式就是流放。人们应该把他看作某种神秘、异类、无法解释的东西而逐出国界，让未来时代无法控诉雅典人的可耻行为。

但苏格拉底被判处死刑而非流放，这似乎是他本人带来的结果。他完全明白自己的所作所为，丝毫没有对死亡的本能恐惧。他带着柏拉图所描述的那种宁静赴死：表现得像是最后一位饮酒者，在晨曦中离开宴会，开始新的一天，而在他身后，他那些昏睡的同伴，躺在沙滩与地上，还在梦着苏格拉底这个真正的色情狂。行将死去的苏格拉底成了高尚的希腊青年人的新理想，这从未有过。而当前的，那位典型的希腊青年柏拉图，带着热切的崇拜与热情，拜倒在苏格拉底的画像前。

十四

让我们现在想想，苏格拉底的库克罗普斯之眼注视着悲剧，在这眼中那种艺术热情的美好疯狂从未闪耀过。让我们再设想下，这只眼为何不能以愉悦之心窥视酒神的深渊。那么，在柏拉图所说的"崇高而被高度赞扬"的悲剧艺术中，它必定窥到了什么？某种真正非理性的东西，无果之因抑或无因之果，并且整体多变、因素众多，以至于必定受到有理性之人的排斥，而对于敏感又易冲动的人，它又是危险的火种。我们知道苏格拉底理解的唯一诗歌形式：伊索寓言。此外，毫无疑问，他的反应带着那微笑的自满，正如那高贵的好人格勒特在《蜜蜂和母鸡》寓言中对诗歌的赞美：

> 从我身上，你看到了诗歌的用途
> 用形象说出真理
> 告诉那些智力不足的人

但对于苏格拉底，悲剧艺术似乎并没有说出真理，除了它不能向智力不足的人诉说之外，它也不能向哲学家诉说，这是让他远离悲剧艺术的双重借口。同柏拉图一样，他把悲剧艺术归为装饰艺术一类，其展示的只是令人愉悦的东西，而非有用的东西。因此，他要求他的信徒戒除并远离这种非哲学的诱惑。他如此成功，以至于那位年轻的悲剧诗人柏拉图马上焚烧了自己的诗作，以成为苏格拉底的学生。但在不可战胜的天才反抗苏格拉底教义之处，他的力量以及他的巨大人性的力量，总是足够强大到把诗歌推到前所未有的高度。

柏拉图本人就是这方面的一个例子。可以肯定的是，他对一般悲剧与艺术的**谴责**，并不落后于他老师天真的冷嘲热讽。但是完全出于艺术的必要性，他不得不创造一种同他所拒绝的现有艺术形式直接相关的新艺术形式。柏拉图对旧艺术的主要批判——它是对幻想的模仿，因而比经验世界低一个层次——首先不是针对新的艺术作品。因而，我们看到柏拉图努力让自己超越现实，去呈现那构成伪现实基础的理念。

然而，柏拉图因此迂回到一个地方，这里是他作为诗人总感到舒服的地方，也是索福克勒斯和所有老辈艺术家抗议柏拉图批判的地方。如果悲剧已经吸收了

□ 柏拉图

柏拉图（前429—前347年），古希腊哲学家、苏格拉底之徒、亚里士多德之师，其三人被认为是西方哲学的奠基者，史称"希腊三哲"。柏拉图是哲学对话与形式的创新者，其思想以客观唯心主义哲学为主，对西方哲学、宗教、政治发展都有极其深远的影响。著有《对话录》《理想国》。

所有艺术的早期形式，那柏拉图的对话也同样如此，它们由所有可获得的形式与风格混杂而成，徘徊在叙事、抒情、戏剧、散文与诗歌之间，因而打破了文体形式统一性的严厉旧法。犬儒学派哲学家在这条相同的路上甚至走得更远。他们的文风过于浮华、混杂，游荡在散文与韵律形式之间。他们创造了"疯狂苏格拉底"的文学形象，并习惯于在自己的生活中呈现这样的形象。

可以说，柏拉图《对话录》就像是一叶扁舟，拯救了遭遇海难的古代诗歌及其孩子们。他们被推挤到这狭窄之地，以这位急切的苏格拉底为舵手，出发驶向一个新世界，这里有着他们永远看不够的虚幻景象。柏拉图确实给了后代一种新的艺术形式的形象——小说，这可以被称为无限加强的伊索寓言，在其中，诗歌与辩证哲学的相对关系正如数百年之后哲学与神学的关系。换句话说，诗歌处在了从属地位。这是诗歌的新地位，是柏拉图在恶魔苏格拉底的影响下强迫其进入的新处境。

现在哲学思想在艺术中成长，并强迫它依附辩证法的躯干。日神倾向变质为逻辑的系统化，正如我们在欧里庇德斯那儿看到的情况，也正如酒神向自然主义因素的转化。苏格拉底，这位柏拉图戏剧中的辩证英雄，让我们想起了欧里庇德斯英雄改变了的天性，他靠理性与反理性为自己的行为辩护，因而频频有失去我们对悲剧同情的风险。谁认识不到辩证法核心的乐观主义成分呢？它那为每个结论给予节日的欢庆，并只在冷静的自觉与明晰中呼吸的乐观主义成分，这些成分一旦被推入悲剧，就会逐渐蔓延到酒神领域，并必然驱使悲剧走向自灭，跃入中产阶级戏剧中而死亡。

让人们只想想这些苏格拉底格言产生的后果吧："美德即知识，罪恶只因无知，有德之人快乐。"悲剧的死亡就留存在这三种乐观主义的基本形式之中，现在，有德的英雄必定是一位辩证学家。现在，美德与知识、信仰与道德之间必定有一种可感知的联系。而现在，埃斯库罗斯身上的超验的公正愿景，已经伴随其惯用的天外救星，沦为肤浅而荒谬的"诗的正义"[1]原则。

---

〔1〕诗的正义：常出现在诗歌、戏剧以及电影作品中的术语，联系罪与罚而作为因果报应的原则。

就合唱队与悲剧的整个酒神音乐的基础而言，这个新的苏格拉底乐观主义舞台世界会是什么模样？这一切看起来都是某种偶然，一种对悲剧起源的提醒，对比，我们再也不需要了，因为我们已经认识到，合唱队只能被理解为悲剧的起源与一般的悲剧因素。早在索福克勒斯的悲剧中，合唱队已经表现为一种难堪的东西，这是一个重要的暗示——甚至在他这里，悲剧的酒神舞台已经开始瓦解了。他不敢让合唱队承担舞台表演的主要职能，而是限定其角色范围，让它看起来几乎只是其中一个演员，就好像把它从合唱队席推到了舞台之上。这自然就彻底毁了它的本性，不管亚里士多德有多么赞同这样的合唱队安排。

索福克勒斯肯定在他的戏剧实践，甚至还依照传统在书面文本中推荐了对合唱队地位的降级。这是合唱队毁灭的第一步。毁灭的各个阶段，从欧里庇德斯，阿伽同到新喜剧，以惊险的速度接踵而至。乐观主义的辩证法以及三段论，把音乐从悲剧中驱逐，也就是说，它毁掉了悲剧的本质，而这种本质只能解读为酒神状态的表象与假象的呈现、可感知的音乐象征以及酒神陶醉的梦境世界。

我们已经注意到在苏格拉底之前已经有成效的反酒神倾向，但苏格拉底则以惊人的才华表现了这种倾向。现在我们一定不能在这样的问题面前退缩：像苏格拉底这样的现象表明了什么？考虑到柏拉图的《对话录》，我们不应把这种现象看作一种完全消极的破坏性力量。尽管苏格拉底倾向的直接效果带来了酒神悲剧的毁灭，但苏格拉底深刻的生活经历让我们不得不追问，苏格拉底教义与艺术之间是否必定仅仅是对立关系，而艺术家苏格拉底的诞生是否根本上自相矛盾？

当涉及文化时，这位专横的逻辑学家不时会感到一种隔阂与空虚，以及一种或许被忽视的责任的耻辱感。正如他在狱中向他的朋友所说的那样，经常有同一个幻影出现在他的梦中，对他说："苏格拉底，练习音乐吧！"[1]他直到临终都这样安慰自己：他的哲学思辨是最高的音乐艺术，并认为神灵不会以普通的大众音乐提醒他。他最终在狱中领悟到，如何为了让自己完全问心无愧而去练习他认为无关紧要的音乐。他在这样的心境中写了一篇诗作《阿波罗颂歌》，并把几篇

---

[1]参见柏拉图《斐多篇》。

伊索寓言写成诗体。

驱使他练习音乐的是某种类似告诫他的魔鬼声音。由于他的日神认识，他像一位野蛮的国王一样，不理解神圣的形象，并因这种不理解而处在亵渎神灵的危险之中。苏格拉底在梦中得到的神灵的提醒，是对他思考了某种超出其逻辑本质界限的东西的唯一暗示。因而他不得不自问：我是否总是给我不理解的东西贴上了不可理解的标签？是否可能有一个禁止逻辑学家进入的智慧王国呢？艺术是否可能是科学认识的必要关联及其补充呢？

<h2 style="text-align:center">十五</h2>

就最后这个有所征兆的问题而言，我们必须讨论：苏格拉底的影响如何像傍晚落日下愈来愈深的影子，在之后的时代广为传播，直到现在以及未来；这种影响力如何总是让艺术创新（我指的是那种最深最广的形而上意义的艺术）成为必要，并通过自身的不朽保证艺术的不朽。要认识这个事实，在确立所有艺术对从荷马到苏格拉底的希腊人的固有依赖之前，我们必须像雅典人对待苏格拉底那样对待希腊人。几乎每个时代与文化阶段都曾经带着愤然的心情试图摆脱希腊人，因为与希腊人相比，他们的一切成就，那些明显是完全独创的、被真诚赞誉的成就，似乎突然失去了颜色与生机，沦为不成功的仿造，甚至是拙劣的模仿。

因而，那种发自内心的愤怒持续地爆发出来，反对那敢于把一切非本国的东西视为野蛮的自负小民族。人们不禁要问，希腊人是什么人，他们只有短暂的历史光辉，只有可笑而有限的制度，只有模糊不清的道德能力，甚至还以可憎的恶习而著称，但他们却要因他们的价值与特殊重要性（某种只适合大众中天才的东西）占据卓越的地位？不幸的是，人们没有幸运到找到一杯毒芹汁[1]，得以摆脱这样的生灵，因为他们创造的一切毒药——嫉妒、诽谤、内在愤怒，都不足以毁灭希腊人自负的高贵。

---

〔1〕苏格拉底正是饮此而亡。

因而，面对希腊人，人们既羞愧又害怕。要知道，任何视真理高于一切的人，可能真的有勇气提出：希腊人驾着我们文化与所有其他文化的战车，但车马几乎总是如此低劣，配不上驾驭者的荣耀。鞭打这样的马车进入深渊，然后以阿喀琉斯那样的跳跃越过深渊，他们会认为这十分可笑。

为证明苏格拉底在这些驾驭者中占据一席之地，只需认识到，他让一种存在形式成为典型，也就是所知的理论家，这在他之前是难以置信的。我们的下一个任务就是认识理论家的意义与目的。同艺术家一样，理论家对当下感到无限满足。这种满足又让理论家免受那悲观主义的实际影响，而其眼睛只在黑暗中闪烁光芒。在真理被揭示之后，艺术家总是把他那着迷的目光聚焦到真理之后的秘密，而理论家却陶醉并满足于已经揭开的真理面纱，不断依靠自己力量成功解开真理面纱，并从中获得最大的快乐。

如果科学只关心那一位赤裸女神，那世上也就没有科学了。因为这样，科学的信徒会觉得他们就是那些想凿通地球的人，而他们当中有一个人认识到，即便是倾尽一生之努力，他能凿通的只是深不见底的地球的表皮，而第二个人就会在他眼前填住他凿的洞，第三个人则显然会选择新的位置，这才是明智之举。

现在，如果有人能有力地证明，这条直接的路径不可能通向对跖点[1]，那么，除了这种可能——他乐于在其中发现某些有价值的石头或探索某些自然规律以外，谁还想继续在凿好的旧洞中工作？出于这样的原因，莱辛，这位最高贵的理论家，敢于承认，对真理的寻求要比真理本身更有价值。这句话揭开了科学的根本秘密，这让科学家们为之惊讶甚至气愤。当然，与这种过于真实勇敢的承认相伴的，是一种深刻而虚妄的观念，它首先在苏格拉底的身上显现，这是一种不可动摇的信念，认为在因果关系的引导下，思想可能到达存在的深渊，而思想能够理解甚至矫正存在。这种崇高的形而上学的妄想是科学研究固有的东西，并且反复引导科学走向它的极限，在那里，科学必定会变成艺术，这是在这种机械进程中真正能预料的东西。

---

[1] 即地面上关于地心对称的两点。

让我们手执这一思想的火把看看苏格拉底。对我们来说，他似乎是第一个能在这样的科学本能引导下生存的人，甚至还能为之献身（这更难做到）。因而，作为靠知识与理性超越死亡恐惧的人，将苏格拉底的死亡形象当作是一面刻有盾徽的盾牌悬挂在科学大门之上，提醒每个人他的目的，也就是让存在变得明白易懂，从而具备显著的合理性。当然，当理性认知失败时，神话最终会效劳。对于神话，我甚至已经把它看作科学的必然结果，甚至是科学的目的。

一旦清楚地看到，哲学派别，在苏格拉底这位知识的 *mystagoge*（秘教传播者）之后，如何一浪接一浪地相继涌现；那种普遍的对知识的贪婪如何不可思议地渗透了整个教育界，并把科学作为每个伟大人物的使命引到汹涌的海上，这种贪婪从此再也不能从科学之中被驱逐；一张共同的思想之网如何通过这种普遍的贪婪第一次笼罩整个地球（甚至还瞥视那整个太阳系的运转规律）——谁一旦让自己想到这一切，以及那高得令人惊讶的现代知识金字塔，谁就不能否认我们在苏格拉底身上看到了世界史的转折与旋涡。

想象片刻下面的情景吧：如果这无数能量的总和在对这个世界的追求中被用尽，不是为知识效劳，而是作为个人与民族的实用（即利己的）目的，那么，本能的快乐在普遍的毁灭性斗争与持续的民族迁徙中将被削弱，自杀屡见不鲜，而个人或许出于责任感，将视死亡为最后的安息，就像斐济岛上的居民一般，儿子杀父母，友人杀友人。一种实用的悲观主义，出于同情，可能会产生一种大屠杀的可怕伦理；在任何艺术尚未以某种形式出现的地方，尤其是尚未作为医治与预防这种瘟疫的宗教与科学出现的地方，这样的悲观主义，无论现在还是过去，一直都存在着。

与这种实用的悲观主义相关的，苏格拉底是理论乐观主义的原型。他认为（我已经描述过）我们能够探究万物的本质，并被赋予认知与探究一种万能灵药的力量，把罪恶本身看作谬误。深入这样的推理，把真正的知识与假象、错误分开，这似乎是苏格拉底式的人最高贵的，甚至是人类真正唯一的使命，就如同概念、判断与推论的机理，从苏格拉底开始，被看重为高于一切能力的最高行为与最值得赞扬的自然恩惠。甚至，最高贵的道德行为，怜悯、自我牺牲、英雄主义与日神式的、被希腊人称为 *sophrosyne*[1]的灵魂宁静（如此难以实现）——这一切都是苏格拉底与到现在同他想法一致的后来者从知识的辩证法中推导得出的东西，因而是可以传授的。

谁经历了苏格拉底式认知的快乐，又感受到了这种快乐如何不断扩大、试图包围整个现象世界，谁就会体验到，再没有比完成这种征服并编制一个坚固的知识之网更强烈的欲望了，它能刺激他的生存欲望。对于有这种想法的人，柏拉图式的苏格拉底就像是全新形式的希腊式乐观与幸福存在的导师，这种存在试图在行动中自我宣泄。而这些行动主要是有关高贵信徒教育的东西，以造就取之不尽的天才。

□ 衔尾蛇

作为一个跨越千年历史的符号，衔尾蛇具有相当多的象征意义，被应用于数学（无穷）、物理学（无穷，及宇宙从微观极小到宏观极大之循环）、心理学（部分学者以其为人类心理的原型）、炼金术（万物之原型）、宗教（自我参照、永恒回归）、神话（自我吞食者）、哲学（永恒主义）等各学科。柏拉图就曾形容衔尾蛇为一头处于自我吞食状态的宇宙始祖生物，它是不死之身，并拥有完美的生物结构。

但现在，在强有力妄想的激励下，科学正在加速靠近它的极限，而隐藏在逻辑本质中的乐观主义也在这里破灭了，因为科学这个圆的圆周上有无穷个点，并且，仍然看不到这圆周如何才能被彻底测量，然而，有才华的高尚之人，在尚未到达人生的中点前，将不可避免地碰到圆周上的边界点，在那里注视着尚未照亮的困惑。当他惊恐地发现，逻辑如何在这里绕着自己转圈，并最终咬住自己的尾巴，这时就有一种新形式的认识突围而出，而这种只是为了被忍受的悲剧认识，需要艺术的保护与治疗。

如果看看在我们周围涌动世界的最高境界，用我们那因希腊人而强化、清新的眼睛，我们就会认识到，那种对乐观主义知识的不知满足的贪婪（苏格拉底已经为我们预演了），已经转变成了悲剧性的屈从与艺术需要，即便是这相同的贪婪，

---

[1] sophrosyne：古希腊人对美好品格和心智健全的美德概念的统称，现代语言中尚无完全对应之词。

在其低级层面上，也表现为对艺术的敌视，尤其厌恶酒神的悲剧艺术，正如我在埃斯库罗斯的悲剧与苏格拉底教条冲突的例子中解释的那样。

在此，我们带着骚动的情绪敲响现在与未来的大门。这种转变会导致新天才形态——那种从事音乐的苏格拉底式天才形态的持续产生吗？那张飞越存在的艺术之网，不论是以宗教还是科学的名义，是否总是被编织得紧密而精致，或者，注定被我们称之为"现在"的那种不安的野蛮冲动与喧嚣所撕碎？我们像旁观者般站在这里，既充满忧虑又不乏希望，因为我们可以见证这伟大的斗争与转变。但是，这些斗争有着一种神奇的魔力，那就是，所有旁观者都必定会成为斗争的参与者。

十六

通过这样一个历史事例，我们试图阐明，悲剧如何决然地跟随音乐精神的消失而灭亡，因其只能从这种音乐精神中产生。为了让这种主张不那么突兀，也为了指明我们这种思想的起源，我们现在必须公开地面对当代类似的现象。我们必须大步迈进这样的斗争之中，正如我刚才所说，这场在当代世界最崇高的领域进行的斗争，发生在那种不知满足的乐观主义求知欲望与悲剧的艺术需要之间。

在这样的讨论中，我将忽略掉其他一切反对艺术的冲动，它们在每个时代都敌对艺术（尤其是悲剧），现在也确立了其地位，以至于在戏剧艺术中，唯有喜剧与芭蕾舞剧取得了相当的成就，绽放出或许并非给每个人去欣赏的芬芳花朵。我将只谈那对悲剧的世界观最显著的反对。我指的是其本质是乐观主义的科学研究，它以苏格拉底为创始者。这之后，我将说出那些力量的名字，在我看来，它们能保证悲剧的重生，也明白其他神佑的德国精神之希望。

在我们投入这场斗争前，让我们先用之前获得的知识武装自己。同所有渴望从单一原则中推导出艺术，并把这种原则看作是一切艺术作品的必然的生存起源不同，我的目光集中在希腊的两位艺术神灵——日神（阿波罗）与酒神（狄奥尼索斯）身上，并认识到他们是两个艺术世界的生动明确的代表，其最内在本质与最高目的全然不同。在我面前，阿波罗代表的是个体化原则化身的天才，通过它才能在幻想中实现解脱。然而，在酒神神秘而欢快的呼喊声中，个体的魅力破碎，通向存在之母、万物之内在核心的道路就此敞开了。

这种巨大的对立就好比日神造型艺术与酒神音乐艺术之间的一条鸿沟，但却只有一位伟大的思想家清楚地看到了这一点。他无须从希腊神灵的象征中获得任何激励，便从这种差异中认出了音乐的特性与所有其他艺术的起源不同——因为不像其他艺术形式只是现象的反映，音乐是意志本身的直接反映，此外，它展现的自己是一切自然之物的形而上学之对等物，是同现象对立的自在之物（叔本华，《作为意志与表象的世界》）。

基于这种美学理解的最重要的方式（从严格意义上说，它标志着美学的真正开始），理查德·瓦格纳肯定了它的永恒真理性，并在《论贝多芬》中断言，音乐应按照同所有造型艺术完全不同的美学原则进行评价，同时完全不应依循美学的范畴；尽管有这样一种错误的美学，它在为惑人且堕落的文化服务时，已经习惯了形象世界的审美概念，并要求音乐产生同造型艺术相同的效果，亦即，唤起对美的形式满足。

在认识到这种巨大的对立之后，我感觉到一种走进希腊悲剧本质的强烈冲动，并在这样做之后，深刻地认知了希腊天才。我第一次相信，我有能力超越我们惯用的美学术语，完成在我脑海中提出的悲剧基本问题的神奇任务。这种观察希腊人的奇特视角让我认识到，直到今日，我们引以为豪的古典希腊研究大体上还停留在捕风捉影、浅薄琐碎的认识阶段。

我可以用下面这个问题来谈谈这个最初的问题：当这两种艺术的力量，也即是日神与酒神艺术同时发生作用时，会产生什么样的审美效应？或者，说得更简单一点，音乐与意象及概念的关系如何？瓦格纳称赞叔本华在这一点上阐述得清晰透彻。叔本华（在《作为意志与表象的世界》中）对此谈得最详细，我在这里再次全段引用：

按照这一切，我们可以把现象世界（或自然界）与音乐看成同一事物的两种不同表现，而这一事物也是调解两者的唯一类似。因而，为了认识这种类似，需要先了解它。结果，当被认为是世界的一种表现时，音乐便具有最高程度上的普遍性，甚至同概念普遍性有关，类似于概念普遍性与特定事物的关系。然而，音乐的普遍性绝不是空洞的抽象概念的普遍性，而是带着完全清晰的确定性的普遍性。在这一点上，音乐就像几何图形与数字，它们是所有可能的经验对象的普遍形式，先验（先于经验）地适用于一切对象，尽管它们不是抽象而是鲜明且总是确定的东西。

意志的一切可能的努力、兴奋与表达，以及那被理性纳入广泛的消极情感概念下人的一切内心历程，都通过无数可能的旋律表现出来，但这样的表现总是缺少内容的纯粹形式的普遍性，总是按照自在之物，而非其现象，就像没有躯体的内在灵魂。

从音乐同万物真正本质的内在关系当中，我们还能为下列事实提供解释：当我们在任何场所、事务、情节或环境中听到恰当的音乐时，这样的音乐似乎在向我们揭开这一切最隐秘的意义，作为对它们最准确最清晰的解说涌现。同样，对于一个完全沉浸于交响乐体验中的人而言，他就好像看到了人生与世界的一切可能的事件在眼前闪过，然而，如果他考虑一下，他就知道，他察觉不到乐曲的演奏与脑海中事物之间任何相似之处。

如上所述，音乐与其他一切艺术的不同之处在于，它不是对现象的写照，更准确地说，不是意志的适当对象化，而是对意志本身的直接映现。它展现的是对立于世界上一切存在之物的形而上学的东西，是自在之物而不是一切现象。因而，我们在多大程度上把世界看成是意志的具现化，也就可以在相同程度上把世界看成是音乐的具现化。由此可知，可以理解的是，音乐能让现实生活与世界的每个画面与场景显现出更高的现实意义，而旋律与特定现象的内在精神越是类似，这种情况就越明显。基于这一点，我们可以将音乐配上诗使之成为歌曲，配上生动表演使之成为哑剧，或者将两者都配上使之成为歌剧。诸如此类的人生的个别画面，有了音乐语言的普遍性作基础，并不是必然同音乐有关系或相互一致，而是任意例子与普遍概念间的那种关系。它们在清晰的现实中展现的，正是音乐在纯粹形式的普遍性中表现的东西。

因为旋律在一定程度上就像是普遍的概念，是对现实的抽象。现实，这个独立事物的世界，为概念的普遍性与旋律的普遍性提供了明确的现象、特殊与个别事物以及

□ 经院学派

经院学派也称士林学派，是在11至14世纪西欧教会中形成的思想流派，其思想形成受罗马教父哲学（如奥古斯丁主义）以及希腊亚里士多德哲学的影响，而其学派建立的经院哲学即是理论、系统化的神学，为宗教服务。图为经院学派的代表人物——被奉为圣人的托马斯·阿奎纳（约1225—1274年）。

单个例子。然而，这两种普遍性从特定角度来看是相反的，因为概念是由从直觉抽象得出的形式构成，就像脱落的事物的外皮，因此是真正而完全的抽象。但音乐提供的是事物的核心，最内在的核心，先于所有特定形象的出现。这样的关系用经院学派的语言能恰当地表达：概念是universalia post rem（后于事物的普遍性），而音乐则提供了universalia ante rem（先于事物的普遍性），现实则是universalia in re（事物当中的普遍性）。

总体来说，音乐创作与看得见的表演之所以存在关联，如上所说，在于两者是对世界相同的内在本质的迥然不同的表现。现在，当这样的关联在特定情况下真实出现，并且，作曲家知道如何用音乐的普遍语言来表达事件核心的意志动态，那么，歌曲的旋律与歌剧音乐的表现力就会充盈。然而，作曲家对两者间类似的发现，必定从对理性全然不知的世界本质的直接认识而获得，同时，不应该是靠带着自觉意图的概念传达的模仿，否则，音乐就不是在表现内在的本质，即意志本身，而只是对意志现象的拙劣模仿。

按照叔本华给我们的教导，我们还可以把音乐理解为直接意志的语言，感到我们的想象力受到激发，去塑造那有声无形且生机勃勃向我们诉说的精神世界，并通过比喻的例证把它们具体化。对比而言，形象与概念，在真正适当的音乐的影响下，取得了更高深的意义。因而，酒神艺术习惯以两种方式对日神艺术的潜力产生影响：音乐首先唤起我们，让我们用非常类似酒神普遍性的方式考察形象，继而允许这样的形象具备最高的意义。

从这种可理解的观察中，虽然并未对难以接近的事物进行任何更深入的考量，我还是得出了结论：音乐有能力产生神话（这是最有意义的例证），以及悲剧神话，那种说出希腊人对酒神之认可的神话。我已经解释了抒情诗人的现象，以及抒情诗人的音乐如何在日神形象中表现它的本质，让我们现在想象下，最高层次的音乐必定试图达到最高的表象。因而，我们必须认为音乐还可能知道，如何为它本质上的酒神智慧寻找象征性表达。但是，除了悲剧以及一般的悲剧概念之外，我们还能从何处寻找到这样的表达？

从依照幻象与美的单一范畴而理解的艺术本质中，的确不可能得到悲剧。只有音乐精神，能让我们理解个体毁灭的快乐。现在，个体毁灭的个别实例阐明了酒神艺术的永恒现象，这种艺术让那种个体化原则背后的万能意志得以表达，亦即超越一切现象、无视所有毁灭的永恒生命。

悲剧中形而上的快乐，是自觉的本能酒神智慧向形象语言的转化。悲剧英雄——意志的最高表现——在其中被毁灭，对此我们很高兴，因为他不过是幻象，而意志的永恒生命并未因他的毁灭而受干扰。"我们信仰永恒的生命"，悲剧如此喊道，而音乐则是这种生命的直接概念。造型艺术家的作品有着全然不同的目的：在这里，日神鲜明地赞颂了幻象的永恒，并借以克服个体的痛苦。在这里，美战胜了生命固有的痛苦。这种痛苦，在某种意义上，已经从本性的面庞上被抹去了。在酒神艺术与悲剧象征中，这相同的本性用坦诚的、毫不伪装的声音对我们说道："像我这样吧！做不断变幻现象中的永恒始母，永远让万物求生，永远满足于现象的无常！"

十七

酒神艺术也想让我们相信存在的永恒乐趣。但是，我们必须从现象背后而非现象中去寻求这样的乐趣。我们必须认识到，一切存在的东西必定做好了痛苦毁灭的准备。我们被迫直视个体存在的恐惧，但在这个过程中，我们决不能变得麻木。因为，一种形而上的慰藉会让我们暂时摆脱这熙攘的世态变迁。我们短暂地成为了原初存在本身，感受到它那不羁的渴望与存在的快乐。我们现在认为，斗争、痛苦与现象的毁灭不可避免，因为强行闯入生活的无数存在形态如此过剩，且世界意志如此繁茂多生。当我们似乎同无限的原始存在之快乐融为一体，并感受到这种酒神快乐的永恒不灭的本性之时，我们被这种痛苦的锋芒刺穿。尽管有恐惧与同情，我们仍是幸运的生命存在，不是作为个体，而是作为一种生命力量，我们已融于它创生的快乐当中。

希腊悲剧产生的历史现在明确地告诉我们，希腊的悲剧艺术作品是如何真正从音乐精神中诞生。我们认为，我们第一次对合唱队原始且不可思议的意义有了真正的认知。然而，同时，我们必须承认，希腊诗人从未对前面谈到的悲剧神话的意义有完全清晰的概念，更别说希腊哲学了。在一定程度上，悲剧英雄的言谈比他们的行动还要肤浅，而神话并未在他们的言谈中找到恰当的具体表现。

场景的结构与生动的形象揭示了更深的智慧，这是诗人用语言与概念所不能把握的。我们在莎士比亚那里看到了同样的情况，比如哈姆雷特的语言就比他的行动更肤浅，因而我们不是从他的言词，而是从对作品整体的深刻观察与回顾之中，得出了上述哈姆雷特的研究结果。关于希腊悲剧，当然，我们看到的只是它的剧本，我甚至提出，神话与台词间的不一致容易诱导我们把它想得更浅薄更空洞，并由此根据古人的证词，认定它的行为更肤浅。因为我们容易忘记，诗人作为语言大师实现不了的神话的最高知性化与最高理想化，却随时能在作为创造性的音乐家时实现。

诚然，我们必须通过研究再造音乐效果的非凡力量，以便得到一些真正悲剧特有的无与伦比的慰藉。但是，我们只有成为希腊人，才能体验到这种非凡的音乐力量，因为考虑到众所周知的希腊音乐的整体发展，同我们熟悉的更丰富的现代音乐相比较，我们会认为，我们听到的希腊音乐只是羞怯的年轻歌曲。正如埃及祭司所说，希腊人是永远的孩子，他们不知道，在他们手上创造出来的是多么尊贵的一件玩具——一件将来会被毁掉的玩具。

音乐精神对形象化与神话体现的种种追求，从抒情诗开始，到阿提卡悲剧，变得越来越强烈，在发展到全盛后不久，突然又中断，从表面上看似乎是它从希腊艺术中消失了，尽管从这种追求中产生的酒神世界观，继续存在于秘仪中，而最让人惊讶的是，它的变革与变质从未停止吸引严肃天性的注意。它是否可能有朝一日像艺术那样，再次从神秘的深渊产生？

到此，我们要弄清一个问题，那种让悲剧破碎的敌对力量，是否一直有足够的力量阻挡悲剧与悲剧世界观在艺术上的再生？如果古老悲剧因知识的辩证冲动与科学研究的乐观主义而脱离轨道，我们就需要从这个事实中推断出，理论与悲剧世界观之间的永恒斗争。唯有当科学精神被引导走上极限，它的普遍有效性的主张被这种极限所打破时，悲剧的重生才有希望。从我们先前讨论过的意义上，我们借从事音乐的苏格拉底来作为这样的文化形式的象征。通过这样的对立，我理解了关于科学精神的信仰（首次在苏格拉底身上显现）：我们可以从根本上认识自然，而知识有着普遍的力量。

谁还记得科学永不满足前进的直接后果，谁就会立刻想起，它是如何摧毁神话，并通过这种毁灭把诗歌从自然的理想中突然驱逐，让它无家可归。如果我们已正确地把从自身再造悲剧的能力归因于音乐，我们就得找到在这条道路上反对音乐创造神话能力的科学精神。这发生在新的阿提卡颂歌发展过程中，它的音乐表现的不再是内在的本质，不再是意志本身，而只是通过概念进行模仿，对现象的不当再现。真正的音乐天性会厌恶这种内在变质的音乐，就像在苏格拉底摧毁艺术的倾向面前表现的那样。

阿里斯托芬把苏格拉底本人、欧里庇德斯的悲剧与新酒神颂诗人的音乐联系到一起时，他的直觉是对的（问题把握得很准确），他讨厌他们，并从其中嗅到了那种堕落文化的特质。这种新酒神颂错误地把音乐变成了对现象的模仿与展现，就如一场战争或海上暴风雨，并在这之中完全剥夺了它创造神话的能力。当音乐强迫我们寻找生活或自然时间与特定节奏形态与乐声间的外在类似，从而只为让我们沉浸其中之时，当我们的认知只为满足于认知这样的类似之时，那么，我们就陷入一种让神话的构思变得不可能的心境，因为，作为注视着无限性的普遍性与真理之个例，神话必须被生动地感受。

真正的酒神音乐对我们的影响就好比一面反映世界意志的万能之镜。每个映照在这面镜子中的生动事件，在我们看来，都会马上扩展成为永恒真理的形象。

相比之下，新颂歌的声音画面会马上剥夺生动事件的神秘个性。而现在，音乐成了现象的无力模仿，远比现象本身要贫乏得多。这种贫乏导致现象本身在我们的感觉中被贬低，以至于现在，比如这种模仿音乐的战斗如此微弱地演奏着进行曲——号角的声音，以及种种，而我们的想象力恰恰被这样的肤浅所抑制。

因而，音乐描绘的画面在各方面都对立于真正音乐的神话创造力，前者让现象变得比其本身更贫乏，而酒神音乐却让个别现象变得丰富，并拓展成为一个世界的形象。在新颂歌的发展过程中，当它让音乐远离自身，并迫使它成为现象的奴隶之时，正是非酒神精神取得强大胜利之刻。在更高的意义上，欧里庇德斯，必定拥有一种彻底的非音乐特性，正是因此，他是新酒神颂音乐的热切支持者，以窃贼的开放，他使用了音乐全部的剧场效果与风格。

当我们把目光转向在索福克勒斯悲剧中流行的性格与心理复杂性的表现方式时，我们从另一个角度看到了反对神话的非酒神精神的力量。性格不能再被允许扩展为永恒的典型，相反，它必须经过人为的描述与渲染，通过每个线条最精细的明晰、个别地展现，以便让观众不再体验神话，而是体验艺术家咄咄逼人的自然主义手法以及他超乎寻常的模仿能力。

我们在这里还认识到了现象对于普遍性的胜利，以及与解剖标本近似的对特定事物的喜爱。我们已经呼吸到了一个理论世界的气息，在这里，科学认识比艺术对普遍规律的反映更被看重，它沿着不断增长的表征方式之路迅速前进。索福克勒斯仍然在描写全部性格，扼制其向神话更成熟的演变，而此时，欧里庇德斯已经专注于描述那在激情爆发时能表达自我的个别重大的性格特征。在新阿提卡喜剧中，只剩下带有一种表达的面具重复出现：鲁莽的老人、受骗的皮条客以及戏谑的家奴。

那么音乐创造神话的精神哪里去了？现在留下的要么是振奋的音乐，要么是回忆的音乐，也就是说，那刺激疲惫神经的音乐或者声音的画面。前者基本上不涉及歌词，而在欧里庇德斯那里，当他的英雄或合唱队第一次开始咏唱时，事情已经一发不可收拾，那么，在他不知悔过的后继者的手里，事情又会变成什么样子？

然而，新的非酒神精神在新戏剧的结局中表现得最为透彻。在旧悲剧中，结局处总能感受到形而上的慰藉。缺少这样的慰藉，悲剧的乐趣就无从解释。在《在科罗诺斯的俄狄浦斯》中，来自另一个世界的和解之声有了最纯洁的回响。但是，一旦音乐天才从悲剧中逃离，那么从严格意义上讲，悲剧已经死亡。毕竟，人们现在还能从哪里创造那形而上的慰藉？

□ **在科罗诺斯的俄狄浦斯**
《在科罗诺斯的俄狄浦斯》是索福克勒斯晚年（前401年）所写的悲剧，命途多舛的俄狄浦斯在此再次遭到不幸，但最终得以解脱，在此长眠。图为让·安东尼·泰奥多尔·吉鲁斯特的《在科罗诺斯的俄狄浦斯》，其中所绘即为俄狄浦斯（老人）、其女儿安提戈涅（老人右）和伊斯墨涅（老人左）和雅典国王忒修斯（最左）。

结果，人们就为悲剧的不和谐去寻求世俗的解决办法。在英雄受尽命运折磨之后，他会得到应有的回报，赢得美满婚姻或者神圣的荣耀。英雄成了格斗士，在遍体鳞伤之后，主人会给他自由。天外救星取代了形而上的慰藉。我不是说，悲剧的世界观被这汹涌的非酒神精神彻底毁灭。我们只知道，它肯定背离了艺术，就像进入地狱，沦落成了一种神秘的崇拜。

但是，这种非酒神精神的风暴肆虐在希腊存在的最广大的表面，并以希腊乐观的形式自我宣告。对此，我在前面把这种乐观看作一种无力、非生产性的生存乐趣。这种乐观是古代希腊人那种显著的质朴的对立面，而根据它的既有特征，我们应该把它看成从黑暗深渊长出的日神文化之花，是希腊人意志通过对美的反映能力，实现对痛苦与痛苦智慧的胜利。

另一种最高贵形式的希腊乐观，即亚历山大[1]乐观，是理论家的快乐。它显示出我已经从非酒神概念中得出的那些特征：它反对酒神智慧与艺术；它试图分解神话；它用尘世的调和，实际上是一种特别的天外救星——机关与熔炉之神，也就是，为更高的利己主义服务的自然力量，取代了形而上的慰藉。它相信，知识能改造世界，科学知识能指导人生，因而实际上是把个人禁锢到个人可以解决的问题中的最狭窄的领域，而在这之中个人会快乐地对人生说："我需要你，你值得被承认。"

十八

这是一个永恒的现象：贪得无厌的意志总能找到一种方式，借助笼罩着万物的幻象，把它的创造物囚禁在人生中，强迫它们继续生存。有一种人，他们被苏格拉底的求知欲，以及知识可以治愈存在之永恒创伤的幻象所禁锢，另一种人，受眼前媚人的艺术面纱的诱惑，还有第三种人，受制于形而上的慰藉，认为在现象的旋涡之下流淌着永恒的生命——只字不提总在意志手中更常见且几乎更强大的幻象。 这三个幻象阶段，只属于那天赋异禀的人，他们能深刻地感受到存在的重量与负担，必定让自己受惑于某种高雅的刺激物，从而忘掉自己的不快。我们所称为文化的一切都是由这样的刺激物组成的，此外，按照各成分的比例，我们拥有的主要是苏格拉底文化、艺术文化或悲剧文化之一。或者，允许提供历史的例证的话，那就是亚历山大文化、希腊文化或佛教文化。

我们整个现代世界被卷入了亚历山大文化之网中。它把理想称为得到最大知识力量武装的且为科学效劳的理论家，而苏格拉底就是他们的原型与始祖。我们所有的教育方法最初都是以此为目标：一切其他存在形式必须在它旁边挣扎地存在，就像是忍受某种并不想要的东西。让我们惊讶的是，有教养的人，在很长一段时间内，只以学者的身份出现。甚至我们的诗歌艺术也被迫从对学术的模仿中

---

[1] 此处指位于埃及的希腊城邦亚历山大，由马其顿国王亚历山大一世于公元前332年建立、命名，并被定为托勒密王朝之首都，是当时古希腊的文化中心之一。

发展而生，而从韵律的主要效果中，我们还能看到，源自艺术试验的诗歌形式，使用的是非本土的真正博学的语言。浮士德，这个本身可被我们理解的现代文化人，在希腊人看来，是多么地不可理解：浮士德不知满足地闯入所有学术领域，因求知的欲望而献身于魔法与魔鬼；我们出于比较把浮士德放到苏格拉底旁边，以认识现代人开始预料到苏格拉底式求知的界限，因而渴望在苍茫的知识海洋上寻找彼岸。歌德有一次谈到拿破仑时，对埃克曼说："是的，我的好朋友，还有一种行为上的创造力。"[1]他在用一种极为质朴的方式提醒我们，对于现代人而言，非理论家是某种难以置信的、令人吃惊的群体，因而，我们还需要歌德的智慧，以便发现，这样令人惊讶的存在方式不仅可以理解，而且可以被原谅。

现在，我们不应该再回避隐藏在苏格拉底文化母体中的东西：乐观主义，认为自身无限强大的乐观主义。如果这种乐观主义的果实已然成熟，如果这种文化让整个社会从最底层开始腐烂，而社会因浮华的激情与渴望而颤抖，如果对一切事物的尘世幸福的信仰以及那对普遍文化素养的可能性的信仰，转变成一种对亚历山大式尘世幸福的迫切需求，转变为对欧里庇德斯式天外救星的召唤，那么我们不必对此感到吃惊。

我们应该看到，亚历山大文化要长久存在，需要一个奴隶阶级，但同时，它那乐观的人生观又否定了这一阶级的必要性，因而，当有关"人的高贵"与"劳动的高贵"之类诱导安抚人心的美好话语失去效力之时，它会逐渐走向那可怕的毁灭。一旦野蛮的奴隶认识到其中存在的不公正，并准备为自己甚至为所有世代复仇之时，这样的阶级就会成为最可怕的阶级。在面对这样具有威胁性的狂风暴雨时，谁还敢有信心求助于那苍白枯竭，基础已经退化成学术宗教的宗教？作为任何宗教之必要前提的神话，已经瘫痪麻木，甚至在这个领域，乐观主义精神——我们刚刚把它看作是社会毁灭的萌芽——已经取得了统治权。

当蛰伏在理论文化中的灾难逐渐开始让现代人感到害怕，他焦虑地从经验宝库中搜寻避祸手段，尽管他对这些手段并不相信。因而，当他开始预感到自己的

---

[1]歌德致埃克曼，1828年3月21日。

具体结果——那有普遍智慧的伟大人物，极其认真地考虑运用科学本身的工具，指明知识本身的局限性与相对性，从而断然否定科学对普遍有效性与目的性的要求。他们的论证首次对幻想的概念进行了诊断，这样的概念假装能够借助因果定律探究事物最内在的本质。康德与叔本华的非凡勇气与智慧取得了最艰难的胜利，战胜了隐藏在逻辑本质中的乐观主义——那种我们文化之基础的乐观主义。这种依赖那显然毫无争议的 *aeternae veritates*（永恒真理）的乐观主义认为，宇宙的一切奥秘都是可知、可探究的，并把空间、时间以及因果看作最具普遍有效性的绝对法则，而康德却表明，它们真正的作用只是把纯粹的现象——摩耶的作品，提升到唯一的最高现实之位，就好像它是事物最内在的真正本质，从而让任何对这种本质的真正认识变得不可能，用叔本华的话说，让梦想者睡得更酣甜（《作为意志与表象的世界》）。

有一种文化随着这种认识而生，我冒昧地称之为悲剧文化。它最主要的特征：智慧取代知识成为最高的目标；它不受科学惑人的干扰，以坚定不移的目光通览世界，并试图以悲天悯人的热爱之情，视永恒的痛苦为自己的痛苦。让我们想象下这未来的一代，他们有着如此刚毅的目光，如此英雄般的抱负；想象一下那些屠龙者，他们迈着勇敢的步伐，怀着自豪的大无畏精神，拒绝那乐观主义的虚弱教条，以便勇敢地生活在充实与美满中。这种文化的悲剧之人，考虑到为了严肃与恐惧而进行的自我教育时，必定会渴望一种新艺术，那种形而上的慰藉艺术，从而渴望悲剧，就像渴望自己的海伦一样，并同浮士德一起喊道：

凭借我渴望的力量，
难道不该把最美的形式带到世间？
（歌德《浮士德》，7438—7439行）

但现在，苏格拉底文化只能用它颤抖的双手握住它那绝对真理的权杖，它在两方面动摇了：一是对那开始预感到自己结果的恐惧，还有就是失去了过去对其基础的永恒有效性的天真信心。这是伤感的一幕：看到他那活跃的思想冲向那新的形式，去拥抱它们，然后又战战兢兢，突然又放开它们，就像放弃梅菲斯特[1]和那诱人的拉弥亚[2]一般（《浮士德》，7766行）。这确实是断裂的征兆，众人习惯于把这断裂说成是现代文化的根本弊病，也即是理论家对自己的结果既惊恐又不满，再也不敢把自己交托给存在的可怕寒流；他畏怯地在岸边徘徊，他如此彻底地被自己的乐观主义观点所纵容，以至于他不再想要任何完整的东西，任何与自然界残酷事物有关的整体。此外，他感到，当以科学原则为基础的文化开始变得非逻辑，也就是它开始逃避自己的结果时，它就必定会崩溃。

我们的艺术揭示了这种普遍的危难：他徒劳地靠模仿依赖一切伟大的生产性方法与天性，徒劳地在现代人周围搜集整个世界文学，借此安慰自己；徒劳地把自己置身于所有时代的艺术风格与艺术家中间，从而让自己可以像亚当给走兽命名[3]那样给它们命名。从外表上看，他仍然是一位饥饿者、一个痛苦疲惫的批评家、一个亚历山大式人、一个根本上的图书管理员与校勘员，可怜地因书上的尘土与印刷错误而失明。

十九

我们把这种苏格拉底文化称为歌剧文化，再没有比这能更清晰地说明其最内在的内容了。正是在歌剧这个领域，我们的苏格拉底文化特殊的天真表达了其目的和看法，而当我们把歌剧起源与其发展事实同日神与酒神永恒真理作对比时，我们对此感到了惊讶。

我首先想到的是咏叹调与宣叙调的起源。这种彻底形象化的不知虔诚的歌剧音乐，会被一个时代热诚地接受并珍视，视其为一切真正音乐的再生，而这个时代已经出现了帕勒斯特里那难以言喻的神圣音乐，你会相信吗？另一方面，谁会

---

[1] 全名梅菲斯特费勒斯，浮士德传说中恶魔与法师之间的契约者，在歌德的《浮士德》中被描述为引人堕落的恶魔。

[2] 拉弥亚是古希腊神话中的半人半蛇的怪物，其上身为人类女性身体，下半身为蛇躯，形象妖艳，喜欢吞食儿童，被认为是象征着"贪欲"。

[3] 参见《圣经》之《创世纪》。

把这种歌剧热爱的迅速蔓延，仅仅归于佛罗伦萨社交圈的寻欢作乐以及戏剧歌手的虚荣心？这是在同一个时代，甚至在相同的民族之中，唤醒了这种对半音乐表达方式的热情，连同那整个中世纪基督教建立其上的帕勒斯特里那和声的拱形建筑，对此，我只能用宣叙调本质中协同的非艺术倾向来解释。

□ 嵌花式
嵌花式亦称马赛克式，使用许多不同色的小块石材、陶瓷、玻璃或贝壳等拼成图案。这种装饰艺术风格历史悠久，最早被发现于三千年前美索不达米亚的一座寺庙中，后于古希腊和古罗马普遍流行并延续至今，常被用于宗教建筑和宫殿。

对于那些想听清音乐中歌词的听众，歌手能满足他的愿望，因为歌手说的比唱的多，靠半歌唱的方式加强歌词的情感表达。对情感表达的加强，促进了他对歌词的理解，并克服了剩余部分的音乐。现在威胁他的具体危险是，他有时会一不留神过度强调音乐，从而立刻破坏说话的感染力与词语的清晰度。另一方面，他感到自己被音乐的释放与歌喉的精湛表现所驱动。在这里，"诗人"对他施以援手，诗人知道如何为他提供大量机会，使用抒情的感叹词，重复词语与句子，等等。在这些地方，歌手现在沉浸在纯粹音乐元素之中，完全不用注意歌词了。然而，充满了迫切情感的半唱言语与咏叹调的全唱感叹交替出现，这种快速变化的唱法，时而影响听众的理解与想象力，时而影响他的音乐感，这是完全非自然的东西，同日神与酒神艺术冲动有着内在冲突，以至于我们要从一切艺术本能之外推断吟诵的起源。

按照这样的描述，宣叙调应该被界定为史诗与抒情诗的混合，绝不是内在稳定的混合——这在如此迥异的因素下无法达到，而是完全表面上的嵌花式黏合，这在自然与经验领域是毫无先例的。但这不是宣叙调发明者的意见：他们以及他们的时代宁愿相信，这种咏叹调已经解决了古代音乐的奥秘，他们认为从中找到了对俄耳甫斯、安菲翁甚至希腊悲剧巨大影响的唯一解释。这种新风格被看作是最有效的古希腊音乐的苏醒。事实上，按照普遍流行的观念，荷马世界是原始世界的观念，他们可以沉于睡梦，再次沦落到人类乐园的起源地。在那里，音乐必定也有着难以超越的纯洁、力量以及天真无邪，这是诗人在牧歌戏剧中所描述的动人生活。在这里，我们看到了这个完全现代的艺术品种——歌剧最内在的发展：艺术在这里响应了一种强大的需要，但却是一种非审美上的需要——对牧歌生活的向往，对美好的艺术型人的原始存在的信仰。宣叙调被认为是重新发现的原始人的语言，歌剧则是牧歌或英雄式善美生灵的国度，他们的每个动作都遵守着自然的艺术冲动，每次言语都或多或少都要歌唱，为的是让情感上的最少激动也能立即迸发出完整歌曲的咏唱。

现在，下面的情况对我们来说无关紧要：当时的教会认为人天生就腐化堕落，而当时的人文主义者，正是借助这种新创的乐园艺术家形象来反对这种陈旧的观念。因而，歌剧被理解为良善之人提出的对立教条，但同时，还为那种悲观主义——由于一切存在条件的可怕而不确定性而吸引了当时严肃人士的注意——提供了一种抵抗的慰藉。这足以让我们认识到：这种新的艺术形式的真正魅力与起源，在于对一种完全非审美需要的满足，在于对人的乐观赞颂，在于把原始人看成是天生友善的艺术人士的观念。这种歌剧的原则逐步变成了一种有威胁的可怕需求，而在面对当代社会主义运动时，我们对此不能再视而不见。"良善的原始人"想要他的权利：一个天堂般的远景！

除此之外，我还提出了另外一个同样明显的证据，借以证明我的观点：歌剧与亚历山大文化都是基于相同的原则。歌剧是出自理论家与外行批评家而非艺术家之手，这是一切艺术史上最惊人的事实之一。对于完全缺少音乐素养的听众而言，他们的要求正是首先要听懂歌词，因而，只有在发现了某种歌唱方式（在其中，歌词就像主人支配仆人那样支配了对位）之时，才能期待一种音乐的再生。歌词远比伴奏的和声高贵得多，就好比灵魂比肉体高贵一样。

歌剧刚开始时，音乐、形象与语言正是按照不懂音乐的外行的粗鄙意见被混杂在一起。按照这样的美学精神，在佛罗伦萨主流的业余圈子，受资助的诗人与

□ 但丁与维吉尔

在《神曲》中，但丁正是在维吉尔的陪伴下走过了地狱和炼狱，并在其所爱却终究无缘的女人——贝缇丽彩·波尔蒂纳的引导下进入天堂，从知罪到赎罪，再到解脱。此图即为古斯塔夫·多雷的《伪君子的队列》，描绘了凝望地狱中有罪众生的但丁（右）与维吉尔（左）。

歌手开始了早期的试验。无艺术能力的人为自己创造了一种艺术，正是因为他不懂艺术。因为他感知不到音乐的酒神奥妙，他把自己的音乐趣味变成了对咏叹调中可理解感情的言辞与音调的鉴赏，变成了对歌曲艺术的感官享受。他看不到幻象，因而他强迫机械师与布景师为其服务；他不能理解艺术家的真正本质，因而他构思了艺术型的原始人来满足自己的趣味，也就是，在激情影响下演唱并诵读诗歌的人。他梦想自己回到了激情足以产生歌曲与诗歌的年代，就好像感觉他曾经有能力创造一切艺术的东西。

歌剧的前提是一种涉及艺术过程的错误信念，那种牧歌式的信念，认为每个敏感之人都是艺术家。这种信念让歌剧成了艺术中外行趣味的表达，用理论家的快乐的乐观主义发布他们的规则。

倘若我们想把上述对歌剧起源产生影响的两个概念合并，我们只需谈谈歌剧的牧歌式倾向。在这一点上，我们只需要借用席勒的表达与解释。他说："当自然已失落、理想未实现，两者是悲伤的对象；当自然与理想表现为真实，两者则是快乐的对象。第一种情况提供了狭义上的哀歌，而第二种提供了广义上的牧歌。"

在这里，我们必须马上注意到这两个有关歌剧起源的概念的共同特征，也就是，我们在其中并未感到理想不能实现或者自然已经失落。按照这种感觉，人类经历过一个原始时代，当时人类走进自然的心灵，并且，得益于其自然状态，在天堂似的善与艺术中实现了人类的理想。我们都被认为是这些完美的原始人的后代，甚至是他们的忠实翻版，只不过我们要摆脱掉一些东西，才能重新辨认出我们就是这些原始人，这取决于我们是否主动放弃多余的学问与过量的文化。文艺复兴时期，有文化的人用歌剧模仿希腊悲剧，正是要让自己回归那自然与理想的和谐，回到牧歌式现实。他就像但丁利用维吉尔那样利用悲剧，为的是被引向那天堂之门，他从这里继续无助地前行，从对最高希腊艺术形式的模仿走向"万物的恢复"，走向对人类原初艺术世界的模仿。

在理论文化的核心，这种大胆尝试是一种多么自信的美好天性！这只能靠给人慰藉的信仰来解释，也就是："自在之人"是歌剧品德高尚的永恒主角——永远吹笛或唱歌的牧羊人——他最终必定重新找到自我，如果他曾几何时真正迷失过自我的话。这只能认为是那种乐观主义的结果，它像一股甜蜜诱人的烟雾从苏格拉底世界观的深处冉冉升起。

因此，歌剧的特征绝没有展示任何永恒失却的哀歌之痛，反而是永恒重现的快乐，以及至少总是能想象为真实的那种牧歌生活的舒适惬意。但在这个过程中，人们总有一日会领悟到，这种假想的现实不过是愚蠢的消磨时光的幻想。对此，以真实自然的可怕严肃来判断，并拿人类初期的原始场景作比较的话，谁都会厌恶地喊道：滚开吧，幻象！

然而，以为靠大声疾呼就能把歌剧这东西吓跑，像吓跑幽灵那样，那你就想错了。谁想消灭歌剧，谁就得同亚历山大式的快乐——这种在歌剧中如此天真地表达它最喜爱观念的快乐——作斗争。实际上，歌剧就是这种概念的具体艺术形式。但是，这样的艺术形式完全发端于审美之外的领域，是从半道德领域袭入艺术领域，只是它的混合血统偶尔瞒过我们，我们能期待这样的艺术形式产生什么作用呢？如果不是从真正的艺术，这种寄生的歌剧从何处汲取营养？艺术最高的、真正严肃的使命——让肉眼不再注视黑夜的恐惧，用幻想的灵药拯救意志冲动的痉挛——在其牧歌式的诱惑与亚历山大式的谄媚下，必定变质成为空洞散漫的消遣，难道我们不该这样假设吗？当风格以这样的方式混合后，酒神与日神的永恒真理会变成什么？这样的风格，正如我所说，是咏叹调的本质。在这样的风

□ 赫拉克勒斯与翁法勒

赫拉克勒斯曾因弑友（伊菲托斯）而被罚，由神使赫尔墨斯派给吕底亚女王翁法勒做了三年奴隶，负责做女人的工作（主要是纺织）。赫拉克勒斯身穿女人的衣服，女王则身披赫拉克勒斯的尼米亚猛狮之皮，手持他的橄榄木棒。除奴隶身份外，赫拉克勒斯还成为了翁法勒的情人，女王最终给予赫拉克勒斯自由，并嫁给了他。图为雅克·杜蒙的《赫拉克勒斯与翁法勒》。

格中，音乐被认为是仆人，歌词是主人；音乐被比作肉体，而歌词却是灵魂？在这里，最好的情况是把说明性的音画看成最高目的，就如以前新阿提卡颂歌那样？音乐完全疏远了作为酒神的世界之镜的真正尊严，而只剩下作为表象的奴隶，模仿现象的形式特性，并在线条与比例唤起浅薄的愉悦？

通过仔细观察可知，歌剧对音乐的这种致命影响，同现代音乐的整个发展过程完全一致；潜伏在歌剧起源与其体现的文化特性中的乐观主义，以惊人的速度剥夺了音乐之酒神的世界使命，游戏般地强加给它形式上的愉快特性：这种变化，堪比埃斯库罗斯悲剧英雄向快乐的亚历山大式人的转变。

然而，在上面的例证中，我们正确地把酒神精神的消失同最显著的，但尚未得到解释的希腊人的转变与堕落联系起来。当最终确定的预兆保证了相反的过程，保证了我们现代世界的酒神精神的逐渐苏醒之时，我们心中会有怎样的希望复活？赫拉克勒斯的神力不可能在翁法勒的奴役中衰弱下去。一种力量从德意志精神的酒神根基中产生，它同苏格拉底文化的原始条件毫无共同之处。苏格拉底的文化对此既不能解释也不能提供理据，反而把它看作一种可怕的无法解释的敌对的东西——德国音乐，尤其是指从巴赫到贝多芬再到瓦格纳这一重大发展轨道。

即便是在最有利的条件下，我们现代求知的苏格拉底主义会如何对付这来自无底深渊的魔鬼？不论是借助歌剧旋律中的花式乐谱，还是借助赋格曲与对位辩证法的算术，都找不到一个公式，以其三倍强光制服这个魔鬼，强迫它说话。这是怎样一幕情景呢？当现代的美学家，用他们独有的美之网，寻找并抓住那难以置信的生命——漫游在他们面前的音乐天才们——而这样的行动不靠永恒的美的标准，也不靠崇高的标准来判断。在这些音乐的保护人不知疲倦地喊出"美！美！"之时，让我们近距离地观察他们：他们是在美的怀抱中养育的自然的宝贝孩儿，或者，他们不过是为自己的粗鄙寻找一件虚假的外衣，为他们迟钝的节制寻找审美的借口？我在这里想着拿奥托·扬[1]作为例子。但是，德国音乐让说谎者与虚伪者有所提防，因为在所有文化中间，音乐是唯一真正的、纯洁的、使人得以净化的火之精神。按照以弗所伟大的赫拉克利特的学说，万物都是按双轨运行：我们现在称之为文化、教育与文明的一切，终有一日必定会出现在公正的审判官——酒神面前。

让我们进一步回忆一下，康德与叔本华身上出自同源的德国哲学精神，如何通过确立科学苏格拉底主义的界限，毁掉了后者那沾沾自喜的存在之乐，又如何通过这样的界定，引入了一种无限深刻与严肃的道德观与艺术观，对此我们可以称之为由概念组成的酒神智慧。倘若不是一种新的存在形式，一种我们只能从希腊的先例中猜测其特性的统一的神秘，那么德国音乐与哲学又指向了什么？对于我们这些站在两种存在形式界线上的人而言，希腊人的原型保留着其无可估量的价值，而一切转变与斗争也以经典而有教益的形式留下了烙印。但是，我们现在好像是以相反的次序经历着希腊天才的主要时代，比如，似乎是在从亚历山大时代倒退到悲剧时代。同时，我们也感到，强大的侵入力量长时间地强迫德国精神在一种无助而庸俗的野蛮主义中生存，并忍受它们的奴役，在此之后，悲剧时代的诞生不过是意味着德国精神向本身的回归，一种神圣的对自我的重新发现。最终，在回归其存在的原始源泉后，它敢于在一切民族前昂首阔步，再也不用那罗马文明的引领，只要它不断向一个民族学习——希腊人，而向他们学习本身就是一种崇高的荣耀与罕有的盛名。现在，我们正经历着悲剧的诞生，处在不知其从

---

[1] 德国古典学家和语言学家，波恩大学古典语言学教授。

何而来、不明它将去何处的危险之中，那么，还有什么时候比现在更需要那些最伟大的导师呢？

二十

有朝一日，在一位公正的审判官面前，我们可以决定：在哪些时代，在哪些人身上，德国精神最坚决地向希腊人学习；如果我们有信心认为，这唯一的荣耀应归于歌德、席勒与温克尔曼[1]的启蒙运动，那么，我们就一定要补充指出，自他们的时代以及他们努力的直接影响之后，沿着相同道路朝着文化与希腊人的努力却令人费解地日渐衰退。

难道为了不对德国精神完全失望，我们就一定不能做出如下结论——在某些根本的方面，甚至这些佼佼者也未能进入希腊文化的核心，也未建立德国与希腊文化之间的永久联盟？因而，这不知不觉中发现的缺点，可能会让严肃的人气馁，怀疑追随这样的先驱是否可能在这条文化之路上继续前进，还能不能达到目的。相应地，我们看到，自那时起，有关希腊人对教育价值的意见，以最惊人的方式开始退化。在各种学术与非学术的阵营中，听到了那种带着怜悯的傲慢论调，而在其他地方，听到的则是无用的措辞，诸如希腊的和谐，希腊的美，希腊的乐观，等等。甚至，那些把不知疲倦地从希腊源泉中汲取有益于德国文化看作是崇高使命的圈子；那些高等教育机构的教师们，已经变得精于以轻松及时的方式同希腊人妥协，经常带着怀疑放弃希腊理想，完全歪曲古典研究的真正目的。在圈子里，在成为可靠的古籍校勘者或缜密的语言研究者的努力中，那些尚未完全筋疲力尽者和一些自然历史学家一样，可能正在尝试历史地掌握希腊古典与其他古代史，但总是按照我们当代有文化的编史方法，带着目空一切的傲气。

---

[1] 约翰·约阿希姆·温克尔曼（1717—1768年），德国艺术史学家、考古学家，他在基础层面上为艺术史进行了系统性的分类，首先阐明了希腊艺术、希腊罗马艺术和罗马艺术之间的区别，是希腊艺术文化概念的开创者；他也是科学考古的奠基人之一，是"现代考古学的先知和创始者"。其人著有《古代艺术史》等作。其著作是现代欧洲发现古希腊、理解新古典主义和作为模仿的艺术学说的关键，不仅影响了西方考古学和艺术史方面的新科学，还影响了西方的绘画、雕塑、文学甚至哲学。

我们高等教育机构的文化力量也许从未像现在这样如此低下微弱。当下的报纸奴隶——记者们，在一切文化事务上都战胜了教授，而教授们只剩下接受现在经常经历的那种变态，像一只快乐而有教养的蝴蝶翩翩飞舞，带着这个领域特有的"轻盈优雅"，操着那种记者风格的言语。这样一个时期的有文化者，当注视那只能靠类比迄今尚不能领会的希腊天才的最深刻原则来理解的现象——酒神精神的苏醒与悲剧再生的现象，会陷入怎样的痛苦与困惑？

在艺术史上从未有这样一个时期，所谓的文化与真正的艺术之间竟像现在看到的那样如此疏远对立。我们理解为这种衰弱的文化为何仇视真正的艺术：它害怕自身毁于艺术之手。但是，那整个艺术形式，也就是，苏格拉底—亚历山大的艺术形式，在达到如此优美而微不足道的顶点之后，必定像我们当代的文化那样耗尽力量。如果歌德与席勒这样的英雄都不能成功打开通向希腊魔山的大门，如果他们不懈的奋斗都不能让他们超越渴望的目光，像歌德的伊菲革涅亚隔着海洋从荒芜的托罗斯山遥望故乡[1]那样，那么，他们的后继者还能有什么希望？除非，在这种苏醒的悲剧音乐的神秘乐曲中，这扇魔山之门，从之前所有文化努力都忽视的一个完全不同的侧面，突然为他们自动开启。

不要让任何人破坏我们对即将带来的希腊古老精神再生的信念，因为这种信念能给予我们借助音乐的如火魔力而让德国精神更新变革的希望。在当代文化的荒芜与枯竭之中，我们还能指出哪些能唤起令人安慰的期望的东西呢？我们徒劳地寻找一个茁壮的根，一片肥硕的土壤，但到处看到的却是尘埃、沙砾、骨化和腐烂。在此，一个惆怅孤独的人再也找不到比死神与魔鬼之骑士更好的象征了，这是丢勒所描绘的骑士，他身穿铠甲，目光坚毅，丝毫未受到可怕同伴的惊吓，虽然毫无希望，但还是带着他的马与犬，独自踏上征程。我们的叔本华就是这样的丢勒骑士。他缺少希望，但渴望真理。他无人可比。

但是，我们刚刚如此绝望地描述的枯竭文化的沙漠，在接触到酒神魔力之后，如何突然地发生了变化！一场暴风雨卷走了一切衰老、腐朽、破碎以及枯萎

---

[1] 参见歌德《在托罗斯的伊菲革涅亚》。

的东西，把它们卷入红色尘土之中，像秃鹰那样把它们带入苍穹。我们茫然地寻找消失的东西，因为看到的是某种从萧条进入金色光辉中的东西，如此丰饶茂盛蓬勃，如此生机勃勃，如此无边无际，如此充满渴望。悲剧就坐落在这过量的生命、痛苦与快乐之中，在崇高的狂喜之中，倾听着远处的哀歌，它唱出了存在之母，她们的名字是：幻想、意志与悲痛。

是的，我的朋友，同我一道信仰那酒神生活与悲剧的再生吧。苏格拉底式人的时代已经结束，戴上常春藤花冠，把酒神杖拿到手上，而当豺狼虎豹匍匐在你脚下摇尾乞怜时，莫要惊讶！你只需大胆地做悲剧式的人，因为你必会被救赎。你要伴随着酒神队伍从印度到希腊。准备好面对艰苦的斗争，相信你的神的奇迹！

□ 骑士、死神与魔鬼

《骑士、死神与魔鬼》，德国画家、雕刻家及艺术理论家丢勒的雕刻作品，此画拥有相当复杂的图像元素（如手持沙漏的骑马死神、羊头魔鬼、串有狐皮的长枪、狗、山顶的城堡等）和象征意义，其精确含义争论已久。但正如尼采所言，图中最为明显的，便是骑士在如此诡谲怖人的场景中坚定的目光。

二十一

从这种劝告的口吻回归那适宜沉思的心境时，我再次强调，我们只能从希腊人中了解到，悲剧如此奇迹般的突然复苏，对一个民族内在生活基础究竟意味着什么。正是这个信奉悲剧秘仪的民族同波斯人开战，而参与战争的人们需要悲剧作为恢复的良药。谁会想到，正是这样的民族，在经受了几个时代的酒神魔鬼的强烈痉挛的刺激之后，还能如此强烈地流露那最质朴的政治情感，最自然的爱国本能，以及那男人的原始好战欲望呢？毕竟，凡是酒神刺激达到一定程度的地方，都能感受到，酒神对个人束缚的摆脱，首先是一种对政治本能的高度漠然甚至敌对。同样确定的是，建国的日神也是个体化原则之神，而国家与爱国主义的存在离不开对个性的肯定。一个民族要摆脱纵欲，只能走上一条路，一条通往印度佛教的路，因而，需要达到一种超越时间、空间与个人罕有的狂喜境界，以便能彻底忍受那对虚无的渴望。这样的境界继而需要一种哲学，教人如何靠信念的力量克服在这种境界中难以形容的不快。在政治动机占据绝对优势的地方，一个民族必定走上一条通往最极端世俗化的道路，而罗马帝国就是此中最辉煌最可怕的表现。

　　置身于印度与罗马之间，朝着一个诱人的抉择前行，希腊人成功地在古典的纯粹中创造出了第三种形式。确切地说，是他们自己都未长久使用的形式，但正因如此，这种形式得以不朽。毕竟，神最爱者早死，这适用于一切事物，但它们也因而与神一样永生。毕竟，我们不应要求最宝贵的东西有皮革那样的持久韧性。罗马民族性中的坚定与不懈，可能并不属于完美的必要属性。但让我们问问自己，希腊人在他们的鼎盛时期是靠着怎样的灵丹妙药，在面对酒神与政治本能的巨大力量时，不但没有在心醉沉迷的沉思或对世俗权利与荣耀的强烈追逐中枯竭耗尽，反而达到了一种壮观的混合，就像是一种名酒，既能给人热情又能给人警醒。在这里，我们必须想清楚，那激励、净化并释放一个民族全部生机的伟大的悲剧力量。我们感知不到它的最高价值，直到我们像希腊人那样面对它，把它看作一切病痛预防药剂的精华，看作一个民族最伟大与最致命特性之间的调解者。

　　悲剧吸收了音乐最高的狂喜忘形，从而在希腊人与我们这里，真正把音乐带到了完美之境。但随后，它把悲剧神话与悲剧英雄安放在自己旁边，而他，像个强大的提坦，背负起整个酒神世界，从而解除了我们的负担。另一方面，借助相同的悲剧神话，在悲剧英雄面前，它知道了如何把我们从对存在的贪婪渴求中解救出来，并且以己之手，提醒我们一种别样的存在与一种更高的快乐——对此，战斗的英雄，伴随着不祥的预感，为自己的毁灭而非胜利做好了准备。在音乐的普遍有效性与酒神状态的听众之间，悲剧放置了一个崇高的比喻——神话，让听众误认为，音乐不过是给生动的神话世界带去生命的最高手段。依靠这种高贵的欺骗，它现在可以让四肢跳起酒神颂舞蹈，毫不犹豫地沉迷于那种自由的欣喜若狂中；没有这种错觉，音乐也不敢如此放纵。神话一方面让我们不受音乐迷惑，另一方面，又赐予音乐最高的自由。作为回报，音乐给予了悲剧神话一种强烈而令人信服的形而上的意义，没有音乐的帮助，就永不可能表达出这种言语和形象。最重要的是，悲剧的观众确切地预感到通过毁灭与否定实现的最高快乐，因而他明显地感觉到，万物最内在的深渊在与他说话。

如果我最后说的几句话仅仅是对这些复杂概念提供了初步的表达，而对此理解的只有少数人的话，那么我不会克制自己尝试激励我的朋友，让他们作出进一步努力，要求他们使用我们共同体验到的单个事例，以认识到普遍原则。在给出这个例子时，我不想提及那些借助舞台形象、演员的台词与情感来欣赏音乐的人，因为这样的人不像说母语那样谈论音乐，即便是有音乐的帮助，也从未跨过音乐感知力的门厅，更不能走进它内在的密室。一些人，比如格维努斯，甚至都没有到达门厅。我必须转向那些与音乐直接相关的人，他们把音乐看成母亲的怀抱，几乎通过无意识的音乐关系而同事物产生关系。

对于这些真正的音乐家，我向他们提出了这样的问题：他们是否能想象一个人，他不需要台词与形象的帮助，完全像感知那伟大的交响乐一样，感知《特里斯坦与伊索尔德》[1]的第三幕，而不会因灵魂翅膀的痉挛而死亡？这个人就是这样把耳朵贴到世界意志的心房，并感觉到那种强烈的生存渴望从这里涌入世界的血管中，像雷鸣般的激流或潺潺的小溪，消失在雾霭之中，他岂不是会突然昏厥过去？他以个体可怜的身躯，如何在看到牧羊人的形而上的舞蹈后不会无情地逃离他的原始家园，而是忍受那感知到的无数欲望的回响——从世界黑夜的广阔空间传来的哀号？如果这样的作品能被整体地感知，而又不否定个体的存在，如果这样作品的创造不会摧毁他的作者，我们该从何处找到这个矛盾的解决办法？

在这里，悲剧神话与悲剧英雄介入了我们最高的音乐情感与音乐中，而他们

---

〔1〕瓦格纳所编写的带有悲剧色彩的歌剧之一，共有三幕。

从根本上来说不过是最普遍事实的象征，对此只有音乐能直接表达。但是，如果我们的感受完全是酒神式存在的感受，那么作为象征的神话就会完全无效且不被注意，并将不会妨碍我们倾听那 universalia ante rem（先于事物的普遍性）的回响。然而，日神的力量还是在这里爆发了，它用至福的幻想之灵药，恢复那几乎破碎的个体。我们突然认为自己看到了特里斯坦，他一动不动地，茫然地自问道："这是老调重弹，为何要唤醒我？"曾经，触动我们的来自存在核心的空洞叹息，现在对我们说，"这是多么荒芜空虚的大海呀"。曾经，在所有情感震动的扩张中，屏住呼吸，认为我们自己正在死去，只剩下与当下存在的一丝联系，但现在，我们听到、看到的只是那受伤的英雄，奄奄一息，绝望地呐喊："渴望，渴望，将死时依然渴望，渴望不要死亡！"曾经，在经历过度的苦难挣扎后，号角的欢呼之声，宛如最后的痛苦，刺穿我们的心灵，而现在，欣喜的库维纳尔站在我们与欢呼本身之间，面对着那载着伊索尔德的帆船。不管我们感到了多么强大的怜悯之情，它还是把我们从世界的原始痛苦中解救出来，既像神话的象征形象把我们从最高的世界概念的直接感知中解救出来，又像思维与词语把我们从无意识意志的恣意泛滥中解救出来。灿烂的日神幻象让我们觉得，好像声音世界作为造型世界在我们面前出现，好像特里斯坦与伊索尔德的命运也在其中，被以一种极其柔软可塑的材料塑造成型。

因而，日神剥夺了我们的酒神普遍性，让我们沉迷于个体；它还把我们的怜悯系于个体，并借以满足我们那渴望伟大与崇高形式的美感；它把生活的形象展现给我们，并激励我们用思维去理解其中包含的人生真谛。日神，靠它的形象、概念、伦理教条与怜悯之情的巨大影响，把人从纵欲的自我毁灭中拯救，并让他

□ 格奥尔格·格维努斯

格奥尔格·格维努斯（1805—1871年），德国文学史、政治史学家，《历史科学的基本特征》《莎士比亚评论》的作者。他主张从历史主义出发解说文学。他认为文学史家的首要任务是指出文学作品与它的时代之间的内在联系，还应指出文学作品对民族的价值以及它在当代和后世的影响。也因此，他反对对具体作品作独立的艺术分析，喜欢在概念世界中推导结论，故其政治和文学之关系的论断具有片面性。

们对酒神过程的普遍性视而不见，欺骗他们相信，他看到的只是孤立的世界景象（比如，特里斯坦与伊索尔德），而音乐能让他们看得更深刻、更清楚。日神甚至可以创造出这样的幻想——酒神真的是在为日神服务，能够增强它的效果，就好像音乐本质上是日神内容所展现的艺术一样，这样的话，日神疗伤治病的魔力还有什么做不到的呢？

通过事先确立的完美戏剧及其音乐之间的和谐，戏剧展现了歌剧所不能实现的最高的生动逼真。所有生动的舞台形象，都在独立运动的旋律线之中在我们面前简化成了一条明晰的曲线，而这些旋律线的和声也以最微妙的方式同舞台上的情节共鸣。这些和声让我们马上在感官而绝非抽象概念上认知到了事物间的关系，因而我们认识到，正是在这样的关系中，它清楚地揭示了性格与旋律线的本质。音乐强迫我们比平常看得更深刻，我们看到舞台上如精美轻纱般的剧情，而舞台世界也在我们的慧眼前无限扩张并生辉。想想，舞文弄墨的诗人，借助极不完备的装置，试图靠词语与概念，实现那可见舞台世界的内在扩张与光辉，他又如何能提供可以类比的东西？当然，音乐悲剧也利用语言，但它同时还展示了语言的基础与起源，从内部说明了语言的发展。

然而，我们可以同样肯定地说，上述的过程不过是一种壮丽的假象，也就是，上述的日神幻象，其效果则是，把我们从酒神的洪水与过量中解救出来。因为，说到底，音乐同戏剧的关系正好相反：音乐是真实的世界概念，戏剧只是概念的反映，是个别的影像而已。旋律与生动人物的一致、和声与人物个性关系的一致，确切地说，同我们在沉思音乐悲剧时感受到的正好相反。即便我们能以最可见的方式让人物受到激励、生机勃勃，并从内部加以阐明，但它们始终只是现象，没有桥梁能把我们带到真正的真实，带到世界的心灵中去。但音乐由世界的内心道出。并且，纵然无数的现象能以相同的音乐粉饰自己，它们却永远不能穷尽音乐的本质，永远只能是音乐的外在写照。

至于音乐与戏剧的复杂关系，用灵魂与肉体的那种通俗但完全错误的对立，这完全解释不了，反而把情况搞乱。但不知出于何故，这种非哲学的粗俗对立居然成了美学家乐意接受的信条，同时，他们对现象与自在之物的对立几无所知，甚至，可能出于相同的无知，他们根本不想知道任何东西。

我们的分析已经确定的是，悲剧中的日神元素，依靠它的幻象，已经取得了对音乐中原初酒神元素的彻底胜利，让音乐为其效劳，也就是说，让戏剧展现得最为生动逼真，但我们肯定有必要增加一个非常重要的条件：日神的幻象在最为关键之时会破碎覆灭。借助于音乐，戏剧在我们眼前展开，它的全部动作与形象都从内部得到了清晰地阐明，就好像看到织机上梭子上下飞动织出布匹一般——从而达到了整体上的效果，超越了一切日神艺术的效果。在悲剧的总体效果中，酒神元素再次占据了主导地位。悲剧以日神的艺术领域不可产生的音调结束。因而，日神的幻象揭开了面纱，那悲剧演出时真实的酒神效果的面纱。而后者是如此强大，以至于在收尾时强迫日神戏剧地进入了一个境地，在这里，它开始用酒神的智慧说话，甚至否认自身和其日神的可见性。因而，可以用两位神灵的兄弟联盟来象征悲剧中的日神与酒神元素的复杂关系。酒神说日神的语言，而日神最终也说起酒神的语言，所以，悲剧与一切艺术的最高目的便实现了。

二十二

细心的朋友应该从自己的经验中体会到了真正音乐悲剧那纯洁无瑕的效果。我认为，我已经从两个方面描述了这种效果的现象，因而他现在可以解释自己的经验了。因为他将记得，他如何在看到从眼前经过的神话时，感到自己被提升到一种无所不知的状态，就好像他的听觉能力不再只能看到表面，而且能深入到事物内部。就好像他在音乐的帮助下看到了意志的波浪，动机的冲突，而感官上可见的激情之膨胀，就如无数生动的线条与形象。他并因而感到自己能够深入那无意识情感中的最微妙的秘密。当他意识到他的本能对清晰度与形象化的最高提升之时，他同样确定地感到，这一长串日神艺术效果仍未产生无意志静观中的持续幸福，这是造型艺术家与史诗诗人，亦即严格的日神艺术家，用他们的艺术创作在自身中唤醒的东西：靠静观实现的对个体世界的辩护，这是日神艺术的顶点与本质。他看到了理想化舞台世界，但却否定了它。他看到眼前的悲剧英雄带着史诗的明确与美丽，但却欣喜于他的毁灭。他内心深处理解了情节，但却仍然快乐地远逃到了不可理解之物中去。他认为英雄的行为正当合理，但当这行动毁灭英雄自身时，他反而更加兴高采烈。他对降临到英雄身上的苦难感到战栗，但却在苦难中预料到一种更高的更强烈的快感。他比以往看得更广泛更深刻，却又期望自己失明。

酒神的魔力表面上把日神的情感激发到顶点，但却保留着强迫过量的日神力量为其服务的力量。如果不是这样的酒神魔力的话，我们还能从何处得出这奇妙的自我分裂、这日神高潮的崩溃呢？

悲剧神话只能被理解为借助日神艺术实现的酒神智慧的象征。它把现象世界引领到它的极限，在那里，它否定自身，并试图逃回到唯一真正真实的怀抱，而在此像伊索尔德一般，开始她形而上的绝唱：

> 在渴望之海的
> 汹涌波涛中，
> 在芳香浪花的
> 响亮声乐中，
> 在宇宙呼吸的，
> 飘荡万物中，
> 淹没，沉落。
> 无知无觉，至上之乐！[1]

因而，借助审美听众的经验，我们让自己想起了悲剧艺术家本身。他像一位多产的个体化之神一样创造了他的人物（因此，他的作品几乎不能被认为是对自然的模仿），他的巨大的酒神冲动吞没了他的整个现象世界，让我们通过他的毁灭，

---

〔1〕参见瓦格纳《特里斯坦和伊索尔德》第三幕之结尾。此曲名为 *Mild und leise wie er lächelt*（恬淡轻柔，如同他的微笑），后也称其 *Liebestod*（"爱之死"）。

感知到了他之外的太一怀抱中最高的原始艺术快乐。当然，关于重返原始家园、两个艺术之神的兄弟联盟以及听众的日神与酒神兴奋，我们的美学家无话可说。但是，他们却不厌其烦地把悲剧英雄同命运的抗争、世界道德秩序的胜利或者通过悲剧达到的情感洗涤，看作是悲剧因素的本质。他们如此地不厌其烦，让我们认为，也许他们毫无审美上的敏感性，只是作为道德存在去听悲剧。

□ 特里斯坦与伊索尔德

在瓦格纳的歌剧中，特里斯坦与伊索尔德戏剧性地相识，又戏剧性地相恋，但两人的恋情终究无法得偿所愿。此图即为罗吉里奥·艾古斯奎萨的《逝去的特里斯坦与伊索尔德》，而其所绘，正是伊索尔德在特里斯坦的尸身之旁唱完"爱之死"之后，随他而去的图景。

自亚里士多德以来，从未提出过这样一种有关悲剧效果的解释，能从中推导出听众的审美状态或审美能力。现在，严肃的剧情被认为是激发怜悯与恐惧的，从而以某种减轻我们痛苦的方式宣泄，而我们应当对善良与高尚原则的胜利、对英雄因一种道德宇宙观的牺牲感到被提升与激励。我确信，对于无数人来说，这恰恰是唯一的悲剧效果，而由此自然可知，所有这些人，以及他们那些在做解读的美学家，都从未体验过作为最高艺术的悲剧。

这种病态的宣泄，亚里士多德的精神宣泄，语言学家不确定是该归为医学还是道德现象，它让我们想起了歌德的一个卓越的看法："我并无鲜活的病态兴趣，也从未成功处理过任何此类的悲剧场面，因而，我宁愿回避而不是去寻找它。这也许也是古人的另一个优点，对于他们，最深的悲怆也不过是一种审美游戏，而对于我们，要创作这样一部作品就需要自然的真理施以援手。"

现在根据我们卓越的经验，我们可以肯定地回答这最后的深刻问题，并惊奇地发现，最深的悲怆在音乐悲剧中也不过是审美游戏而已。因此，我们有理由相信，悲剧的原始现象只是现在能在一定程度上成功地描述。现在，如果还有人坚持谈论那来自非审美领域的替代效果，并且觉得自己还是没有超越病态和道德性的过程，那么他应该对自己的美学天性感到绝望。我们该建议他按照格维努斯的方式去解释莎士比亚，并努力寻求"诗的正义"作为无辜的替代。

因而，审美听众随着悲剧的再生而再生了。在剧院里，过去坐在他位置上的是那些带着介于半道德半学者派头的好奇的 *quid pro quo*（替代者），即批评家。迄今为止，在他的领域的一切，都似乎是人为的、只靠生活现象粉饰的东西。对于如何对待这般挑剔的观众，表演艺术家着实也不知所措。因此，他以及激励他的剧作家或歌剧作曲家们，心急火燎地从这个自负、贫乏且不知享受的存在身上寻找那残留的生机。然而，到现在为止，这样的批评家构成了观众、学生、学童，甚至那最无辜的女性，都因教育与报纸而不知不觉地养成了这样的艺术认知。面对这样的公众，艺术家中的杰出者指望激起他们的道德宗教情感，在强大艺术魅力使真正读者狂喜的地方，反而用对"道德世界秩序"的呼唤取而代之。或者，剧作家生动地展现了当代政治与社会的某些壮观的趋向（至少是激动人心的），让观众忘掉他的批判，沉溺于类似爱国或战争时期、国会辩论或犯罪遣责时的情感，这是对艺术真正目的的疏远，甚至有时候必然导致彻底的对偏见的崇拜。例如，这种把剧院作为人民的道德教育机构的尝试，尽管在席勒的时代还被严肃地对待，但现在已经被认为是过时的教育了。随着批评家在剧院与音乐会中占据上风，记者与报刊也分别支配了学校与社会，艺术沦落成低俗的消遣对象，而美学批评成了团结那虚荣、混乱、自私且可怜的社交团体的工具——叔本华曾用豪猪的寓言[1]来形容它们的特点。因而，艺术从未像现代这样：谈论得如此之多，尊重却如此之少。但是，人们是否仍然有可能同一个谈论贝多芬或莎士比亚的人交往？让每个人根据自己的经验自行回答吧。如果他至少尝试回答这个问题，并未

---

〔1〕参见叔本华《附录与补遗》。可概括为：一群豪猪在冬天抱团取暖，然而它们相靠太近则互相扎刺，相距太远则感到寒冷，如此反复之后，它们最终选择彼此保持适当的距离。

吃惊到目瞪口呆的话,那么他的答案必定会表明他的文化观。

另一方面,许多天性高贵且细腻的人——即使他也因上述的方式变成了批评性的野蛮人——但是对于那成功演出的《罗恩格林》[1]对自己产生的意外的、莫名其妙的影响,可能还是有话要说的——但这里可能没有一双指点的手帮助他、引导他,因而,激励他的那种不可思议的、完全无可比拟的感觉,一直是孤立的,就像一颗神秘的星星,在短暂的闪光之后就消失了。但正是这个时候,他对审美听众有了模糊的概念。

二十三

谁想严格地检验一下,自己是属于真正审美听众抑或属于苏格拉底式批评家群体,只需坦诚地检查自己看到舞台上表演奇迹时的感受:他是感到自己那要求严格心理因果律的历史意识被侮辱了,还是做出善意的让步,承认这奇迹是孩子可以理解的但却与他自己疏远的现象,或者,他遭受了完全不同的东西吗?这样的话,他就能确定自己在多大程度上能理解神话,理解世界的集中显现,而后者作为现象的浓缩,少不了奇迹。然而,可能的是,几乎每个人在严格检查下都能发现,自己被文化的历史批判精神腐蚀得如此彻底,以至于只能以学术的方式,通过间接的抽象,才能相信神话在过去的存在。但缺失了神话,所有文化都会失去其健康自然的创造性力量。只有神话的视野才能让整个文化运动完整统一。神话首先拯救了一切想象力与日神的梦境,让它们免于漫无目的的游荡。神话的形象是未被注意的、无处不在的超凡守护者,在它的呵护下,年轻的心灵变得成熟,它的征兆帮助人为自己解读生活与斗争。甚至国家都明白,再没有比神话更强大的不成文法律了,它保证了国家与宗教的关联,保证了国家从神话概念中的发展。

通过比较,让我们现在描绘下未受神话教导的抽象的人、抽象的教育、抽象的道德、抽象的法律、抽象的国家。我们想想,那不受任何神秘神话抑制的艺术

---

[1] 瓦格纳所编写的带有浪漫主义色彩的歌剧之一,共有三幕。

想象力的无规律的徘徊；让我们思考一种文化，它没有牢固神圣的发祥地，注定消耗掉一切可能性并无耻地从其他文化中汲取营养——这就是我们现在的时代——决心毁灭神话的苏格拉底主义的结果。

现在，没有了神话的人，总是饥饿难忍，站在所有过去时代的包围中，挖掘寻找自己的根，即便是不得不在那最遥远的古代去寻根。我们未满足的现代文化的巨大历史需要、对无数其他文化的聚拢、强烈的求知欲，这一切，倘若揭示的不是神话的丧失——神话家园、神话母体的丧失的话——还能是什么？让我们自问，这种文化狂热可怕的激动，除了是饥饿者饥不择食地抓取食物的贪婪外，还能是什么？这是一种不管吞食多少都无法满足的文化，甚至接触到最有益、最滋补的营养，也会把它们变成历史与批判的文化——谁又会想对这种文化有所贡献呢？

□ 马丁·路德

马丁·路德（1483—1546年），德国教会牧师、神学教授，16世纪德意志宗教改革的发起者，促成了全欧洲的宗教改革以及基督新教的兴起。他将拉丁语的《圣经》译为亲民易懂的德意志语言，对教会与德国文化产生了巨大影响；类似地，他也将只有唱诗班能演唱的新教赞美诗改善成了新教会众都能演唱的德语版本，并简化了复杂的乐谱，为欧洲的宗教文化发展做出了巨大贡献。

如果德国的民族性已经陷入这种文化而不可自拔或者与之相同，正如我们恐惧地看到文明的法兰西的情况那样，我们必定会对德国的民族性感到悲痛绝望。长期以来，法国人的巨大优势以及他们无比优越性的原因，也就是人民与文化的一致性，在我们看到这一幕时，为何会让我们感到庆幸：我们如此成问题的文化与我们民族性的高贵核心毫无共同之处？相反，我们的所有希望都渴望地伸向这样的认识：在这不安骚动的文化生活之下，隐藏着一种壮观的本质健康的原始力量，这种力量只在惊人时刻偶尔搏动，然后继续陷入憧憬未来苏醒的梦乡。正是从这样的深渊产生了德国宗教改革，而德国音乐的未来曲调也在它的赞美诗中第一次响起。路德的赞美诗，如此深沉、勇敢、有灵魂，如此充沛、美好、柔和，就好比春天临近时，从浓密的灌木丛中传来的酒神的诱人呼唤。那庄严而充满活力的酒神狂欢者的队列则竞相回应，我们为德国音乐感激他们，也为德国神话的再生感激他们！

我知道，我现在必须引导这位乐于助人的热心朋友到那独自沉思的高处，在那里他只有少数伙伴，我会鼓励他说，让我们紧紧跟随我们睿智的向导——希腊人。为了净化我们的审美认知，我们之前已经从希腊人那里借用了两位神的形象，它们各自统治着不同的艺术领域，通过希腊悲剧，我们意识到了它们的相互联系与相互增强。在我们看来，这两大原始艺术冲动的强有力分裂，导致了希腊悲剧的衰落。伴随这一过程的是希腊人民族性的退化与变质，这唤起了我们严肃的沉思：艺术与人民，神话与习俗以及悲剧与国家之间的根本联系是多么必要、多么密切！悲剧的衰亡同时也是神话的覆灭。在那之前，希腊人总是不自觉地把所有经历直接同神话关联，并只通过与神话的关联来认识他们的经历。因而，*sub-specie aeterni*（从永恒之眼看来），甚至眼前的现在已立刻显现在他们面前，并在某种意义上无始无终。但是，丝毫不亚于艺术，国家也投入了这无始无终的洪流之中，试图摆脱现在的负担与贪婪，在其中安息。任何民族，包括个人，其价值的多寡完全系于它在自己经历上打上的永恒烙印的多少。这样，它似乎才能摆脱世俗，展示它对时间相对性以及人生的真正形而上意义的无意识的内在信念。

一旦一个民族开始历史地认识自己，摧毁周围的神话作品之时，相反的情况就会发生。那时，我们通常会找到明确的世俗化，从而同过去存在的无意识、形而上学以及所有伦理后果的决裂。希腊艺术，尤其是希腊悲剧首先延迟了神话的毁灭。为了能远离故土，毫无拘束地生活在思想、习俗与行为的荒原，人们就要把悲剧一并毁灭。甚至这个时候，形而上的冲动仍在追求生活的苏格拉底主义科学中，为自己创造一种衰落的美化形式。但是在低级阶段，相同的冲动只能导致一种狂热的探索，而这样的探索会逐渐在四处收集而来的混乱堆放的神话与迷信的喧闹中消失。然而，希腊人还是心平气和地坐在其中，直到他学会用希腊的快乐与轻浮遮掩着狂热，成为*graeculus*，或者完全靠某些阴暗的东方迷信来麻醉自己的头脑。

亚历山大—罗马古学在经过难以言说的长期中断之后，于15世纪再次复苏，自此之后，我们已经最显而易见地接近了这样的处境。*Sub specie saeculi*（从当下时代的一切事物看来），我们遭遇了发展到高潮的过剩的求知欲望、不知满足地探索乐趣、巨大的世俗倾向，以及无家可归的徘徊，聚拢在别人饭桌前的贪婪、对现在的轻浮崇拜或无生气的疏离。这些相同的征兆，让我们从中得出了这种文化核心所缺少的东西，并想到了神话的毁灭。很少能持续成功地把异域神话移植到本土，而移植一般都会对树木本体造成不可挽回的伤害。在某种情况下，它也许足够强壮健康，能够通过残酷的斗争消除异域因素，但这通常会加剧其病态、虚弱与凋零。

我们极为看重德国民族的纯洁而强健的核心，敢于期望它根除那些强制移入的异域因素，同时我们认为德国精神会重新意识到其自身。有人会认为，这种精神必须先从消除一切罗马因素的斗争开始，若是如此，他或许能从最近这场战争的胜利勇气与血腥的荣耀中，认出那外在的准备与鼓励。但他必须寻求一种内心的雄心壮志，以便总是无愧于这条路上崇高的奋斗者、路德以及我们伟大的艺术家与诗人。但是，让他永远不要相信，失去了家园之神、他的神话故土且没有一切德国事物回归的话，他还能进行一场类似的斗争。此外，如果德国人踌躇地环顾四周，寻找一位能把他带回那长期失落的家园的向导（他几乎记不清回家的路了），那么，只需让他倾听那酒神之鸟狂喜诱人的召唤，它盘旋在他的头顶，想要为他指引方向。

二十四

在音乐悲剧的独特艺术效果中，我们不得不强调日神的幻象，借此我们才免于同酒神音乐的直接融合，而我们的音乐激情，则能在日神领域以及介入其间的一个中间世界释放自我。同时，我们认为我们观察到，正是通过这种释放，舞台上剧情的中间世界以及整个戏剧，由内及外变得可见易懂，达到了其他所有日神艺术达不到的高度。在日神借助音乐精神的翅膀腾飞之时，我们发现了其力量的最大提升，并且，我们意识到，艺术的日神与酒神将在日神与酒神的兄弟同盟中达到了最高点。

当然，由音乐从内照亮的日神的光辉投影并不是较弱的日神艺术的独特效果——史诗或雕刻能让沉思者发现个体化世界中的平静乐趣。尽管戏剧更生动更明晰，但这种效果却无法实现。我们观看戏剧，用有洞察力的眼睛深入那动机的内在世界，然而，我们感觉好像是一个寓言般的形象从我们眼前掠过，我们认为自己几乎猜到了其最深刻的意义，想要扯下那帷幕，看看那背后的原始形象。最明晰的形象也不能满足我们，因为它似乎要显露什么，又掩饰了什么。它那寓言般的启示，似乎召唤我们去撕破面纱，揭露那神秘的背景，但同时，这整个被照亮的可见画面又迷惑了我们的眼睛，阻止我们看得更深。

没有体验过不得不看又渴望超越看到之物情形的人，极少能想象到，在观看悲剧神话时，这两种过程是多么明确清晰地共存，并能被同时感知的。但所有真正审美的观众会证实，在悲剧的独特效果中，这种共存是最显著的效果。现在把审美观众的这个现象转化为悲剧艺术家身上的类似过程，你就能理解悲剧神话的起源了。悲剧神话分享了日神艺术领域对纯粹假象的快感，同时否定了这种快感，并在纯粹假象的可见世界的毁灭中得到了更高满足。

悲剧神话的内容首先是史诗事件，是对战斗英雄的歌颂。但是，英雄的苦难与命运、极为痛苦的凯旋、极折磨人的反对动机，简而言之，西勒诺斯智慧之例证，或者用美学术语来说，丑陋与不和谐，经常用数不清的形式与明显的偏爱反复再现，且恰恰是在一个民族最多产、最年轻的时期？如果不是我们从这一切之中获得了更高的快感的话，那这种神秘特性的起源是什么？

人生真的如此悲剧的事实，这最不能解释艺术形式的起源，假定艺术不仅是对自然现实的模仿，还是对自然现实形而上的补充，是为了战胜自然而创造的。悲剧神话，只要它还属于艺术，它也就完全参与到艺术这种美化的形而上的意图。但是，当它在受苦的英雄形象中展现现象世界时，它美化了什么？最不可能是现象世界的真实了，因为它对我们说："看那里，仔细看，这是你的生活，你存在于时钟的指针上！"

神话向我们展示生活是为了美化生活吗？而如果不是，我们让这些形象从我们眼前经过产生的审美快感又在哪里？我问的是审美快感，但我非常清楚的是，这些形式同样还不时地产生道德快感，比如怜悯或道德胜利形式产生的道德快感。但那些只把这悲剧效果归于这些道德来源——这确实是长期以来美学的习俗——的人不会相信，他们因此为艺术做出了贡献，因为艺术首先必定要求其领域的纯洁性。为了解释悲剧神话，首先要求是在纯粹的审美领域寻找其独有的快感，同时不会越界进入怜悯、恐惧或道德崇高的领域。那么，悲剧神话的内容，那丑陋与不和谐，如何能激发审美快感呢？

在这里，我们有必要拥有一种大胆跃入艺术的形而上学。我要重复我在第五节说过的话：存在与世界只有作为一种审美现象才合理。在这个意义上，恰恰是悲剧神话让我们相信，甚至丑陋与不和谐也是艺术游戏的一部分，在其中，意志在它的永恒充沛的快乐中自娱自乐。但是，这种酒神艺术的原初现象很难把握，只有一种直接的方式能让它变得清楚易懂，并被直接把握到——通过音乐的不和谐音的奇特意义。通常，音乐只有与世界并列才能为我们提供概念，了解认为世界是审美现象的理由意味着什么。悲剧神话唤起的快乐同音乐不和谐音的快乐感受有着相同的起源。酒神及其甚至在痛苦中体验的原始快乐，是音乐与悲剧神话的共同来源。

借助音乐中不和谐音的关系，我们是否可能让悲剧效果这个难题变得更加容易？因为我们现在理解了，渴望看到同时又渴望超越看到一切在悲剧中的意味着什么。对于不和谐音的艺术运用，我们必须这样描述它相应状态的特征：我们渴望听到，同时又想超越听到的一切。追求无限，以及伴随明显感知的现实中最高快乐渴望的振翅，让我们想到，我们必定从这两种状态中认出酒神现象。它反复向我们揭示，作为原始快乐的溢出，个人世界嬉戏式的建成与毁灭。因而，赫拉克利特把构建世界的力量比作一个玩耍的孩童，他用石块叠成石山，然后再推翻它。

因而，为了正确评估一个民族的酒神能力，我们就不仅要思考他们的音乐，还同样必要思考他们的悲剧神话，作为他们能力的第二佐证。考虑到音乐与神话极其密切的关系，如果神话的衰弱真的表示了酒神能力的衰弱的话，应该认为，其中之一的退化衰落会涉及另一个的衰退。然而，关于这两者，瞥一瞥德国民族性的发展就会让我们的疑云全消。在歌剧方面，正如在我们被剥夺存在的神话的抽象性质上，在沦为纯粹娱乐以及概念引导的人生方面，都揭示了苏格拉底乐观主义那非艺术的耗费生命的本质。然而，还是有一些征兆让我们感到安慰：德国精神极度健康、深刻且具备酒神力量，就像一位酣睡中的骑士，在那难以接近的深渊中休息、梦想。从这深渊中，酒神颂歌传到我们耳边，告诉我们，这位德国骑士仍在幸福庄严的幻梦中梦想着他那古老的酒神神话。任何人都不要认为，德国精神已经永远失去了它的神秘的家园，因为它仍能如此清楚地听懂那告知他故乡所在的神鸟的啼声。终有一日，它会发现自己在早晨从酣睡中醒来，精神饱满，然后屠龙，毁灭恶毒的侏儒小人，唤醒布伦希尔德，甚至沃旦的长矛也不能阻挡他的道路。

□ 赫拉克利特

赫拉克利特（前535—前475年），古希腊哲学家，辩证法的奠基人，爱菲斯学派的创始人，爱用隐喻、悖论，致使后世的解释纷纭，被称为"晦涩者"。其理论以毕达哥斯拉的学说为基础，借用毕达哥拉斯"和谐"的概念，认为在对立与冲突的背后有某种程度的和谐。著有《论自然》一书，但此书现已只余残篇。

我的朋友，如果你相信酒神音乐，那么你就知道悲剧对我们的意义。在悲剧中，我们看到了悲剧神话从音乐中的再生，而在神话中，我们可以渴望一切，同时忘掉最痛苦的东西。然而，对我们来说，最痛苦的莫过于一种持续的堕落，而在这之中，德国天才远离他们生存过的家园，效劳于那些恶毒的侏儒小人。你明白我的话，那么，最终，你也会明白我的希望。

二十五

音乐与悲剧神话都是一个民族酒神能力的表现，两者不可分离。两者都来自超越日神的艺术领域，都彼此美化了对方。在另一个区域快乐的和弦中，不和谐音与可怕的世界形象都神奇地消失了。依靠它们极其强大的艺术魔力，两者都玩弄着不快的刺痛，并通过这种玩弄，为甚至是"最坏世界"的存在辩护。因而，相比日神，酒神看起来就是永恒原始的艺术力量，它首次产生了整个现象世界，而在这世界中，新的美化的幻象变得必要，以保持这生机勃勃的个体化世界的存在。

除非我们可以设想不和谐化身为人，否则人是什么？那么，为了生存，这种不和谐就需要一种奇妙的幻象，用美的面纱遮住它的不和谐。这是日神的真正艺术目的，我们把这无数的纯粹假象的美的幻象统称为日神艺术，它无时无刻不让人生值得留恋，并激发我们的生存欲望，以便体验下一个生命时刻。

一切存在的这个基础——世界的酒神基础，进入人类个体意识中的东西，恰好能被日神的美化力量所克服。因而，这两种艺术冲动，必须按照严格的比例，遵循永恒正义的法则，施展他们的力量。在酒神力量激烈涌现（就像我们现在体验着的那样）的地方，日神必定已经披着云彩降临到我们中间。下一代人可能就会看到它最丰满的美丽效果。

这种效果是不可或缺的，对此任何即便是在梦中曾经感受到他被带回到古希腊生活的人，都能够凭借直觉确定地感受到。走在崇高的爱奥尼柱式柱廊之下，仰望轮廓分明的天际，从身旁光亮的石雕寻找它美好身形的映像，周围是庄严大步行走或者优雅移动的人们，他们声音和谐、姿态优美，看到这持续的美的涌入，他难道不会手指着日神阿波罗呼喊："神佑的希腊人民，如果德尔斐之神认为这是医治你们酒神狂热的必要魔力，那么，你们之中的酒神该是多么伟大！"

然而，对于一个怀有这样心情的人，一位雅典老人，带着埃斯库罗斯的高贵目光看向他，然后可能会答道："好奇的外地人，应该说——这个民族要经受多少苦难，才能变得如此美丽！但现在，跟着我去见证悲剧，并与我一道在两位神灵的庙殿献祭。"

不合时宜的沉思

UNTIMELY MEDITATIONS

关于《不合时宜的沉思》

无论是从单篇还是整体看，四篇《不合时宜的沉思》无疑是尼采最受忽视的作品。这四篇相继发表于1873年到1876年之间，它们都缺少早期作品《悲剧的诞生》的戏剧原创性以及之后《人性的，太人性了》的警句式的光辉。这些作品从表面上看主题广泛：大卫·施特劳斯、历史研究、叔本华与瓦格纳，但它们之间除了公共的题目与共同形式外关联很少，也就是说，传统的论辩性文章被分成了多个无标题的章节。

然而，进一步审视后会发现，这几篇文章却有着主题上的统一性，而这种统一性一开始总是不太明显。《不合时宜的沉思》包含了尼采早期提出的重要的哲学论断，涵盖了人生、艺术与哲学的关系、真正自我的个性与培养、教育（及其重要的性的维度）、真正的智慧与所谓的知识（或科学）的区别等。这几篇文章篇幅都很短，尤其是后两篇。尽管如此，这四篇也一直对作者有着特殊而深刻的个人意义。因为在作者看来，它们是了解其作为哲学家发展历程的核心。毫无疑问，《不合时宜的沉思》不像尼采众多的其他作品那样通俗易懂。这主要是因为，这本书同尼采所处时代的特殊事件、作者、知识分子与文化运动的关联有关。后面的注释并没有对这些作品的哲学实质或内容进行尝试性分析，相反，其旨在使读者对尼采构思这部作品的具体背景有所理解，并对其在尼采整个思想发展中的重要性有所鉴赏。

24岁时，尼采接受了巴塞尔大学的任命，担任古典语言学副教授。在大学里，他的职责还包括为预科班（高中高年级）教授希腊文。他在1869年4月19日，也就是新的夏季学期开始前六周，抵达了巴塞尔。巴塞尔最吸引尼采目光的，是瓦格纳及其夫人科西玛·冯·布劳（两人实际到1870年才结婚）就住在附近的特

□ 瓦格纳在特里布森的故居

特里布森可谓是饱经风霜的瓦格纳之庇护所，他的生活色彩正是在此开始转向明亮。在特里布森的别墅中，瓦格纳写就了许多流传后世的作品：《纽伦堡的工匠歌手》《齐格弗里德》的第三幕以及《诸神的黄昏》。同是在此，他还送给了第二任妻子科西玛一份特别的生日礼物——《齐格弗里德田园诗》，之后，科西玛在此产下一子，其名正为"齐格弗里德"。如今，这一故居已被改造为卢塞恩的"瓦格纳博物馆"，供人们参观。

里布森。前一年秋天，尼采在莱比锡的一个私人宴会上认识了瓦格纳，并与54岁的瓦格纳一见如故，这其中部分缘于他们都对叔本华哲学充满热情。虽然尼采对瓦格纳的音乐已经有所认识，但瓦格纳对他未来的重大影响还是让他意外。他立即深入研究了这位作曲家的大量作品，并在当时的一封信中把瓦格纳说成是"我的奥妙传播者以及叔本华称之为天才的活生生的榜样"。[1] 尼采于5月17日第一次拜访瓦格纳，此后4年间，他造访瓦格纳一家23次之多。实际上，尼采几乎已经成了瓦格纳家庭的一员，在假期与一些特殊场合他都会出现在瓦格纳家。因他经常到访，瓦格纳甚至专门给尼采留了一间"思考之屋"，供这位大教授使用。

这位年轻的古典学者被证实是一位勤奋而受欢迎的教授。他开始在专业杂志上发表语言学文章并且大受欢迎，为此备受才华横溢的传统学术界人士的推崇。之后他还收到其他大学的邀约，并很快晋升为正教授（1870年）。然而，尼采还有着更雄心勃勃的非传统计划，这些计划同他对叔本华与瓦格纳的热情，同他对文化、教育与社会改革问题日益膨胀的关切紧密相关。正如他在"荷马与古典文献学"的就职演讲中所说的，他从来都不赞同"纯粹的科学"或"知识本身"的

---

〔1〕见尼采分别于1870年5月21日与1868年12月9日写给瓦格纳与欧文·罗德的信件。接收人引用了尼采信中内容，并提供了相关日期。翻译于吉奥乔·科利与马志诺·蒙提那里编的《尼采书信全集》（柏林与纽约，沃尔特·德·格鲁伊特出版社，1975）。关于近期对尼采在巴塞尔期间与瓦格纳复杂关系的研究，见卡尔·普莱奇《年轻的尼采：如何成为天才》（纽约，自由出版社，1991）。

职业理想，相反，他认为一般的学者尤其是古典语言学者应该在日益紧迫的文化复兴中发挥特殊作用。文化复兴是一个学术概念，对此尼采认为他和自己的一位著名同事雅各布·布克哈特见解相同，而后者正是《意大利文艺复兴的文化》（1860年）这本书的作者。

甚至在莱比锡求学时期，尼采就萌发了从古典语言学转而专攻哲学[1]的轻率念头，在巴塞尔时这种想法再次出现，因而，在莱比锡求学的第四年，尼采申请接替一位新近辞职的哲学教授留下的席位，并让朋友欧文·罗德接替自己的席位，但请愿失败。虽然他对文化与哲学问题的炽热兴趣并未在他的课程与讲义中得到充分体现（但他的前柏拉图哲学讲义可能除外），但他决定在他的第一本书中把他的兴趣明确表达出来。在瓦格纳一步步地鼓励下，他把手稿《狄奥尼索斯世界观》与《悲剧思想的根源》改造、改编成了令人惊叹的《悲剧从音乐精神中诞生》。这本书的后半部分主要写的是瓦格纳的未来艺术以及对19世纪晚期德国悲剧文化重生的展望。

1872年初，在遭到一位出版商的拒绝后，《悲剧的诞生》最终由瓦格纳的出版商弗里奇出版社出版[2]。这时，尼采教授的声望在巴塞尔达到了顶峰，并开始其5场座无虚席的系列演讲《我们教育机构的未来》。他进一步批判了对纯粹科学的无私追求，并呼吁对高等教育机构进行彻底改革、开展一场文化革命。就好像要对此作出呼应，瓦格纳雄心勃勃地在拜洛伊特建设永久音乐节剧院的计划风头正盛，而尼采一开始就热情地投入其中，甚至为了成为音乐节剧院项目的全职演讲者与筹资人，一度提出要辞去教授职位。数月之后，1872年4月，瓦格纳搬到拜洛伊特，这无疑让尼采生命中最快乐的三年戛然而止。

大概一个月后，另一件事给尼采的未来造成了同样致命的影响。当时还年

---

[1] 晚年在莱比锡时，尼采的注意力开始从语言文字转向哲学，见尼采1868年4—5月写给保罗·多伊森、1868年4月3日以及5月3日或4日写给罗德的信。他甚至还针对课题"康德后的目的论"的构思准备了大量笔记［参见《尼采早期文稿》第三卷，汉斯·约阿希姆·梅特与卡尔·施勒希塔编（慕尼黑，贝克出版社，1994），371—395页；克劳迪娅·克劳福德译，《尼采语言理论的开端》（柏林与纽约，沃尔特·德·格鲁伊特出版社，1988，238—253页）］。

[2] 见威廉·沙贝格《尼采作品集：出版历史与自传》（芝加哥与伦敦，芝加哥大学出版社，1995，19—26页）。

轻的古典学者维拉莫维茨出版了一本小册子，对《悲剧的诞生》进行了猛烈的攻击，并直接挑战了这本书[1]作者的专业能力。瓦格纳与罗德[2]公开为尼采进行辩护，但他们所做的努力最终无果。事实上，他们反倒加深了公众对尼采的专业可靠性的怀疑。维拉莫维茨的小册子对尼采职业生涯产生了迅速而巨大的影响。1872年夏季学期，尼采的课程有21个（巴塞尔大学当时学生总人数是156人）学生听课，而到了冬季，只剩下2名且还不是古典语言学专业的学生[3]。

这段时间，尼采更专注于哲学、科学与知识理论等非语言学课题的研究，虽然他总是倾向于从他一直大量研究的前柏拉图哲学家提供的视角进行思考。但正是在这一时期，尼采开始创作《论非道德意义上的真理和谎言》与《希腊悲剧时代的哲学》这两部知名作品，然而它们直到他去世多年后才得以出版。他在自己的书信与笔记中说得很清楚，他希望自己的下一本书专门写哲学与哲学家，虽然他从未想过他所构思的哲学著作的准确形式——是否局限于希腊早期，或者包括更多哲学与认识论方面的反思[4]。

也是在这一时期，尼采的健康状况快速恶化，这一恶化可能始于1870年秋。普法战争期间，尼采曾在普鲁士医疗队短暂服役，这期间他患上了痢疾与白喉病。不管怎样，1871年春，他第一次提出了病假申请（以后还会多次提出），因为他的健康还在恶化。从1876到1877年整个学年，他一直在带薪休假，但他的身体状况只是暂时有了好转（他从未终止他的研究与写作，这无疑是一个重要原因）。1879年春，濒危的身体最终迫使他从巴塞尔大学辞职，他也因此获得了一笔适当的抚恤金。

---

[1]见乌尔里希·冯·维拉莫维茨·默伦多夫《未来的语言学！对弗里德里希·尼采〈悲剧的诞生〉的回应》，也可从下列文献中了解：欧文·罗德、瓦格纳《关于尼采〈悲剧的诞生〉的争议》，《乌尔里希·冯·维拉莫维茨·默伦多夫》，卡尔弗里德·格林德尔编（希尔德斯海姆，奥姆斯出版社，1969，27—55页）。维拉莫维茨·默伦多夫反对《悲剧的诞生》一事的简明详细的总结，见J. H.格罗特，《维拉莫维茨·默伦多夫论尼采》，（《思想史杂志》，11（1950），179—190页）。

[2]即前文提到的欧文·罗德，尼采的朋友。

[3]见理查德·弗兰克·克鲁梅尔《尼采与德意志精神，尼采作品在哲学家消亡的德国的传播和影响》（柏林与纽约，沃尔特·德·格鲁伊特出版社，1974，14页）。

[4]关于这个项目的手稿，见尼采分别于1872年11月21日、1872年12月7日、1873年3月22日写给罗德的信，以及《哲学与真理：尼采70年代早期笔记节选》[丹尼尔·布里泽勒编译（大西洋高地，新泽西，人文出版社，1979）]的简介。

再回到《悲剧的诞生》刚出版后的那几年。1873年4月，在拜洛伊特瓦格纳节日剧院竣工典礼三周年之前，尼采再次拜访了拜洛伊特。正如他往常的习惯，他给瓦格纳带了一本正在创作中的作品，这次带的是《希腊悲剧年代的哲学》手稿。当时，正值拜洛伊特项目把瓦格纳忙得焦头烂额，因此，对尼采倾注到遥远（因为同瓦格纳的兴趣无关）的前柏拉图哲学课题上的才能与精力，他表现得不太热情。尼采受到的冷遇，可以解释的原因是尼采从未出版过这样一部深刻的有关希腊早期哲学的著作，虽然当时他已经为出版社准备好了一份修订本。

□ **拜洛伊特瓦格纳节日剧院（外部和内部）**

这座剧院由巴伐利亚王国路德希维二世赞助，由瓦格纳及其协会和朋友筹资建造。瓦格纳亲自参与了剧院的设计，为其作品量身定做，并让其专门上演自己的作品。剧院外部相较其他著名的剧院更为朴实，但内部结构相当独特，两侧突出的柱廊，特殊设计而隐藏了深陷式乐池的双层舞台，不仅让观众在歌剧演出时得到了神秘缥缈的音乐体验，又让人专注于舞台演员的演出，因而得以有非凡感受。剧院的拜洛伊特音乐节已从1876年延续至今，堪称德国的音乐盛事之一。

毫无疑问，这次拜洛伊特之行让他受到了折磨，此外，瓦格纳还与他分享了他在音乐节剧院项目上遇到的令人失意的绝望挫折和阻碍。因此，在返回巴塞尔后，尼采迅速投入到一个全新的文学项目上，一部主题是他与瓦格纳都感兴趣的著作。这个具有讽刺意味的题目《不合时宜的沉思》正是尼采研究方向重新定位后的成果。这部系列作品的第一篇是《大卫·施特劳斯：告白者与作家》，于1873年的春夏之交的数月内写就。这本书于当年8月出版发行，部分得益于瓦格纳与弗里奇及时的干预帮助，而那时尼采已经开始撰写第二篇《不合时宜的沉思》了。

尼采最初的计划是每年撰写出版两篇《不合时宜的沉思》，直到整个系列全部完成。同许多作家一样，尼采也非常喜欢起草计划与提纲，他这个时期的笔记本上写满了《不合时宜的沉思》系列的草稿。大部分提纲（虽然不是全部）设计了13个独立的标题。1874年初的一份清单就是一个例子：

施特劳斯

历史

阅读与写作

一年志愿者

瓦格纳

中等学校与大学

基督教倾向

绝对的老师

哲学家

人类与文化

古典语言学

学者

报纸奴性[1]

其他提纲还涉及了别的题目与标题：文艺音乐家（天才的跟随者如何消除他的影响？）、军事文化、自然科学、商业、语言、这座城市、自由之路、女人与孩子，以及那些轻佻的人[2]。

---

[1] 除非另有说明，尼采已出版与未出版的所有作品（在此处导读注释中）的引用都来自《尼采著作全集》，吉奥乔·科利与马志诺·蒙提那里编（柏林与纽约，沃尔特·德·格鲁伊特出版社，1967）。见该版16[10]（段号），1876年，Ⅳ（卷号）/2：385（页码）。

[2] 见19[330]，1872年夏至1873年初，Ⅲ/4；29[163—164]，1873年夏秋之际，Ⅲ/4：307—308；30[38]，1873年秋至1873/4冬，Ⅲ/4：354—355；32[4]，1874初至1874年春，Ⅲ/4：368—369；以及16[11]，1876，Ⅳ/2：385。关于多种《不合时宜的沉思》系列的方案（一直在变），见他1874年10月25日写给玛尔维达·冯·梅森堡的信，尼采在信中说这个系列将包括13篇"沉思"，并且希望能在未来5年内完成整个系列的写作。他在1875年1月2日给汉斯·冯·彪罗的信中说，我把接下来的五年时间留给余下的10篇"沉思"。多个有关《不合时宜的沉思》系列的写作清单，见尼采这一时期的遗稿。英文版见布瑞日尔著《哲学与真理》（162—163页），以及《尼采：非现代的观察》[威廉·阿罗史密斯译（纽黑文与伦敦，耶鲁大学出版社，1990，321—322页）]。

《不合时宜的沉思》第一篇的主要内容是施特劳斯。事实上，这篇《不合时宜的沉思》实属偶然，并直接体现了在这之前数月里尼采与瓦格纳几次谈话与通信的内容。在这些谈话与通信中，瓦格纳表达了他个人对年迈的施特劳斯（瓦格纳之前同施特劳斯有过几次尖锐的公共论战）根深蒂固的敌意。施特劳斯是一位神学家与哲学家，认同年轻的黑格尔派运动。他最为人称道的是他的著作《耶稣传》。在这本书中，施特劳斯首次对耶稣进行了去神化的描述，把他当成一个历史人物与伦理导师。而尼采的这篇"沉思"迅速成为一个轰动的诉案，由此引发的争议直接摧毁了施特劳斯的职业生涯。尼采本人深受施特劳斯作品的自由人文主义影响，早在普夫达上中学时就拜读过他的作品。一年后，还在读大学一年级（1865年）的尼采抛弃了基督教，对此，一些解读者认为，施特劳斯的书是一个重要的推动因素。再后来，施特劳斯摒弃了他年轻时的激进黑格尔主义，转而拥护折中的更为社会化的保守唯物主义，虽然他仍然是一位基督教的坚定批判者。这是施特劳斯1872年的著作《旧信仰与新信仰：一个告白者》——他晚年的一部无伤大雅的冗长之作——所阐述的立场，而尼采第一篇"沉思"的标题对此进行了直接暗示。这篇"沉思"的真实主体根本不是施特劳斯，而是在普法战争中普鲁士战胜法国和随之而来的第二德意志帝国建立后，"有教养的"德国资产阶级那自鸣得意的错误自满。一群无文化的沙文主义者们把普鲁士的军事胜利看成德国大众文化与既有思想之优越性的明显标志，而尼采的这篇"沉思"则是对此的直接谴责与挑战。尼采给这些自满的报纸读者与文化消费者们起了一个恰当的名字——文化市侩（他后来说这个术语是他杜撰而来）[1]。

早期在巴塞尔时，尼采构思的主题接近于真正文化与大众文化的巨大差异，对此他在自己的讲义《我们教育机构的未来》中进行了探讨。他之所以精准地选择施特劳斯作为他想要揭示的文化市侩的代表与例证，似乎不过是对瓦格纳的让步而已，因为没有瓦格纳的鼓励，尼采不可能关注《旧信仰与新信仰：一个告白

---

[1] 见尼采在《瞧！这个人！》——"我为何写这么好的书"以及"不合时宜的沉思"中的主张。事实上，正如沃尔特·考夫曼在其翻译的《瞧！这个人！》所指出的，这个术语早先就被古斯塔夫·泰西穆勒使用过。见尼采《瞧！这个人！》（以及《论道德的谱系》）[沃尔特·考夫曼译（纽约，兰登书屋，1967，277页）]。

者》这本书。事实上，尼采不久就为尖锐的个人论调而懊悔。这本书出版不久之后，施特劳斯就去世了。得知这一消息后，尼采在1874年2月11日写给朋友戈斯多夫的信中坦言：我希望我没有让他的晚年更难过，我希望他去世时对我一无所知（事实上，年迈的施特劳斯很熟悉尼采的作品，但他对这种刻薄的人身攻击背后的动机深感疑惑）。

然而，如果能忽略掉尼采对施特劳斯不雅的诽谤及他对施特劳斯文学风格的严厉批判，那么鉴赏这篇《不合时宜的沉思》就会变得相对简单。这篇文章经久不衰的价值，恰恰在于它对真正文化与大众文化提出质疑的方式。当然，这个问题在过去一个多世纪以来一直是一个紧迫的问题。虽然尼采对真正文化提出的积极描述可能让读者感到过分抽象（一个民族全部生活表现中的艺术风格的统一），需要进一步阐述，但他不得不说的是，舆论主导的娱乐文化的缺陷肯定跟当今时代有关联。尼采严厉控诉的，是知识分子与学者们对文化思想的贬低，不为当代文化与社会的卑劣状态承担责任，尤其是他们骨子里的虚伪。这样的控诉永不会过时。

虽然第一篇"沉思"是四篇中最被忽视的一篇，但它却赢得了同时代人最多的关注与评价。这篇"沉思"比其他几篇卖得都好，尽管未能达到作者与出版者的乐观期望。此外，它得到的评论也不止一打（一般是不友善的）[1]。尼采对于他的书及其引起的轰动感到满意，用他的话说，"找到了公众"。

尼采一直强迫自己执行严格的写作计划，并在1873年下半年撰写完成了第二篇《不合时宜的沉思》，《历史对于人生的利与弊》，并于1874年2月出版。虽然他已经出版了2本书，但这本书至关重要，因为这是第一本未受瓦格纳直接影响而写就的一本书（瓦格纳对这本书的出版并不热情，并说它是一本非常抽象、有点随意[2]的作品）。由此可知，这本书更能体现这一时期尼采的写作兴趣。在这本书中，他通过正反两个衬托对历史和人生的利弊进行了系统探讨——一个正面的衬托，奥地利戏剧家弗兰茨·格里尔帕策；一个负面的衬托，德国哲学家爱德华·冯·哈

---

〔1〕见沙贝格《尼采作品集》（32—35页），以及克鲁梅尔的《尼采与德意志精神》（17—23页）。
〔2〕关于瓦格纳对第二篇沉思的个人反应，见《科西玛·瓦格纳日记》［马丁·格雷戈尔·狄龙、迪特里希·麦克与杰弗里·斯凯尔顿译（纽约，乔万诺维奇出版社，1976，卷1，735页）］。

特曼。

冯·哈特曼的《无意识哲学》，是对叔本华体系和黑格尔哲学元素的巧妙融合，是一本尼采曾经仔细研究过的著作，同时也对尼采的语言起源观产生了影响。然而，在这篇"沉思"中，尼采主要关注的是哈特曼自满的历史主义观，这至少在尼采看来，只不过是把成功神化、把偶然性偶像化的一个工具。这种历史哲学非常适合第一篇中描述的文化市侩。

在撰写第二篇"沉思"的同时，尼采阅读了格里尔帕策的《政治与美学手稿》，他之所以赞赏格里尔帕策，似乎是因为作者直接且意味深长地呼吁了人类的直接感受，而这正是道德与审美判断的最高标准；此外，还有作者提出的用于克服与改造自我的人类与社会的可塑力或创造力的概念。正如他先前把施特劳斯作为一种修辞手段引入他对真正文化与虚假文化差异的思考，尼采对历史（以及历史的研究）与人生关系的高度原

□ **弗朗茨·格里尔帕策**

弗朗茨·格里尔帕策（1791—1872年），奥地利作家、剧作家，较为著名的作品有《太祖母》《金羊毛》《鄂托卡国王的幸福和结局》《托莱多的犹太女郎》等，是奥地利古典戏剧的奠基人。其思想风格更倾向于康德，厌恶黑格尔，且相当讨厌格维努斯。准确来说，格里尔帕策的戏剧起初并不为人们所接受。直到1849年，他的崇拜者——担任宫廷剧院艺术总监的海因里希·劳贝重新介绍了其部分被遗忘的作品后，他才成为了当时最受欢迎的剧作家之一。

创性论述，并非真正依赖于他在阐述某些观点时选择了这两位当代的思想家。

有时候，第二篇《不合时宜的沉思》读起来像是对历史主义的全盘拒绝，但这远非事实。人生的方方面面与表述都不可避免地以历史为条件，这并不是尼采拒绝的新黑格尔历史主义哲学（比如哈特曼的）中的基本论点。尼采要拒绝的是，从这一论点中得出的渐进的或辉格式[1]的后果。按照尼采的观点，这都极不适当。尼采在"沉思"中拒绝的，不是历史主义本身，而是与之相伴的未经检验的

---

〔1〕辉格史学派风格的简称，指从当前现状出发，将历史的发展理解为按照其内在逻辑向现在演变的过程；同时，也指只从当前现状出发，不考虑历史背景，对历史发展及变化进行现代基准的评价和判断。它与辉格党派的辉格主义不同，后者是一种政治上的意识形态。

目的论。

历史指的是过去本身，或者是对过去的研究或认知。第二篇"沉思"从这两方面的意义上探讨了历史对于人生的利与弊，但是，尼采并未向读者明确过这样的区别。评论家关注的焦点是尼采对过去多种研究方法的讨论（狭义上来讲，关注的是尼采研究历史的三种方法的区分：纪念式、好古式与批判式）。同时，尼采试图承认人类存在不可避免的历史性，并认可人类克服自我与过去的创造性能力。而其中采用的方法，便可能是第二篇"沉思"的另一个重要的特点。在这篇短文中，尼采尝试构建我们同时间尤其是同过去的关系。这在《查拉斯图拉如是说》（1883年5月）中已经成了尼采关注的焦点。按照《历史对于人生的利与弊》中的话来说，这就是要告诉我们，我们的人生如何要求我们用历史与非历史的视角看待自己。

我们要认识我们同历史与时间的复杂关系，这对于尼采的"自我"概念有着直接而重大的意义。整个《不合时宜的沉思》系列都在探讨一个中心问题：真正的自我是由什么构成的？第二篇"沉思"略有涉及此问题，同时还讨论了尼采对"真正的自我是纯粹的内在与私人的东西"主张的拒绝。第三篇"沉思"才详细地讨论了这个问题。

在20世纪，评论家们对《历史对于人生的利与弊》的关注要超过其他三篇"沉思"的总和，但在尼采所处的时代，这篇"沉思"只得到一篇评论，比其他几本的销量更少[1]，因而是最不成功的一篇。1874年秋，尼采正在跟一个叫恩斯特的出版商协商（尝试在未来的创作上展示尼采最好的公众形象）出版事宜。从尼采的个人信件中，我们可以看出，尼采为公众对他前两篇"沉思"的接受程度深感失望与沮丧。1874年11月15日给罗德的信中，他反思了他的创作前景并自嘲道："这是什么样的未来！"

《教育家叔本华》写于1874年夏天，并于10月15日尼采30岁生日当天出版（新出版商施迈特斯纳）。第三篇"沉思"中的许多笔记最初都写于前一年的夏秋之际，并意图分进两本不同的"沉思"，一本写哲学家，另一本写学者。这一点

---

〔1〕见克鲁梅尔的《尼采与德意志精神》（24—25页），以及沙贝格的《尼采作品集》（37—40页）。

仍能在《教育家叔本华》的文本中找到蛛丝马迹。在这本书中，作者同纯粹学者或学术哲学家的论战，以及对真正哲学家的特征的讨论占去了尽可能多的篇幅。

《教育家叔本华》并没有对叔本华的哲学观进行任何严肃的探讨。任何一个把这本书当作写作题材的读者，几乎都能发现这种明显的缺失。虽然书中引用了许多叔本华的原话，但几乎都来自于叔本华《附录与补遗》（1857年）收录的通俗读本或他身后发表的论文。在这本书中，尼采鲜有提及叔本华的主要著作《作为意志与表象的世界》（1818），并且完全无视了叔本华最具特色的哲学教义，这其中有一个极好的缘由，即正如尼采在1886年第二版《人性的，太人性了》序言中所说，尼采在写这本书时已经失去了对叔本华哲学的信任。尼采自己的信件与未出版的文稿中的大量文献，及保罗·多伊森等尼采友人的证词，都可加以佐证。这一切都表明，尼采开始对叔本华大多数核心教义持严肃的保留意见，这发生在1865年秋，尼采在莱比锡求学时同叔本华主义激烈交锋后的数年[1]。到1871年底，尼采已经抛弃了叔本华否定世界的悲观主义以及他现象（表象）与现实（意志作为自在之物）的二元论。虽然我们对尼采后期所称的"我从一开始就不相信叔本华的哲学体系"[2]有所怀疑，但毋庸置疑，撰写第三篇"沉思"时，他已经完

---

[1] 见保罗·多伊森《弗里德里希·尼采的回忆》（莱比锡，布罗克豪斯百科全书，1901，38页）。关于尼采手里的证据，见1868年初春尼采所写的手稿《关于叔本华》，这发生在尼采初次接触叔本华作品后的几年。在这篇未出版的早期文稿中，尼采严肃地批判了叔本华对统一性同多样化现象的分割，挑战了他把后者解读为前者超越后者的基础（见《尼采早期文稿》第三卷，352—361页；克劳福德译，《尼采语言理论的开端》，226—238页）。相同的批判，也多次出现在尼采在巴塞尔后期的笔记，包括：7［161—172页］，1870年末至1871年4月，Ⅲ/3：209—214页；5［77—81页］，1870年9月至1871年1月，Ⅲ/3：114—119页；与12［1页］，1871年春，Ⅲ/3：380—381页。同样，见尼采1867年10月或11月给多伊森的信。在信中，基于逻辑手段既不能创造也不能摧毁世界观的理由，尼采解答并阐明了他对叔本华哲学的反对。更详细的有关尼采早期对叔本华的批判，见桑德·罗巴贝拉《一种意义与无数象形：巴塞尔时期的尼采接触叔本华的动机》，以及《半人马的诞生：青年尼采的科学、艺术与哲学》[缇尔曼·波尔舍、费德里克·杰拉塔纳和阿尔多·万徒勒里编（柏林与纽约，沃尔特·德·格鲁伊特出版社，1994年，217—233页）]。

[2] 见30［9］，1878年夏，Ⅳ/3：382。同上，见1886年新版《人性的，太人性了》序言中的评价，卷2："我的作品只是说出了我自己的缺点。我就在它们中间，在一切同我有敌意的东西中间。在这个意义上，我的全部作品……可以追溯到……它们总是在说一些隐藏在我背后的东西，比如前三篇不合时宜的沉思，甚至可以追溯到我创作的比《不合时宜的沉思》更早的作品……在第三篇"沉思"中，我表达了对我心中的首位也是唯一的教育家——伟大叔本华的崇敬。现在，我还要表达得更强烈、更带个人情感。我已经深陷道德怀疑主义与破坏主义分析之中，也就是说，深陷批判与至今所理解的类似的悲观主义强化之中。此外，我已经不再相信任何东西，正如人们所说，包括叔本华：正是在这个时候，我完成了一篇我回避出版的作品，《论非道德意义上的真理和谎言》。"

另见6［4］，1886年夏至1887年春，Ⅷ/Ⅰ：238—239页与10［B31］，1880年春至1881年春，Ⅴ/1：748—749页。

全失去了对叔本华哲学体系最鲜明两大特征的忠诚。那为什么尼采在1874年创作这篇"沉思"时，依然认为叔本华是哲学教育的一个典范呢？这个问题的答案在于这篇文章提出的全新教育与哲学概念。对于熟悉尼采前几年未出版的笔记的读者，这两个概念并不陌生。这缘于，这本书中的大部分内容，早在《作为文化医生的哲学家》与其他尼采身后出版的笔记与手稿（原本打算作为《哲学家》一书内容）中就有所提及。

正如第三篇"沉思"所说，"哲学家的根本任务是做万物之尺度、货币、重量的立法者；还要为各自时代描绘一幅全新的生活画卷；哲学家正是要通过确立这些新的价值观与新的人类形象来教育其他人"。然而，要完成这样的任务，哲学家主要依靠的不是他书中所写或他哲学体系中阐述的教条，而要以他们自己的生活为例证。这正是尼采在《希腊悲剧时代的哲学家》中解读前柏拉图哲学家的使命与成就。同样，在这本书中，尼采也是以这种方式解读哲学教育家叔本华的成就。尼采的主张是，所有哲学家的真正成就，包括叔本华在内，在于他的哲学人生能为别人提供可见的、勇敢的榜样。正因如此，尼采才会在一本名为《教育家叔本华》的书中随意忽略叔本华的哲学观。

因此，一个人受到的哲学家的教育，同他是否赞成这位哲学家的理论或信条毫无关系。一旦其生活方式受到了"榜样"叔本华的决定性影响，那么，他就受到了叔本华的教育。叔本华抛弃了与一切学术与机构的联系，赞成更独立的生活方式，尼采对此也多有赞赏。但是，叔本华为尼采提供的榜样不是叔本华的真实生活，因此，这里的"榜样"一词带着引号。第三篇"沉思"中有不少零星的个人轶事，但尼采明显对叔本华的自传不感兴趣。相反，尼采为读者奉上了迥然不同的东西——人类生活的纯粹形象。这种形象不是理想化了的叔本华本人，更不是《作为意志与表象的世界》中阐述的否定世界的哲学理想的体现，而是"叔本华式"人的形象。

一些有关人的可能性的理念，一种特定生活方式与类型的人的形象，及19世纪60年代与70年代早期，尼采本人在继续阅读、反思叔本华时，为自己明显构建的一种形象，这一切直接激励并教育了青年尼采。尼采把叔本华式人描述为"自愿承担真诚带来的痛苦的人""一个有毁灭性力量的天才"[1]，既不像叔本华本人，也不是叔本华理想中否定世界的圣人，而是自己哲学想象的产物。通过多年持续对叔本华论断与命题的批判性反思，及对叔本华人生、哲学矛盾[2]的反思，尼采最终得出了"人生活的形象"，而对此的感激，促使他将这一形象同叔本华联系起来。

尼采从叔本华哲学结论中得出的东西，同叔本华本人获得的内容存在严重分歧，但我们不能就此认为，尼采在1874年所写的"叔本华是他最重要的教育家"不可信。相反，尼采恰恰对此深怀感激，这在4年后尼采所写的一篇笔记中尤为明显："叔本华式人驱使我怀疑之前捍卫并高度崇敬的一切，同时也怀疑天才与圣人，包括希腊人、叔本华与瓦格纳，即对知识的悲观主义。这样的迂回让我最终达到了高度的清醒。"[3]第三篇"沉思"的论点是，真正的教育在于把自我从一切无关之物中解放，包括同真实（未来）自我不相容的个人元素。叔本华给了尼采教育，激励尼采成为真正的自己，尽管这个过程确实涉及了尼采对叔本华哲学观的果断拒绝。

《教育家叔本华》是尼采最有特色、最给人激励的作品，其价值不仅在于这是理解尼采思想发展的必读文本，还在于这是尼采早期对自己众多特色主题与思想展开的令人信服的探索。尤其值得一提的是，尼采在本篇第一页就讨论了"真实自我"这一极有争议的概念。在此，你会发现，尼采努力为一个全新的真我概念辩护，以之为一个永无止境的自我发展与克服的过程，一个认识自我实在论与存在主义中真理要素的哲学课题，尼采在这两方面都毫不偏废。在尼采看来，"真我"，既不是外在赐予的永恒本质（比如叔本华那简单易懂的个性），也不是自由意志的随意构建。真我即是现在的我，也是我要成为的将来的我。遗憾的是，

---

〔1〕"当我描画出叔本华式人的轮廓时，我经受了最大的痛苦与折磨：破坏天才，反对一切生成的东西。"（27 [34]，1878年春至夏，Ⅳ/3：351页）。

〔2〕"即便是把叔本华作为我的教育家赞美时，我也已经忘记，在这之前很久，他的任何学说都经受不住我的怀疑了。然而，我没有注意到，我多么频繁地在叔本华语句下加上'缺乏论证''无法证明'，或者'夸张'等批注，因为我带着感激之情沉迷于叔本华十年前对我产生的强大影响——自由而勇敢地站在一切事物面前，并反对他们。"（10 [B31]，1880年春至1881年春，Ⅴ/1：748—749页）。

〔3〕27 [80]，1878春至夏，Ⅳ/3：358页。

这篇"沉思"并未完全呈现这一全新概念的意义，也未全面探讨提到的问题与困难。对此，恐怕要再等十年甚至更久，才能有答案。但尼采的"真我"概念以及随之而来的根本问题已经展现给了读者。

早在尼采生活的年代，大量有关《教育家叔本华》的资料就已丢失殆尽，但只有少数后来的读者与解读者意识到这一点。新出版商在这本书的推销上不遗余力，但它的销量同第二本一样少，只有数篇不明所以然的评论[1]。

在出版第三篇"沉思"之前，尼采已经着手写下一部了。然而，在接下来的整个年度（1875年），他渐渐失去了对整个项目的兴趣与热情。这显然同前三本书的销量不佳不无关系，同时也因为它们明显没有达到尼采的主要目的：吸引到对尼采思想的进一步发展感兴趣的读者与追随者。

尼采为整个项目收集的许多笔记都表明，第四篇"沉思"起初旨在进一步探讨前三篇"沉思"中都谈及的问题，内容包括公正的学术来源、现状与价值，尤其是尼采的古典语言学学科。相应地，这本书恰当的书名应该是《我们，语言学者》。然而，1875年夏天的某个时候，尼采放弃了这个将要完成的项目，并开始为一个完全不同的主题准备笔记，其书名为《瓦格纳在拜洛伊特》。

1874到1875年这段时间，每个关心拜洛伊特项目的人都觉得特别难熬。在这期间，拜洛伊特项目陷入了严重的经济与技术困境，甚至瓦格纳也一度想放弃。也是在这段时间，瓦格纳与尼采的关系第一次出现了紧张的迹象。尼采在个人笔记中开始直言不讳地对瓦格纳进行批判。但表面上看，尼采仍然是瓦格纳的崇拜者。因此，他有责任参加1872年5月在拜洛伊特举行的音乐节剧院奠基仪式（《瓦格纳在拜洛伊特》开篇就悲切地描述了这一事件），成为节日[2]的官方赞助人（花费不菲）。尼采还打算为瓦格纳进行公开辩护，并让自己的写作项目为这项运动效劳。1873年10月，他同意撰写《告德意志人民书》，呼吁德国人为拜洛伊特项目捐款。但这篇《告德意志人民书》被瓦格纳协会的人员严辞拒绝了，缘由是与既

---

[1] 见沙贝格《尼采作品集》（41—45页）；克鲁梅尔《尼采与德意志精神》（26—28页）。
[2] 成为拜洛伊特项目的正式赞助人要花费900马克，据沙贝格所说（《尼采作品集》36页），这笔金额比尼采1872年全年工资（3200马克）的四分之一还多。

定的目的不符。

　　尼采与瓦格纳关系的进一步恶化，可能肇始于他1874年8月拜访拜洛伊特期间。因其对瓦格纳最大对手勃拉姆斯的赞赏及其他音乐问题，两人公然争吵。随后，瓦格纳家多次邀请尼采共度1874年圣诞假日、参加1875年音乐排练（瓦格纳计划在《尼伯龙根的指环》系列第一场表演前进行一夏天的排练），尼采都一一拒绝了。就是在这样的条件下，尼采开始撰写《瓦格纳在拜洛伊特》。尼采一年多前就提到过这个题目（1874年2月11日给戈斯多夫的信中）。但不难看出，尼采之所以重启这个项目，乃是为了向瓦格纳这位音乐天才表示他的忠诚，因为那个时候，尼采缺席夏天在拜洛伊特举行的音乐会已经让瓦格纳大发雷霆了。

　　且不提尼采撰写这篇"沉思"的真实缘由。在开始撰写本书后不久，尼采就对是否继续这个系列产生了较大的保留意见。1875年10月7日，他向罗德吐露，他放弃了有关瓦格纳的"沉思"，因为"作为一种用以指导我们近期经历的最难问题的方式，这只对我自己有价值"。也是在这段时间，在尼采的建议下，一位年轻的音乐家科泽利茨采用了彼得·加斯特的艺名，担任尼采的秘书，并从此进入尼采的生活。正是在加斯特的介入下，第四篇《不合时宜的沉思》才得以出版。加斯特于1876年春阅读了未完成的《瓦格纳在拜洛伊特》手稿，并坚持认为尼采应把它完成并出版。而尼采还是认为这篇"沉思"过于个人化，不宜出版，但仍然同意加斯特准备一份校订本，在瓦格纳生日（5月22日）当天作为礼物送给他。最终，尼采决定在手稿中增加一些额外内容，并如他所愿作为第四篇"沉思"出版了。书在当年夏天完成印刷。8月，尼采在第一届拜洛伊特音乐

□ 约翰内斯·勃拉姆斯

　　约翰内斯·勃拉姆斯（1833—1897年），德国浪漫主义作曲家。与未来浪漫主义流派的瓦格纳不同，勃拉姆斯只钻研纯粹的音乐，属于古典浪漫主义流派，他在创作中追求内在感情的深刻表现，反对浮华的表面效果，风格质朴、严峻。其重要作品有《第一交响曲》《d小调第一钢琴协奏曲》《降B大调第二钢琴协奏曲》《德意志安魂曲》等。虽然瓦格纳对他表示了明确的敌视（认为其音乐风格"过时""老套"），但勃拉姆斯并未因创作理念的不同公开攻击过瓦格纳，还赞赏过瓦格纳的音乐才华。

节上将其作为礼物赠送给瓦格纳一本。

时至今日，尼采作品中最不受欢迎、阅读量最少的仍然是《瓦格纳在拜洛伊特》，这其中的原因不难看出。这篇"沉思"缺少其他三篇的文体统一性，部分原因可能是，书中包含了过多对瓦格纳冗长散文的（通常是意义不明的）直接引用与意译。即便是对专家而言，读起来也晦涩难懂。由此可见，尼采的写作过程也必定十分艰难。关于这篇文章的总体腔调，肯定有某种牵强的、矛盾的情绪，并且，有人怀疑这准确反映了作者对这一话题深刻的矛盾心理。

《教育家叔本华》写于尼采不再是叔本华哲学追随者后的数年。不只如此，《瓦格纳在拜洛伊特》创作时间，也是他对瓦格纳的戏剧浪漫主义有了全然批判态度（虽然是私下）之时，但对此，尼采多年之后才予以公开。那个时候，叔本华已经逝世，而瓦格纳不仅活得很好，且他对朋友与盟友的任何批判或不忠都极为敏感，这让尼采进退两难：一方面，他仍然崇拜瓦格纳，感激瓦格纳（包括叔本华）作为榜样给他的激励，并帮助尼采成为他自己；另一方面，他对瓦格纳的艺术与人格越来越持保留态度，更不要提拜洛伊特以及瓦格纳主义者了。现在的问题是，怎样撰写一本面向公众的书，在书中，尼采可以表达对瓦格纳的赞赏，又不破坏自己的学术诚实？虽然不能说尼采成功地解决了这个问题，但他采取的策略非常清楚：用瓦格纳的话反对瓦格纳。尼采引用了大量瓦格纳作品的内容，建立了某种艺术与文化（瓦格纳主义）理想。对于这一理想，尼采曾经全心全意，并且现在依然怀有部分拥护之心。然后，把问题带到读者面前，让他们在尼采提供的一些慎重建议的帮助下决定：瓦格纳的成就距离这一理想有多远？

虽然《瓦格纳在拜洛伊特》阅读起来很难，可能也因为这一点，对于那些对尼采传记与思想发展感兴趣的人来说，它是一本核心文献。然而，这本书的有趣之处不仅仅是心理传记，还包含振奋人心的原创观点，诸如艺术与科学、语言起源（回到第一篇"沉思"的主题）和文化起源与使命的关系，等等。

随着《瓦格纳在拜洛伊特》的完成，尼采健康上的另一个危机到来了，这迫使他在1876年夏季学期提前几周结束授课，并成功申请了下一整学年的带薪休假。然而，首先，他必须去参加他所忠实的拜洛伊特音乐节。最终他参加了《指环》系列演出的第一场表演,但这个节日对他来说就是个折磨,他非常厌恶看到瓦格纳音乐崇拜者们聚集在一起。此后不久,他就躲到克林根布伦附近的村落疗养。数月后,他更是到了千里之外的索伦托,同保罗·瑞住在一起,忙于另一个全新的文艺项目。

这里所说的项目,尼采试图给的书名是《自由精神》,最初是打算作为下一篇《不合时宜的沉思》。然而,在意大利一段时间后,尼采经历了后来他在1888年2月19日写给乔治·布兰德斯信中所说的"皮肤脱落危机",并重新构思了下一本文学作品的结构与形式。甚至书名也变成了《人性的,太人性了》,这本书的语调与内容,同《瓦格纳在拜洛伊特》相区别,就像索伦托与拜洛伊特景观和天气的区别一样。这是尼采没有交代作者的学位与所属机构[1]的第一本书。

出于恰好与第一届拜洛伊特音乐节同期的缘故,比起前两篇"沉思",《瓦格纳在拜洛伊特》自然得到了公众和报社更多的关注,尽管还远未达到出版社与作者的期望[2]。为答复史怀哲有关这一系列续作可能性的询问,尼采在1878年2月2日如是说:"我们不应该认为《不合时宜的沉思》已经结束了吗?"7年后,尼采短暂地考虑过把这个系列继续下去,并增加一到三篇新的"沉思"[3]。然而,尽管在尼采最终作品中的一部(《偶像的黄昏》)里,从最长部分的题目——《一个不合时宜者的漫游》中,仍能察觉到那遥远的回响,但在这里其实什么也没有。

1886年,在最终取得他早期全部作品的版权后,尼采马上着手对原版进行扩充,增加了新序及一些新内容,但唯一例外的作品是《不合时宜的沉思》与第1—3部《查拉斯图拉如是说》,它们仍以原版(第1—3部《查拉斯图拉如是说》合编成了一卷)再次出版发行。因此,1886年末发行的新版《不合时宜的沉思》同原版完全一样。

一些评论家把不增加新序看成是尼采对《不合时宜的沉思》的漠视。然而事

---

[1] 在第一版《悲剧的诞生》的扉页上,作者的身份是巴塞尔大学古典语言学教授,弗里德里希·尼采。但在四篇《不合时宜的沉思》的扉页上,最终确定的作者身份为巴塞尔大学古典语言学教授,弗里德里希·尼采博士。
[2] 见沙贝格《尼采作品集》(49—51页)。
[3] 见35[48],1885年5—6月,Ⅶ1/3:256—257页。

实截然相反。尼采认为，这四本简短的著作（还有第1—3部《查拉斯图拉如是说》）是唯一不需要增加额外的简介、论辩与解释的作品。尼采在1886年8月29日给出版商的信中交代说，"《不合时宜的沉思》是我唯一希望保留如初的作品"。

一边是评论家与解读者对这四篇"沉思"的相对忽视，一边是尼采后期信件与笔记中大量对这几篇"沉思"的参考，以及尼采明显赋予这四篇"沉思（尼采习惯这样称他的《不合时宜的沉思》）"（对尼采个人）的深刻意义。这不禁让人诧异！尼采把这几篇"沉思"作为了解他思想发展的必读本，反复推荐，而把它们形容并宣称为——他故意为之的"诱饵"或"鱼钩"，以吸引那些他拼命想赢得的读者的注意[1]。显而易见，从这个意义上看，尼采几乎把他的全部作品看成是诱饵，但有些诱饵更好。在他看来，在他的作品中，没有什么作品比这几篇"沉思"（尤其第三篇）更适合如此重要的功能了。正如他在1888年4月10日写给布兰德斯的信中所说："这篇简短的作品是认识我本人的标志。读者在阅读这部作品时，如果没有与我感同身受，那么，也就没必要对我有更多了解了。"

正如以上所述，尼采认为，《不合时宜的沉思》特别有助于读者（上钩者，比如布兰德斯）认识尼采的哲学发展，理解他后期作品的写作意图。他在信中继续说道："《不合时宜的沉思》，在某种意义上是年轻的著作，值得你最密切的关注，可以以此了解我的发展。"

□ 乔治·布兰德斯

乔治·布兰德斯（1842—1927年），丹麦批评家、学者、无神论者，制定了"新现实主义"和"自然主义"的原则，批判超审美写作和文学幻想。他被认为是斯堪的纳维亚文化激进主义运动——"现代突进"的幕后理论家。19世纪80年代后期，布兰德斯开始研究作为文化源泉的"伟大人格"，由此认识到尼采的作品，与尼采建交，来往书信。他称尼采的哲学思想为"贵族激进主义"（对此尼采自己也颇为赞同），并专门进行了宣传尼采的演讲。

---

[1] 见尼采1885年8月15写给妹妹伊丽莎白·福尔斯特的信。

此外，《不合时宜的沉思》对作者本人一直有着深刻且根本的意义。这在1877年春夏之交的一个简略片段中得以暗示："《不合时宜的沉思》是我心声的首次流露。"[1] 5年后，1882年12月中旬，尼采在送给露·莎乐美《教育家叔本华》一书时，再次肯定了这种情愫，还加上了这样的评论："这本书包含了我的最基本最深刻的感情。"

《不合时宜的沉思》流露了尼采内心涌出的基本情感。在这些情感之中最突出的，可能是尼采对19世纪晚期欧洲文明（尤其是德意志）的文化、政治与思想中最显著特征的愤怒，甚至严厉的否决，他在过去十几年中一直为此献身，并对其有着特殊的敌意。然而，否决绝不是这些作品表达的唯一深刻的感情，其中还有作者对一些伟大理想以及特定个体（首先是叔本华与瓦格纳）的率直与热情的崇拜，尼采把他们当作个体的化身。更重要的是，这些"沉思"篇还有力地见证了作者对自己作为哲学家的独特使命与职业的认识日益加深。让我们依次考察这些基本情感。

为此，我们就不能错过四篇"沉思"中弥漫的消极痛苦。在1875年1月2日写给比洛的信中，尼采告诉比洛，他决定"利用未来五年完成余下的10篇'沉思'，以便从我的灵魂中剔除尽可能多的好辩的热情的垃圾"，这时，尼采脑海中最主要的情感就是这消极痛苦。《不合时宜的沉思》为青年尼采提供了一个有效且迫切的工具，从而外化并铲除了他所描绘的"隐藏在他身上的消极叛逆的一切"[2]。

正是在《不合时宜的沉思》中，尼采第一次找到了向他的时代与学者同道说不的勇气，从而同自我诀别（意义重大）。这是尼采从内心赋予这几篇"沉思"特殊地位的一个充分理由。然而，否定自我并非毫无代价，很少有人比尼采——这位热爱命运的未来倡导者，更能领会这一点。事实上，作者对好辩的狂热会威胁到"沉思"篇，让它们变得不平衡，并被炽热的怨恨所吞没。因此，最初设想的

---

[1] 22［48］，1877年春至夏，Ⅳ/2：483页。
[2] 1874年10月25日写给玛尔维达·冯·梅森堡的信。

"沉思"篇没有全部完成倒成了一件幸运的事,至少尼采晚年这样认为。在上述给布兰德斯的信中,尼采备注说最初打算写13篇"沉思",并补充道:"幸运的是,我的健康不答应。"

然而,《不合时宜的沉思》中,作者赞赏与抛弃的东西同等重要。正如我们多次注意到的那样,许多相同的赞赏同时也是一种工具,一种把这些赞歌同某种重大的影响与激励疏远分隔的工具。后两篇"沉思"尤其如此。因此,书中对叔本华与瓦格纳的公开赞赏,显然是摆脱了这两大偶像人物的直接影响后的思想产物。

这些作品对尼采个人的重要性同作者所称的主题的准确描述毫无关系。相反,对作者重要的是:在受激励时,或者他在《瞧!这个人!》中的一句话来说——在叔本华与瓦格纳[1]的暗示下,他所能构思的文化与人类的新理想。尼采后期声称他早期的赞美只不过是让自己摆脱他们影响的一个手段,这种说法有点不切实际。另外,他在《不合时宜的沉思》中表达的赞美与崇敬,在一定程度上是真心实意的:尼采后来对此表达了感激。比如,1885年8—9月,尼采为该"沉思"全集序言所写的一篇未出版文章的草稿:

我年轻时写过的有关叔本华与瓦格纳的东西,或者准确来说,我对他们的描述,在风格上可能过于大胆、过分自信和幼稚。现在我真的不想去详细深究其正误了。但假设我写的是错误的,那么,至少这样的错误没有让他们或我本人蒙羞。这些作品就是我以这种方式犯错的产物,正是这种错误把我带入歧途,从而让我写成了这些东西。并且,我当时决定描画这些哲学家与艺术家的肖像,以表达我自己的定言令式,我并未把个人的颜色加到没有任何真实东西的空画布上,而是描画了事先已经在上面勾勒的形状,这对我来说有着不可估量的益处。如果没有完成它,那么,我只是为自己,本质上,只是我自己在发言。[2]

---

[1] "从根本上讲,我尝试在这些作品中所写的东西完全不同于心理学。一个无与伦比的教育问题、一个达到严苛程度的新的自律自卫概念、一种看待伟大与人类历史使命的方式,这些是作者试图在作品中首次表达的东西。大致而言,我用了两个著名的、至今还不确定的类型,为的是抓住机会,以便进行交流,以便利用更多的公式、符号以及语言工具。(《瞧!这个人!》:"我为何写这么好的书""不合时宜的沉思",3)"

[2] 41[2],1885年8月至9月,Ⅶ/3:404—405页。

这段话直接指向了《不合时宜的沉思》中的最重要最尖锐的特征（对尼采本人来说无疑是这样），即文本中包含了许多具体的方式，如此明确地预估并暗示了他本人思想的未来方向。在作者看来，这些年轻的作品涉及了自己未来的写作任务与项目，并包含了一系列公开的宣誓与庄严的承诺。比如，上面的笔记中以这样的观察作为总结："那些以一颗年轻狂热的灵魂阅读这些文本的人，都可能从书中猜测到我对人生的庄重誓言——并携此以决定过'我自己'的生活。"

在同时期写给一位未知者的信中（1885年8月），尼采透露说："对我而言，'沉思'代表了我的承诺。但对别人，我不得而知。相信我，倘若离开这样的承诺半步，我的生命也早就停止了。可能有人已经从《人性的，太人性了》中发现了，我除了兑现承诺什么也没做。"这封信最明确地表达了"沉思"篇对尼采本人非同一般的重要性。对于这样的主张，尼采在《瞧！这个人！》中讨论"沉思"篇时，曾多次公然提到。此外，在尼采晚年的信件中也是一再谈及，并重申"沉思"篇是他自己的表白、公开的宣誓以及对自己的庄严承诺。[1]

那么，让尼采认为他在早期的作品中给了自己与读者承诺的是什么？他认为他公开宣誓了什么？当尼采认为他最终兑现了早期承诺时，也是他刚完成第一部分《查拉斯图拉如是说》时，他给加斯特写了一封信，而信中引号部分能提供部分答案："我在正文前先写了注释，这令人好奇！这一切在《教育家叔本华》一书中已经作出了承诺。但从'人性的，太人性了'到'超人'仍然有很长的路要走。"[2]这些以及其他众多类似的段落都有力地说明：尼采相信，在《教育家叔本华》与其他"沉思"篇中，他不仅对自己要研究的系列问题（他的使命）进行了公开宣誓，而且对如何回答与完成他的使命提供了准确的暗示。

事实上，熟悉尼采后期作品的读者，不难从《不合时宜的沉思》中发现许多对特色的尼采式主题与命题的明显预示，包括但不限于：对各种形式二元论的全面批判（包括外在与内在的自我，以及真实与现象世界的形而上学二元论）；作为价值

---

[1] 见尼采1888年2月19日与4月10日写给乔治·布兰德斯的信。
[2] 尼采给彼得·加斯特的信，1883年4月21日。

创造者以及艺术与科学批判者的真正哲学家（相对于所谓的学者或学术工作者）的定义；将有关知识有限性的夸张的康德式怀疑主义，与在实际的认知主张方面对工具主义透视论的支持相结合；科学或道德单独都不能自我确证，也构不成将"生命"作为最高判定标准的呼吁；对各种错误观念或信仰需求（不安地同某种坚持相结合，而这种坚持认为，学术诚实要求我们这样鉴别这些谬误）的承认；以及文化就是风格统一性的定义。

《不合时宜的沉思》还预示了一些明显是琐罗亚斯德教的教条，包括：对普遍自满（无论是文化市侩还是末人[1]）的批判；成为自我就必须克服自我的主张；强调个人与文化对于一个更高级人类形式理想的重要性；认识到否定与毁灭的创造力与生产力；对人类存在不可避免的短暂与现世特点的清醒认识；甚至还有对一些同永恒轮回概念的间接交锋。

也是在《不合时宜的沉思》中，尼采第一次开始了完善其个人哲学实践中最具创新的特征——系谱分析方法，并在早期的文本中进行应用，以阐明这类问题现象的根源，即纯粹的求真意志、无私的科学者以及传统道德。甚至还能从中发现，对尼采晚年最重要成就的准确预示：尼采对虚无主义不可避免的分析。这一题目早在尼采批判包括施特劳斯在内的世俗人文主义者时就有所预示，而世俗人文主义者认识不到自己的渐进自由主义，及其与他们拒绝的宗教准则之间的密切关联，也没有预料到放弃宗教信仰给他们带来的可怕后果。

尼采的后期作品延续了《不合时宜的沉思》中的哲学教条。但除此之外，还有另外一层意义，尼采认为他的特有使命与承诺在"沉思"篇中首次公开。这层意义同他后期的作品毫无关系，但与"沉思"篇出版后尼采生活方式的彻底改变有关。"沉思"篇的一个核心论题是，真正的创造性思想家都要有彻底的个体独立性，这与对机构的附属或赞助毫不相容。真正哲学家的完全独立的生活方式，这恰恰是哲学教育家的权利被严肃对待的一个证明。

尼采于1875年在巴塞尔拍摄的一张照片广为人知，而且还经常被翻印。这张

---

[1] 见尼采著作《查拉斯图拉如是说》之序言。指一类既无希望也不创造、平庸浅陋而渺小之人。

照片上有尼采的签名："不合时宜的尼采。"再没有比这狂妄的签名更能证明，尼采正在快速加深对自己的特色使命的认识，因为，撰写这些书并在照片上签名时，尼采只是一位学术工作者、古典语言学教授。因此，尼采如此签名实际上是作出了明显的承诺：在确立自己能这样做的权利之前，他不会以哲学家的身份出现，这不是靠学术证明，而是靠成功地建立独立生活方式，同时又需要勇敢地让自己的哲学生活变得可见。抛开一切健康原因不说，尼采径直离开了巴塞尔与他就职的学院，成为了自由撰稿人——一个为每个人也不为任何人写作的自由人[1]。

尼采沿着他在第三篇"沉思"中为自己规划的道路前行，对此，他十分自豪，这在他1884年重读第三篇"沉思"后所写的一封信中表露无遗——他十分高兴地说："我的人生完全按照事先规划的方式度过。"然后补充说，"一旦你有时间阅读《查拉斯图拉如是说》，记得把《教育家叔本华》也带上，哪怕只是为了比较（后者的错误在于，它写的不是叔本华，而是我自己，但我当时并没有意识到这一点）。"[2]

四年后，尼采在《瞧！这个人！》一书中公开阐明了这最后一点。他坚称，本人才是第三篇与第四篇"沉思"的真正主题："《瓦格纳在拜洛伊特》展望了我的未来，而《教育家叔本华》则记录了我的内心历程、我的成长以及最重要的我的承诺[3]！"这诚然是一个有争议的主张，就留给读者自己决定吧。

雷金纳德·霍林达勒

---

[1]《查拉斯图拉如是说》扉页上，标题后面有这样一句话："写给每个人也不写给任何人的一本书。"
[2]尼采给弗朗茨·奥维贝克的信，1884年8月。
[3]见《瞧！这个人！》："我为何写这么好的书""不合时宜的沉思"。

大卫·施特劳斯：告白者与作家

一

德国舆论几乎禁止谈论战争的危害及其恶果，尤其是一场最终胜利了的战争。因此，民众更爱听的是那些对舆论权威知之最深的作家的言论。这样的作家会竞相颂扬战争，探索战争对道德、文化和艺术产生的巨大影响。尽管如此，我仍然应该说：一场伟大的胜利就是一个巨大的危险。相对于失败，人性对战争的胜利更无所适从。事实上，比起忍受这场胜利而不让它从实际中产生一场失败，赢得胜利反而更为简单。然而，紧随最近与法国之战[1]而来的最具灾难性之后果，莫过于促生了一种广泛的普遍存在的谬误——舆论及公开发表意见的人都犯的认识错误，亦即德国文化也在这场战争中获胜，从而必须以符合这一卓越成就的方式对它加以歌颂。这种谬见的破坏性最高，这并不是因为这是一种谬见——认为这是极为有益有用的错误，而是因为它能把我们的胜利转为失败——让德意志帝国受益而让德意志精神失败（如果不是泯灭的话）。

即便这样的战争是文化之争，胜利者的价值也相对有限，绝没有理由为之欢呼雀跃抑或沾沾自喜。失败的文化，就算价值再微乎其微，也应该被了解。而就这场战争而言，胜利的文化，不管在武力上有多么辉煌的成功，也绝不会召唤出令人狂喜的文化上的凯歌。另一方面，这场战争中根本不存在德国文化的胜利。道理很简单：法兰西文化并未消亡，我们还是要一如既往地依赖它。我们的文化在这场以武力定输赢的战争中没有发挥丝毫作用。简单来说，让我们赢得胜利的正是对手缺乏的文化以外的因素，诸如毅力、团结、纪律严明、天生果敢、卓越指挥以及下属的服从等。令人叫绝的是，现今德国所谓"文化"的东西，在为取

---

[1] 指1870至1871年的普法战争。

□ 大卫·施特劳斯

大卫·施特劳斯（1808—1874年），德国自由派新教神学家、作家、哲学家、青年黑格尔派（黑格尔左派）的代表人物。他主要引据黑格尔哲学中"实体"及"绝对精神"的概念表达自己的思想，其《耶稣传》认为：宗教以表象来表现绝对精神，耶稣即为民族及时代精神借以表达自己的象征。这种宗教批判在19世纪的德国引起极大影响。而在《旧信仰与新信仰：一个告白者》中，施特劳斯放弃了原本激进的、批判的唯心主义，转向了保守的唯物主义。

得伟大军事成就而成为必需的军需面前，未能起到任何的阻拦作用。也许，这只是因为其已经预见到它有为这场战争效劳的强大优势。但是，如若任由其滋生蔓延，再加上大量的"胜利归之于文化"的鼓吹逢迎，那么，正如我所说，它将拥有摧毁德意志精神的力量。到那个时候，天知道残存的德意志躯壳还有何用？

如果德国人在战场上对抗感情用事、急躁鲁莽的法国人的那种沉着与果敢，能拿来反对内部的敌人，并反对（现在被危险地误解为文化的）那种极有争议的、无论如何都是异质的教养，那么创造同这一教养对立的真正德意志文化的希望就丝毫不会丧失，因为德国人从来不缺乏勇敢且有远见卓识的领袖和统帅——只不过这类人物中经常缺少德国人的身影。但是，对于事实上能否以这样的方式引导德国式的勇敢，我变得越发怀疑，而在近期战争之后，更是不敢相信其可能性了。我看到每个人如何深信德国从此不再需要这样的战斗与勇敢，更有甚者深信所有的事情都已被管控得完美无缺，并且，要做的所有事情早就做了。总之，最好的"文化"种子已经被四处播撒，有的已生出嫩芽，有的甚至已开花结果。在这个领域不仅有自满，还有幸福和陶醉。我在德国报纸人和小说、悲剧、歌曲、历史制造者们的无比自信中感受到了这样的幸福和陶醉，因为这些人明显同属于一个团伙，要合谋占据现代人的闲暇与思考时光、现代人的"文化时间"，用印刷品来麻醉他们。自这场战争以来，对这个团伙而言，一切都是幸福、尊崇和自我意识。在所谓的"德意志文化成功"之后，它感到自己不仅被认可与证实，而且几乎神圣到不可侵犯。因此，他们说话更郑重其事，喜欢向德国人讲话，呼吁大家以经典著作的方式出版全集，同时还在为其所用的刊物上赞扬他们中的一部分人，称其为德国新的经典作家和模范作家。也许有人会认为，在有教养的德国人当中，那些更有思想与学识的人，应该认识到滥用成功的固有危害，或者至少对当下的这一幕感到痛楚。毕竟，看到一个畸形的人像只公鸡一样装腔作势地站在镜子面前，同他的镜像交换欣赏的目光，我想再没有比这更难受的事了。不过，有学识的阶层乐见事情的发生，而无论如何都满足于自我，也不能额外担负起照看德意志精神的重担。这个阶层的成员们极为坚信，他们的文化是这个时代甚至所有时代最成熟最美好的果实，因而毫不理解他人对德意志文化的普遍忧虑，因为，这样的忧虑早已不是他们以及无数同类人所考虑的问题了。然而，更小心的观察者，尤其是外国人，就不可能注意不到，在现今德国学者称为文化的东西和新德国经典作家们洋洋得意的文化之间，差别仅仅在于知识的多寡。在问题不是知识与信息而是艺术与能力的任何地方，也就是说，在生活为这种文化见证的任何地方，现在只有一种德意志文化——难道是这样一种文化战胜了法国吗？

这种主张似乎完全不可理解：所有公正的法官，最终还包括法国人自己，从德国军官更渊博的知识、士兵更卓越的训练以及更科学的作战中，看到了德国人的决定性优势。然而，如果有人认为从其中得出了德意志学识——那么德意志文化能在何种意义上取得胜利？在任何意义上都不能，因为如更严格的纪律、更乐意服从之类的道德品质同教养或文化毫无关联，比如马其顿军队就比希腊军队优秀，尽管希腊军队在教养方面无与伦比，这只能是一种混淆，一种建立在德国不再有任何明确文化概念的事实之上的混淆。如果有人谈论德意志文化的胜利，那么他肯定是混淆了不同的概念，而这种混淆的根源在于这样的事实：德国再也没有任何明确的文化概念了。

文化首先是一个民族全部生活表现中艺术风格的统一。但是，知识和学识既不是文化的必要手段，也不是文化的标志，在必要时，甚至会与文化的对立面"野蛮"和睦相处，而野蛮代表的，就是缺少风格或者多种风格的混杂。

正是在这种混杂的风格之中，生活着我们时代的德国人。让人们十分惊讶的是：以德国人的全部学识，他们怎么可能注意不到这一点，而且还由衷地为自己当前的"文化"感到高兴？他投向自己衣着、房间、家园的每一瞥，每次走过城市街道，每次造访时髦商店，在社交中他应该认识到自己风度和举动的来源，而从我们的音乐会、剧院、博物馆的艺术设施中，他也该意识到不同风格之间怪异的并存和混乱。这一切应当对他有所教益。德国人把各个时代，各个地区的形式、颜色、产品和稀奇古怪的东西都堆积在自己周围，造出了斑驳杂乱的现代市场。德国的学者又不得不把这种杂乱归为"现代自身"，而德国人自己却依然平静地坐立于混杂的风格之中。但是，这是一种漠然的、缺少任何感情的文化，依靠这样的文化，不可能战胜任何敌人，遑论战胜像法国这样拥有真正的、创造性文化的敌人，不论这种文化的价值有多小。毕竟，我们至今还在模仿法国人的一切，而且经常是机械地死搬硬套。

□ 歌德和其助手埃克曼

彼时年老多病而又孤独的歌德已经在考虑身后之事——他想要一名能理解自己，又适合编辑整理自己遗作的助手，对他而言，心怀仰慕、携着作品前来拜访的人品、学识、文笔俱佳的约翰·彼得·埃克曼，无疑是天降之才。在成功邀请并挽留埃克曼之后，歌德在平日里对埃克曼亲切和蔼，知无不言；前者推心置腹，后者洗耳恭听。经埃克曼持之以恒的努力记录（长达九年），最终，享誉世界文坛的《歌德谈话录》得以诞生。图为约翰·约瑟夫·施密勒的《歌德与写作者约翰》。

即便我们真的不再模仿他们，那我们也不过是摆脱了他们而已，而不会因此就取得文化上的胜利。只有当法国人不得不接受原创的德意志文化之时，我们才能谈及德意志文化的胜利。同时，我们不要忘记，我们还像以前一样在所有形式问题上依赖巴黎，而且还不得不继续依赖，因为到目前为止，还没有真正的原创的德意志文化。

我们该认识到这一点。除此之外，在少数有权利以批判的口吻对德国人说话的人中间，有人公开揭露了这一点。"我们德国人属于昨天，"歌德有一次对埃克曼说，"确实，一个世纪以来，我们一直在变得文明而有教化，但可能还需要几百年，才能让我们同胞有足够的精神和更高的文化涵养，并使之变得普遍，直到可以这样谈论他们：他们曾经是野蛮人，但那是很久以前。"[1]

二

然而，我们的公共与私人生活都明显带着一种创造性的、文体上安全的文化印记，而我们伟大的艺术家已经并且仍将承认这种令有才华的民族深感羞耻的可怕事实。倘若不是这样，有教养的德国人怎么可能被这种极大的自我满足所笼罩：自最近的战争以来，这种自满已在骄傲的欢呼与胜利的喜悦中爆发。总之，人们固执地相信我们拥有一种真正的文化。但似乎这种自满甚至洋洋得意的信念与显著的文化缺陷间的巨大反差，只能引起极少数人的注意。一切与舆论观点一致的人都在闭目塞听，因而，这种反差的存在根本不会被承认。这怎么可能？什么力量如此强大，竟然可以强加这样的"不应该"？在德国，肯定是哪一类人取得了统治地位，才能禁止如此强烈、简单的情感，或阻止它们的表达？这种力量，这种人，我该称之为"文化市侩"[2]。

众所周知，市侩一词属于学生词汇，其广泛而通俗的意义，指的正是诗人、艺术家及真正文化人的对立面。然而，研究有教养的市侩，倾听其告白，现在已经成了令人厌恶的责任——他用一种迷信来区分自己与一般"市侩"：妄想自己是诗人，是文化人；这是一种难以理解的谬见，并由此可知，他根本不知道市侩及其对立面是什么。因此，当他郑重其事地否认自己是市侩之时，我们不应感到惊讶。他缺乏自知，所以便坚信，他的"教养"正是真正德意志文化的完全表达。他到处发现的都是他这种教养的人，而公共机构、学校、教育与艺术团体也都按照他的需求与他的教养创立。因此，不论走到哪里，他都得意洋洋，认为自己是现今德意志文化名副其实的代表，并相应提出了自己的需要和权利。然而，

---

[1] 歌德致埃克曼，1827年5月3日。
[2] 也译作"有教养的市侩"。

如果说真正的文化都以风格统一为前提，即使一种劣质、退化的文化，也不得不显示其多样性特征协调后的风格统一性，那么，有教养的市侩头脑中的谬见可能源于这样的事实：到处见到的都是自己的翻版。于是，从所有"有教养者"的身份中，他就推断出了德意志的风格统一，从而进一步推出德意志文化的存在。他察觉到自己周围是一样的需要和观点，无论到哪里，都马上被一种心照不宣的习俗所包围——这种习俗涉及诸多事物，尤其是宗教和艺术。这种令人印象深刻的同质性，这种无人命令却随时准备爆发的 *tutti unisono*[1]，诱导他相信这里可能有一种文化在主导。然而，这种具压迫性而自成系统的市侩主义成不了文化，甚至连糟糕的文化都谈不上。它始终是文化的对立面——那种根深蒂固的野蛮。在德国现在有教养者的眼里，这种统一性如此显著，它有意或无意地排除否定了一种真正风格的创造性的艺术形式和需要，借此实现了自己的统一性。有教养的市侩脑子里必然有一种不幸的曲解：他把否定文化的东西当成文化，并由于始终如此，他最终得到了一个相互关联的否定文化的结合体，一种非文化体系。要是谈论一种有风格的野蛮尚有意义，那人们甚至可以承认这种非文化体系有着某种风格的统一。对他来说，如果在一种适应风格的行动和一种对立的行动之间选择的话，他会始终如一地选择后者。因此，他的一切行为都带上了相同的消极印记，由这一点，他辨认出了由他创造的"德意志文化"的特性。凡是与此不一致的东西，他都持以偏见并树之为敌。在这种情况下，有教养的市侩的所作所为不过是自我保护：否定、封匿、闭目塞听，甚至对朝向他的仇恨和敌意也持否定态度。但是，他最憎恨的是那些把他当作并告知他是市侩的人，他们会告诉他："你是一切强大者、创造者的障碍；一切怀疑者、误入歧途者的迷宫；一切疲乏者的沼泽；一切向高大目标奔跑者的镣铐；一切新萌芽的毒雾；同时还是寻求、渴望新生命的德意志精神之干涸沙漠。而他们追寻的，正是德意志精神！即便你说你已经找到，但他们并不相信，且继续追寻，这让你恨之入骨。"

历史上涌现出一系列伟大英雄人物，他们的每个举动、每个神情、质问的声

---

[1] tutti unisono：众人一致。

音、炽热的目光，都透露着其探索者的身份。他们坚持不懈寻找的，正是有教养的市侩妄想已经拥有的真正的德意志文化。他们似乎在问，有没有一块纯洁的、未受破坏的神圣土地，能让德意志精神在其上而非别的土地上建立起自己的家园？带着这样的问题，他们度过了艰难贫苦岁月的荒野荆棘，并作为探索者从我们的视野中消失。如此，他们中的一位在高龄时，能代表所有人说："我半个世纪以来历尽艰辛，不曾允许自己休息片刻，始终全力以赴地追求、探索与努力。"[1]而在经历了这一切之后，这类"有教养的市侩"怎么可能会产生？又如何掌握了德意志文化的最高裁决权？这究竟为什么？

那么市侩文化如何看待这些探索者呢？他简单地把他们看作发现者，而似乎忘了他们本身只把自己看作探索者。"我们拥有自己的文化，不是吗？"市侩们说："我们有自己的'经典作家'，不是吗？我们不仅有基础，而且有这个基础上的上层建筑——我们自己就是这建筑物。"说这话时，市侩们用手指着自己的额头。

因而，为了给我们的英雄人物错误评价，并作崇敬之态，行谴责之实，就必须将其束之高阁。这是一个普遍的事实。否则，致敬他们方法只有一种，即继续不辞辛劳地以他们那样的精神和勇气探索。此外，把"经典作家"这个可疑词语作为他们的后缀，时而借他们的著作自我"熏陶"，让自己沉浸于我们的音乐厅和剧院承诺带给每个付费者的那种软弱无力、利己主义的感受；为经典作家筑碑立像，用他们的名字命名节日和团体，也是一样的情况。这一切不过是有教养的市侩同他们清算的一种现金支付方式而已，为的是不再追寻他们、不再继续探索，因为，市侩的座右铭就是：一切探索已经结束！

过去的某个时期，这个座右铭曾有过某种意义：在本世纪第一个十年里，德国出现了纷乱的探寻、实验、摧毁、预言、预感、希望，它们彼此交错。这让有文化的中产阶级有理由为自身安危感到忧虑。那个时候，它有理由耸耸肩，拒绝乖僻的语言、扭曲的哲学与不持正的历史著作的杂酿；拒绝浪漫主义者汇聚的众神

---

[1]歌德致埃克曼，1830年3月14日。

与全部神话的狂欢；并拒绝心醉神迷时虚构出的诗人风尚与疯狂行为。是的，因为市侩甚至没有权利放纵自我。但他利用他那卑劣天性中的狡诈抓住机会，对文化的探索投以怀疑的目光，并宣扬那种文化已被发现的安逸意识。他的眼睛看到的是市侩之乐：他躲避一切疯狂的实验，进入田园风光中，以某种自满来反对艺术家不安分的创作冲动。这种自满是一种对自己狭隘、不受干扰甚至是局限性的满足。他伸长的手指，不带任何虚伪的谦逊，指向他生活的所有隐秘角落中众多动人而天真的快乐，这些欢乐生长在最贫瘠的未开化生存底层，就像是市侩生活沼泽地上的羞涩花朵。

有这样一些具象派的人才，他们以纤细的笔法描绘了在儿童室、学者书房以及农舍看到的幸福、舒适、平淡，农人的健康、轻松与满足。有这样的现实画卷在手，这些自满的人，开始试图同那些让人不安的经典以及从他们出发做进一步探索的要求达成永久妥协。他们设计了"模仿者时代"的概念，旨在得到平静与安宁，以便于给所有让其不快的创新贴上"模仿作品"的标签。正是这些在保障自我安宁上有共同目的的自满之人掌控了历史，并试图把一切可能干扰其自满的科学转化为历史学，尤其是哲学和古典文献学。历史意识让他们不再需要热情，因为历史不再被认为能产生热情，即便歌德不这样认为。现在，*nil admirari*[1]的非哲学赞赏者试图历史地理解一切时，这一目标就成了昏沉麻木。市侩在宣称憎恨任何形式的狂热和偏执的同时，真正仇恨的是占支配地位的天才以及对文化真正需求的专制。因此，他们便利用所有的权利让有望出现新的强大运动的地方变得瘫痪、迟钝，或者解体。此外，这种把创作者的市侩式表白掩藏在杂乱浮华下的哲学下，还创造了一个美化平凡的公式：谈论现实的合理性，迎合讨好有教养的市侩，因为他们也爱华而不实的繁华，只把自己看成是现实的，从而把自己的现实性当作世界上理性的标准。市侩欢迎每一个人（包括他们自己）进行思考、研究、审美，尤其是写诗、作曲、绘画，甚至是创造整个哲学。但唯一的附加条件是，一切都必须一如既往，一点也不能伤害现实的、理性的东西，

---

[1] nil admirari：对一切漠然。

也就是——市侩主义。可以确定的是，他们非常乐意不时地对夸张艺术和怀疑论史学进行优雅而大胆的挥霍，并且知道如何欣赏这种形式的消遣与娱乐的魅力。然而，他却坚决地把"生活中严肃的东西"，即职业、事业、妻子与孩子，同他的乐趣相分割；而后者或多或少地属于同文化关联的一切。因此，对于开始严肃对待自己，并对一切谈及他的生存、事业以及习惯，即市侩们"生活中严肃的东西"提出要求的艺术，他都嗤之以鼻，避而远之，仿佛它们是不雅的东西，并以一副少女监护人的神态警告每一个脆弱的美德：不要加以注目。

他如此喜爱劝阻，感激那个跟随他并接受他劝阻的艺术家。他让艺术家知道，并不要求他们有什么高雅的巨作，只需做到两件容易的事：靠田园诗或轻微幽默的讽刺诗来模仿现实，或者随意抄写最熟悉最著名的经典作品，但要羞怯地向当下时代的趣味妥协。他看重的只是无创造性的模仿，或者对当下的图表式的描绘，他知道，前者不仅无害，甚至有助于提高他作为经典趣味评判人的声誉，而后者则会美化他，并提高他对现实的满足感。正如前面所说，他已经一劳永逸地与他们的经典作家达成了共识。最后，他为自己的习惯、思维方式、爱好与厌恶创造了一个通用的"健康"公式，并把所有令人不快的和平扰乱者看成病态的、神经质的人，予以摒弃。有一次，大卫·施特劳斯，一位我们的文化现状的真正满意者与典型市侩，就以这样特征的措辞，谈论了"叔本华有才华但往往不健康、无益处的哲学思考"。"精神"总是习惯于俯就那些"无益的不健康的东西"，这是个残酷的现实。这时，即便是市侩，如果真诚地面对自己，他也会认识到，他创造的哲学与带给社会的东西尽管肯定极为健康而有利可图，但在诸多方面都毫无灵魂。

市侩们单独相处时，有时候一起喝酒，真诚、天真又唠唠叨叨地回忆战争的伟大功绩。在这个时候，许多平常被不安地掩藏的东西会暴露出来，有时甚至有人会说出整个团体的根本秘密。类似的事最近就发生在黑格尔推理学派的一位知名美学家[1]身上。确切地说，导火索非同一般——在市侩圈里纪念一位真正的非

---

[1] 指与施特劳斯交好的德国作家、哲学家弗里德里希·费舍尔。

□ 约翰·弗里德里希·荷尔德林

约翰·弗里德里希·荷尔德林（1770—1843年），德国浪漫派诗人、唯心主义哲学家。他遵循歌德和席勒的传统，是希腊神话和古希腊诗人的崇拜者，在其作品中融合了基督教与希腊的主题。其一生多舛：幼年丧父，中年情场失意，后又精神分裂（1798年）至完全的精神错乱（1807年），亲人对他不闻不问，最终由房东照顾数十年直至去世。他的诗歌如今被认为是德国文学的最高点之一，但其在世时虽有作品出版，却并不为人所知，而在他死后的19世纪剩下的时间里，他的作品也同样被人遗忘。

市侩人士，而且，从最严格的意义上讲，还是一位毁于市侩之手的非市侩：纪念享有盛名的荷尔德林。而这位知名美学家在这一场合就有了权利，去谈论因同现实接触而死亡的悲剧灵魂，也就是说，这个意义上的"现实"已经暗示了市侩的理性。可是，这个"现实"不同于荷尔德林时代的现实。那么，自然要提出这样的问题，即荷尔德林是否能适应当下这个伟大时代。"我不知道，"弗里德里希·费舍尔说，"他的柔弱灵魂是否能经受每次战争都有的残酷，能否忍受战后在各个领域蔓延的堕落。也许，他会再次陷入绝望。他手无寸铁，他是希腊的维特，一个绝望的恋人；他的生命充满柔弱与渴望，但他的意志中有着力量与内涵，他的风格中也有伟大、丰富与生机，会时不时让你想起埃斯库罗斯。不过他的精神不够强硬，缺少幽默的武器。他不能忍受一个不是野蛮人的市侩。"我们关心的，正是这最后的告白，而非席后演说者的甜蜜吊唁。

是的，一个人承认自己是市侩，却又不是野蛮人！绝对不可能。哎呀，可怜的荷尔德林，没能作出如此细致的区分。如果"野蛮"一词让你确定地想到了文明的对立面，甚至海盗和食人，那么这种区分就有道理了。但美学家明显想告诉我们：一个人可以是市侩，同时还可以是文化人。这正是可怜的荷尔德林看不到的可笑之处，他就是毁于这种幽默的缺乏。

在这样的场合，演说者道出了第二个告白："使我们超越悲剧人物而深深体验到对美的渴望的，并不总是意志力，还有软弱。"这是告白的大概内容，是以聚到一起的"我们"的名义提出的，"我们"是"超越者"，超越"软弱"的"超越者"。让我们满足于这样的告白吧！我们现在通过一个知情人了解到了两件事：第一，这个"我们"真的摆脱并确实超越了对美的渴望；第二，通过软弱实现了这种摆脱与超越。这种"软弱"在个别时刻还有一个更好的名字：这就是有教养市侩著名的"健康"。但是，按照这种最新的信息，明智的做法是不要说他们不健康，而说他们软弱甚至懦弱。但愿这些弱者没有权利！他们的称呼同他们有什么关系！但他们是统治者，而不能容忍别人给自己起绰号的统治者，就不是真正的统治者。事实上，只要一个人有权利，这个人甚至可以随心地嘲弄自己。这时，一个人是否暴露了自己让人攻击并不十分重要，因为，还有什么不能被胜利者的紫色华盖所掩盖呢！文化市侩承认自己弱点时，他的强大也就显露无遗了：承认得越多、越愤世嫉俗，就越能表露清楚他的高傲自负与优越感。这是个讽刺的市侩表白的时代。正如弗里德里希·费舍尔用口头告白，施特劳斯用一本书告白。两者都颇具犬儒学派的意味。

三

施特劳斯对市侩文化进行了双重告白：言语和行动——告白者的言语与作家的行动。他那本《旧信仰与新信仰：一个告白者》[1]，首先从其内容、作为一本书以及作家作品的质量而言，都是不间断的告白。他允许自己公开其信仰的这一事实，本身就是一种告白。每一个人都有在不惑之年后撰写自传的权利，毕竟，即便是最卑微的人，他们也可能经历过、看到过一些值得思想家关注的东西。但是，公开告白自己的信仰必然被认为无比傲慢，因为其暗含的前提条件是，告白者不仅赋予他生命中经历、发现或看到的东西以价值，甚至还赋予其信仰以价值。现在，真正的思想家最后想知道的是，什么样的信仰适合像施特劳斯这种天性的人？或者，他们在心里"半梦半醒中想象着"什么东西？关于这些东西，只有掌握一手资料的人才有发言权。谁需要兰克和蒙森的信仰表白呢？他们是与施特劳斯完全不同类的学者和历史学家。但是，一旦他们想用自己的信仰而不是知识来打动我们，他们就会以一种令人不悦的方式跨过他们的界线。施特劳斯在告

---

[1] 施特劳斯的《旧信仰与新信仰：一个告白者》出版于1872年。尼采参考的正是原版。

白他的信仰时，就是如此。没有人期望知道什么，但个别狭隘的施特劳斯教义的反对者除外，他们可能感觉，这背后有某种系统的真正恶魔般的信条，并且毫无疑问想让施特劳斯表达这种恶魔般的立场，从而与他的有学问的主张自相矛盾。也许，这些粗俗的家伙甚至从施特劳斯的那本新书中尝到了甜头。然而，我们这些人没有理由怀疑这种恶魔般信条的存在，也并没有这样做。事实上，如果能在这些页的内容里发现任何恶魔的东西，我们可能还会心存感激。毕竟，施特劳斯谈论他的新信仰时，当然不是由一个邪恶的精神在谈，更不必说是由一个真正的天才在谈，而这本身就不是一种精神。事实上，这是施特劳斯用"我们"一词介绍时说的那些人，是他们在谈论。他说，这些人是"学者、艺术家、官员或者军官、商人或者地主，虽然成千上万，但却不是国内最低劣的人"。他们谈论自己的信仰比谈论他们的梦想更让我们无聊。他们选择打破沉默公开告白时，他们齐唱的噪音并不能遮掩曲调的贫乏和粗鄙。我们认识到有一种被许多人信守的信仰，当他们中的某些人准备给我们讲述这样的信仰时，我们会打着哈欠打断他们，那么，这样的认识又如何能让我们乐意去接受呢？如果你有这样一种信仰，我们会告诉他，看在上帝分上请保持缄默。早些年，也许几个没有恶意的人，尝试过从施特劳斯那里寻求一位思想家，但却发现施特劳斯是信徒，因而感到失望。如果他保持沉默[1]，那至少对于这些人来说，他仍然是哲学家。但现在不管对谁来说，他都不是哲学家了。他也不再渴望思想家的荣誉，而只想是一个新信徒，为他的新信仰而自豪。通过书面告白，施特劳斯认为他写出了"现代观念"的教义问答手册，并构建了宽阔的"未来的世界之路"。事实上，我们的市侩不再犹豫不决、吞吞吐吐，而是自信到了玩世不恭的地步。曾几何时，当然是很久以前，市侩们只是作为某种不言语、不被谈论的存在所容忍；还有时候，人们会恭维他的奇特，发现他的诙谐并跟他们说话。这样的关注逐渐把他们变成了小丑，让他们开始为自己的奇特和乖僻单纯的头脑而过分自豪：他现在经常以里尔的家庭音乐风格来说话。"可我看到的是什么！是幻影还是现实？我的贵

---

[1] 如果他保持沉默：拉丁文"si tacuisses philosophus mansisses"的德语版（由尼采改写）。

宾犬已经变得又长又大！"[1]现在他已经像一只河马翻滚在"未来世界之路"上，咆哮声和吼叫声已经变成了宗教创立者的高傲口吻。"老师，您是否在思考创造未来的宗教？""但对我来说，时候还未到。我甚至没有想到要摧毁任何现有的宗教。（第8页[2]）""……可是，老师，为什么不呢？重要的是有无能力摧毁。此外，坦率地说，你甚至相信你有能力做到：只需看下你书的最后一页，在那一页，你的新道路'是唯一的世界未来之路，只需逐步完成，并且首要的是要继续沿路前行，以求变得舒适愉快'。这正如你所述。"因此，不要再否认了：宗教创立者的面纱已经解开，一条通向施特劳斯式天堂的崭新舒适的大道已经铺就。您这位谦逊的人，只是对您要为我们驾驭的马车还不大满意。您在结尾告诉我们："我不愿断言，尊敬的读者委托我驾驭的马车满足了一切要求。（第367页）""我们都被颠得难受。"啊，您想听到赞美之词，您这位有风度的宗教创立者！然而，我们更愿意告诉您真相。如果您的读者规定自己每天读一页您的368页宗教问答手册，也就是说，每天的阅读剂量尽可能小，那么我们相信，最终他会感到不舒服，也就是说，除了恼火不会产生任何效果。倒不如一口吞下！一次喝得尽可能多！就像所有合适宜的书所开的处方一样。那么，这样的饮用是无害的，喝下去绝不会让人感到恶心与不快，心情反而是舒畅愉快，就像无事发生，没有摧毁任何宗教，没有铺就任何未来世界之路、没有作出任何告白。这才是我所说的效果！把医生、药品以及疾病，统统忘掉！开怀大笑吧！不断地激发欢笑！亲爱的先生，您应该被嫉妒，您建立了世界上最宜人的宗教：一个宗教创始人将因受人嘲笑而被持久崇敬的宗教。

四

作为未来宗教创始人的市侩——这是令人印象最深刻之形态的新信仰；市侩

---

[1]见歌德《浮士德》，第一部，第三场。
[2]此处及后文（限本篇"沉思"）括号中提及的页码即指施特劳斯《旧信仰与新信仰：一个告白者》（1872年）的对应页码。

变成了空想者——这是使当代德意志与众不同且又闻所未闻的现象。然而，让我们暂时对这种空想的热情保持一定的谨慎吧；除了施特劳斯，没有人会说下面这样的话来督促我们，让我们谨慎。当然，听到这些后，我们首先想到的是基督教的创始人，而不是施特劳斯。"我们知道曾有过高尚的、有天赋的空想者们，空想者能够让人兴奋、令人振作，也能产生深远的历史影响。但是，我们不要选他作人生向导。如果不让理性来制约他的这种影响，我们就会被他带上歧路。（第80页）"事实上，我们还知道，历史上还有过没有天赋的空想者，他们给我们以激励和鼓舞，还打算作为人生向导，以产生深远的历史影响，并左右未来。我们有很大责任把他们的狂想热情置于理性控制之下。利希滕贝格甚至说道："有一些空想者毫无能力，而他们是真正危险的人物。"当下，为有助于控制这种理性，我们需要诚实回答这三个问题：第一，新信徒如何想象自己的天国？第二，新信仰赋予他们的勇气能让他们走多远？第三，他的书是怎样写就的？表白者施特劳斯有义务回答前两个问题，而作家施特劳斯应回答第三个问题。

新信仰者的天堂自然必须是一个人间天堂，因为基督教的"不朽的、天堂生活的远景"，加上其他基督教的安慰，已经"不可挽回地背离了"那些"只有一只脚"（第364页）踏入施特劳斯阵营的人。如果宗教选择对它的天堂进行描述的方式有一定意义：假如除了吹拉弹唱以外，基督教再不知道其他任何天堂职业，那么，就不能指望施特劳斯式市侩对它还有什么期待了。然而，告白书中却有一页是专门谈论天堂的（第294页）。首先展开这张羊皮卷，最幸运的市侩！整个天堂会在这里向您招手！施特劳斯说："我们只是要表明，我们做的事情，以及我们过去多年一直在做的事情。我们的职业——我们来自各行各业，我们绝不仅仅是学者、艺术家，还有官员、军人、商人以及地主。而且，我们已经说过，我们的数量成千上万，并且在任何国家都不是最低劣者——除了我们的职业外，我要说的是，我们还试图对人类所有更高级的兴趣保持尽可能开放的头脑；最近几年，我们一直最积极地参与了伟大的民族战争和德意志国家的建设。这个久经考验民族的历史意外但辉煌的转变让我们受到了极大的鼓舞。我们通过历史研究促进了对这些事物的认识，而一系列有吸引力且通俗易懂的历史著作，让没有学问的人学习历史也变得轻而易举。同时,我们试图拓宽我们的自然知识,对此,同样有一些辅助手段有助于公众理解。最后,在伟大诗人的作品中,在伟大作曲家作品的演出中,我们发现了一种对精神、心灵、想象力与幽默的激励,让您除此之外别无所求。我们就这样生活,并欣喜地走自己的路。"

市侩读到这里会欢呼:这就是我们的人呀!因为我们就是这样生活,天天如此![1]他描述时,词语的转变是多么美好!比如,在提到"我们用来帮助理解政治形势的历史研究"时,他所指的除了报纸还能是什么?所谓的"积极参与德意志国家的建设",除了指我们每天光顾的小酒馆外,还能指什么?"拓宽我们的自然知识的有助于辅助公众理解",这说的不就是去动物园散步吗?最后,我们从剧场和音乐会把"对想象力和幽默的激励"带回家,并"让您别无所求"。他如此巧妙地把这些可疑的活动说得冠冕堂皇!他的天堂就是我们的天堂,这就是我们的人!因此,市侩欢呼雀跃:如果我们不像他那样心满意足,就是因为我们欲求太多。斯卡利格常说:"蒙田喝了红酒还是白酒,关我们什么事!"但是,在这个更重要的例子里,我们该多么珍视如此详尽的信息呀!但愿我们还能知道,按照新信仰的教义,这位市侩每天必须抽多少烟,喝咖啡时更喜欢看《施彭纳尔报》还是《国民报》!我们的求知欲不会被满足。我们只能在一点上得到我们想要的,很幸运,这涉及天堂里的市侩天堂,那种审美的私人小房间——供伟大的诗人和音乐家使用的。在其中,这位市侩不仅能自我熏陶,而且据他的告白,"他的全部污点都能洗刷抹净"(第

□ 格奥尔格·利希滕贝格

格奥尔格·利希滕贝格(1742-1799年),德国物理学家、讽刺作家、思想家。在科学方面,他是德国首个专攻实验物理学的科学家(如利希滕贝格图形);在文学思想方面,其身后出版了他由学生时代就开始记录的笔记——《剪贴簿》(Sudelbücher,在国内也称为《格言集》),利希滕贝格在此中写下了许多对日常及同时代的讽刺与嘲笑言论、零碎的哲学与文学思考以及类似日记的个人想法与感受。其思想深受叔本华、歌德、尼采、托尔斯泰等几代哲学家、文学家的推崇。

---

[1]源自德国的一首学生歌曲。

363页），所以，我们得把这样的小房间想象成小小的浴室。"可是，这只不过是短暂的瞬间，只发生并存在于想象世界。一旦我们回到残酷的现实和日常生活当中，过去的烦恼忧愁就会从四面八方再次袭来。"我们的老师施特劳斯因此而叹气。诚然，如果能利用待在小房间里的片刻逗留，我们将正好有足够时间，全面审视理想的市侩，亦即污点被冲洗后的纯粹的市侩形象。严肃地说，这展示给我们的是有教育意义的东西：让每一个已经成为这本告白书牺牲品的人，不会在尚未读过"关于我们伟大的诗人"和"关于我们伟大的音乐家"的附录之前，就把这本书放到一边。新行会的彩虹由此展开，而不能从中汲取快乐的人将"无药可救"。这样的人，就像施特劳斯在另一个场合所说的，但也可以在这里重说，"还没有成熟到能理解我们的观点"。要记住，我们是在天堂的天堂中。这位热情的逍遥学派学者准备带我们转转，并且，如果出于对所有美好事物的喜悦，而情不自禁地谈论过多之时，他会道歉。他告诉我们，"如果我的喋喋不休让读者觉得不适合这个场合的话，那么，我请你宽恕——内心的丰富就要由嘴巴表达。然而，你要确信，你现在将读到的东西，绝非取自早期作品而插入这里的，而是在当下这个地方，为当下的目的而写的"（第296页）。这一告白让我们顷刻间目瞪口呆。对于这些迷人章节是否近期所写，我们不感兴趣！如果这是写作之事的话（限于你我之间的秘密），我倒希望它在25年前就已经写成，那我就知道，这些思想为何如此苍白无力，而且还散发着老古董的腐朽气味。但是，写于1872年的东西，竟然在1872年就散发出腐烂的气味，这让我产生了怀疑。假设有人在阅读这些章节、吸收它的气味时睡着了，他会梦到什么？一位朋友回答了我的问题，因为他有这样的切身经历。他梦到了一个蜡像展览：经典作家站在那里，是用蜡和宝石做成的精致的蜡像。他们转动胳膊和眼睛，里面的螺栓会发出嘎吱声响。他看到了可怕的东西——一个挂着丝带和黄纸的奇形怪状的蜡人，从嘴巴里伸出一张字条，上面写着"莱辛"。朋友说他走近一看，发现了其中最可怕的东西——荷马的奇美拉。从它前面看是施特劳斯，后面看是格维努斯，中间看是奇美拉，合起来看是莱辛。这让他从梦中惊醒，大叫起来，并且读不下去了。老师呀，为什么你要写这么腐朽的篇章！

当然，我们也从中学到了一些新东西，比如，通过格维努斯，知道了歌德为什么不是戏剧天才——歌德在《浮士德》第二部只是创造了一个图景般的讽喻；华伦斯坦是一个麦克白，同时还是哈姆雷特[1]；施特劳斯的读者从《漫游年代》中拣出了中篇小说，仿佛调皮的孩子从一个黏糊的面团中拣出葡萄干和杏仁一般[2]；没有紧张而极端的情境，舞台就不能产生真实的效果；席勒从康德走出，就像从水疗院走出一样。这一切虽然不能让我们愉悦，但却既新颖又引人注目；正如它肯定是新的一样，它绝不会变老，因为它从未年轻过，一落地就已经老迈。这些风格新颖的享天国之福的人们，他们会在自己的审美天国里产生什么念头？为什么他们不忘记一些，尤其是那些毫无美感、转瞬即逝且带有明显愚蠢印记的东西（比如格维努斯的某些观点）？但是，似乎施特劳斯谦虚的伟大和格维努斯傲慢的渺小能够融洽相处：诚实的格里尔帕策足够清晰地谈论过，如果这位真正的艺术批评家继续教他那学来的热情和马的飞奔，并且，整个天堂都回响着热情奔跑的马蹄声，那么，祝福这些享天国之福的人们吧，也祝福我们这些不享天国之福的人！那么，事情至少会比现在有生气一些。但现在，我们这位天堂的导游者，他那迟缓的热情以及口中不温不热的措辞，从长远来看，只会让我们疲倦厌恶。我想知道，施特劳斯说出的"哈利路亚"听起来是什么感觉。我相信你得洗耳恭听，否则，就会觉得听到的是一声礼貌的道歉或低声的恭维。我可以列举一个有启发性而令人震惊的例子。反对的人说施特劳斯在莱辛面前点头哈腰，施特劳斯对此极其不以为然——这不幸的人误解了他！当然，施特劳斯断言，这一定是个笨蛋，竟没有意识到他在第90节[3]使用的莱辛言论是出自肺腑之言。我丝毫不怀疑这种发自肺腑的热诚。相反，我总认为，施特劳斯内心对莱辛的认可掺杂着怀疑。我在格维努斯那里发现，这种对莱辛带着怀疑的认可，竟被提升到了白热化的程度。事实上，总体来说，没有哪个德国的大作家在德国小作家那里像莱辛这么受欢迎。但是，这些小作家不该因此而被感谢，莱辛因为什么赢

---

[1] 见席勒的三部曲《华伦斯坦》。
[2] 歌德的小说《威廉·迈斯特的漫游年代》（1821），包含插图故事。
[3] 《旧信仰与新信仰：一个告白者》的第90节。

□ 钟之歌

《钟之歌》是席勒于1798年出版的诗歌，共430行，德国最著名的诗歌之一。席勒在此诗中详细描述了钟生产的技术过程及知识，并将其与人类生活的种种可能与其他危险相结合，意义深远。在德国，这一作品不仅被教师学生用以学习，也被工匠与工人所阅读和尊重，被视为格言之宝库。此图为德国插画家亚历山大·利岑·梅耶所绘的《钟之歌》的封面。

得了他们真正的认可呢？首先，他的多面性：他是批评家和诗人、考古学家和哲学家，还是戏剧理论家和神学家。其次，作家与人的统一、头脑与心灵的统一。后者是区分每个伟大作家、有时甚至还包括小作家的一个特性，因为狭隘的头脑同狭隘的心灵惺惺相惜。而前者，尤其对莱辛而言，那种多面性本身不是赞誉，不过是一种必然罢了。那些热衷于莱辛的人让人惊奇的，恰恰是他们竟注意不到这种消耗性的必然，正是它驱使莱辛一生，并强迫他专注于多面性的东西。他们也没有认识到，这样一个人就像一团燃烧过快的火焰；即便他的整个环境，尤其是同时代有学识的人那最卑劣的狭隘和贫乏让他这样一个温柔炽热的人变得暗淡，并折磨他，让他窒息时，他们也毫无愤怒——他们不能理解，这种值得称赞的多面性本该唤起强烈的怜悯，而不是赞赏。"同情一下这个非凡的人吧"，歌德向我们喊道，"他生活在一个如此卑鄙的时代，不得不不断地论战。"[1]我亲爱的市侩们，你们怎么能问心无愧地想到莱辛呢？正是由于你们的愚钝，他在你们荒唐的崇拜与偶像的冲突中，在你们戏剧、学者以及神学家可怜的境地中死去，甚至连一次他来到世上所为的永恒飞翔的冒险都没敢去做。此外，想起温克尔曼，你们有何感想？他，温克尔曼，为了不见到你们可笑的荒谬而向耶稣会士乞求帮助，他可耻的改

---

[1] 歌德致埃克曼，1827年2月7日。

换信仰让你们而不是他蒙羞。你们甚至敢提及席勒的名字而不脸红？看一看他的画像！那闪闪发光的眼睛轻蔑地注视着你们，注视着你们死气沉沉的绯红面颊，这没告诉你们什么吗？你们把这个美好神圣的玩具摧毁了。如果再从这些瘦弱、疾病缠身的生命中剥夺歌德的友谊，那么你们就加速了它的毁灭！你们伟大的天才没有得到你们的任何帮助，而你们却想从中得出谁都不应得到帮助的教义？对他们每个人而言，你们都成了歌德为席勒《钟之歌》而作的跋中所说的"这个麻木不仁世界中的阻力"。你们展示给每个人的是恼火与缺乏理解、妒忌的狭隘或者恶毒与自私自利。尽管有你们的存在，他们还是创作了自己的作品，并朝你们攻击；多亏你们，他们过快地倒下，在工作未完成前，就在斗争中颓废或死却。现在，*tamquam re bene gesta*[1]，允许你们对这样的人加以赞扬！并且，用这样一些赞美之词，让人一听就知道你想的是谁。这些话发自肺腑，谁要是看不出你是在对谁表示敬意，那他肯定是瞎了眼。即便是歌德的时代，歌德也不得不喊道："真的，我们需要一位莱辛。"幼虎暴突的肌肉与闪烁的目光凸显了它不安的力量，一旦它打算捕食，那所有虚荣的老师和整个审美天国的灾难就随之降临！

五

在受到有关施特劳斯式莱辛以及施特劳斯本人空想人物的启迪后，我的朋友克制自己不再读下去。这是多么的明智！但我们却还在继续阅读，打算从新信仰的守门人那里乞讨进入音乐圣殿的许可。老师打开了门，陪着我们走，作出解释，并给一些名字命名。最后，我们怀疑地停下脚步，注视着他。难道我们的经历跟我们可怜朋友梦中的情况不一样吗？施特劳斯所谈论的音乐家，对我们而言，他说错了名字。我们相信，如果不是可笑的幽灵，那谈论的人肯定另有所指。比如，带着赞美莱辛时让我们怀疑的相同热情，他把海顿的名字挂在嘴上，表现得像是一位海顿神秘崇拜者中的祭司，但同时（第362页）又把海顿比作一道"出色的汤"，把贝多芬比作"糖果"（关于贝多芬四重奏的一切）。对此，我们

---

[1] tamquam re bene gesta：似乎事情已经成功。

确定的只有一点：他的"糖果贝多芬"并不是我们的贝多芬，而他"出色的汤之海顿"也不是我们的海顿。并且，老师发现，我们的乐队太过出色，演奏不了他的海顿，并认为他的音乐只适合那些最朴素的业余爱好者。这是另一个证据，证明他所指的是不同的艺术家、不同的艺术品（也许是里尔的家庭音乐）。

但谁会是那位施特劳斯口中的"糖果贝多芬"呢？据说他创作了九部交响乐，其中《田园交响曲》是"最不能鼓舞人心"的一部。我们发现，每次在《英雄交响曲》的部分，他都不得不"摆脱约束、寻求冒险"，这让我们想到的是一个半马半骑士的怪物。就《英雄交响曲》[1]而言，这个"半马"被认真地提及，但"这正在发生的是战场上的冲突还是人内心深处的斗争"，却说得不清不楚。《田园交响曲》中有一场"卓越的暴风雨"，然而，这场暴风雨太好了，以至于让它打断一场乡村舞蹈真的毫无意义。施特劳斯简洁而准确地说，正是这一交响曲那"反复无常的关联"和"琐碎的背景"，让它成了"最不能鼓舞人心"的一部。一个更严厉的词语似乎已浮现在我们经典大师的心中，但正如他告诉我们的那样，他更愿意在这里"谦恭得体"地表达自己。可是，我们的老师这一次错了，他在这里太过谦恭了。除了施特劳斯——这唯一可能认识"糖果贝多芬"的人，谁还会教给我们有关"糖果贝多芬"的事情呢？并且，现在，带着坚定和得体的不逊，一个关于《合唱交响曲》[2]的判决紧随而来：这个作品，似乎只为那些"把巴洛克当作天才的标志、把毫无形式当作崇高的人"（第359页）所喜爱。事实上，像格维努斯这样一位严格的批评家对它表示欢迎，作为对自己信条的确证。然而，他，施特劳斯，远没有在如此"成问题的作品"中寻找他的贝多芬的优点。"可惜啊！"我们的老师悲伤地叹息道，"这类限制必定会减弱我们对贝多芬的享受以及乐于给予的赞美。"原因是，我们的老师是美惠女神的最爱；女神告诉他，她们不过是与贝多芬同行了一段，然后他就看不到她们了。"这是一

---

〔1〕即《降E大调第三交响曲》，本曲为交响曲世上的里程碑作品，被认为是贝多芬的代表作之一。原是贝多芬为拿破仑所作，后拿破仑称帝，贝多芬遂将总谱扉页上的"献给波拿巴"删去。

〔2〕即《d小调第九交响曲》，本曲为贝多芬的最后一部交响曲，从酝酿到完成历经数十年，为四章组曲，被认为是贝多芬在交响曲领域的最高成就。

种缺点，"他喊道，"可是是否有人相信，这看起来像是一种优点？""谁辛劳地屏住呼吸思考音乐理念，谁就将看起来能思考更为难懂的理念，并且成为更强大者。（第355、356页）"这是一个告白，不仅是关于贝多芬、也是关于自己作为"经典散文作家"的告白：美惠女神从未放开这位著名的作者：从最轻松的心智卖弄——施特劳斯式的心智，到高度的严肃——施特劳斯式的严肃，她们毫不动摇地站在他这边。他这位经典艺术家，用游戏般的悠闲推动着他的包袱前行，而贝多芬却气喘吁吁地踌躇难行。他看起来只是在玩弄自己的包袱。这是一个优点，但有人相信这看起来是一个缺点吗？最多是在那些把巴洛克视为天才标志、把毫无形式的东西视为高尚的人们那里——不是吗，您这位爱玩闹的美惠女神的最爱？

对于他在自己房间的宁静中或者在专门安排的新天国里获得的精神修养，我们并不嫉妒。但是，在这所有的修养中，施特劳斯获得的是最奇特的修养。他把德意志民族最崇高的作品丢入祭火，借此自我熏陶，以用它们制造的烟雾让他的偶像散发香气。让我们想象片刻，《英雄交响曲》《田园交响曲》《合唱交响曲》，碰巧都到了我们这位美惠女神祭司的手中，并依靠他清除这些"成问题的作品"，借以保持贝多芬形象的完美无瑕——谁会怀疑他不会把它们烧掉呢？这就是我们时代的施特劳斯们的所作所为：他们想了解艺术家的不过是适合内部服务的东西，把它们当作散发香气的偶像，或干脆烧掉，此外，别无他选。他们当然有这样做的自由。但唯一怪异的是，舆论的审美观如此乏味、不确定、易受误导，以至于在目睹这最寒酸的市侩主义时，毫无异议，甚至，对这样一个没有审美情趣的教师对贝多芬评头论足的滑稽场景也毫无感受。确实，亚里士多德关于柏拉图所说的话，同样适用于莫扎特："坏人甚至不被允许去赞美。"然而对于公众以及那位老师而言，羞耻在这里已经丧失：不仅允许他在德意志天才最伟大、最纯粹的作品面前画十字，仿佛看到了不敬而不雅的东西，而且还欣然接受他坦率的告白，尤其是他坦白的并非自己犯下的罪孽，而是伟大人物犯下的罪孽。"啊，但愿我们的老师一直正确！"有时候，赞赏他的读者不无怀疑地这样想到。但他却带着笑容与信心站在那里，夸夸其谈，诅咒又祝福，向自己脱帽，还随时能说出德拉福特公爵夫人向施特尔夫人所说的话："我得承认,我亲爱的朋友,我认为没有人总是对的,除了我。"

六

想到尸体,蠕虫会觉得很美好,但它却会让活着的人害怕。蠕虫脑海中的天堂是个肥胖的尸体,而哲学教授则在叔本华的内脏中寻求他们的天国。并且只要有老鼠,就有老鼠的天堂。这给我们提供了第一个问题的答案:新的信仰者如何想象他们的天国?施特劳斯式的市侩寄生于我们伟大诗人与音乐家的作品中,像一条蠕虫一样,靠摧毁来存活、靠消耗来赞美、靠消化来崇敬。

现在轮到第二个问题了:新信仰赋予他的勇气能走多远?如果勇气等同于傲慢无礼的话,那么这问题甚至已经有了回答,因为在这种情况下,施特劳斯具备了马穆鲁克[1]式勇气,他谈论贝多芬的一段话,恰当地暗示了其谦恭得体只是一种修辞手法,而非一个伦理立场。施特劳斯有足够的冒失无礼,就如同每个凯旋的英雄都觉得他自己有足够的权利一样。每一朵绽放的鲜花,都只属于他这位胜利者。他赞美太阳,因其照亮了他的窗台;甚至古老而令人敬畏的宇宙,也逃不过他的赞美,好像他们的赞歌就能让它神圣化,因此,它只需围着施特劳斯这个中心单子[2]转动。他告诉我们,尽管宇宙是一个由铁轮与轮齿以及沉甸甸的活塞与夯锤组成的机器,但"它内部运转的却是无情的轮齿,还流动着润滑油"(第365页)。如果它确实从施特劳斯的赞美中得到了愉悦,它不会因为这位爱比喻的老师未能找到更好的比喻来赞美它而感谢他。但是,应该把滴到活塞与夯锤上的油叫作什么?对于在机器内工作的人来说,当他知道,他的手脚被机器卡住时,有油涌向他,他会有怎样的安慰?让我们坦率地说。这个比喻很不幸,它把我们的注意力转移到了另一个程序上,而施特劳斯借此试图传达他对宇宙的真实感受,

---

[1]马穆鲁克兵团由奴隶组成,最初服务于阿拉伯哈里发并效命于阿尤布王朝,后来伴随着阿尤布王朝的解体,他们逐渐建立了自己的王朝,并统治埃及三百年之久。他们训练有素、勇猛善战,曾重创过蒙古铁骑。

[2]指宇宙起源理论中的第一存在,事物的最终本原,具有神性,反映并代表整个世界。这一概念最初由毕拉哥拉斯学派所设想,后由艾特弗里德·威廉·莱布尼茨于著作《单子论》中正式提出。

在这个过程中，格雷琴一直问的问题挂到了施特劳斯的嘴边："他爱我——不爱我——爱我？"[1]即便是这么做时，施特劳斯既没有摘下一片花瓣，也没有数外衣上的纽扣，但是，他的所作所为，虽然需要一点勇气，但仍然有害。施特劳斯想弄明白：他对"宇宙"的感觉是否已经麻痹或消失，他扎了扎自己，因为他知道，麻痹或坏死的四肢不会疼痛。实际上，他并没有扎自己，而是选择了一个更暴力的做法，对此他这样描述："打开叔本华的书后，他便不失时机地殴打我们观念的脸庞。（第143页）"但是，观念，哪怕是施特劳斯最公正的宇宙观念，也没有脸，而只有有观念的人才有脸。因此，这种做法就包括了下面几个行为：施特劳斯一打开叔本华的书，叔本华就抓住机会扇施特劳斯的耳光。施特劳斯作出了"宗教式的反应"，也就是说，他回击叔本华，申斥他，并说他荒诞、亵渎、臭名昭著，甚至宣称叔本华发疯了。两位交锋的结果是"我们向宇宙索要那种古老的虔诚者对其上帝怀有的相同虔诚"，或者用更简短的话说"他爱我！"。他，美惠女神的最爱，让自己蒙受苦难，但他像马穆鲁克一样勇敢，既不怕魔鬼，也不怕叔本华。如果他经常沉迷于这样的做法，那有多少这样的"润滑油"都得被他耗尽。

另一方面，我们认识到，施特劳斯对叔本华这位让人痒痒、刺人疼痛、给人痛击的人有亏欠，因此，他向叔本华做出下列明示的亲善行为，并没有让我们进一步感到惊讶："尽管有人可能已做得很好，但仍有必要阅读叔本华的著作，且不能仅是迅速浏览，而是要研究学习。（第141页）"这位市侩头头究竟在对谁说这些话？是被证明从未研究过叔本华的那个人，是叔本华会对他说出下面的话的那个人："这是一个不值得翻阅更不值得研究的作者。"很明显，他吞咽叔本华的方式不对，他咳嗽，想吐出叔本华。但为了让天真的赞美得到满足，施特劳斯允许自己把康德抬了出来：他把康德1755年所写的《自然通史与天体理论》[2]

---

[1] 见歌德《浮士德》第一部，第十二场。
[2] 康德在《自然通史与天体理论》中表达了自己对神秘自然的看法："在自然的普遍沉默与感官的平静中，不朽精神所隐藏的知识力量道出一种不可言说的语言，并给予我们尚未开发的概念。这些概念确实存在，但不应被描述。"康德受到了颇多来自德谟克利特原子论和卢克莱修哲学的影响，认为太阳系正如银河系与其他星系的关系，只是固定恒星系统的一个较小版本。

称为"对我来说其重要性不亚于他后期理性批判的著作。如果后者让人赞赏的是其洞察的深邃,那么前者就是其眼界的广博;如果后者让我们看到从事某一知识领域年迈的哲学家,尽管其知识领域有限,那么,前者会让我们遇到一位有着精神发现者与征服者全部勇气的人"。对我来说,施特劳斯对康德的这一判断,并不比对叔本华的判断更谦逊。如果后者让我们看到了忙于对一种有限的判断加以表达的市侩头头,那么,前者会让我们遇到这样一位著名的散文作者,他带着全部无知的勇气向康德倾倒出溢美之词。其中一个相当令人不可思议的事实是,对于如何从康德的理性批判中为他对现代思想的证明获取支撑,施特劳斯毫无概念,并到处讨好最粗陋的现实主义。这是他新信条中最显著的特征之一,这让它显得只不过是持续的历史与科研艰难取得的结果,并以此全盘否定与哲学的任何关联。对于市侩头头与他的"我们"而言,没有如康德哲学的东西。他对理想主义基本的二律背反及所有科学与理性极端的相对主义毫无概念。或者,正是理性应该告诉他,用理性来确定自在之物多么不可能。事实上,某一时代的人会发现自己理解不了康德,尤其他们年轻时就像施特劳斯一样,已经或者认为自己已经理解了"精神巨擘"黑格尔,而且还专心研究了施特劳斯口中的"几乎拥有太多敏锐洞察力"的施莱尔马赫。我告诉施特劳斯,甚至现在他还在对黑格尔与施莱尔马赫的"绝对依赖"状态,他的宇宙学说、*sub specie bienni*[1]看待事物的方式、他在当下德意志现实面前的奴颜婢膝,尤其是他无耻的市侩乐观主义,这些都可以参考他年轻时的某些印象、习惯和病态现象进行解释,他听到这些会觉得奇怪。凡是染上黑格尔主义与施莱尔马赫主义病的人,永远不会完全治愈。

在告白书中的某个段落里,这种无可救药的乐观主义好像是带着节日的自满气氛在漫步。"倘若世界是一件最好不存在的东西",施特劳斯说,"那么,构成世界之一部分的哲学家思想,就成了最好不是思想的思想。悲观的哲学家没有看到,他的思想宣布世界糟糕时,也宣布了这个思想本身的糟糕。但是,如果宣

---

〔1〕sub specie bienni:从两年的角度。此处是尼采对著名词语sub specie aeternitatis(从永恒的角度)的讽刺性改写——施特劳斯的这部作品正是在普法战争爆发两年后出版的。

布世界糟糕的思想本身就是糟糕的思维，那这个世界反而就是好的。乐观主义通常会把事情看得太容易，并且在这里，叔本华对痛苦与罪恶在世界上扮演角色的坚持非常合适。但是，每个真实的哲学必然是乐观主义的，否则，它就否定了自我存在的权利。（第142、143页）"如果对叔本华的反驳不是施特劳斯在别处所称的"对更高领域响亮欢呼声"的反驳，那么他曾经针对一个对手所使用的这一戏剧性表达，我就完全不理解了。乐观主义在这里故意一下子让事情变得容易。但这恰恰是一种技巧，把反驳叔本华变得看起来一点也不麻烦，同时以玩闹般的轻巧摆脱负担，以至于三位女神将从打情卖俏的乐观主义者身上获得持续的快乐。这是通过表明悲观主义者无须认真对待来实现的：最徒劳的诡辩将适合应对像叔本华一类的"不健康、无益处"的哲学，在这方面没必要耗费理性，最多是浪费一些笑话与措辞罢了。根据类似这样的段落，叔本华的郑重宣言被理解了：在那里，乐观主义如果不是脑门子扁平而只有废话的人们那毫无思想的唠叨，就不仅仅荒谬，而且还是一种真正臭名昭著的思考方式，对人类无名苦难的尖刻讥讽。当市侩们把他缩减为一个系统时，正如施特劳斯那样，他同时也把它贬低成一种不光彩的思维方式，也就是说，一种有利于自我或他的"我们"的愚蠢而无度的轻松与信条满足，并因而激起愤怒。

比如，谁读到下面的心理表白时能不愤怒呢，毕竟，这明显是从不光彩的轻松满足理论的根茎上长出的枝节："贝多芬说，'他绝不会给诸如《费加罗》或者《唐璜》的文本谱曲'。生活不曾对他微笑，让他能乐观看待生活，并淡然接受人类的弱点。（第361页）"但是，这一声名狼藉思想的一个最糟糕的例证，正是基于这个事实：在他向自己解释基督教最初几个世纪印证的可怕而严重的自我克制冲动与禁欲主义救赎时，除了归因于先前各种纵欲及随之而来的厌恶和不适，施特劳斯再无办法：

波斯人称它 *bidamag buden*

德国人说是 *katzenjammer*[1]

---

[1] katzenjammer：宿醉、对昨夜放纵的懊悔。上面的对句来自歌德的《西东诗集》。

施特劳斯本人引用了上面的话，而且毫不羞愧。然而，我们却要转过脸片刻，以便克制我们的厌恶。

七

当我们的市侩头头相信通过勇敢能给他高贵的"我们"以愉悦时，他就在言语上充满了勇气，甚至极其鲁莽大胆。因而，古老的圣人与隐士的苦修与自我克制，可以被看作一种醉后懊悔的形式，而耶稣会被描述为一位在我们的时代几乎无法逃脱疯人院的空想家，耶稣复活的故事会被称为"世界史上的谎言"。让我们全然忽略这一切，以便研究经典市侩施特劳斯所具备的奇异勇气。

让我们先听听他的告白："把世人最不愿听到的告诉他们，肯定是一件令人不快且吃力不讨好的差事。他们喜欢过慷慨的生活，像个大地主一样收支，只要有钱就再花。但是，当有人把各项支出加起来、递上清单时，这个人就会被看作一个挑拨离间者。而这恰恰是我的头脑与内心总在驱使我做的事。"这样的头脑与内心可以说成是勇气，但对于这种勇气是自然原始的，还是后天人为获得的，依然还有疑问。也许，施特劳斯习惯了靠慢慢地告白来成为一个挑拨离间者，直到他从自己的职业中习得这样的勇气。这跟市侩天生的怯懦相得益彰。这一点尤其在其勇敢作出的无关紧要的结论中体现得淋漓尽致。但是，只听到了雷声，空气却不曾清理干净。也就是说，他只有攻击性的言语，却无攻击性行动。他用了最具侮辱性的言辞，并以粗俗的、大吵大闹的表达方式，宣泄他身上的全部力量和精力。当他说的话消失后，他就比从未说过话的人还更为怯懦，甚至，行为与伦理的映像也显示，他不过是个言语上的巨人，回避任何有必要从语言转变到行动的机会。他以令人钦佩的坦率宣告，他不再是个基督徒，但他并不想破坏任何人心境的安宁。为推翻一个协会而创建另一个协会，这在他看来是自相矛盾的——尽管事实上这并非如此矛盾。他带着某种粗鲁的自满，把自己遮盖在猿类系谱学者的斗篷之下，并称赞达尔文是人类最伟大的恩人——但是，他的伦理构建完全脱离了"我们用什么方式理解世界"这个问题，这让我们困惑不已。这是个展示天真勇气的机会：在这里他应该背弃他的"我们"，并大胆地从 bellum omnium contra omne[1] 与强者的特权中派生出生活的道德规范——虽然这样的规范必须产生于像霍布斯的无畏的头脑以及对真理的博大之爱，这种真理之爱，完全不同于只在反对教士、奇迹和复活的"世界史上的谎言"的愤怒中爆发的真理之爱。如果他怀有真正的达尔文式伦理，并一直严肃地继承发扬，那么，他就会让自己抵制这样的市侩，但是，他却用这样的愤怒爆发，把市侩吸引到他的阵营。

"一切道德行为，"施特劳斯说，"都是按照物种观进行的个体自我确定。"简单地说，作为人而不是猿或海豹活着！不幸的是，这个命令毫无力量与用处，因为人的概念会把形形色色的事物连在一起，比如巴塔哥尼亚人和施特劳斯老师，而且没人会冒险要求："作为巴塔哥尼亚人活着吧，同时，也作为施特劳斯老师活着！"然而，每个人都应在下面的范围内要求自己：如果作为天才活着，也就是作为人类的理想表达，还碰巧是巴塔哥尼亚或者施特劳斯老师这样的人，那么我们就得遭受有天才癖好的天生笨蛋的胡搅蛮缠。利希腾贝格在他的时代已不得不抱怨："他们像雨后春笋般在德国涌现，并且疯狂地叫嚷，要求我们倾听他们最新的信仰告白。"施特劳斯甚至还不知道，没有什么思想能让人变得更好或更有道德，并且，"和为道德寻找理据一样，宣扬道德也很困难"；他的任务更该是，从他的达尔文主义前提出发，认真推导并解释事实上存在的人类善良、慈悲、爱恋以及自我克制的现象。他为了逃过解释的任务，更愿意跃入这个规则中。通过这一跳跃，他甚至能轻佻却轻松地避开达尔文的基本命题。"绝不要忘记，"施特劳斯说，"你是一个人，而不是一个纯粹的自然生物；任何时候都不要忘记，所有其他人都是同样的人，也就是说，跟你有着相同需要与需求的人，尽管有个体的差异。这就是所有道德的缩影。"但是，这种规则从何而来？人自身怎么可能拥有这种规则？因为，按照达尔文的观点，人就是自然生物，而且通过其他的规律进化到作为人的高度。准确地说，事实上，人总是忘记，跟他

---

[1]一切人反对一切人的战争。

□ **自然选择**

达尔文在《物种起源》中提出的"物竞天择，适者生存"的自然选择学说我们已耳熟能详。这一学说对尼采也有所启发，不过他虽然承认物种的进化，但与达尔文相反，尼采认为低等个体通过数量、谨慎、狡猾并抱团来取得生存优势，而高等个体为了展现生命的勃发状态，不会运用卑劣的生存手段，进而就如人类文化总是倾向保守、扼杀天才一般，在生存竞争中陷入不利，甚至死亡。并且，尼采信持的诸多观点也与达尔文的进化理论背道而驰。总体而言，对于达尔文的学说及随之演化的达尔文主义，尼采都持有相当消极的反对态度。

类似的生物都有同样的权利，都感觉自己最强大，并逐步除掉自己种类里其他的弱者？虽然施特劳斯不得不假定没有完全相似的两种生物，并且，从动物阶段到文化市侩高度的人的整个进化，取决于个体间差异的规律，但施特劳斯轻而易举地阐明了它的对立面，并且表现得好像个体之间没有差异似的！那么，施特劳斯—达尔文的道德学说跑哪去了？勇气又跑哪里去了？

我们马上得到了一个新颖的证明，证明勇气转换到了对立面。对此，施特劳斯继续说道："绝不要忘记，你与你知道的属于你的内在与外在的东西都不是分割的碎片，不是原子与偶然的无序混沌。一切都是按照永恒法则，从一切生命、理性以及善美的同一个根源产生。这就是宗教的缩影。"然而，从这个原始源泉也流出了一切毁灭、非理性与罪恶。施特劳斯把这个源泉称为宇宙。但是，考虑到它有如此矛盾的自我消除特性，它怎么值得宗教的崇敬，并被以"上帝"之名称呼呢？正如施特劳斯所说（第365页）："我们的上帝不是从外部把我们抱住——相反，这里人们期待的是那种奇怪地从内部把我们揽入怀中——他向我们开放了我们内心慰藉之源泉。"他向我们表明，偶然性是一个非理性世界的主宰，但必然性，亦即世界上因的链条，却是理性本身（这种欺骗唯有"我们"注意不到，因为这是在黑格尔现实即合理的崇拜中，也就是说，在成功的神化中培育而出）。"他教导我们，要求唯一的自然法则破例，就是要求毁灭宇宙。"与老师相反，一位诚实的自然科学家认为，世界无条件地遵守自然规律，但其不会对这些规律的伦理或理性价值作出任何断言。他把任何此类断言都看成是越界的一种理性极端拟人论。但是，正是在与诚实的自然科学家背离的这点上，施特劳斯作出了宗教式的"反应"，以用他的羽毛装饰我们，转而追求一种不诚实的自然科学。他毫无疑问地假定，一切事件都有着最高的智力价值，因而绝对是理性的、有目的的，从而包含了对永恒的善本身的启示。但相比于那些把人类整个存在设想为一种惩罚或净化过程的神正论信徒，他仍处劣势，因而他需要一种完整的宇宙正论。在这一点上，施特劳斯尴尬了，甚至冒险提出了一个至今最枯燥、最无生气的形而上学假设，从根本上说，它不过是对莱辛式话语的无意识模仿。"莱辛的另一句话，"他在第219页说，"如果上帝右手握着全部真理，而左手是对真理永不休眠但不断犯错地追求，让他选择，他会谦逊地选择左手，乞求其中的东西。"莱辛的这句话一直被认为是他留给我们的最美的一句话。其中有他永不满足的行动与探究欲望。这句话一直给我留下非常深刻的印象，因为从他主观主义的背后，我听到了范围广大的客观主义回响。其中是否有对叔本华关于被误导的上帝（他知道没有比降临到这个悲惨的世界更好的事了）这一粗俗言论的最佳答复呢？难道创世者本人没有莱辛的想法，不偏爱于对和平拥有的持续追求吗？"也就是说，这位上帝，给自己留下不断犯错的同时，又在不断地追求真理，他也许会谦逊地握住施特劳斯的左手，并对他说："一切真理都是你的。"如果真的有这样一个听错了建议的上帝或人，那他就是对犯错与失败有癖好的施特劳斯式上帝，或者一个施特劳斯式的人，为上帝的这种癖好买单。在这里，真的能听到"意义深远的回响"，这里流动着施特劳斯缓解摩擦的万能油，在这里能感受到一切进化与自然规律的合理性！这是真的吗？那么，我们的世界，正如利希腾贝格所说，就成了一件对自己使命尚未完全了解的低级存在者的作品，因而是一次试验？一个还在加工的新手的试验品？所以，施特劳斯本人必须承认，我们的世界不是合理性的舞台，而是谬误的舞台。这个世界的规律与目的并非慰藉之源，因为这些都来自于一个错误而且还乐于犯错的上帝。因此，看到作为形而上学建筑师的施特劳斯建起空中楼阁，实在是一幕壮丽的景观。但这样的景观是为谁而

□ 俾斯麦（左）与毛奇（右）

奥托·冯·俾斯麦（1815—1898年），德国卓越的保守派政治家，普鲁士首相，实行高压的"铁血政策"，维护专制主义，其在位期间相继策划发动了普丹、普奥、普法战争并统一了德意志，是德意志帝国的首位宰相，人称"铁血宰相"。

赫尔穆特·冯·毛奇（1800—1891年），德国著名军事家、军事理论家，普鲁士和德意志总参谋长，支持以普鲁士为诸国之首的德国统一，他统率指挥普鲁士军队并取得了普丹、普奥、普法战争的胜利。

俾斯麦与毛奇各为普鲁士的军政之重，两人虽然在政治策略与战争策略上有过分歧，但对于国家统一有着相同的意志——支持专制，反对民主。

（此图中间即是普鲁士陆军部长阿尔布雷希特·冯·罗恩，他们三人被并称为"普鲁士三巨头"。）

上演的呢？为高贵而自满的"我们"，以便保护他们的自满：也许，他们被世界机器车轮无情的运转所吓到，颤抖地向他们的领导者求助。于是施特劳斯让"润滑油"流动，引诱了出于对错误的激情而犯错的上帝，从而扮演了一位完全不相宜的形而上学建筑师的角色。他之所以这么做是因为他的"我们"害怕了，他自己也害怕了。我们在这里发现了他勇气的尽头，即便是对于他的"我们"，他也不敢坦诚地告诉他们："我把你从一位仁慈的乐于助人的上帝那里解放，宇宙不过是个固定不变的机器，当心被它的轮子压伤呀。"他不敢这么做，所以就召来了女巫，也就是形而上学。然而，对于市侩而言，即便是施特劳斯的形而上学也要好过基督教，一个犯错的上帝的观念比一个创造奇迹的上帝的观念更有吸引力。一切缘于他这个市侩也犯错，但从未创造过奇迹。

天才有着创造奇迹的正当声誉，正出于此，市侩憎恨天才。因此，施特劳斯在单独一个段落里以自己为天才以及精神贵族本性的勇敢捍卫者，这是极有启发意义的。他为何这么做？出于恐惧，这次是出于对社会民主党人的恐惧。他提及了俾斯麦与毛奇："他们的行为达到了无人不知的境界，因而极少有人否认他们的伟大。甚至最顽固最无礼的人也不得不稍抬头仰视，以便看一眼这些形象高大的人物，哪怕只看到他们的膝盖。"老师，你是否要给社会民主党人提供一种如何挨揍的指导？到处都能找到愿意赏你一顿揍的人，而被揍的人只能看到这些"伟大人物的膝盖"，这似乎能确保挨揍成功。"在艺术与科学领域，"施特劳斯继续说，"从不缺少给一大群零工活干的建筑巨匠。"这很好，但是，假设大批零工开始搞建筑呢？这真的会发生，我这位形而上学的老师，你知道吗？到那时，建筑巨匠就不得不笑着忍受了。

这种鲁莽与虚弱的联合、轻率言辞与怯懦顺从的结合，这种想在表达时给市侩留下深刻印象并恭维他们的精心评价，这种力量与品格的缺失却伪装成了力量与品格，以及带着优越感和老练经验的才薄智浅，这一切，其实都是我在这本书[1]中所憎恶的。我认为如果年轻人能忍受这本书，甚至珍视这本书，那么，我将悲痛地放弃对他们未来的全部希望。这样一种可怜的、无望的和真正可鄙的市侩主义告白，是施特劳斯口中的那成千上万"我们"的观点的表达，而这些"我们"又是未来一代人的父亲！对于每一个想帮助未来一代实现当代并没有的真正德意志文化的人来说，这都是可怕的前提。对于这样一个人而言，地面上似乎布满了灰尘，一切星辰黯淡无光；每一棵枯树、每一片荒芜之地都向他喊道：毫无结果、荒无人烟，这里再没有春天！他的感受必然像青年歌德看到《自然的体系》[2]伤感的无神论黄昏时的感受一样；那本书如此辛梅里安[3]、如此呆滞、如此死寂，他挣扎着忍受它的靠近，就像见了鬼一般的战栗。

八

我们已经充分受教于新信仰者的天堂与勇气，现在可以提出最后一个问题了：他是如何写的这本书？他的宗教著作的本质是什么？

对于有能力严谨且公正地回答这个问题的人而言，这样的事实——为了满足德国市侩的需求，施特劳斯的袖珍神谕已经有了6个版本——是个最值得深思的问

---

〔1〕指施特劳斯的《旧信仰与新信仰：一个告白者》。
〔2〕《自然的体系》出版于1770年，保尔·霍尔巴赫曾经对无神论的唯物主义与决定论的辩护进行了赞扬。歌德在《诗与真》第3卷提到了这本书。
〔3〕荷马在《奥德赛》的11卷和14卷中描述了辛梅里安，它位于世界边缘、大洋之外，是冥界旁一片黑暗多雾的土地。

题，尤其是听闻学术界甚至德国的大学都对它热烈欢迎时。据说学生把它奉为培训强者的大纲，教授对此亦不反对。这本书到处被奉为一本神圣的学者典籍。施特劳斯本人让我们明白，这本告白书，不仅仅是给学者与文化人提供教导，但我们坚持认为，首先是针对这些人，尤其是学者，并且把书中对他们如何生活的反思带到他们面前。这正是此中奥秘：这位老师装作在描画新生活哲学的理想，现在听到了来自四面八方的赞美声，因为每个人都认为书中内容正好就是他的所思所想，并且施特劳斯已经看到，自己对未来的需求已经在他身上实现了。这部分解释了这本书非同寻常的成功缘由。"我们就像书中所写的那样生活，欣喜地走自己的路。"学者向他喊道，并在发现别人也有同感时非常高兴。总的来说，他确信他呼吸着自己的空气，听着自己声音与需要的回响，因此，他是否碰巧遇到个别同老师观点不同的问题，比如关于达尔文或者死刑，这无关紧要。这种一致性给德国文化真正的朋友带来的痛苦，并不会妨碍他向自己承认这个事实，并把它公布于众。

  这个时代追求科学的特有方式众所周知，因为这是我们生活的一部分。因此，几乎没有人提出这样的问题，即，这样的科学对于文化有什么样的后果，即便到处都能看到推动文化发展的意愿与能力。科学工作者（完全不看他当前的形象）本质中包含着一种真正的悖论：他的举止像是一个对财富极为自得的闲人，好像生存压根不是一件可怕的、令人忧虑的事情，而是一份牢靠的永远有保障的财产。他似乎被允许把生命浪费在某些问题上，而这些问题只对那些肯定能永生的人重要。这位时间不多的继承人四周环绕着可怕的深渊，他的每一步都让他想到：从哪里来？到哪里去？目的是什么？但是，他的灵魂会因数花蕊或粉碎道路石头的任务而兴奋，他把所有的兴趣、快乐、力量以及渴望都倾注到这项工作中。这种悖论，即科学工作者，近几年在德国陷入了一种狂热的忙碌之中，就好像科学就是一家工厂，片刻的懈怠都会招来惩罚。当下，他像四等人——奴隶一样辛苦地工作，他的研究不再是一种职业，而是一种必需，他不左顾右盼，而是经历着生活中的一切问题，像筋疲力尽的工人那样半梦半醒，反感消遣的需要。

这也是他对待文化的态度。他表现得如同生活只 *otium*〔1〕，而 *sine dignitate*〔2〕。即便在梦中，他也未曾卸下自己的轭套，就像自由的奴隶仍然会梦到被奴役与挨打一样。我们的学者跟农夫——他们不辞辛劳地从早到晚忙于耕地、犁地、吆喝牲口，为的只是扩大继承的一小块地——几乎没有什么区别，至少不占多少优势。帕斯卡认为，人们如此急切地忙于自己的事业与科学，只不过是为了逃避独处或真正闲暇时压迫他们最重要的问题：从哪里来，到哪里去，目的是什么，等等。令人惊讶的是，这些最明显的问题却从未进入我们学者的脑海：他们的工作、他们的匆忙、他们痛苦的痴狂究竟为了什么？也许是为了面包和名誉？绝对不是。然而，你们像急需食物的人那样，贪婪而又饥不择食地从科学的饭桌上撕抢食物，好像马上要饿死似的。然而，如果科学从业者对待科学也像工人对待他的谋生手段一样，那么，一种注定要在如此兴奋且令人窒息的混乱中等待其诞生与救赎的文化，会变成什么样子？没有人有时间回答，如果不把时间留给文化，那么科学是为了什么？请至少回答下面这个问题：如果不是为了通向文化，那么科学从哪里来，到哪里去，目的是什么？或许是通向野蛮愚昧？当我们认为诸如施特劳斯的肤浅著作已经足够满足当前文化的需求之时，我们的学者阶层恐怕已经在这个方向上走得很远了。正是在这样的书中，我们发现了那种令人厌烦的消遣需要，发现了对哲学、文化及生活中严肃事物漫不经心的适应。有人想起了学者阶层的社交聚会，在这些场合，当专业谈话结束后，剩下的就只是疲倦、不惜代价的消遣欲望、破碎的记忆以及无条理的个人经历。当听到施特劳斯谈论人生问题——不管是婚姻、战争抑或死刑问题时，我们都会惊讶于他对真实经历及人性本质之洞察的缺失。他的判断都毫无例外地带着书生气，甚至根本就是来自报纸上的东西；文学回忆取代了真正的思想与洞察，而适度的造作与老练弥补了真正智慧与思想成熟的缺乏。这一切多么精准地符合了城市里大肆宣扬德国科学崇高地位的精神！这种精神必然找到了与之一致的施特劳斯精神：正是在这里，文

---

〔1〕 otium：有闲暇。
〔2〕 sine dignitate：无尊严。

□ 19世纪成为世界科学中心的德国

19世纪初，德国进行了大学和科研教育体制改革，全民普及教育，并将教育与科学研究结合起来。此后的19至20世纪，德国都吸引了大量世界顶尖的科学人才（施莱登、高斯、欧姆、爱因斯坦、普朗克等），成为了科研的乐土，由此发展出了细胞学说、数论、电磁学以及后来的相对论、量子力学等诸多极为重要、影响深远的科学理论与学说。科学技术飞速发展的同时，德国人也注重理论成果的实际应用，发展了应用科学。19世纪70年代，第二次工业革命开始，西欧、美国、日本等国家（地区）飞速发展工业，进入电气时代，德国便在此中扮演了重要角色。积累已久的科学底蕴，加上先进的电气、光学和化学工业，德国由此异军突起，一跃成为了19世纪的世界科学中心。

化几近丧失；正是在这里，新文化的萌芽也遭到彻底扼杀；在这里，科学追求搞得喧闹非凡，伴随着对从事最受青睐学科之人的兽群踩踏——以抛弃这些最重要的东西为代价。在这里，打着怎样的灯笼，才能找到这种人——专注于内在思考、完全献身于天才，同时还具备召唤那弃我们时代而去的魔鬼的勇气与力量？从外部看，这些地方展示了文化的一切壮丽，他们壮观的装置就像是武器库，塞满了大炮与其他战争武器。我们看到种种准备以及繁忙的活动，就如同上天将要怒号，真理将要从最深的井中被汲取出来似的，然而在战争中，最大的武器装备经常最难调配。文化在其斗争中往往会避开这些场所，它本能地感觉到，这些地方没有任何希望，反而有很多恐惧。有学问的工人阶层眼睛红肿、头脑迟钝，他们想专心从事的，恰恰是施特劳斯所宣扬的市侩文化。

关于有学问的工人阶层同市侩文化意气相投的主因，我们考虑片刻就会发现一条道路，这条路把我们引向了最后的主题：把作家施特劳斯看作大众认可的经典作家。

首先，面带满意的表情，这种文化不想看到当前德国教育现状有任何本质的改变。首先，它深信所有德国教育体制的优越性，尤其是文法学校和大学，从未停止把它们作为榜样向国外推荐，也从未怀疑它已让德意志民族成为世界上最有学识、最有见识的民族。市侩文化相信自己，因此，也相信它掌握的方法和手段。其次，它把所有趣味与文化问题的最终裁决权交到了学者手上，并把自己看作是不断增长的——关于艺术、文学和哲学的学识意见纲要；它专心于驱使学者们表达意见，然后把这些像药水般掺杂、稀释或体系化的意见发放给德国人民。无论这个圈子之外发展出什么，它总是带着疑问、漫不经心地听，或者干脆不听，直到最后，有一个声音从品味的传统可靠性藏身的神圣庙堂传出，不管是谁，只要带着学者族类的严格印记即可。从此刻起，舆论就又多了一种意见，并以百倍的回响重复这一声音。但事实上，这种审美可靠性相当可疑，而且严重到让人认为这个学者事实上没有趣味、思想以及审美判断，除非他能反向证明，但这只有少数人能做到。在参加了当今科学界气喘吁吁、骚乱的竞赛之后，多少人还能保持着文化战士才有的勇敢且冷静的目光——那种谴责这竞赛本身为野蛮之源的目光？因此，这些少数人必定生活在别人的对立面：在无数人把公共舆论变成自己的守护神，并在这种共同的信仰中相互扶持时，他们能反对什么？许多人出于自身利益决定赞成施特劳斯，而他们带领的大众持续渴望得到老师的市侩安眠药水。这个时候，即便有人宣称自己反对施特劳斯，又有何用？

如果就此不再深究而假定，施特劳斯的告白书已经取得舆论上的胜利，并作为胜利者得到欢迎，那么下面可能是这本书的作者想让我们注意到的：公开印刷物上各种对他的评论莫衷一是，当然，肯定不是一致赞成，并且，他本人不得不在后记中对一些文人有时以极端敌对的口吻，以及太过粗俗的挑衅性文体进行回击。施特劳斯向我们喊道："如果每个新闻工作者都把我看作抨击的对象，看作不受法律保护的人随意虐待，那么，我的书怎么可能有一种舆论呢？"一旦我们从神学与文学两个方面来看待施特劳斯的书，那么这个矛盾就能迎刃而解：仅仅是后者触及了德意志文化。这本书的神学色彩让它独立于德意志文化之外，激发起不同神学派，甚至每个天生有神学派别的德国人的憎恶，并且它创造了自己奇怪的私人神学信仰，为的是能对其他信仰提出异议。但让我们听一听，这些神学宗派如何谈论作家施特劳斯吧。神学宗派的分歧瞬间消失，我们听到了最纯正的统一，就好像从同一个团体的嘴里说出来的："然而，他是一位经典作家！"现在，每个人，即便是最顽固的正统派，也当面恭维作家施特劳斯，哪怕只是对其几乎莱辛式的论证或他美学观的自由、美和有效性的只言片语的称赞。施特劳斯创作的书似乎完全符合一本书的理想。他的神学对头们，尽管声音最响亮，但在此不过是广大公众的一小撮而已。而当施特劳斯说出这些话时，即便是这些人，也认为他是对的："相比我成千上万的读者而言，几十个批判者只是微不足道的少数，他们很难证明，自己能忠实解读大多数读者的意思。如果在这样一件事上，大半是不赞同者在说话，而赞同者满足于保持缄默，那事情的本质就显而易见了。"除了时不时激起对神学表白的公愤，现在，即便是在他狂热的反对者那里，对作家施特劳斯的看法也达成了一致，而施特劳斯的声音就像是来自深渊处野兽的声音。此外，施特劳斯在神学派文学工作者那里得到的对待，并未证明任何有悖我们主张的东西：书中的市侩文化已经取得了胜利。

必须承认的是，有学识的市侩在坦率方面通常比施特劳斯略逊一筹，至少公开表态时更保守，而别人的坦率就对他更有启发意义了。在家里以及同类人当中，他会为此热烈鼓掌，只是在文字上他拒绝承认施特劳斯所说的有多少符合自己的心意。因为，正如我们已经知道的那样，即便是有强烈的认同感，我们有教养的市侩也还是有点怯懦，而施特劳斯恰巧不那么怯懦，也正因此，他成为了领袖，但另一方面，他的勇气也有局限。如果他逾越了这一界限，比如，像叔本华对待自己的每个句子那样，他就不会成为领导市侩的头头，而是像现在被匆匆追随的那样，被匆匆抛弃。谁把这虽不聪明但至少审慎的克制与中庸的勇气称为一种亚里士多德美德，谁就犯了错：这种勇气并不在两种错误之间，而是在美德和错误中间，而市侩的一切属性就包含在美德和错误中间。

九

但他仍然是一位经典作家！我们现在来看一下。

现在，也许能继续谈论文体学家和语言艺术家施特劳斯了，但让我们首先思考一下，作为作家，他是否具备构建书本架构的能力，是否真的懂得书本建筑学。这将决定他是否真的是一位有思想而老练的著作家。如果不得不做出否定回答，那么他的声名总还是能在他自称的经典散文作家那里找到最后的庇护。没有第一种能力，这第二种能力，肯定不足以把他抬高到经典作家的行列，至多到达经典即兴作家或者文体能手的等级，但这两种人，即便是用上所有的表达技巧，他们实际竖起的建筑还是透露出外行的笨拙手脚与无知眼光。我们因此要问，施特劳斯是否具备建起一个整体——*totum ponere*[1]的艺术力量。

根据规则，初稿就足以看出作者是否整体构想了作品，是否找到了适合其设计的总体节奏与正确比例。如果这个最重要的任务完成了，而大楼已按正确尺度与平衡建立起来，那仍有很多工作要做：有多少小错误必须纠正，有多少漏洞应当填补，到处有必须替换的临时木板隔间或不合格地板。灰尘和瓦砾遍布，无论往哪看，你都能发现持续至今的劳动痕迹；房子整体还是达不到居住条件，毫不舒适——墙未粉刷，窗户大开。我们不关心现在需要做的大量繁重工作施特劳斯是否已经做过，我们只是要问，施特劳斯建造的大厦是否按照正确的比例，并从整体角度构思设计过与此对立的，用破碎的东西拼成一本书，众所周知，这是学者的方式。他们相信这些破碎的东西相互连贯，从而把逻辑连贯与艺术联系混为一谈。施特劳斯书中各章所描述的四个主要问题：我们还是基督徒吗？我们还有宗教吗？我们如何理解世界？我们如何安排自己的生活？它们之间的关系并不合逻辑。原因是，第三个问题与第二个问题、第四个问题与第三个问题、其他三个问题与第一个问题，都互不相关。比如，提出第三个问题的自然科学家，正因视为默默地忽略了第二个问题，从而证明了他无瑕疵的真理意识；而第四章的主题，即婚姻、社会、死刑，只能因第三章达尔文主义理论的引入而变得混乱模糊。对此，似乎施特劳斯本人也注意到了，但他实际上并没有对这些理论进行进一步考察。但"我们还是基督徒吗？"这个问题马上伤害了哲学思考的自由，并给它加上了令人不快的神学色彩；此外，他完全忘记了，大部分人即便在今天还是信仰佛教，而非信仰基督教。我们怎么能在听到旧信仰后就毫不犹豫地想到基

---

[1] totum ponere：构建一个整体（对前面短语的重复）。

督教呢！如果施特劳斯从未停止过基督教神学家的身份，因而从未学会成为哲学家，那么他让我们再次大吃一惊：他无法把信仰与知识区别开来，并不断把他所谓的"新信仰"同现代科学相提并论。或者，我们该只把新信仰看作对语言用法的一种讽刺性适应吗？当我们看到，他处处交替使用新信仰与现代科学两者时，比如第11页中，他问道："人类事务中难以避免的模糊与缺乏更严重的是哪一边，旧信仰还是现代科学？"并且，据他介绍，他打算提供现代人生哲学所依赖的证据：证据都借用于科学，并且，他在这里还是一位知识人的姿态，而非一个信仰者。

因此，新宗教说到底不是一种新信仰，而与现代科学相一致，因而根本不是宗教。如果施特劳斯称他有宗教信仰，那么他这样说的原因，肯定是现代科学之外的。施特劳斯书中只有很少的一部分，分散的几页内容，探讨了施特劳斯有理由称之为信仰的东西，即施特劳斯所要求的对宇宙的感受，正是旧派信仰者对上帝怀有的同样虔诚。在这几页内容里，至少科学精神是肯定缺失了，但我们可以期望稍多一点的信仰的力量与自然性。最引人注目的，作者采用了虚假的程序，以便让自己相信，自己仍然拥有信仰与宗教。正如我们看到的，他不得不求助于针扎与棍棒，并沿着仿造的信仰虚弱地匍匐爬行。看到这一幕让我们骤然僵住。

施特劳斯在书的简介中承诺，验证新信仰是否能像旧信仰一般提供给信仰者同样的东西，但最终他觉得承诺了太多。他用几页纸就随便甚至有点困窘地结束了他的话题，甚至诉诸绝望的策略："谁在这里不能自救，谁就无药可救，并还未成熟到能接受我们的观点。（第366页）"我们考虑一下，与施特劳斯甚至是他自称的信仰原创性相比，古代斯多葛学派所坚信的对宇宙及宇宙合理性的信仰多么重要。但是，正如我们所说，只要它已经展现出了自然性、健康与力量，那么它的新旧、原创或模仿就无足轻重。每当对知识的主张迫使施特劳斯这样做，同时也为带着更平静的良知把他新习得的科学知识告诉他的"我们"，施特劳斯本人经常会把这种净化后的应急信仰丢下不管。当列举人类最近最伟大的恩人达尔文时，他谈论信仰时的怯懦同他平日的喧嚣相配：在这种情况下，他不仅要求对新弥赛亚的信仰，而且要求对他自己这个新使徒的信仰。比如，在谈论一个最复杂的自然科学话题时，他以真正古老的自豪称道："我在这里谈论的是我不理解的东西，这很好；但是，其他理解这些并且也理解我的人，终会到来。"从这当中可以看出，似乎这著名的"我们"不仅要承担对宇宙的信仰，还有义务信仰自然科学家施特劳斯；在这种情况下，我们都会问道，后种信仰的实现不应像前者，要求那样如此残酷且让人痛苦的程序或做法。或者，由信仰者遭受的针刺和棍棒所产生的，作为新信仰标志的"宗教反应"，不因信徒本身，而因信仰对象。是这样吗？如果是这样，我们该如何从这些"我们"的虚伪信仰中获益？

否则，几乎会让人害怕的是，无须考虑太多施特劳斯宗教信仰的内容，现代人就可以过活，就像他们事实上没有宇宙合理性的原理而走到现在一样。施特劳斯的宇宙信仰同现代自然科学与历史研究毫无关系，而现代市侩并不需要这样的信仰，这一点施特劳斯在"我们如何安排自己的生活？"一节对生活的描写中已有说明。因此，他有理由怀疑"可敬的读者不得不将自己托付的马车"是否符合一切要求。这当然不符合要求：现代人如果不坐施特劳斯的车会前进得更快，更准确地说，早在施特劳斯的马车存在之前，就已经很快了。施特劳斯所说的那些知名的"不可忽视的少数人"非常重视言行一致，如果这是事实，那他们对造车人施特劳斯的不满，就如同我们对施特劳斯这位逻辑学家的不满一样。

但是，让我们忘记这个逻辑学家吧：也许，虽然这本书不具备考虑周详的逻辑方案，但它的艺术形式确实不错，符合美的规律。正在此时，在确定他确实不是一个有科学头脑、条理清楚、系统的学者之后，轮到谈论施特劳斯是不是一个好作家的问题了。

□ **斯多葛学派**

斯多葛学派由古希腊哲学家芝诺于公元前3世纪创立，其思想发源于犬儒主义和苏格拉底学说，秉持泛神论和一元论，以伦理学、物理学为中心，尤其教导人们"美德是唯一的善"，该学派强调宿命、理性与禁欲，认为神、自然、人同为一体，宇宙即是神之智慧与灵魂的完美体现，个体必须顺应自然、融合于自然。此图即为斯多葛学派的创立人芝诺。

也许他把这当成他的任务，不是要把人从"旧信仰"那里吓跑，而是通过在生动欢快的色彩中描绘生活，来引诱他们来到新的人生哲学。如果他把学者和文化人看作第一批读者，他必然能从个人经验得知，科学论证的重炮可以将他们击倒，但绝不可能借此逼迫他们投降，尽管他们会相当乐意地成为"衣着单薄"的诱惑艺术的牺牲品。"衣着单薄"，以及那种"有意图的"，施特劳斯自己正是如此称他的书；他的赞美者发现并且也把它描绘成"衣着单薄"。比如，在下面的表述中，有一个赞美者就是这样做的："批评旧信仰时，谈话推进的节奏令人愉悦，论证艺术轻松自如，就像在诱惑将新信仰准备并展示给要求不高以及趣味严苛者。各种不同材料的安排可谓精心设计，既面面俱到，又不冗长；尤其不同话题间的过渡颇有技巧，更让人赞赏的是作者将不快之事搁置一边或默默埋葬的灵活性。"赞美者的意思，在这里非常明显，除了提醒作者能做什么以外，更多的是提醒他想做什么。然而，施特劳斯想做的，在他对伏尔泰优雅的强调与不完全无知的推荐中表露无遗。在这种推荐中，他学到了他的赞美者所说的"衣着单薄"的艺术，但前提是，这种美德可以被教授，并且书呆子也能成为舞蹈家。

例如，读到下面施特劳斯所说的有关伏尔泰的话（第219页）时，谁不会对此持保留意见呢："诚然，伏尔泰作为哲学家并非原创，而主要是英国研究的阐述者。他证明他自己完全是处理材料的大师，从各个方面阐明了他无可比拟的灵活性，因而，他不用太严谨的方法就能满足对完整性的要求。"一切否定的特性都适用；没有人会断言施特劳斯作为哲学家拥有独创性或严谨的方法；问题是，我们是否会承认他是"自己材料的大师"，或者承认他的"无可比拟的灵活性"。"这本书是有意衣着单薄"的告白让我们猜测，这种无可比拟的灵活性也是有意的。

不是建一座神殿或住宅，而是建一座园艺环绕的花园小屋，这是我们建筑师的梦想。事实上，甚至这种对宇宙的神秘感也主要是作为审美效果的手段，就像从一个最优雅最理性的平台去眺望一个非理性因素，比如大海。"走过"第一章节，也就是说，在经历了带着巴洛克式装饰的幽暗神学墓穴后（这也只是一种审美手段，通过对比强调"我们对世界的观念"这一节的纯粹、鲜明和合理性），在走过幽暗、瞥见非理性的辽阔之后，我们马上进入有天窗的大厅；它以那种快乐的庄严迎接我们，墙上有星图和数学图形，屋里摆满了科学仪器，柜子里陈列着骷髅、猴子标本和解剖标本。我们穿过大厅，走到我们花园小屋，居住在完全悠闲与舒适之中，至此我们才恢复我们的幽默；我们发现他们正和妻儿们沉浸在看报、谈论政治的日常话题之中；他们谈论婚姻和普选权、死刑与工人罢工时，我们听了一段时间，在我们看来，再没有比这更滔滔不绝的舆论谈话了。最后，居住者的经典趣味也让我们信服；对图书馆与音乐室的短暂造访，正如我们所期待的，让我们看到了：书架上是最好的书，谱架上是最有名的音乐；他们甚至为我们演奏，据称演奏的是海顿的音乐，但海顿无论如何也不应为它听起来像是里尔的家庭音乐而受指责。同时，房屋的主人有机会陈述说，他完全赞同莱辛，还有歌德，不过《浮士德》第二部除外。最后，花园小屋里的所有人自我夸赞，并表达了这样的意见：谁不赞同，谁就无药可救，就还没成熟到接受他的观点；之后，他给我们提供了他的马车，但附带着礼貌的保留条件——他不保证他的马车能满足我们的所有要求；一路上的石头也是新铺的，颠簸得厉害。然后，我们伊壁鸠鲁主义的花园之神，会以他认识并赞美的伏尔泰那无与伦比的灵活技巧，向我们辞行。

这种无与伦比的灵活技巧，现在谁还怀疑呢？我们认识了这位材料大师，并

□ 巴洛克艺术

巴洛克艺术起源于17世纪初的意大利罗马，后在整个欧洲盛行。它以夸张的运动性和清晰的细节形成对比，来营造戏剧、气势恢宏、令人敬畏的氛围效果，是一种充满激情又极尽奢华的，带着浪漫主义色彩的艺术风格。常被应用于宗教和宫廷建筑中，如梵蒂冈圣彼得大教堂、法国凡尔赛宫等等。图为法国凡尔赛宫中的镜厅。

且，衣着单薄的园艺家也不再掩饰；并且，我们还听到了经典作家的声音："作为作家我拒绝做市侩，拒绝！我拒绝！我想做伏尔泰，德国的伏尔泰！最好还是法国的莱辛！"

我们在这里透露一个秘密：伏尔泰还是莱辛，老师有时候不明白自己对谁更偏爱，但却不惜代价地想当一个市侩；如果可能的话，他想两者都是——这可能会实现，正如下面写道："他根本没有个性，而当他想要一种个性时，他总是要假定自己有这种个性。"

十

如果我们正确认识了告白者施特劳斯，那么，他就是一个真正的市侩，灵魂狭隘、贫瘠，同时有着清醒的学识要求，然而，被称为市侩时，没有人比作家施特劳斯更愤怒了。如果有人说他顽固、轻率、恶毒、莽撞，他会赞同；但最让他高兴的是，能同莱辛或伏尔泰相提并论，因为这两个人肯定不是市侩。在寻找获得这种幸福的过程中，他经常摇摆于两者之间：是应该模仿莱辛大胆而辩证的狂热，或者以伏尔泰的方式，举止像是一个类似萨提的精神自由的老者。凡是坐下来写作时，他总是作出一副表情，就像有人在给他画像似的，时而是莱辛的样子，时而又成了伏尔泰的面貌。但读到他对伏尔泰风格的赞美时（第217页），他似乎在明确规劝现代人，为什么不早点认识到现代伏尔泰所具备的东西："他风格的优点无处不在——朴素自然、清澈明晰、活泼灵动、魅力宜人。在需要热情和强调的地方也不乏热情和强调；来自伏尔泰最内在本性的对浮夸和矫揉造作的厌恶；另一方面，就像激情或冲动削弱他谈话的语调时，这错不在文体学家身上，而在于他身上人的本性。"由此判断，施特劳斯很清楚风格朴素的重要性：这一直是天才的标志，也是拥有简单、自然且不无生动地表达自我的特权。因此，一位作者选择简单的风格，并不说明其抱负的平庸，因为，尽管许多人能看到这个作者喜欢被怎么看待，有不少人乐于这样看待他。然而，有天赋的作者不仅仅表现在表述的简单与准确，还在于其组织材料的强大能力，无论这材料多么复杂危险。带着僵硬胆怯的步伐，没有人能走上这布满深渊的陌生之路；而天才会大胆地迈着优雅的步伐，敏捷地在这条道上奔跑，并且审慎地鄙视那些畏手畏脚的人。

施特劳斯略过的问题都是严重而可怕的问题，并且每个时代的智者都这样看待，这一点施特劳斯也知道。然而，他还是说他的书衣着单薄。面对存在价值与人类责任的问题时，人们必然陷入可怕而阴郁的沉思，这个问题的严重性我们毫不怀疑。而我们的天才老师从我们身旁翩翩而过，"有意的衣着单薄"，事实上比他的卢梭还单薄（他告诉我们，卢梭裸露下身，遮盖上身，而歌德裸露上身，遮盖下身）。似乎，完全天真的天才们丝毫不遮挡自己，因此，可能"单薄"只不过是赤裸的委婉说法。对于真理女神，一些看到过她的人断言，她赤身裸体，并且，在那些没有见到过女神但接受少数看到过人的话的那些人看来，裸露或衣着单薄本身就是真理的证据，即便只是间接证明。仅仅作为怀疑，认为只不过是怀疑——这对作者的抱负有利：有人看到了裸露的东西。"如果它是真理！"他带着比他平时还庄严的表情对自己说。但是，如果一位作者能迫使他的读者认为他比那些裸露更多的作者更庄重的话，那么他已经收获不小了。这是有朝一日成为经典作家的道路。施特劳斯告诉我们，他"被主动给予了被认为是经典散文家的荣誉"，他已经到达了他的目的地。天才施特劳斯作为经典作家在大街上乱跑，装扮成衣着单薄的女神，而市侩施特劳斯，用这位天才的原话来说，无论如何应该"被谕告离开"或"被永远驱逐"。

哎，市侩不顾这样的谕告与驱逐，回来了，一次又一次！哎，扭曲出伏尔泰或者莱辛面貌的那张脸，时不时又会弹回到它那真正的原貌！哎，天才的面具脱落得太频繁，而老师在尝试模仿天才的步伐、并让自己的目光闪烁着天才之火的时候，其表情最为愤怒、姿态最为僵硬。我们的气候寒冷，正是由于他经常衣着单薄地四处走动，他有着比别人更经常更严重患感冒的风险；这时其他人意识到这可能真的很痛苦，但如果他想被治愈，他就得作出如下公开的诊断。有一个施特劳斯，一位勇敢、严厉、穿着简朴的学者，我们发现他跟德国每一个兢兢业业地为真理效劳并懂得守在自己的界限的人意气相投。如今在公共舆论中作为施特劳斯而著名的人，就变成了另外一个人，这可能是神学家的错；够了，我们发现他现在戴着天才面具游戏，就像过去唤起我们认真与怜悯的严肃一样，让我们觉得厌恶、可笑。"除了严厉的摧毁性的批判天赋外，如果我不对赋予我的天真快乐的艺术创造力欢喜的话，这无疑是对我的天赋的忘恩负义。"当他告诉我们这些时，可能让他吃惊的是，尽管有这种自我证明的表白，还是有人持相反的意见：首先，他从来不具备艺术创造力，其次，他所说的天真的快乐，只要它还在逐步破坏一种根本上有力且根深蒂固的学者和批判家本性——也就是说，天才施特劳斯实际拥有了本性——并最终摧毁了它，那这种快乐就一点也不天真。在一种过量的无限制的坦率中，施特劳斯自己承认说，他心里始终有默尔克，而默尔克向他喊道："你不要再创造这样的垃圾言论了，这谁不能做呀！"[1]这是真正施特劳斯天才的声音，这声音甚至告诉他，他近期对现代市侩做出的天真的衣着单薄的谈话有多少价值。别人也能做！很多人还能做得更好！比施特劳斯更有天赋与精神的那些能做得更好的人，当他们真的这样做后，也造就不出什么别的东西，除了垃圾。

我认为，我已经把我对作家施特劳斯的看法说得很清楚了：一个扮演天才与经典作家的演员。利希腾贝格曾经说过："简朴文风之所以被推荐的首要原因是，任何诚实的

□ **真理女神**

在希腊神话中，真理女神名为阿勒忒亚（Alethea），与欺骗女神阿帕忒（Apate）相对立。她被认为由宙斯或普罗米修斯所创造，是纯洁的年轻处女，也常被描绘为手持镜子的裸体少女。此图即为朱尔斯·约瑟夫·莱菲博瑞所绘的《真理女神》。这幅画相当闻名，美国自由女神像正是以此为原型。

---

[1] 参见歌德《诗与真》第15卷。

人都不会让表达的内容服从于虚假的详尽。"但这并不意味着，简朴文风是作家诚实的证明。我应该希望，作家施特劳斯更诚实，因为那样他会写得更好而名气更小。或者，如果他一定要当个演员的话，那我倒希望，他是一个好演员，更了解如何模仿天真的天才和经典作家的风格。那么剩下要说的就是，施特劳斯实际上是一个糟糕的演员，一个毫无价值的文体学家。

十一

诚然，在德国要成为一个平庸的作家尚且不易，而成为一个好作家根本不可能，这样的事实会弱化我们对某人是一个非常糟糕的作家的指责。这里缺乏天然的基础，缺乏口头演讲的艺术评价、对待和培养。正如沙龙谈话、布道、议会演讲这些表达所显示的那样，公共演讲在德国还没有形成一种国家风格，甚至还没成为对风格的渴望；语言还没有脱离最天真的实验阶段，因此，还没有引导作家统一的规范，他们因此拥有了自己负责把控文字的决定权；这必然导致构成当今德国语言的无限滥用，对此，叔本华曾经精准地描述说："如果这情况继续下去，到1900年，人们将读不懂德国的经典作家了，因为当下的粗鄙行话将成为唯一被理解的语言，而这种行话的基本特征就是软弱无力。"事实上，在最新的刊物上写作的德国语言裁判和语法学家已经给了我们这样的印象：我们的经典作品不能再作为我们文体上的榜样，因为他们使用的大量词汇、措辞、词组我们已经失去了。因此，收集现代著名文人的杰作，让人效仿他们的语汇和语句，就如桑德斯在其蹩脚的语言袖珍词典中所做的那样。这似乎并无不当。在这里，令人厌恶的文体怪物古茨科作为经典作家出现。我们似乎不得不让我们自己习惯于这群新颖的、令人吃惊的"经典作家"，而他们当中，首位或者至少是其中之一的，正是施特劳斯。除了把他称为一位毫无价值的文体学家外，我们无法再作其他称谓。

现在，文化市侩伪文化的一个极为显著的特征是，他应该盗用经典与榜样作家的概念——避开一种真正艺术严格的文化风格，而在其中展示他的力量，并通过这种固执，得出几乎同风格统一相像的表述同质性。然而，鉴于每个人都可以沉迷于无限的语言试验,个别作者居然发现了一种普遍适宜的语调,这怎么可能?这普遍适宜的东西到底是什么?它首先是一种消极品质:一切攻击性的东西的缺席——但一切真正创造性的东西都是攻击性的——也就是说,德国人现在每天阅读的东西大部分都是报纸杂志,这里面用的语言使用相同的措辞与词汇,持续地充斥在他的耳边,而通常阅读时,他的疲倦的大脑毫无抵制能力,渐渐地,耳朵就习惯听到这些日常德语,一旦听不到了还会难受。然而,报纸的制造商们,从整个生活方式可以预料,已经彻底习惯了报纸语言:他们真正地失去了一切味觉,而他们的舌头带着某种愉悦,还能感受到完全腐化与反复无常的东西。这解释了即便有普遍的懒散和病态,这种 *tutti unisono* [1] 依然对每个新创造的文理不通都表以称赞:这种无礼的语言腐化是在报复语言给它的雇工们造成的令人难以置信的无聊。我记得曾经读过贝托尔特·奥尔巴赫《致德国人民》的呼吁一文,里面使用的都是歪曲与伪造的非德语措辞,并且从整体上看,就像是国际句法下的词汇拼凑。至于爱德华·德弗里恩特纪念门德尔松使用的那种草率的德语[2],更不必说了。因此,文理不通——这最显著的问题——在市侩看来,并不是什么令人不快的东西,反而是日常德语荒芜沙漠上给人激励的兴奋剂。但是,施特劳斯对真正创造性的东西反感。最现代的榜样作家不仅原谅了他的扭曲、怪诞或者乏味句法以及可笑的新造词,还把作品的辛辣看成他的优点。然而,替有个性的文体学家感到悲哀,他们严肃固执地避免使用日常措辞,正如避开叔本华所说的"在最后一夜里孵化出来的现在写作的怪兽"一样。当陈词滥调、老生常谈、软弱无力的语言成为规则,蹩脚腐败的东西被当作激励人的例外之时,有力、非凡、优美的语言就会令人厌恶。因而,那个有文化的旅行者的故事在德国被不断重复:一位旅行者来到全是驼背的国家,在这里,他因自己所谓缺陷的体形而受到可耻的嘲笑,直到最后,有一个牧师可怜他,对他的人说:"你们不如为这个可怜的陌生人表示惋惜,并为女神献祭,感激他们给了你们如此壮观的

---

[1] *tutti unisono*:同质化。
[2] 参见爱德华·德弗里恩特《德国戏剧史》。

驼背。"

如果有人想制定一本现代日常德语语法，追溯这些作为一种不成文、不言而喻但令人信服的规定，并约束每个人的写作台，那么，他就会碰到一些奇怪的文体和修辞想法，这也许还是来自在学校记忆与必修的拉丁文练习，或者来自法国作家的作品；其中令人惊诧的粗糙，任何受过正规教育的法国人都有理由嗤之以鼻。每个德国人几乎都或多或少地靠这些规则生活与写作，但似乎从未思考过这些奇怪的概念。

那么我们就有了这样的要求：比喻要常见，且必须新颖。但在拙劣的作家看来，新颖与现代是一个东西，而他现在正苦恼于从铁路、电报、蒸汽机、交易所寻找比喻，并对这样的事实感到自豪：这些比喻一定新颖，因为它们来自现代。在施特劳斯的告白书里，我们发现了大量对现代比喻的赞颂：他用了一页半长的有关道路修缮的比喻，而就在前面几页，他还曾把世界比喻成一个机器，带着轮子、活塞、锤子以及润滑油。"一顿以香槟开始的饭局。（第362页）""康德好比冷水疗养设施。（第325页）""瑞士联邦宪法同英国宪法的关系就像水磨同蒸汽机的关系，一支华尔兹舞或一首歌同赋格曲或交响乐的关系。（第265页）""任何上诉都必须遵守正确的管辖次序。然而，民族是个人与整个人类之间的中间法庭。（第258页）""如果我们想发现，在对我们来说已经死亡的有机体内是否还有生命，我们通常靠强烈而痛苦的刺激来验证，比如针扎。（第141页）""人类灵魂中的宗教领域就好比美洲的红种印第安人领域。（第138页）""在账单底部用整数记下以前的所有账目。（第90页）""达尔文理论就像是刚刚测绘好的铁轨——小旗欢快地迎风飘扬。（第176页）"通过这种方法，即最现代的方法，施特劳斯遵守了市侩要求：新颖的比喻必须成为现象。

另一个非常普遍的要求是，说教的内容要用长句，以抽象概念展开；劝说性的内容优先用短句，以跳跃排比形式展开。施特劳斯在第132页提供了说教与学术表达的例句（句子扩充到真正施莱尔马赫式句子的尺寸，以乌龟的节奏徐徐展开）："在宗教的早期阶段，当时出现了不是一个而是多个'从哪里来'，不是一位而是许多神，按照宗教的推论，这是因为——唤起人的绝对依赖感的各种自然力或生命条件，刚开始就一直以其全部多样性对人产生影响，人还没有意识到，就绝对依赖而言，它们之间并没有区别。因此，这种依赖的'从哪里来'或者他们追溯到存在的'从哪里来'，只能是唯一。"在第8页，可以找到与长句相对的轻快造作的短句，这种轻快让一些读者激动不已，以至于他们现在只把施特劳斯同莱辛相提并论："我很清楚，我下面几页要讨论的内容，很多人都很了解，有些人甚至清楚得很。有些人已经谈论过了。那么我该因此而沉默吗？我不这样认为，因为我们在相互补充。在很多事情上，别人可能比我知道的多，但在某些事情上，我也可能比他们了解的多。此外，我的观点也同他们不尽相同。因此，让我把我的观点表达出来，看看他们是对是错。"确切地说，施特劳斯风格通常处于轻松自在的齐步行进与葬礼的缓慢徐行之间，但是，要知道，两种罪恶之间并不总是美德，也总有软弱、残废与无能。事实上，在翻遍全书寻找更精细诙谐的特性与表达时，我感到非常失望。我建了一个标题，在这下面列出一些句子，一些让我至少可以赞美作家施特劳斯的句子，但是，我连一句话也没有找到。而在另一个标题"文理不通、比喻混乱、缩略语模糊、毫无趣味以及矫揉造作"下，它被列举得满满的。在这里，我冒险把其中一部分汇总的句子拿出来。也许这恰恰揭示了，在现代德国人心中唤起的是这样的信仰——施特劳斯是一位伟大的文体学家：在这里，我们发现，这本荒芜的尘埃与沙漠之书的奇特表述提供给我们的，如果不是不快的话，那无论如何都是痛苦的刺激性意外。这样的句子让我们注意到，倘若用施特劳斯式比喻来说的话，我们对针扎还有反应，所以我们还没死。这本书的余下部分完全缺少攻击性即创造性的东西，但这却被认为是这位经典散文作家的一个积极品质。极度节制与乏味，一种真正饿死般的节制，这唤醒了受教育大众的那种不自然的感受，认为这就是茁壮健康的标志，以至于 *Dialogus de Oratoribus*（《演说家对话录》）的作者[1]的话，在这里很适用：*Illam ipsam quam iactant sanitatem non firmitate sed ieiunio consequuntu*。[2] 他们以本能的同仇敌忾憎

---

[1] 指塔西佗。
[2] 他们达到的恰是他们夸耀的那种节欲的健康，而非基于一种健康的力量。

恨一切健康，因为它见证了一种同他们的健康完全不同的健康，试图怀疑健康、简明、炽热动能、肌肉的健硕和精细。他们一致同意要颠倒事物的本质和名称，此后，我们在看到虚弱的地方说健康，我们在遇到真正健康的地方说病态和紧张。施特劳斯就是这样被视为"经典作家"。

但愿这种节制至少是一种逻辑严密的节制吧。但是，这些虚弱者缺少的正是思想上的简朴和严谨，在他们手上语言变成了不合逻辑的乱麻。尝试把施特劳斯式文风转化成拉丁文文风，甚至康德文风也可以这么做，而转化叔本华文风更是令人轻松愉快。施特劳斯的德语之所以完全经不起检验，并不是因为他的德语比康德或叔本华的德语更像德语，而是因为他的德语混乱而无逻辑，而前两位的德语朴素而庄重。此外，了解古人在写作与说话上下过多大苦功而现代人对此如何不努力的人，当他痛苦地读完这样一本书，转向那些曾经新颖的古老文字时，他会有一种如释重负之感。"在这些古老文字中，"叔本华说，"我看到的是规则固定、经久不衰且被忠实遵守的语法与正字法，并且能完全沉浸到它所表达的思想当中，但对于现代德语，我的思路会持续被作者的鲁莽打断，因为他们把自己奇怪的语法与正字法强加了进来。这其中狂妄的愚蠢让我厌恶。当一种拥有经典著作的古老而优美的语言被无知者和蠢人糟蹋时，看到的人必定会感到极度痛苦。"

因此，叔本华带着庄严的愤怒向你们大声疾呼：那你不能说没有被警告。但是，他绝对不听这样的警告，并且坚持施特劳斯是经典作家的信仰，并且作为最

□ **塔西佗**

塔西佗（55—120年），罗马历史学家、演说家、文体学家，罗马帝国执政官、元老院元老，著有《阿格里科拉传》《日耳曼尼亚志》《演说家对话录》《罗马史》《罗马编年史》，其作品文风多变，结构紧凑、言简意赅，以"抽离自我、超然物外"的态度，准确冷静地描写史实，但存在明显的反帝倾向，倾向复古的共和主义。塔西佗因对政治、权利的深刻见解，被认为是古罗马最伟大的历史学家之一。

后的忠告，应该建议他去模仿施特劳斯。然而，如果你真的尝试了，后果要自负。你将不得不为此付出代价，文风甚至思想上的代价，而印度的一句智慧格言会在你身上应验："咬牛角不仅无用，而且还损寿；牙齿磨破了，但还是得不到养分。"

十二

最后，我们要把承诺过的施特劳斯风格实例汇编放到经典散文作家施特劳斯面前。也许，叔本华会给加上标题：《现行粗鄙行话新编》。如果这能让施特劳斯产生任何安慰的话，那么下面的话会让他更加舒服：现代整个德国都像他那样写作的，甚至有人比他写得更糟，毕竟，在瞎子王国，独眼就是国王。事实上，我们承认他有一只眼时，也已经承认了他的很多东西。然而，我们这样做是因为，施特劳斯不像德语破坏者中的声名狼藉者（即黑格尔学派及其畸形后代）那样写作。施特劳斯至少想从这泥潭逃脱，并且迈出了成功的一步，但离坚实的土地还非常远。同样值得注意的是，施特劳斯年轻时曾结结巴巴地学黑格尔的话，当时他身上的某样东西脱臼了，某一块肌肉拉伸了，耳朵也迟钝了，就像在鼓声中长大的男孩耳朵一样。在这之后，他对微妙而有力的声音规律充耳不闻，但这些规律背后的规则则是每个受过向榜样学习的严格教育的作家都在遵守的。正因如此，他失去了作为文体学家的最好财产，并且，如果不是再次陷入黑格尔泥潭的话，他就注定一直在报纸风格贫瘠而又危险的流沙之中生活。尽管如此，他还是在当下让自己出名了几个小时，可能还需要多几个小时才能记起他曾经出过名。但不久夜晚就会来临，他也将被忘却。正当我们把他文体上的罪过写进黑名单时，他的声誉开始衰退。谁对德语犯下罪过，谁就亵渎了德意志全部的神秘：通过民族与习俗的所有混合与变化，德语，就像是通过形而上学的魔法一样，靠自己拯救自己，并以此拯救德意志精神。如果不在当代人手中消亡的话，它本身就能保证德意志精神的未来。"但 *di meliora*[1]，滚开，厚皮动物，滚开！这是德

---

〔1〕di meliora：上帝保佑。

语，人们用它来说话，伟大的诗人用它歌唱，而伟大的思想家用它写作。拿开你的爪子吧！"[1]

那么，我们首先以施特劳斯作品中的第一页的一个句子为例："*Schon in dem Machtzuwachse —— hat der römische Katholizismus eine Aufforderung erkannt, seine ganze geistliche und weltliche Macht in der Hand des für unfehlbar erklärten Papstes diktatorisch zusammenzufassen*（在权力不断壮大的过程中，罗马天主教就已经认识到，要将其全部宗教和世俗的权力独裁地集中到声称从不犯错的教皇手中）。"在这样一个结构复杂的句子里面隐藏着相互之间并不匹配的表达，所表达的内容在同一时间是不可能实现的；人可以认识到集中自己权力的必要性，或者认识到将权力集中到一个专制统治者手中的必要性，但是人无法独裁地将权力集中到另一个人手中。如果这样表述，天主教独裁地集中其权力，那么也就是将天主教与一个独裁者相比：但显然此处应该是将从不犯错的教皇与独裁者进行对比，而正是由于这种不明确的思考和语感的缺乏，才会导致副词出现在错误的位置。为了体会这个措辞的荒谬，我建议大家读一下下面这个简单句："der Herr faßt die Zügel in der Hand seines Kutschers zusammen（那位先生把他的车夫手中的缰绳聚到一起）。*Dem Gegensatze zwischen dem alten Konsistorialregiment und den auf eine Synodalverfassung gerichteten Bestrebungen liegt hinter dem hierarchischen Zuge auf der einen, dem demokratischen auf der andern Seite doch eine dogmatisch-religiöse Differenz zugrunde*（旧的主教会议统治中枢与对宗教会议宪法的渴望之间的对立是以一方面在等级制度、另一方面在民主制度为基础的教条—宗教差异上为基础的）。（第4页）"这句话的表达简直不能更尴尬了：首先，我们从句中得知了一个中枢与某些渴望之间的对立，而这种对立是基于一个教条—宗教差异，而这种基础差异一方面基于等级制度，另一方面基于民主制度。请问：有哪一件事可以基于两件事背后，然后又以第三件事为基础？"*und die Tage, obwohl von dem Erzähler unmißverstehbar zwischen Abend und Morgen eingerahmt*（那些日子，尽管被叙述者

---

[1] 参见叔本华《附录与补遗》。

清楚明确地在夜晚与早晨之间围绕着）。（第18页）"我恳请您将这句话翻译成拉丁语，从而认识您是如何错误使用语言的。被围绕的日子！被叙述者围绕的日子！清楚明确的！在某物之间围绕着！"*Von irrigen und widersprechenden Berichten, von falschen Meinungen und Urteilen kann in der Bibel keine Rede sein*（在《圣经》里没有提到错误的、矛盾的说法，也未提及错误的观点和判断）。（第19页）"最荒谬的表达！您混淆了"in der Bibel（在《圣经》中）"和"bei der Bibel（就《圣经》而言）"：前者应该提到原德文表达中情态动词kann（可以，能够）的前面，而后者才正应该放在kann的后面。我的意思是说，这个句子您应该这样表达："von irigen und widersprechenden Berichten, von falschen Meinungen und Urteilen in der Bibel kann keine Rede sein（《圣经》不可能提及错误的、矛盾的说法，也没有错误的观点和判断）。"为什么不可能呢？因为它就是《圣经》——也就是说"kann bei der Bibel nicht die Rede sein（《圣经》未曾提及）"。现在，您为了不让"in der Bibel"和"bei der Bibel"两个短语相互比较排位，您就决定含糊其辞、混淆介词。您在第20页也犯了相同的错误："*Kompilationen, in die ältere Stücke zusammengearbeitet sind*（汇编，旧作品被汇总进去了）。"您的意思是"in die ältere Stücke hineingearbeitet oder in denen ältere Stücke zusammengearbeitet sind（旧作品被编入进去的汇编，抑或是汇编当中的旧作品被合并到了一起）"。在同一页中，您用一个学生用语谈及一首"*Lehrgedicht, das in die unangenehme Lage versetzt wird, zunächst vielfach mißdeutet*（被置于令人不安的位置上的教育诗，它先被误解）" [*mißdeutet*（误解）的二分词形式最好用mißgedeutet]，"*dann angefeindet und bestritten zu werden*（然后被攻击、被否定）"，然后在第24页，您又说"*Spitzfindigkeiten, durch die man ihre Härte zu mildern suchte*（人们试图通过尖的东西软化他们的硬度）"。我实在是想不出来，有什么坚硬的东西，其硬度可以通过尖锐的东西来软化；施特劳斯甚至（在第367页）讲述了一个"*durch Zusammenrütteln gemilderten Schärfe*（通过共同颤抖来消除的尖锐性）"。"*einem Voltaire dort stand hier ein Samuel Hermann Reimarus durchaus typisch für beide Nationen gegenüber*（塞缪尔·赫尔曼·雷马努斯，作为两个民族的典型人物，与伏尔泰相对立）。（第35页）"一个人通常只能典型地代表一个民族，而不能作为两个民族的典型与另一个人对立。这是一种为了缩减句子成分而对语言实施的可耻的暴力行为。"*Nun stand es aber nur wenige Jahre an nach Schleiermachers Tode，daß*……（施莱尔马赫去世后仅仅几年的光景……）。（第46页）"词语的位置自然不会给马虎的流氓带来什么理解上的麻烦；但是此处的短语"*nach Schleiermachers Tode*（施莱尔马赫去世后）"的位置不对，也就是介词an后的这个短语位置是错误的，正确的表达应该把这个短语"施莱尔马赫去世后"放到an的前面，因为对于耳背的人来说，后面的宾语从句引导词dass听起来太弱了，而应该用bis引导的从句。"*auch von allen den verschiedenen Schattierungen，in denen das heutige Christentum schillert，kann es sich bei uns nur etwa um die äußerste，abgeklärteste handeln，ob wir uns zu ihr noch zu bekennen vermögen*（即便是所有不同的细微差别，如今的基督教仍有所体现的，在我们这也只是关乎最外层的、最清晰的东西，我们是否能够信奉它）。（第13页）"这句话中存在的问题是，worum handelt es sich（到底是关乎什么）？它能这样回答："um das und das（是关乎这个以及那个的）。"或者用后面的句子来回答这个问题，"ob wir uns（是关于我们是否）"等；两个结构把句子搞得一团糟，体现了用语的随意不谨慎。他或许是想说，"Kann es sich bei uns etwa nur bei der äußersten darum handeln，ob wir uns noch zu ihr bekennen（对于我们而言，它只关乎最表面的问题，那就是我们是否能够信奉它）"；但是，正如句中显示那样，德语的每个介词的使用都是为了凸显这个介词短语。例如，在第358页上，为了给我们制造意想不到的效果，"经典作家"混淆了短语

□ 弗里德里希·丹尼尔·恩斯特·施莱尔马赫

弗里德里希·丹尼尔·恩斯特·施莱尔马赫（1768—1834年），德国神学家、哲学家，他试图将启蒙运动的批判与传统的新教相结合，对后来的历史批判产生了一定影响。其诸多作品构成了现代诠释学的基础，被奉为"现代诠释学之父"；他将自我和人视为普遍理性的个体化，认为每个人都是宇宙特定和原初的代表，是一个即时反映世界的微观世界，强调神的临在，由此对后来的基督教思想产生了深刻的影响，也被奉为"现代自由神学之父"。

"ein Buch handelt von etwas（这本书是关于什么的）"与短语"es handelt sich um etwas（关于……涉及……）"的用法。接下来我们来看一个句子，例如："*dabei wird es unbestimmt bleiben, ob es sich von äußerem oder innerem Heldentum, von Kämpfen auf offenem Felde oder in den Tiefen der Menschenbrust handelt*（无论它关于外在还是内在的英雄主义，还是关于在空旷野外或深渊的斗争，人们都将坚持到底）。""*für unsere nervös überreizte Zeit, die namentlich in ihren musikalischen Neigungen diese Krankheit zutage legt*（对于我们过度兴奋的时代，尤其是在其音乐倾向中，将这种疾病暴露出来）。（第343页）"这里明显地将短语"zutage liegen（显露、暴露）"与短语"an den Tag legen（显示出某事）"混淆了。这类的语言使用者应该像小学生一样受到体罚。"*wir sehen hier einen der Gedankengänge, wodurch sich die Jünger zur Produktion der Vorstellung der Wiederbelebung ihres getöteten Meisters emporgearbeitet haben*（在这里，我们看到了一系列思想过程中的一环，通过这一思想环节，年轻人努力创造了他们已逝大师复活的思想）。（第70页）"这描绘的是怎样一幅场景！一个真正的烟囱清洁工的幻想！人通过一个思想过程努力去创造！在第72页提到了这个伟大的英雄施特劳斯将耶稣复活的故事用语言描绘成"*welthistorischen Humbug*（世界历史的欺骗）"，所以我们在此想从语法家的角度问一问施特劳斯，他原本是要谴责谁呢？是谴责这个"世界历史的欺骗"吗？指的是以欺骗他人和以追求个人利益为目的良心欺骗？到底是谁欺骗，谁说谎？因为我们无法想象"Humbug（一场欺骗）"这个宾语没有主语。由于施特劳斯也无法回答我们提出的这个问题，那么如果他真是有所顾忌，想要表达因高贵的激情而犯错的上帝即是这个欺骗者的话，我们仍然认为这样的表达方式是不合理的。同一页上还写道："*seine Lehren würden wie einzelne Blätter im Winde verweht und zerstreut worden sein, wären diese Blätter nicht von dem Wahnglauben an seine Auferstehung als von einem derben handfesten Einbande zusammengefaßt und dadurch erhalten worden*（他的教义就好像风中摇曳的片片纸张，被吹散落下，这些纸张像并没有被复活的妄想而收集，而是被一个坚固的精装书收集到一起并保存起来）。"如果谁将句中的Blätter理解成树叶，那么他就会带偏读者的想象，除非他在后文中能紧接着将Blätter理解成纸张，才能理解纸张被书籍装订者收集汇总。细心的作家会特别担心没能给读者提供一个明确的画面感或者误导读者：这幅画面应该描述得更加清晰一些。如果作者没有清楚地表达某一画面或误导了读者，那么如果这段文字没有配图的话，这幅画面会让事件本身变得更加模糊不清。但是，很显然我们的"经典作家"并不细心：他大胆地谈论着"*Hand unserer Quellen*（我们的引用之手）"（第76页）、"*Mangel jeder Handhabe in den Quellen*（引用中缺乏依据）"（第77页）以及"*Hand eines Bedürfnisses*（一个需求之手）"（第215页）。"*Der Glaube an seine Auferstehung kommt auf Rechnung Jesu selbst.*（信仰他的复活是以牺牲耶稣自己为代价的）。（第73页）"喜欢用如此卑鄙的语汇表达自己如此卑鄙的人，都会被认为他一生都没有读过什么有价值的书。施特劳斯的作品风格中到处都体现了其作品的低级，或许是因他读了太多神学界其他对手的作品了。但是，人们是从哪里学会用像施特劳斯这样的小资产阶级的形象来打扰犹太教和基督教的神的呢？例如，第105页的"*alten Juden-und Christengott der Stuhl unter dem Leibe weggezogen wird*（将古老的犹太教和基督教的神的椅子抽走）"，或者第105页的"*an den alten persönlichen Gott gleichsam die Wohnungsnot herantritt*（像走进一个住处一样走进古老的有人情味的神）"，再比如第115页将上文提到的同一个神置于"*Ausding-stübchen*（小盒子）"中，"*worin er übrigens noch anständig untergebracht und beschäftigt werden soll*（在其中他应该被体面地安放和对待）"。"*mit dem erhörlichen Gebet ist abermals ein wesentliches Attribut des persönlichen Gottes dahingefallen*（伴着虔诚的祈祷，有人情味的神的最重要的属性再一次丢失了）。（第111页）"在你们用墨水写字之前，请你们想一下你们的墨水！我的意思是，当你们写有关祈祷的相关内容时，当这个祈祷应该有一个"Attribut（属性）"的时候，应该添加定语修饰这个属性，如"dahingefallenes Attribut（丢失的属性）"。但是134页写的是什么！"*Manches von den Wunschattributen, die der Mensch früherer Zeiten seinen Göttern beilegte — ich will nur das Vermögen schnellster Raumdurchmessung als Beispiel anführen — hat er jetzt, infolge rationeller Naturbeherrschung, selbst an sich genommen*（早些时候的人类赋予他们的神的理想属性中的某个属性——我只是想用最快的空间测量的能力作为例子——如今已经由于理性的自然掌握，被人获取到了）。"是谁为我们解开了这个线团？好，是早些时候的人类赋予了神一些属性；"Wunschattribute（理想属性）"在这里尤其值得推敲！施特劳斯大概是这样认为的：人类假设，神必须拥有他所希望而自己事实却没能拥有的一切，因此神就具有了与人类理想相符合的属性，因此产生了这个词"理想属性"。但是现在，按照施特劳斯的教导，人类获得了某个"理想属性"——一个黑暗的过程，如同第135页描绘的一样黑暗："*der Wunsch muß hinzutreten, dieser Abhängigkeit auf dem kürzesten Wege eine für den Menschen vorteilhafte Wendung zu geben*（必须许愿，从而给予这种对最短路径依赖的一个对人类有利的转折方向）。"依赖性—转折方向—最短路径—许愿—指引着那些真想看到这一过程的每一个人！这简直是盲人图画书中的一个场景。人们必须摸索着前进。另外一个例子"*Die aufsteigende und mit ihrem Aufsteigen selbst über den einzelnen Niedergang übergreifende Richtung dieser Bewegung*（这种运动的上升的、伴随着上升过程自身超越各个衰落的具有决定意义的方向）"（第222页），还有另一个更明显的例子"*Die letzte Kantsche Wendung sah sich, wie wir fanden, um ans Ziel zu kommen, genötigt, ihren Weg eine Strecke weit über das Feld eines zukünftigen Lebens zu nehmen*（正如我们所发现的那样，为了达到目的的最后一次康德式的转变方向，迫不得已在未来生活的领域绕了很远的一段路）"（第120页）。若不是骡子，谁能在这种迷雾中找到前行的路。转变方向，迫不得已的转变方向！超越衰落的具有决定意义的方向！转变方向，在最短路径上有利的方向！转变方向，在一个领域绕了一段路的方向！到底是哪个领域？未来生活的领域！真是见鬼的路线图！灯！路灯！在这个迷宫中，阿里阿德涅[1]之线到底在哪呢？不，不允许任何人像这样写作，即便是具有"*vollkommen ausgewachsener religiöser und sittlicher Anlage*（完美且充分发展的宗教和道德修养）"（第50页）的人也不能这样写作。我

---

[1]阿里阿德涅是克里特岛之国王米诺斯的女儿，她爱上了前来为雅典人代受神罚的忒修斯，用一个线团指引忒修斯穿过了米诺斯所建造的迷宫，并帮助其击败了弥洛陶洛斯，使之得以存活，摆脱了赎罪的命运，并与之一同逃离了克里特岛。

的意思是，一个稍微有阅历的人就应该知道，语言是从祖先那遗留下来的、仍然要流传给后代的一块文化瑰宝，与那些神圣的、无价的和不可侵犯的东西相比，人类对语言应该表示更崇高的敬意。是你们的耳朵变得迟钝了吗？请你们问一问，查一查字典，读一读好的语法书，但是，请千万不要每天贸然犯这样的语言错误！例如，施特劳斯说道（第136页）："*Ein Wahn, den sich und der Menschheit abzutun, das Bestreben jedes zur Einsicht Gekommenen sein müßte*（完结自己和被人类解决的幻想应该是达成共识的人的努力）。"这个句子结构是错误的，而如果这个写作不认真的人没有注意到的话，那么由我来提醒他：abzutun这个词的用法是加四格宾语"tut entweder etwas von jemandem ab（完结某人的某事）"或是加双宾语"man tut jemanden einer Sache ab［完结某人（四格）某事（二格）］"；施特劳斯应该这样表达："ein Wahn, dessen sich und die Menschheit abzutun（完结自己或是人类的幻想）"或者"den von sich und der Menschheit abzutun（被自己和人类完结的幻想）"。而施特劳斯写下的都是一些无赖的行话。当这种风格的厚皮动物还掺杂着新形成或改造的陈旧表达的时候，当仿佛是以塞巴斯蒂安·弗兰克[1]的口吻提到"*einebnenden Sinne der Sozialdemokratie*（社会民族的整合感）"（第279页）的时候，或者当他模仿汉斯·萨克斯的话语转折（第259页）的时候："*Die Völker sind die gottgewollten, das heißt die naturgemäßen Formen, in denen die Menschheit sich zum Dasein bringt, von denen kein Verständiger absehen, kein Braver sich abziehen darf*（人民是上帝赐予的，即一种自然形式，在这种形式中，人类将自己带入生存，即便是聪明的人或勇敢的人，都不允许摒弃这种形式）。"我们是一种怎样的感觉？"*Nach einem Gesetze besondert sich die menschliche Gattung in Rassen*（根据法律，人以种族划分类别）。（第252页）" "*Widerstand zu befahren*（在阻力上行驶）。（第282页）"施特劳斯并没有注意到，为什么一个如此陈旧的词在他所表达的现代化的破绽中是如此的显眼。事实上，任何人都会注意到他的表达中所存在的盗取的词汇和短语。而在这件事上，我们的裁缝也颇具创意，他创造了一个

---

[1]德意志人文主义者，神学家，曾任路德教派牧师，在其著作《世事纪事》中反对天主教会暴政。

□ 汉斯·萨克斯

历史上真实存在的汉斯·萨克斯（1494—1576年）是德国诗人、剧作家、鞋匠，也是一名工匠歌手。他从小就参加了在纽伦堡教堂开办的歌唱学校，后周游德国各地，接触到了诸多民间的工匠艺术，受到了浓厚的艺术熏陶。后来适逢马丁·路德发起宗教改革，他便成为了路德的支持者之一，还写过一首著名的歌颂路德的寓言诗《维滕贝格的夜莺》。其一生共写有6000多篇作品（诗剧、寓言诗、工匠歌曲等），大多以时事、宗教、神话为题材，深受当时人民的喜爱。

新词：在第221页，他写到了"*sich entwickelnden aus-und emporringenden Leben*（自身不断发展的、斗争而来的生活）"。但是句中"ausringen"这一词表示的是洗衣女工或完成战斗并战死的英雄们；"ausringen"既然是通过斗争而获得的，就显然不能是"sich entwickeln（自身不断发展的）"，这完全是施特劳斯式的德语表达，正如第223页的表达一样："*alle Stufen und Stadien der Ein-und Auswickelung*（打包和解开的所有步骤和阶段）"，完全是婴幼儿德语！用"*in Anschließung*"代替"*im Anschluß*（接下来）。（第252页）""*im täglichen Treiben des mittelalterlichen Christen kam das religiöse Element viel häufiger und ununterbrochener zur Ansprache*（在中世纪基督徒的日常活动中，宗教因素更加频繁地、更加不间断地得到发言的机会）。（第137页）"此句中的"*Viel ununterbrochener*（更加不间断地）"是一个模式化的比较级，从这里我们看出施特劳斯式的一个平淡无奇的模式化作家：他自然想不出用比较常用的"*vollkommener*（更完美地）"（第223页和第214页）这个词更合适。另外，"*zur Ansprache kommen*"这个短语！敢问您这个大胆的语言艺术家，这个短语从何而来？此处我也无法帮您想到一个类似的表达，但是，以这种方式使用"Ansprache（发言或讲话）"这个词，格林兄弟也会像坟墓一样保持沉默吧！您或许要表达的是这个意思："*das religiöse Element spricht sich häufiger aus*（宗教元素更加频繁地被表达出来）"。也就是说，您又一次因为无知混淆了德语的介词；如果不说便罢了，一旦说了，那么我就要公开表达，混淆了动词aussprechen和ansprechen，这显得作者是怎样的无知！"*weil ich hinter seiner subjektiven Bedeutung noch eine objektive von unendlicher Tragweite anklingen hörte*

（因为我在他主观意思的背后还听到一个拥有无限射程的客观意义发出的声音）。（第220页）"正如句子表达的那样，您的听觉不太好或是不同寻常：您听到了 "Bedeutungen anklingen（意义发声）"，而且还是在其他意思 "hinter（背后）" 听得出的，这种被听出来的意义还应该具有 "von unendlicher Tragweite（无限的射程）" ！这简直就是荒谬，或者是一个专业神枪手才能办得到的事情。"*die äußeren Umrisse der Theorie sind hiermit bereits gegeben, auch von den Springfedern, welche die Bewegung innerhalb derselben bestimmen, bereits etliche eingesetzt*（在此，理论的外部轮廓已经被给出；而且是由多个已经插入其中的弹簧给出的，弹簧在内部决定了轮廓的运动）。（第183页）"这又是一处废话或是专业人士才能完成的动作。但是，一个由外部轮廓和置入其中的弹簧组成的床垫有什么价值呢？什么样的弹簧是能够在床垫内部决定其运动！因此，当施特劳斯以这样的方式描述他的理论，将自己的理论说得如此美妙的时候，我们便会怀疑施特劳斯的理论。他说道（第175页）："*es fehlen ihr zur rechten Lebensfähigkeit noch wesentliche Mittelglieder*（要确保足够的生存能力，还缺少重要的中间环节）。"仔细看 "中间环节"？外部轮廓和弹簧都在那了，也就是说皮肤和肌肉都有了；人们即便有了这两样东西，想要具备足够的生活能力，或者要理解施特劳斯的话，还缺少太多的东西："*wenn man zwei so wertvers-chiedene Gebilde mit Nichtbeachtung der Zwischenstufen und Mittelzustände unmittelbar aneinander stößt*（当两个拥有这两部分重要结构而忽视中间阶段及中间状态的人撞到一起的时候）。" "*Aber man kann ohne Stellung sein und doch nicht am Boden liegen*（这样的话人们就可能没有位置，不能站在地上）。（第5页）"我们猜想您或许是个思想简单的老师！因为不能站立或躺着的人，他或许可以飞行，可以悬浮，他亦可扑翅而飞。除了飞行这个动词以外，您可以选择其他的动词表达这个动作，这完全依您而定，正如从上下文中猜测的那样，我要是您的话，我就会选择用另外一个比喻的手法，这样表达出来的内容也有所不同。"*die notorisch dürr gewordenen Zweige des alten Baumes*（这棵老树显而易见的变得干枯的树枝）。（第5页）"这是怎样一种显而易见变得干枯的风格！"*der könne auch einem unfehlbaren Papste, als von jenem Bedürfnis* gefordert, *seine Anerkennung nicht versagen*（就如同每个需求所要求那样，那个小伙子也不能拒绝认可那个无懈可击的教皇）。（第6页）"无论什么时候，切不可将德语句子中的三格（间接宾语）和四格（直接宾语）混淆，否则的话，在这个句子中，那个小伙子就犯了严重错误，对平凡的文士来说则是一种犯罪。我们发现了"*Neubildung einer neuen Organisierung der idealen Elemente im Völkerleben*（在人民生活中新形成了理想元素的新组织）"（第8页）。我们假设这种同义反复的语汇真的被写到了纸上，人们就任凭这样的文字被印刷吗？这样的错误在校对的过程中就不能被发现吗？六个版次的校对工作！顺便看一下第9页：当人们引用席勒的话时，应该采用更准确的语言，而不是接近的语言即可！这正是一种尊重他人的体现。因此，应该这样说："ohne jemandes Abgunst zu fürchten（不必担心他人的不信任）。""*denn da wird sie alsbald zum Riegel, zur hemmenden Mauer, gegen die sich nun der ganze Andrang der fortschreitenden Vernunft, alle Mauerbrecher der Kritik, mit leidenschaftlichem Widerwillen richten*（然后，它就变成了一个横梁、一面阻碍的墙，所有前进的理性的冲动、批评的攻城槌都带着极大的憎恶之情涌向它）。（第16页）"在此，我们应该想一想是什么东西，首先变成了横梁，然后变成了墙，最终是"sich Mauerbrecher mit leidenschaftlichem Widerwillen（带着极大的憎恶之情的攻城槌）"以及让它"带着极大的憎恶之情""Andrang（涌向）"它，这到底是什么东西。尊敬的先生，您是来自另一个世界的吗！罗马人的攻城槌可以由某人敲击，但不能自行确定方向，也就是说这个句子中应该体现是谁敲起了攻城槌，而不能是攻城槌自身，正是拿起攻城槌的那些人才能有极大的厌恶之情，尽管很少有人像施特劳斯写得那样对一面墙抱有那样大的厌恶之情。"*weswegen derlei Redensarten auch jederzeit den beliebten Tummelplatz demokratischer Plattheiten gebildet haben*（这就是为什么这些表达方式总是能构成那些民主的陈词滥调最喜欢的场地）。（第266页）"简直想不清楚！表达方式根本无法构成场地！而只能是表达方式自身在一块场地上聚集。或许施特劳斯是想说："weshalb derlei Gesichtspunkte auch jederzeit den beliebten Tummelplatz demokratischer Redensarten und Plattheiten gebildet haben（这就是为什么这些观察角度构成了民主的表达方式及陈词滥调最喜欢的嬉戏场所）。" "*das Innere eines zart—und reichbesaiteten Dichtergemüts, dem bei seiner weitausgreifenden Tätigkeit auf den Gebieten der Poesie und Naturforschung, der Geselligkeit und Staatsgeschäfte, die Rückkehr zu dem milden Herdfeuer einer edlen Liebe stetiges Bedürfnis blieb*（一个精致而富有的诗人性情的内心，在它的各个领域广泛的活动中，例如诗歌和自然科学研究、社会和国家事务等领域，回归到一种高尚的爱的温和炉火状态，仍然是一个不变的需要）。（第320页）"我努力地想象这样一种性情，竖琴般富有的性情，同时又具备"weitausgreifende Tätigkeit（广泛的活动）"，这意味着一种疾驰的性情，像一匹野马一样放纵，而最终又回归到无声地炉火状态。当我认为这个疾驰的、回归到炉火状态的、忙于政治的性情是如此原始、如此疲惫、如此未经允许的"das zartbesaitete Dichtergemüt（精致的诗人性情）"时，大家是否觉得我说得有道理呢？通过这些牵强的或荒谬的新形式，人们就会认识"经典散文作家"。"*wenn wir die Augen auftun und den Erfund dieses Augenauftuns uns ehrlich eingestehen wollten*（当我们睁开眼睛，诚实地承认睁开眼所发现的）。"（第74页）在这个华丽而无意义的短句中，用形容词"ehrlich（诚实的）"来搭配名词"Erfund（发现）"给读者留下了最深刻的印象：发现了某物但不公布给大众，不承认这个"发现"的人，是不诚实的。施特劳斯反其道而行，认为有必要公开表扬并承认这一点。但是，一个斯巴达人曾问道，谁又责备过他呢？ "*nur in einem Glaubensartikel zog er die Fäden kräftiger an, der allerdings auch der Mittelpunkt der christlichen Dogmatik ist*（只有在一篇关于信仰的文章中，他才能拉紧主线，这也正是基督教教义的重点）。（第43页）"这个句子表达得仍然很模糊，他到底做了什么：人们何时拉紧主线？这里的主线指的是缰绳，而强有力的拉紧者是车夫吗？只有这样修改以后，我才能理解这个比喻句。"*In den Pelzröcken liegt eine richtigere Ahnung.*（在皮草裙子里有一个更正确的预感）。（第226页）"毫无疑问！"*der vom Uraffen abgezweigte Urmensch noch lange nicht*（从猿猴分支而来的原始人）"（第226页）就即将知道他将会把这个主意带给施特劳斯的理论。但现在我们知道了："*dahin wird und muß es gehen, wo die Fähnlein lustig im Winde flattern. Ja lustig, und zwar im Sinne der reinsten, erhabensten Geistesfreude*

（那里的小旗子欢快地随风飘扬，是的，欢快地，在那最纯粹的、最崇高的精神喜悦的意义上）。（第176页）"施特劳斯对自己的理论是如此的满意，以至于"Fähnlein（小旗子）"都变得欢快了，更特别的是，欢快的在"im Sinne der reinsten und erhabensten Geistesfreude（最纯粹的、最崇高的精神喜悦的意义上）"。现在它变得更加欢快！突然间我们看到了"*drei Meister, davon jeder folgende sich auf des Vorgängers Schultern stellt*（三位大师，每个大师都站在前一个大师的肩膀上）"（第361页），真是一件十足的骑坐艺术品，让我们想到了海顿、莫扎特和贝多芬；我们看到贝多芬像马一样（第356页）"*über den Strang schlagen*（在绳索中尥蹶子）"；一条"*frisch beschlagene Straße*（刚刚钉上蹄铁的路）"（第367页）展现在我们面前（而目前为止我们只知道刚刚钉了蹄铁的马），以及"*ein üppiges Mistbeet für den Raubmord*（一个用于杀人抢劫的茂盛温床）"（第287页）；尽管有这些显而易见的奇迹，"*das Wunder in Abgang dekretiert*（这个奇迹却已经被宣称黯然退场）"（第176页）。*Plötzlich erscheinen die Kometen*（突然间出现了彗星）（第164页）；但是施特劳斯又安慰我们："*bei dem lockeren Völkchen der Kometen kann von Bewohnern nicht die Rede sein*（彗星上松散的人群中，不可能存在居民）。"真实的安慰之词，因为不这样说的话，人们在松散的人群中，关于居民这一方面，什么也谋划不了。

与此同时，产生一个新的现象：Strauß selber *rankt sich an einem Nationalgefühl zum Menschheitsgefühle empor*（施特劳斯本人将"民族意识上升为人类意识"）（第258页），而另一边却将"*zu immer roherer Demokratie heruntergleitet*（民族意识降低为原始的民主）"（第264页）。降低！是的，并非降低！尊敬的语言大师啊，他（第269页）坚决错误地说，"*in den organischen Bau gehört ein tüchtiger Adel herein*（一个勤奋的贵族属于有机的结构）"。在一个更高的领域中，对我们而言不可思议的高，存在着一些可疑的现象，例如"*das Aufgeben der spiritualistischen Herausnahme des Menschen aus der Natur*（放弃大自然中人类的唯灵论）"（第201页），或"*die Widerlegung des Sprödetuns*（反驳腐败）"（第210页）；在第241页有一个可怕的景象"*der Kampf ums Dasein im Tierreich sattsam losgelassen wird*

（在动物王国里，关乎生存的斗争完全被释放开）"。在第359页甚至有"*eine menschliche Stimme der Instrumentalmusik bei*（一个乐器的人声）"奇迹般地"*springt*（跳了出来）"，"*aber eine Tür wird aufgemacht, durch welche das Wunder, S. 177, auf Nimmerwiederkehr hinausgeworfen wird*（然而一扇门被打开，从这扇门中一个'永不回归的'奇迹'被抛了出来'〔第177页〕）"。在第123页"*Sieht der Augenschein im Tode den ganzen Menschen, wie er war, zugrunde gehen*（在死亡中，亲眼看见了整个人类，就像他一样，正在走向灭亡）"。除了语言驯化师施特劳斯外，还没有人能够"*Augenschein gesehen*（亲眼看见）"：现在我们戴着语言西洋镜体会了这种亲眼目睹，同时想赞美施特劳斯。我们也是首先从施特劳斯这里学到了什么叫做"*unser Gefühl für das All reagiert, wenn es verletzt wird, religiös*（当我们的世界感知受到伤害时，会产生宗教式的反应）"，同时我们也会想起相应的反应步骤。我们已经知道它有怎样的吸引力（第280页），"*erhabene Gestalten wenigstens bis zum Knie in Sicht zu bekommen*（看到至少到膝盖位置的崇高形象）"，我们应该感到幸运，能够欣赏"经典散文作家"的作品，尽管有各种各样的语言限制。说实话：我们看到的是陶土制作的腿，看上去像是健康肤色，但其实只是粉饰。当然，当人们说绘制的神像就像活生生的上帝时，德国的文化市侩将感到愤

□ 唯灵论

唯灵论具有哲学和宗教上的不同涵义，虽然表达上略有区别，但两者都主张灵魂不朽。哲学上的唯灵论接近于唯心主义，认为精神存在不依附于物质，精神是唯一的现实，也是世界的本原；宗教意义上的唯灵论更接近于通灵，认为人死后灵魂仍在，且存在通过媒介（灵媒）与生者交流的倾向和能力，是一种宗教信仰。作为宗教信仰的唯灵论在19世纪40年代至20世纪20年代的信徒发展最为迅速（尤其是在英语国家），亚瑟·柯南·道尔便是其早期信徒之一。图为塞拉菲诺·麦基亚蒂关于唯灵论的画作《恍惚者》。

慨。但是，对那些敢于推翻神像的人，尽管感到愤慨，市侩也几乎不敢当面承认，他们自己已经忘记了如何去分辨活着与死亡、真实与虚幻、原始与模仿，以及神和神像之间的区别；他们也不敢直说，他们已经丢失了感受真实与正确的健康和男子气概的本能。它自己应该得到厄运：现在它的统治已经出现崩溃的迹象；现在它的紫色华盖已经脱落；而当紫色华盖落下时，爵位也必然随之而落。〔1〕

我就此结束我的表白。这是一个个体的表白；即便是这个人的声音到处都能听到，他又能拿这个世界怎么样？他的判断——给你留下最后一根来自施特劳斯的羽毛，只会有很多主观真理，却没有任何客观证明的力量，不是吗，我的朋友们？因此，继续振作下去。至少现在暂时放一放"有很多……却没有……"。暂时？也就是说，只要它始终合时宜，并且，现在比任何时候更需要这种适宜的情况下，也就是指说出事实，就会继续被认为不合时宜。

---

〔1〕参见席勒《在热那亚的费思科之阴谋》。

历史对于人生的利与弊

"不管怎样，我憎恨一切只是指导却不能丰富或直接激励我行动的事物。"[1]歌德的这句话，在我开始思考历史价值时，可以作为我的一个真诚ceterum censeo[2]。其意图是为了说明，为什么对不能激励行动的教训、缺失行动的知识，以及作为昂贵而多余的奢侈品的历史，（用歌德的话来说）我们必须严肃地加以憎恨——因为我们甚至还缺乏必需的事物，而多余的奢侈品则是必需品的敌人。诚然，我们需要历史，但我们的需求完全不同于知识花园中的闲人，即便他们傲慢地俯视我们粗鄙无华的需要与要求。换句话说，我们是为了生活与行动，而不是为了舒适地远离生活与行动，更不必说，为自私的生活与卑鄙懦弱的行动找借口。只有在历史服务于生活时，我们才服务于历史；但对历史研究的评价，有可能让生活萎缩和退化——对于这种现象，在面对我们时代某些明显的病征时，我们现在不得不承认，尽管这样可能会令人很痛苦。

我努力描述那种让我备受折磨的感觉。我把它公之于世，以此来报复它。这种描述或许会激励某个人对我说，他也有这种感觉，还说我的感觉既不纯粹也不彻底，因而，我在表达时肯定未怀着那种来自成熟经验的信心。但大多数人会对我说：这是一种堕落、不自然、可憎且受禁忌的感觉，并且，这样的感觉显示，我同这场伟大的历史运动并不相配，而这样的运动，众所周知，在最近两代德国人中特别显著。但无论如何，我将冒险描述我的感觉。因为这将给许多人称赞这场运动的机会，从而促进而非伤害一般礼节，而我自己也将得到比礼节更有价值的东西——受到关于我们时代特性的公开指导和纠正。

这些思考也"不合时宜"，因为，我试图重新审视让我们这个时代引以为荣

---

[1] 歌德致席勒，1789年12月19日。
[2] ceterum censeo：此外，我认为；可引申理解为一种观点或意见。

的东西——历史教育，并把它看成时代的错误和缺陷；因为我相信，我们都患着一场耗人的历史狂热病，而我们至少应该认识到这一点。但是，如果歌德的断言正确——我们在培养美德的同时，也在培养缺陷[1]；如果，众所周知，过度的美德——正如我们时代的历史意识一样，就像过度的罪恶一样能有效地毁灭一个民族，那么，我这般执迷不悟的沉思也就无伤大雅了。我保证，这些激起我苦痛感觉的经验多半来自我自己，取自他人时只不过为了比较而已，这让我多少能免除些责备。此外，我之所以获得这些"不合时宜"的体验，是因为我更是一个古老时代尤其是希腊时代的学生，而不是当今时代的孩子。然而，出于我作为古典学者的职业，我必须先自我承认这些，因为我不知道，倘若不是"不合时宜"，古典学术对我们的时代还有什么意义——也就是说，因与我们的时代相背而影响我们的时代，同时，让我们希望这对我们将来的时代有利。

一

想想走过身旁的那些吃草的牲畜吧：它们不懂昨日或今天的意义；蹦跳、吃草、休息、反刍，走走停停，从早到晚，日复一日，束缚于当下及其爱憎。因此，它既不忧郁，也不厌烦。人类看到这一幕会难过，因为，尽管认为人要比动物好，但还是禁不住嫉妒动物的幸福感。动物的生活，既无烦恼也无痛苦的生活，正是他想要的，但这全都是徒劳，因为他不想是个动物。人也许会问动物："为什么你不跟我说说你的幸福，只是站在那看着我？"那动物可能想这么回答："因为我总是忘记我要说什么。"然而，它马上连准备回答的这句话也忘了，因此就保持沉默。跟它说话的人只能带着不解离开。

人对自己也感到惊讶，他学不会忘记过去，反而是一直怀念过去：不管跑

---

[1] 参见歌德《诗与真》第15卷。

得多远、多快，这条锁链总跟着他。这是一件令人困惑的事：此刻转瞬即逝，前后皆为虚无，但消逝的此刻又像幽灵一般去而复返，打扰此后一刻的平静。仿佛从时间书卷中飘落的一片树叶，翩翩飘去，又倏地飘回，落在人的膝上。于是，他说，"我记得……"，然后就会嫉妒动物。因为动物总能马上忘记，对它们而言，消逝的每时每刻都是真正的消逝，永远消逝在夜晚与迷雾中。动物就这样非历史地生活。它们被包裹在现在中，像一个不留下任何笨拙碎片的数字。它们不会假装、无所隐藏。每一瞬间，它们显现的都是自己。所以，它们绝对不是任何别的东西，而是忠实的自我。另一方面，人总是在抵抗过去那庞大而又不断加重的包袱。这个包袱是一个阴暗的无形重担，让他步履艰难，甚至把他压倒、压垮。但表面上，他有时会乐于否认包袱的存在——尤其是在与同类人谈话时——以此激起他们的嫉妒。因此，看到吃草的畜群，或者，看到身边尚无过去可抛却的孩童，天真幸福地在过去与未来的围栏中嬉戏之时，他就像看到了失却的天堂一般。然而，这样的嬉戏必然被打断，并很快把他从遗忘之国召唤出来。接着，他就能理解"过去"这个词的含义：这个通关密码（过去）给人以冲突、痛苦和厌腻，提醒他此在的根本状态——一个永远不会完成的未完成时。当死亡最终带来渴盼的遗忘之时，它同时会消灭现在以及一切存在，并在这样的认知上打上印记，即，存在只是一个永不间断的"曾经"，是一个借助自我否定、消耗与抵触而存在的事物。

　　如果幸福和对新幸福的追求，是把生存者束缚到生活以及让他们继续生存下去的镣铐，那么，也许没有比犬儒学派更有道理的哲学了，因为动物的幸福，就如同犬儒学派的幸福一样，是犬儒主义真理的证明。最小的幸福，只要它不间断地存在，并且使人快乐，那么，它比无可比拟的最大幸福还幸福，倘若这最大幸福只是一个插曲，像是不快乐、欲求和贫乏连续体中任性与愚蠢的片段。但不管是最小还是最大的幸福，让幸福成为幸福的总是同一种东西：遗忘的能力。用更学术的方式表达的话：在一段时间内非历史地感受的能力。坐在这一刻的门槛上，谁不能忘记一切过去，谁就不能像胜利女神那样平静地站立，既不晕眩，也不害怕，也就将永远不知幸福为何物，更糟糕的是，他永远做不出让别人幸福的事。想象一个可能的极端的例子：一个人不具备遗忘的能力，注定到处看到的是"演变"的状态，这个人再也不相信自己的存在，也不相信自己。他看到的一切都是分散的流逝，并迷失在这变化的溪流之中。像个赫拉克利特的忠实信徒般，他最后似乎连手指头都不敢举一下了。遗忘对任何行为都很关键，正如光明与黑暗为一切有机生命所必需一样。一个人若是一直历史地感受事物，那么，他就像一个被迫剥夺自己睡眠的人，或者一头只能靠反刍生存并不停反刍的动物。因而，没有记忆，不仅能生活，而且能快乐地生活，动物就是那样。但没有遗忘的生活则完全不可能。或者，用更简单的话来说我的结论：失眠、反刍或是"历史感"，倘若超过了某种程度，就会伤害并最终毁灭存在的东西，不管是一个人、一个民族还是一种文化。

如果不想让过去成为现在的掘墓人，同时要确定这个"程度"以及过去被遗忘的界限，那么，就应该弄清楚：一个人、一个民族以及一种文化的"可塑力量"有多大。我说的可塑力量指的是，那种以自己的方式超脱自我的能力，那种改变并将过去与陌生的东西融入自身的能力，那种治愈创伤、找回失却与破而后立的力量。有些人的这种力量很小，乃至于一个小小的经历、一件痛苦的事件、经常是一件很小的不白之冤，就让他们毁灭，像是让人流血而死的小小划伤；还有另外一些人，他们不会因为最可怕的灾难，甚至是他们自己的罪恶，而受到多少影响，即便是在这些事件发生当时或事后不久，他们还能够心安理得、处之泰然。一个人内在的天性之根越深，他就越能轻而易举地吸收利用过去的东西；最强大最可怕之天性的特点是——对历史感开始蔓延的界限毫无所知；这种天性会吸收并消化过去的一切，包括自己的过去及其最排斥的东西，并把它融入血液。这种天性会忘掉它所不能克服的东西。它最终会不存在了，视野被封闭，没有东西提醒另一边还有人、激情、教义与目标。这是一个普遍的规律：一个生命，只有在一定的界限之内，才会健康、强壮、开花结果；如果不能给自己划个界限，又过于自我而见不得别人的意见，那么它就会逐渐衰弱，或加速夭折。不管是对个人还是民族，快活、良知、快乐的行动及对未来的信心，都依赖于一条将可辨的光明与模糊的黑暗划开界线的存在；在对的时候遗忘，在对的时间想起；一种强大的本能，让人感受到什么时候该历史地感受，什么时候该非历史地感受。这正是要请读者思考的问题：对于个体、民族与文化的健康而言，历史与非历史地感受有同等的必要性。

首先，每个人都应该观察到：一个人的历史感与知识也许非常有限，他的视野就像阿尔卑斯山谷居民的视野一样狭隘，他的所有判断都有偏颇，他可能错误地认为他的全部经验都源于自己。尽管有这些偏颇与错误，他还是带着最佳的健康与活力站在那里，让每个人看到他的快乐，而在他身旁有一位远比他公正、博学的人，却病恹恹地几乎崩溃，因为他的视野界限一直在变，无法为了意志与欲望的简单行为，摆脱他那正义与真理的脆弱之网。另一方面，我们看到动物非历史地活着，其界限几乎降为了一个点，却有着某种幸福，至少它们没有倦怠和伪装。因此，我们应该认为，一定非历史的感受能力是一种更重要更基本的能力，它构成了一切合理、健康与伟大，一切真正人性的生长基础。非历史的感受就像一种空气，生命在其中萌芽生长，并随着它的毁灭而消亡。事实上，只有通过思考、反思、比较、区别和推论把界限强加给非历史的因素，通过包含生动闪光之云的现象，同时借助把过去拿来为人生服务的能力，以及把已经发生与将要发生的融入历史的能力，人才能成为人。然而，过量的历史会让人再次停止存在；没有了非历史的包裹，人就永远不会开始，也不敢开始。如果人没有先走进非历史的迷雾，人还有能力完成什么功绩呢？或者，抛开这个比喻，来看个例子：想象有个男人，被一种为了女人或者伟大信念的强烈情感所左右，那么，这个世界对他将是多么不同！身后的一切，他都视而不见，周围听到的，尽是无趣的无意义的噪声。然而，他能感知的一切，就好像他从未感知过一样，一切都是如此切近、有色有声、光彩鲜明，仿佛能用所有感官一下子感受到。他的所有评价都改变了、贬值了；对许多事物，他不再能作出评价，因为他几乎感觉不到它们了：他问自己，为什么长期被别人的意见与言辞所愚弄；他惊讶于他的记忆不懈地绕着一个圈转，过于软弱、疲惫，以至于连半步都跳不出去。在这种条件下，人最没有可能保持公正；对过去狭隘、不知感恩，对危险视而不见，对警告充耳不闻，成为黑夜与遗忘的死海中一个小小的生命旋涡。然而，这种始终非历史的、反历史的条件，不仅是不公正的来源，也是每个公正行为的来源；倘若不在这样的非历史条件下期盼并奋斗过，那么画家作画、将军凯旋、民族自由将不可能。如果一位行动者，用歌德的话来说，总是没有良知，那么他也就一直没有知识。他为了做一件事而忘掉太多事，他对他身后的事物是不公正的，他认识到的只有正在形成的权利。因此，他对他行动的无限热爱，超过了应有的程度。最好的行动就是在这样一种过剩的热爱中发生，因而它一定不匹配这份热爱，无论其价值在其他方面多么无法估量。

如果一个人能从足够多的事例中嗅到每个伟大历史事件发生的非历史氛围，那么，作为一个有感知力的人，他或许可能把自己上升到一个超历史的有利地位，对此，尼布尔将它描述为历史沉思的可能后果。"以清晰而详尽的方式把握历史，"他说，"这，至少在一个方面有用——它让我们认识到我们浑然不知的，甚至人类最伟大最高尚的灵魂，也只是通过眼睛采纳并强迫别人也采纳看待事物方式的偶然性。这里说的是强制，就是因为他们的意识超乎寻常的强烈。如果不能十分清楚地在大量事例中把握这一概念，那么，他就会屈服于一个能把最大的热情投入到现有的形式之中的更强大灵魂的影响。"我们在这里可以用"超历史的"这个词，因为处于这个有利地位的人，再也不能感受到继续生活或参与历史的诱惑，因为他认识到一切发生的必要条件——行动者灵魂中的盲目与不公；的确，他将治愈曾经把历史看得太严肃的毛病，并从所有人与所有经验那里——无论是希腊人或土耳其人；1世纪还是19世纪的某个时刻——学会回答如何以及为何而生的问题。问问你认识的人，他们是否愿意将过去10年或20年重新来过，你会轻易发现，其中谁为非历史立场而生。这些人都会说不愿意，但给出的理由因人而异。有些人会自我安慰道："未来的20年会更好。"他们就是大卫·修姆置以嘲笑的那些人：

> 希望从生活的渣滓中获取
> 第一次明快的奔跑所不能给的东西

让我们称他们为历史的人。回顾过去迫使他们面向未来，给他们继续生活的勇气，点燃他们的希望——他们想要的仍会到来，幸福就在他们朝其前行的山丘之后。这些历史的人相信，在这个过程中，此在的意义会越来越明晰，他们朝过去回眸，以便认识现在，并更强烈地渴望未来；他们不知道，虽然他们专注于历史，但事实上是在非历史地思考与行动，或者说，他们的历史事业并非服务于纯粹知识，而是服务于生活。

□ **象形文字**

古埃及人于五千多年前发明了象形文字并将其作为一种写作系统，这种文字由图画文字演化而来，总体而言是一种表意文字（有学者于罗塞塔石碑上发现了部分表音作用的象形文字），被认为是人之思维的具现化。在新柏拉图派哲学中，特别是在文艺复兴时期，象形文字也被视为神秘思想的艺术表现形式。

但我们的问题也可以有不同的答案。也许是否定回答——但理由不同：这个回答出自超历史的人之口。他们在过程中看不到救赎。并且，对他们而言，世界在每时每刻都已完成并达到终结。因此，过去十年不能教给我们的东西，未来十年又怎么会教给我们？

不管这种教育的目的是幸福、屈从、美德还是赎罪，超历史的人从来没有达成一致。但是，在反对历史地看待过去的方式时，他们的意见完全一致：过去与现在是一体的，也就是说，两者在所有典型特征上有完全一致的多样性，作为永恒类型的普遍存在，也是一个静止不动的结构，其价值无法改变，其意义始终如一。正如成百上千的语言，对应了人们相同的典型需要，所以，了解这些需求的人，就不能从任何这样的语言中学到任何新东西。因此，超历史思想家从内部看待民族与个人历史，明察秋毫地感知不同象形文字的原始意义，并逐步厌倦而回避层出不穷的新符号。事件无休止的泛滥怎能不让他厌腻、过饱和反胃呢？最终，他们当中最大胆的人可能由衷地与贾科莫·莱奥帕尔迪一起说：

有生命的东西都不值得

让你激动，

而地球也配不上一声叹息。

存在是痛苦和无聊，

而世界只是尘土——再无其他。

你要冷静。

不要理睬超历史人的厌恶与智慧了。今天，让我们在自己的不智慧之中愉悦一次，并且，作为行动与进步的相信者，作为世界历程的尊重者，让我们享受生活。也许，我们对历史的评价只是西方的一种偏见，但让我们至少在这种偏见中前进，而非静止不前！让我们至少学会如何更好地用历史为生活服务！那么，我们就会高兴地承认，超历史人的世界观比我们的更有智慧，但前提是，我们确信我们有更好的生活，因为这样的话，我们的不智慧会比他们的智慧有更好的未来。关于生活与智慧的对立意义，为了不留下任何疑问，我要用一种久经验证的古老方法，提出几个论题。

一种完全明白的归结为知识的历史现象——对认识到这一点的人来说——已经死亡，因为他从中意识到了谬见、不公、盲目激情，以及有关这个现象的完全世俗且黑暗的边界，从而理解了它在历史中的力量。但现在，如果他还是个追求知识者而非追求生活者，那么，这种力量就会变得软弱无力。

历史成为纯粹至上的科学，这对人来说是一种人生的总结与清算。历史只有作为一种新的强大的人生溪流、一种演变文化的服务者，才能对未来有意义；也就是说，历史被一种更高的力量而不是被历史本身所支配引导。

历史，只要它服务于生活，就是服务于非历史的力量。而在这个从属地位上，它可以永远不会成为像数学那样的纯科学。然而，生活在多大程度上需要历史服务，是关于个体、民族与文化健康一个最重要的问题之一。历史的过量会让生活破碎退化，并继而让历史最终也退化。

二

然而，应该清楚地领会生活需要历史服务这一情况，正如后面要阐明的——过量的历史对生者有害。历史在三个方面涉及生者：人作为行动者与奋斗者而存在；人作为保护者与尊敬者而存在；人作为受难者与寻求解救者而存在。这三种关系对应了三类历史——纪念的、好古的和批判的历史，假如可以在三者间进行区分的话。

历史首先属于那些有功绩与权力的人，他们进行着伟大的斗争，需要榜样、老师与安慰者，但在同时代中却找不到这样的人。因此，历史属于席勒。正如歌德所说，我们的时代是如此邪恶，以至于诗人在自己周围人当中，再也找不到可用的天性[1]。当波利比乌斯称政治史为治国的妥善准备时，他脑海中想到的是行动的人。他们也是最好的老师，通过别人的不幸，教导我们如何坚定地经受际遇变化。从中认识了历史意义的人，在看到好问的游客，或者学究式的显微学家，攀登上过去伟大时代的金字塔时，必定会气愤；在能找到效仿与改进灵感的地方，他不愿遇到渴望消遣或刺激的在画廊画作间徘徊的闲人。在这些虚弱的无可救药的闲人中间，以及周围看来活跃但实际仅在熙攘涌动的人群中，在朝目标前进时，行动的人会向后注视，停下来喘气，以避开这样的绝望与恶心。他的目标是幸福，可能不是他自己的幸福，而是整个民族或人类的幸福。他逃脱屈从，并需要历史作为武器来抵抗。除了名声，几乎没有什么其他的回报，也就是说，他期望在历史的庙堂中有一个神龛，让他成为后来者的老师、安慰者以及劝诫者。他的戒律是，让"人"的概念扩大并使其更美好的过去的一切，都必须永久地存在，以及永久地实现。人类个体斗争中的伟大时刻构成了一个链条，这个链条就是一座人类的山峰，把跨越千年的人类连接起来。而这些远去时刻的顶峰对我而言仍然存在，壮观而伟大——这是人类信仰的基本观念，在对纪念的历史的需求中得以表达。伟大的东西应该永恒，正是对此的需求导致了最可怕的斗争，因此

---

[1]歌德致埃克曼，1827年7月23日。

每个生命都说"不"。纪念的历史不应该存在——这是他们反对的口号。完全是卑鄙与渺小的冷漠习惯，充斥着世界的每个角落，像地球的沉重呼吸一样在伟大的东西周围翻腾，横亘在通向不朽的道路上，阻碍、欺骗、压制并使其窒息。然而，这条道路通过人的头脑。通过那些胆小而短命的动物的头脑（这些头脑一再为了同样的需要与痛苦出现，并只能辛苦而短暂地摆脱毁灭）。他们第一也唯一想要的是：不惜代价的生存。谁会把他们同不朽的历史（依靠它，伟大的东西得以永存）的艰难接力赛联系起来？然而，总会唤醒一些人，他们从过去伟大的反思中获得力量，并因人生是美好的东西而受激励，而这棵苦树所结出的最甜美的果实便是一种认识——曾经有个人自豪而强壮地活着，另外一个人陷入了深思，第三个人富有怜悯与慈悲之心——然而，他们都留下了一个教训：那些不尊重存在的人活得最好。如果平常人用忧郁的严肃看待这一短暂的时光，并且拼命地抓着不放，那么，在通往不朽与纪念的历史之路上，我们所说的人已经知道如何带着奥林匹斯山诸神的微笑，或至少是一种高傲的嘲讽来看待它。他们经常带着自嘲微笑地走进坟墓，因为，他们还有什么可埋葬的！只有一直压制他们的渣滓、垃圾、虚荣、兽性。在长期以之为蔑视对象之后，现在终于归于遗忘。但有一样东西会存活，那就是他们最本质存在的标记、作品、行为、稀有的教化以及创造，因为这些是后代人不可或缺的。在这个美化的形式之中，声名是某种比我们的自私还甜美的东西，正如叔本华所称："这是对所有时代伟大的同一性与连续性的信仰，对时代更替以及世事无常的抗议。"[1]

过去的这个纪念性的概念，以及对古代经典与珍稀之物的研究，究竟对当代人有何用途？他从中认识到，已存在过的伟大事物，因为曾经可能，所以也能再次成为可能。他迈着更欢快的步伐走自己的路，因为，在他懦弱时刻纠缠他的疑问——也许，他是否渴望这种不可能——现在已经打消。倘若有人相信，扫除在当今德国成为潮流的伪文化形式，只要不到一百个新精神培养出的积极的工作者，那么，这将极大地增强他的信念：文艺复兴时期的文化就是在另外一百人的

---

[1] 参见叔本华《附录与补遗》，第一卷。

肩上建立起来的。

然而，要从这个例子中学到一些新的东西——这个比对就显得多么含糊、多么不确定！如果要产生这样巨大的效果，那么，我们有多少过去的东西不得不忽视，过去有多少个性的东西将被迫进入一个普遍的模子中，磨平棱角，以达到某种一致性？说到底，事实上，唯有在毕达哥拉斯所相信的——当天体的星位重复出现，地球上微小的事件也会再次发生——是正确的时候，过去可能发生的会再次成为可能。因此，每当星辰以某种关系分布排列时，斯多葛主义者和伊壁鸠鲁主义者就会一起谋杀凯撒，而另外的分布组合又会昭示哥伦布再次发现美洲大陆。只有当大地戏剧在第五幕之后重又开始演出，并且确定的是，在固定的时间间隔内，相同的动机、相同的天外救星、相同的灾难会再次发生，那么，有权力的行动者才敢渴望那完整的圣像式的真实性中纪念的历史，也就是说，每个个体特性都被详尽描绘的真实性。但是，毫无疑问，这恐怕只有当天文学家变成了占星家后才会发生。到那时，纪念的历史对于绝对的真实性将毫无用处：它总是处理近似与普遍的东西，让有差异的东西变得相似，总是消减动机和刺激的差异性，以便于展示纪念的结果，也就是某种榜样的值得模仿的东西，以因为代价。由于它尽可能远离因，人们可以稍微夸张地把它称为"果自身"的集合，称为对未来时代产生影响的事件的集合。在流行节日、宗教或战争纪念日庆祝的东西，确实就是这样一种"果自身"；它使野心勃勃者不眠，犹如护身符一般戴在勇敢者的心上，但这真的不是真正的历史的因果联系，这种联系若能完全被理解，只能证明，运气与未来的博弈永远不会再产生同过去完全一样的东西。

只要历史学的灵魂是有权力的人从中获得的伟大推动，而过去不得不被描述成值得模仿、可以模仿及有再次发生可能的东西，那么，过去就总有遭受某种歪曲、美化以及成为自由的诗歌创作的危险。历史上确实有一些时代，让我们几乎无法区分纪念的过去与虚构小说，因为，相同的激励既可以来自这个世界，也可以来自那个世界。因此，倘若这种纪念的历史支配了其他方式，我说的是好古的与批判的历史，那么过去本身就会受到伤害：整个过去部分就会被遗忘、鄙视，在一条不间断的无色河流中流逝，只有个别粉饰的事实像岛屿一样显露出来，而

在雅典学院的毕达哥拉斯

毕达哥拉斯（约前570—前495年）兼有数学家、哲学家、音乐理论家的三重身份。他对于数学最为痴迷，认为数学可以解释世界上的一切。他在几何、数论等方面均有贡献，如"毕达哥拉斯定理""黄金分割"。此图则为拉斐尔在梵蒂冈教皇宫内壁画《雅典学院》的截取部分：一个年轻人向毕达哥斯拉展示了用四分（或称圣十）结构的绘图作为里拉琴图解的画板，毕达哥拉斯则在书上写着什么。

看见的少数人物，身上都有一些超自然的奇异之物，就像毕达哥拉斯的学生们在老师身上看到的黄金大腿[1]那样。纪念式的历史通过类比来欺骗：它用诱惑性的类似刺激勇敢者鲁莽、让受激励者狂热；并且，设想这样的历史掌握在天才的自私自利者和狂热恶棍的手中和头脑中，那么，我们会看到国家被破坏、王子被杀、战争与革命的爆发，而历史的"果自身"，即因不充分的果，愈演愈烈。想想在有权力与成就的人中间，不管这些人是善是恶，纪念的历史造成的伤害。那么，当它被无能又懒惰的人掌握并利用时，可能会发生什么！

让我们举个最简单最常见的例子。想想那些非艺术的天性，以及那些被艺术家纪念的历史"武装"不佳的半艺术天性，它们现在会对谁拿起武器？——它们的头号敌人，强大的艺术灵魂，也就是说，那些靠自己就能以一种提升人生的方式学习历史的人，他们能把学到的东西转化到更高的实践中去。倘若把过去某个时代一知半解的纪念物，作为偶像竖起，并狂热地绕之舞蹈，就好像在说："看看，这是真正的艺术，不要管那些正在演变以及渴望新事物的艺术！"那么，这些人的道路就会被阻塞，他们的自由气息就会被压抑。跳舞的人群似乎掌握了决定高雅品味的特权，因为与那些冷眼旁观的人相比，有创造力的人总是处在不利地位；就好比所有时代的闲谈政论

---

[1] 亚里士多德曾记载称毕达哥拉斯拥有黄金大腿。

家都比真正统治的政治家们更聪明、更有判断力、更审慎。但是，如果把全民公投和多数表决的那一套用到艺术领域，而艺术家被迫在无所事事的审美人士法庭面前为自己辩护，那么可以事先断定，他会被定罪。这不是因为法官已经庄重地宣告了纪念性艺术的准则（也就是说，按照已有的定义，艺术在所有时代都有效果），而恰恰是：对他们来说，任何当代的艺术都是不必要的、没有吸引力且缺少历史赋予的权威，因而还不是纪念性的艺术。另一方面，他们的直觉告诉他们，艺术会被艺术屠杀：纪念性的东西永远不会复制，且确定并非他们唤起了过去纪念性东西的权威性。他们是艺术的鉴赏家，因为他们想灭掉艺术；他们假装是医生，实际意图却是想制毒；他们发展了自己的趣味与口味，为的是把这种变质了的口味作为借口，固执地拒绝所有提供给他们的有营养的艺术食粮。他们不期望看到新的伟大事物出现——他们防止的手段是说："看看，伟大的东西已经存在了！"事实上，不论是即将出现的伟大事物，还是已有的伟大事物，他们都漠不关心：他们的生活就是证明。纪念的历史是他们的伪装，他们把对自己时代的伟大与强大事物的憎恨伪装成对过去时代的极端崇拜。他们把这种看待历史的方式的真实意义颠倒成相反的东西，不论他们是否意识到，他们的行为体现的是这样一句座右铭："让逝者把生者埋葬。"

这三种看待历史的方式都植根于特定的土壤与气候中。一旦换到其他地方，它们就会长成无用的杂草。想创造伟大的人需要过去时，他就要借用纪念的过去；另一方面，一个人执着于传统的和可敬的事物，就倾向于作为好古的历史学家对待过去，而一个被迫切需要所折磨、想不惜代价地摆脱这一包袱的人，就需要批判的历史，也就是评判与谴责的历史。要知道，轻率地移植这三类植物会带来很多伤害：没有需要的批评家、没有虔诚的好古者、认识到但做不到伟大的人，这些都是脱离了母土退化成杂草的植株。

三

历史属于那些保护并敬仰过去的人。这样的人带着热爱与虔诚，回首他生长与存在的地方；这份虔诚是他对自己存在的致谢。他精心照料过去存续下来的东西，想为后来者保存他此在的条件，从而为生活服务。在他的灵魂里，拥有祖传物品的意义改变了，它们反而拥有了他的灵魂。渺小、受限、腐朽以及过时的东西获得了尊严和不可侵犯性，因为好古者的保护与敬仰的灵魂已经进入到它们中间，成了自己灵魂的安乐窝。城市的历史成为他自己的历史；他看到的城墙、有塔楼的城门、规矩与规定、假日，就像是他年轻时的一本插图日记，并在其中看到了他自己，他的力量、行业、快乐、判断、愚蠢和罪恶。他对自己说，过去我们生活在这里，因为我们现在生活在这里；我们将来还要在这生活，因为我们坚韧，不会在一夜之间被摧毁。在这个"我们"的帮助下，他看到了他个人短暂存在之外的东西，认为自己是自己房屋、家庭以及城市的灵魂。有时候，他甚至穿过几个世纪漫长的纷乱，欢迎自己民族的灵魂，像欢迎自己的灵魂；他的才能和美德，存在于感受认知过去与事物模样的能力，也就是察觉几乎消失的痕迹、快速正确地阅读过去的能力，不管这重写的过去多么纷繁复杂。歌德就是带着这样的才能与美德站在埃尔温·冯·施泰因巴赫的不朽作品前，他感情的风暴撕开了遮挡着他们的历史云层；他一眼就认出了"通过强大粗犷的德意志灵魂发挥作用"[1]的德意志艺术作品。这也正是引导文艺复兴时期意大利人的一种趋势——重新唤醒了诗人们的古意大利人的才华，正如布克哈特所说的"远古弦乐的绝妙回响"。但是，对过去敬畏的这种好古感，其最大的价值在于，在一个人或一个民族所生存的简陋、粗鄙甚至恶劣的条件下，传播一种简单的幸福与满足感。比如，尼布尔[2]以可敬的坦率承认，在沼泽与荒野，在一群有某种历史的自由农民中间，他会生活得很满足，并且绝不会感受到缺少艺术。让那些不受眷顾的几代人与民族满足于自己的家乡与习俗，并限制他们流浪异乡，为寻找更有价值的东西而陷入争斗，历史对于人生的服务还能比这更好吗？有时候，这种对自己环境与同伴的固守，这种对自己劳苦习俗的固守，这种对光秃山坡的固守看起来固执

---

[1] 参见歌德《论德国的建筑艺术》。
[2] 巴托尔德·尼布尔（1776—1831年），德国政治家，历史学家，彼时德国古罗马历史学研究的领军人物，也是现代历史学的奠基人之一。

而无知，但这是一种非常有用的无知，对人类社会有好处。那些知道对冒险与迁徙渴望的可怕后果的人（尤其是当所有民族都被这样的渴望所笼罩之时），那些就近看到了一个民族不再对自己的起源忠诚并让位于对新事物的无止境追求的人，都会知道这一点。与此相对立的感受是，树木对其根的满足，一种知道个人不是完全随意偶然之产物，而是作为从过去生长而来的花朵和果实的幸福感，亦即对自己的存在有了理由以及合理性的幸福感——这就是今天我们通常认定为真正历史感的东西。

尽管如此，这种条件当然不是把过去分解为纯粹知识的最有利条件，因此，正如同纪念的历史那样，我们在这里也察觉到，当历史研究服务于生活并被重要的动机所指引时，过去本身就会受到伤害。拿一棵树来作比吧：树冠看不到树根，却能够感觉到它；但这种感觉靠看到枝干的大小粗壮来判断。然而，如果这种感觉是错误的，那这棵树对周围整个森林的感觉，也必将大错特错。毕竟它所认识的森林，只是在森林妨碍或推动它生长的层面上的认识。一个人、社会以及整个民族对历史的好古感的视野也极其有限，它没有察觉到大多数存在的东西，即便是察觉到了，也必然看得太近太孤立；它不能把所看到的同其他东西关联起来，因而把一切看得同等重要，并给予所有东西太多的重要性。这里缺少了价值差异以及主次观念，因而，不能以真实公正的方式区别过去的事物；他们的尺度与分寸总是同回首的古老民族或个人相一致。

这总会产生一个迫近的危险，即把看到的一切古老东西视为同等尊贵，而一切对古老的东西没有敬畏之心的事物——也就是说——一切新演变着的东西，都会被拒绝和扼杀。就这样，在希腊人造型艺术中自由与伟大的风格之外，他们还包容了僧侣风格。后来，他们不仅容忍了严肃的尖鼻冷笑，甚至还对其进行崇拜。如果一个民族的感觉就这样僵化，如果历史研究以一种持续的破坏来服务于过去的生活，尤其是更高的生活，如果历史感不再保存生活而让其干瘪成木乃伊，那么，树就会从上往下非自然地慢慢枯死，最终树根也就没了。古老的历史，从当下的新鲜生活不能再给予它生机与激励的那一刻起，开始退化。虔诚消亡，但学者气质的习惯继续存在，并绕着它自己的中心自私而自满地旋转。这时，我们看到了令人厌恶的一幕：人们盲目地收藏，无休止地搜罗一切存在过的古老东西。人把自己笼罩在发霉的空气中，他好古的历史成功把一种更有创造性的气质、一种高贵的渴望，降低为一种对新奇事物的贪得无厌——对一切古老东西的好奇心；他陷得如此之深，以至于他最终对任何食物都满足地狼吞虎咽，甚至是古老文献上掉下的尘土。

即便这种退化并未发生，而好古式的历史也没有失去它植于其上才使生活受益的基础，但如果它成长得过于强大，压制了其他对待过去的方式，足够的危险仍然存在。它只知道如何保存生活，却不知如何创造生活；总是低估正在成长的东西，因为它不具备预言的本能，比如，像纪念的历史那样。因此，它阻碍了尝试新鲜事物的坚定决心，从而使行动者麻痹，而作为行动的人，行动者，将会并且必定违背某些虔诚或类似的东西。已经变得陈旧的事实总会产生让自己不朽的要求。一个人考虑到一件古物——祖先古老的习俗、宗教信仰、继承的政治特权——在其存在过程中经历的种种，以及个人与几代人给予多少的虔诚与崇敬后，他都会觉得，用新事物取代古物，把对正在生成以及刚到来的一种虔诚与敬畏，用来反对过去累计的种种虔诚与敬畏，看起来不仅狂妄，而且不道德。

在这里已经清楚的是，除了以纪念与好古的方式对待过去外，人类还需要第三种方式，那就是批判的方式。这同样是服务于生活方式。为了生活，人必须拥有并不时运用这种力量，去打破和分解一部分过去。为了做到这一点，他把过去带到法庭上，对它进行审慎地审判，并最终定罪。然而，一切过去都值得定罪，因为这正是人世的本质，在这其中，人的暴力与弱点往往发挥了巨大作用。在这里，审判席上坐着的不是正义，宣读判决的更不是仁慈，而只是生命自身——那种永不满足地渴求其自身黑暗的驱动力。判决也总是残酷、不公正的，因为它从来不是产生于纯净的知识源泉的；但即便是公正本身作出的判决，结果也大体一样，"一切存在理应归于毁灭。因此，什么都未存在过倒是更好"[1]。能够生活，并忘记生活和不公正是相同的东西，这需要巨大力量。路德本人说过，"世

---

[1] 参见歌德《浮士德》第一部。

界的存在只因上帝一时的疏忽；如果上帝预见到了大炮，他决不会创造世界"。有时，需要遗忘的生活同样也让遗忘被暂时搁置；它想搞清楚一切存在到底有多么的不公正，比如说，特权、种姓、王朝，以及它们多么应该灭亡。于是批判地看待过去，用刀子去挖它的根部，无情地践踏所有的虔诚，这一直是一个危险的过程，尤其是对生活本身而言。那些通过对过去的判决与毁灭来为生活服务的人或时代，总是危险而有害的，同时也使自己濒临危险。我们只不过是先辈的后果，亦即他们失常、激情、错误甚至罪恶的产物，我们永不可能摆脱这一锁链。尽管我们谴责这些失常，并认为我们已摆脱了它们，但这改变不了我们起源于它们的事实。我们最多是用我们的知识去对抗我们继承遗传的天性，通过一种新的严格的学科来抗争我们先天的继承，并把新的习惯、新的本能以及第二天性注入我们自身，以让第一天性凋零。作为一种后验，这种尝试是想给自己一个可能的过去，以反对我们真的来源的那个过去——但这种尝试往往是危险的，因为很难找到一个否定过去的限度，而且第二天性通常都弱于第一天性。经常发生的是，我们知道什么好却不去做，因为我们也知道什么更好但我们也做不到。但是，到处都取得了胜利——对于争斗者——那些为了生活而批判地对待历史的人，甚至还有显著的慰藉，那就是知道，第一天性曾经也是第二天性，而每个胜利的第二天性都会成为第一天性。

□ 在瓦尔特堡布道的马丁·路德

由于提出了《关于赎罪券效能的辩论》(《九十五条论纲》)反对赎罪券，讨论教会的腐败而挑战了教皇权威，马丁·路德引来了强烈的宗教攻击(被判为有罪、革除教籍并被焚毁著作)。他在此后化名约克，藏匿于瓦尔特堡(约1年)，在此演讲写作；也正是在瓦尔特堡，路德将整本《新约圣经》由希腊文译为了德文，同时开始翻译《旧约》。图为雨果·沃格尔的《在瓦尔特堡布道的马丁·路德》。

四

　　这就是历史能够为生活提供的服务；每个人和每个民族，按照自己的目标、精力与需要，对过去有某种认识，这种认识时而是纪念的历史，时而是好古的历史，时而又是批判的历史。但这种需要不是只对生活旁观的单纯思想家的需要，也不是单纯知识就能满足且以知识本身累计为目标的求知者的需要，而是永远只为了人生的目标，从而处于这些目标的支配和最高领导之下。这是一个时代、一种文化和一个民族与历史之间的自然联系。它靠饥渴来唤醒，靠需要的程度来调控，靠内在的可塑力来界定。所有时代对过去认识的渴望，都是为了服务于现在和将来，而不是削弱现在或者剥夺生气勃勃的未来的根。这一切都像真理一样简单，即便是对于没有靠历史证据予以证明的人，这也显而易见。

　　现在，让我们快速地看看我们的时代吧！我们惊愕，我们回避：人生与历史关系的清晰、自然与纯洁哪去了？我们眼前的这个问题混乱到让人烦躁不安、极其夸张的地步。这是我们这些看这个问题的人的过错吗？或者，人生与历史的星位因介入的一颗强大的充满敌意的星辰而确实发生了改变？让别人证明我们看错了吧，我们还是想说出我们看到的东西。我们看到的确实是一颗星，一颗明亮又灿烂的星介入其中，而星位确实被改变了——因为科学，也因为对历史应当是门科学的需要。现在生活的需要不再支配过去的知识，也不对它施加限制：所有界限被撕破，一切存在过的东西都朝人类袭来。全方位的视角被后移到一切演变的开端，回到无穷尽。还没有哪个时代看到过有关普遍演变的科学亦即历史学展示的如此壮观的景象，虽然它的座右铭如此危险而大胆：Fiat veritas, pereat vita。[1]

　　让我们用刚刚说过的来描绘一幅引入现代人灵魂的精神事件的图画。历史知识总是从永不枯竭的源泉中涌出，而陌生无关的力量迫使其继续向前，记忆敞开了所有大门，但还是敞得不够，它天性辛劳地接待、安排这些奇怪的客人，并给

---

[1] 要有真理，纵使生命消亡。

以荣誉,但这些客人却彼此斗争,而为了不在他们的冲突中消亡,似乎有必要限制并控制他们。这样一种混乱、狂暴和冲突频发的家庭的习惯,逐渐成为了一种第二天性,虽然相比第一天性,这第二天性毫无疑问孱弱得多,不安分得多,并且彻头彻尾不健全。最终,现代人拖着一大堆无法消化的知识石块,就像童话故事那样,有时候会听到它们在人体内的碰撞声。这种碰撞声暴露了现代人最有特色的品质: 一种古老民族闻所未闻的显著的对立,也就是,互相悖逆的内在与外在间的对立。在不渴望甚至违反个人需要的情况下接受的知识,不但不会对外在世界的改变有影响,反而会被隐藏到混乱的内心世界,而现代人却奇怪而自豪地称之为自己独特的内在性。然后有人会说,内容有了,但形式丢了。但对于有生命的事物而言,这样的对立十分不当。这是为什么我们现代的文化不是一个有生命东西的原因——不依赖这样的对立,它就不能被理解;它不是一种真正的文化,而是一种有关文化的知识;这是一种对文化的思想与感觉,但却不是从中产生的真正文化上的成就。与此相反的是,真正的激励并且表现出来的可见行动,不过是无关紧要的习俗、可怜的模仿,甚至是一个粗糙的漫画。然后,文化敏感性就安静地躺在内心当中,像一条吞咽了整只兔子的蛇,卧在阳光下,避免任何不必要的行动。现在,内在过程成了事物本身,正是实际构成"文化"的东西。认识到这一点的人只有一个愿望,那就是,这种文化不要因消化不良而消亡。想象一下,比如,希腊人看到了这样的文化:他会发现,在现代人那里,"受教育"与"受过历史学教育",似乎是同一回事,仅在口头上有区别。如果他说,一个人受过教育,但却没有受过历史学教育,现代人会摇摇头,以为自己听错了。一个不太遥远的著名民族,希腊人,在其鼎盛时期,曾经顽强地保持着一种非历史意识。倘若现代人被神奇地送回到那个时期,他可能会认为希腊人很"没文化",而现代文化极力遮掩的秘密自然会暴露给世人,并遭到嘲笑;我们现代人没有自己的文化,只有用别人的时代、风俗、艺术、哲学、宗教和发现来把自己填满,才能让自己成为值得一看的东西,也就是说,成为行走的百科全书——穿越到我们时代里的古希腊人可能会这样称呼我们。在百科全书中,一切价值都在于其中包含的东西,在于内容,而不是封皮和书套,因此,整个现代文化本质上都是内在的，而书的装订者会在封面印上《外在野蛮之人的实用内在文化手册》。的确，一个愚昧的民族，倘若是按照其粗鄙需要而发展壮大，那么，这种内在与外在的对立，会让他们的外在更为野蛮。对于自然而言，还有什么办法能克制类似的太过繁茂的东西呢？只有一个：尽可能少地拥抱它，以便迅速地驱逐并消灭它。从其中会产生一种习惯，即一种不再认真对待现实的东西，并继而产生软弱的个性，最终，真实与存在的东西只能留下很浅的印象；对外表更不关心，并且，如果大量值得了解、能够整齐地放进记忆匣子的新事物，能够不断刺激记忆，最终会拓宽内容与形式的鸿沟，直到对野蛮主义毫无感觉。作为野蛮主义对立面的民族文化，曾被定义为一个民族生活所有表现的艺术风格统一体。我认为这有一定道理。这个定义不能被误解为隐含了野蛮主义与美好艺术的对立；这指的是，有文化的民族，应当在一切现实性方面，属于单个有生命的统一体，而非被可怜地分割为内在和外在、内容与形式。要追求与推动一个民族的文化，就应该追求并推动这种更高级的统一，并为了真正的文化而共同毁灭现代的伪文化。他要有勇气思考：被历史伤害的民族健康如何恢复，以及如何重新找到它的本能，并因此重获诚实。

我只想直接谈我们当代的德国人，我们在人格的孱弱、形式与内容矛盾方面比别的民族受苦更多。形式通常被我们视为一种习俗、服装或伪装，因此，即便不被憎恨，也不该被热爱。更对的说法是，我们对习俗这个字眼以及它本身，有着异乎寻常的恐惧。正是这种恐惧引导德国人放弃了法国人的学校：德国人想变得更自然，从而更德国化一些。但在这个"从而"上，他似乎错打了算盘：从习俗的学校逃出，他放飞自我，想去哪就去哪，最终不过是草率地模仿他过去一丝不苟成功模仿过的东西。因此，同过去的时代相比，甚至今天，我们依然生活在一种对法国习俗的草率而不正确的模仿之下。我们一切行为、言谈、穿着以及住所都是见证。人们以为正在回归自然，其实只是选择了顺其自然、舒适轻松，以及尽可能少的自律。在德国城市走一圈，同外国城市展示的独特国家特质相比，这里的一切习俗都是消极的，一切都毫无色彩、破旧不堪、粗劣模仿、马虎随意。每个人行事都按照自己的喜好，但这种喜好从未经过充分有力的考虑，而是按照普遍的轻率以及对轻松舒适的普遍狂热制定的规则。通过借鉴国外并经再简单不过的模仿，德国人马上把无须设计也无心穿戴的服装，看作是对德国服装的一种贡献。在这个过程中，形式感被毫不犹豫地拒绝了——因为我们有内容感：毕竟，德国人因其深刻的内在性而著名。

但这种内在性也携带着一个显著的危险：不能从外部看到的内容本身会偶尔消失；然而，从外部看，它先前的存在或者消失都不明显。不管我们想象的德意志民族离这个危险还有多远，在一定层面，外国人还

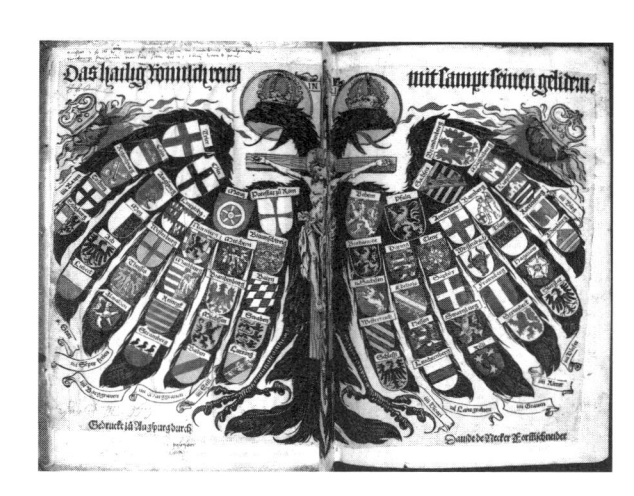

□ 德意志第一与第二帝国之间的岁月

德意志第一帝国（神圣罗马帝国）在灭亡前虽有"罗马帝国"之名，但彼时的帝国内部事实上始终缺乏强有力的中央集权，多种族的主权邦国彼此间冲突和战争不断，加上之前的宗教改革等诸多思想因素，此时的德国民众缺乏统一的民族国家意识，甚至彼此仇恨。1806年，在与法国的政治和军事冲突中落败后，神圣罗马帝国便名存实亡，除去普鲁士、奥地利、荷尔施泰因和波美拉尼亚，剩余的39个邦国全部并入拿破仑保护下的莱茵联邦（而此联邦既无首府也无首脑，只有一个联邦议会）。由此，德意志第一帝国分化愈烈，并于同年8月6日灭亡。不难发现，从1806年德意志第一帝国灭亡至1871年德意志第二帝国成立，德国的形成历史都充满了战乱、分裂与动荡，如此，19世纪德国人人格中的孱弱与矛盾自然也不足为怪。此图即为神圣罗马帝国国徽。

是有理由认为。我们的内在太软弱、太无序，既不能产生外在效果，也不能为自己提供一个形式。德国人的内在性有着异乎寻常的接纳能力，可能比其他民族更严肃、更强大、更深刻，甚至更丰富；但作为一个整体，它还是很弱，因为所有美丽的线条没有被打成一个强大的结。因此，外在可见的行动，并不是内在完整性的表现与自我揭示，而只是内部单一的一根线为伪装成整体而进行的软弱的粗糙尝试。不能按照行动来评判德国人，且个体在作出某种行为后还是完全隐藏着的，原因就在于此。众所周知，应该按照他的思想与感受来评估，这是现在他在书里所表达的。如果恰恰不是这些书现在比以前更多地引起怀疑：这著名的内在

性是否真的还栖身在它的不可接近庙宇之中。那么，让我们感到可怕的是想到内在性有一天会消失，而留下来的德国人的标志，只会是它傲慢、粗野、谦卑的外在性。这种可怕就像是那种隐藏的内在性坐在那里，涂抹了色彩，披上了伪装，变成了一个演员（如果不是更糟的话）。格里尔帕策，作为一个独立的观察者，似乎从他的舞台经验中，得出了这样可怕的想法。"我们靠抽象来感知，"他说，"我们几乎不再知道，同时代的人如何真正表达自己的情感；我们给他们展示了他们现在不再表演的动作。莎士比亚已经毁了我们现代人。"

这是个例。或许我们对它进行的普遍归纳太草率了。但如果这种普遍性得到证实，这样的个例涌向观察者，那将是多么可怕的事！多么令人沮丧的是，我们不得不说：我们德国人靠抽象感知，我们被历史毁了，这个主张将从根本上毁灭一个民族未来文化的全部希望，因为文化上的所有希望都产生于对真实性和直接性的信仰、对合理完整的内在性的信任。倘若希望或信仰之源变得浑浊不清，内在性学会了跳跃、舞蹈、装饰，学会了靠抽象与计算来表达，并逐渐迷失其本身，那么，我们的希望与信仰还能留下什么？对一个不再能确保其内在统一性的民族，一个内在性分裂为"被教错、被误导的有教养者"和"难以接近的无教养者"的民族，伟大的创造精神又将如何继续存在？如果民族情感的统一性已经失去，且我们已知晓那些自称为受教育的并要求掌握国家艺术的人，已经歪曲、粉饰了我们的情感，那么，伟大的创造精神又将如何忍受？即使个别人有更高的品味与判断力，那也于事无补。他只能向一个宗派说话，且不再为民族所需，这会让他痛苦。也许，他现在宁愿埋藏自己的财宝，也不愿意忍受某个宗派奢华恩惠带来的厌恶，因为他内心充满了对所有人的同情。民族的本能不再见他，即便是他满怀渴望地向它展开双臂，也无济于事。现在，除了用强烈的仇恨对抗他的所谓民族文化所设置的限制与障碍，以谴责让他这个有创造力的生命受辱毁灭的东西，这种伟大精神还能干什么？因此，他深刻地洞察命运，以换取对创造和建设的神圣快乐，并作为孤独厌世的智者了此一生。这是最让人痛苦的一幕：看到的人会意识到一种神圣的使命。他对自己说，"我必须提供援助，必须重建一个民族天性和灵魂的更高统一性，必须让内在与外在间的裂缝，在必需之重锤的击打下再次消失"。但他又有什么武器可用呢？他有的不过是自己的深刻认识：他用双手传播并播撒，希望培育出一种需要：终有一天，强烈的行动会从强烈的需要中产生。我通过举例说明了这种需要，但为了不给大家留下任何疑问，我在这里明确指出，我们追求并以超过追求政治统一的那种热烈而追求的是，最高意义上的德意志统一，也就是，形式与内容、内在性与习俗的对立被取缔后的德意志精神和生活的统一。

五

在我看来，一个时代在历史方面的过量对人生的危害与敌意包括五个方面：这种过量会产生上述的内在与外在之对立，削弱个性；误导一个时代，让它认为自己拥有的最宝贵的美德和正义比其他任何时代都要多；破坏民族的本能，并让个体在成熟上受到的阻碍不亚于其整体；培植了对人类古老年代的信仰，认为我们是后来者、追随者，这对任何时代都是有害的；把一个时代引到一种危险的自嘲状态，继而陷入更危险的犬儒主义中。这种状态会产生越来越多的、更审慎实用的利己主义，而生命的力量也因此受伤，并最终毁灭。

现在回到我们第一个主张：现代人会因个性的弱化而受苦。帝国时代的罗马人在为他服务的世界面前变得非罗马，在蜂拥而入的外来事物中迷失自我，并在世界性的神话、艺术和习俗的狂欢中堕落变质，这样的情况必然在现代人身上重现。现代人让过去的艺术家为自己筹备了一场世界博览会，而他成了游逛的观众，因此，哪怕是伟大的战争与革命，对他的影响也只是片刻。战争甚至尚未结束，就已出现在千百万印刷物上，被当作最新的佳肴呈到味觉疲劳的渴求历史者的面前。 不管如何用力弹奏，似乎都弹不出激昂的完整音符了；音调马上会消失，转瞬就消失在微弱的历史回响之中。用伦理学的话来说，你再不能保持那样的高度，你的行为只是短暂的爆炸，而非滚滚惊雷。虽然最伟大和最奇妙的事还能发生，但它必然还是会无声息地堕入地狱，无人歌颂。因为，如果你马上把你的行为掩藏到历史的遮篷之下，艺术就会离去。一个希望在一瞬间理解、把握并

□ 坐在大桶中的第欧根尼

犬儒学派是由安提西尼创立的，而犬儒学派更为人所知，则是由自安提西尼的弟子第欧根尼：第欧根尼虽然身为富家子弟，却不为财富所动，他周游整个希腊，拥有的所有财产只包括一个木桶、一件斗篷、一支棍子和一个面包袋，其人则住在一个木桶里。一次，第欧根尼正在晒太阳之时，正在东征的亚历山大大帝特地前来拜访，问他有何需要，并许诺会让其实现，第欧根尼则回答道："我希望你闪到一边去，不要遮住我的阳光。"图为尼古拉·安德烈·蒙塞的《亚历山大与第欧根尼》。

评价难以理解的崇高的东西（而这些崇高的东西本该带着敬畏去长期领悟）的人，只有在席勒所说的理性人的理性层面，才能被称为明智之人——有些东西，孩子能看见，但他看不见，孩子能听见，但他听不见，而这些恰恰是最重要的东西：但他不理解这些东西，他的理解比孩子还幼稚，比单纯还简单——虽然他羊皮卷般的面容上有许多狡黠的皱纹，手指解结的技巧精湛。这是因为，他失去并破坏了他的本能；当他的理智退缩，当他的道路穿过沙漠时，他再也不能信任那"神圣的动物"而信马由缰了。他就变得畏手畏脚，不敢再相信自己，他陷入了自己内心深处，陷入了学来的、毫无外在效果的杂物，陷入了不能融入生活的教导之中。从外面看，看到的是历史对本能的驱逐怎样将人变成了抽象与阴影，无人敢于展示真实自我，而且都戴上了面具，充当有教养的人，比如学者、诗人或是政治家。如果有人觉得这些都是严肃的，不应是木偶剧——因为他们都影响了严肃性，那么，把面具拿掉，他会突然发现手上留下的竟是破布。因此，他不能再让自己受骗了，他应该命令他们："脱去你们的外套，露出本来面目吧！"每一个有着高贵血统的严肃之人，不能再是一位堂吉诃德，因为，除了攻击虚假的现实外，还有更重要的事要做。但是，他必须敏锐地观察，在遇到戴着面具的人时，总会喊道："站住！谁在那儿？"然后从他脸上撕下面具。奇怪！我们会认为历史应该鼓励人的诚实——哪怕只是诚实的傻子；过去它确有成效，但现在不是了。历史的教育与一模一样的资产阶级外衣同时成为规则。人们还从未如此响亮地谈论"自由个性",但我们已经看不到个性了,更不要说自由个性。我们看到的只是一模一样的人,他们焦急地把自己捂了起来。个性撤回到了内部,从外部看,它已经无形,这个事实让人不禁要问,到底有没有无果之因?或者,需不需要一帮宦官来看护世界的伟大的历史后宫?那么,这帮人具有完全客观的特征。看起来,好像他们的任务就是守卫历史,确保除了历史外没有别的东西产生,确保没有真实事件产生,确保历史没有让任何个性自由,也就是说,不让人在言行上真实对待自我与他人。但唯有通过这种真实,现代人的忧虑与内在痛苦才能为人所知,并且,在原来靠习俗与装扮焦急掩藏的地方,真正从属的艺术和宗教将携手共同培植一种符合真正需求的文化。这样的文化同现今普遍的教育不同,后者只在这些需求面前自我欺骗,从而成为行走的谎言。

在一个受普遍教育之害的时代,这门最真实的科学、诚实的赤裸女神的哲学必将沦落到怎样不自然、虚假且无论如何毫无价值的境地!在这样一个强制的外在整齐划一的世界里,留下的总是孤独漫游者的独白、个人偶然的捕获、房间隐藏的秘密,或者博学老人与孩子间无伤大雅的闲谈。没有人敢以身践行自己的哲学法则, 没有人怀着简单的忠诚以哲学的方式活着,而这种简单的忠诚曾迫使宣誓忠于斯多葛的古代人,不管他在哪里,做过什么,举止都要表现得像一个斯多葛主义者。一切现在的哲学思维都是政治与官方的,被政府、教堂、大学、习俗和怯懦限制到学术的表面上,只能发出"但愿……"的叹息,或者知道"有过曾经",此外,一无所为。如果哲学要超出那种自我限制的认知,那么,它在历史教育中就毫无发言权;如果现代人能有一点勇气与果断,如果他即便在自己的敌意中也不仅是主观生物,那么,他就会抛弃哲学。现在,他满足于谦逊地遮盖哲学的裸体。人们可以思考、出版、谈论或教授哲学——在这个范围内几乎一切都允许,但在行动领域,在所谓的生活中,又是另一回事:这里只允许一件事,其他都不可能。历史教育就是这样。有人接着会自问:"还有真正的人吗?或许只剩下思考、写作或者说话的机器了?"

歌德曾经这样谈论莎士比亚:"没有人比他更轻视外在的服装了;他十分了

解人的内在服装，并且对此大家都是一样。有人说他把罗马人描绘得精彩绝伦，我并不这样认为，他说的完全是有血有肉的英国人，但无论如何，他们肯定是人，彻头彻尾的人。罗马人的长袍也挺合他们的身。"[1] 我现在要问，能否把我们当代作家、公众人物、官员、政治家说成是罗马人？这绝对不可行，因为他们不是人，而只是有血有肉的纲要，就好比是具体化了的抽象。如果他们有自己的个性，那也已经被深深掩埋，不见天日。如果他们是人，那也只对探究到他们内在深处的人来说才是。对其他人而言，他们都是别的东西，不是人、不是神、不是动物，而是历史学的产物，全是没有可证实内容的结构、形象和形式——很不幸，还是糟糕的、设计不佳的一模一样的形式。但愿我的主张可以被理解和考虑：历史只被强大的人格所承受，而软弱的人格会被彻底消灭。原因是，在情感和感觉没有足够强大到对过去进行评估时，历史就会迷惑他们。不敢再相信自己，被迫向历史求教"现在我该如何看待这件事"的人会发现，他的胆怯把自己变成了戏子，他在扮演一个角色，甚至多数情况下扮演着多个角色，因而每一个都扮演得肤浅拙劣。渐渐地，人与历史领域之间的一致性都失去了；我们看到一些无礼渺小的家伙同罗马人打交道，就好像他们是同罗马人一样的人；他们在希腊诗人的残骸里寻根和挖掘，把它当成供他们解剖的 *corpora*[2]，并且和他们的文学遗产的 *corpora* 一样 *vilia*[3]。设想他们其中一个正在研究德谟克里特，但我总想问个问题，为什么不是赫拉克利特、斐洛、培根、笛卡儿，或者其他人呢？然后再问，为什么必须是一个哲学家，而不是诗人或者演说家呢？并且，为什么总是希腊人，而不是英国人或者土耳其人呢？难道是过去还不够博大，只能让你找到一些拿来对比的、让你显得可笑的东西吗？但是，正如我所说的，这是一群宦官，对他们而言，女人与女人都一样，只是女人而已，永远无法接近。他们做什么都无所谓，只要历史本身被完好客观地保存下来。记住，想要这样保存历史的人，永远不能自己创造历史。既然这些永恒女性的东西不能向上吸引你们，你们就要

---

[1] 参见歌德《莎士比亚没有终结》。
[2] *corpora*：尸体。
[3] *vilia*：卑劣的。

把它们吸引下来，而且，因为你们是中性的，所以就中性地看待历史[1]。但是，为了不让人认为，我如此严肃地把历史看成了永恒女性的东西，我反倒想明确的是，我把历史视为永恒男性的东西。然而，对于受过历史教育的人而言，无论是前者还是后者，这都无足轻重，因为他们本身既不是男人也不是女人，甚至也不是阴阳人，而始终并只是中性人，后者说得有教养一点，永恒的客观。

如果个性以上述方式被掏空，并成为永恒的无主观性，或者是通常所说的客观性，那没什么东西能对它再产生影响了；好的对的事情还会发生，比如功绩、诗歌与音乐；被掏空的有教养人士就会立刻跨过作品，了解作者背景。如果这位作者已有多个作品，那他就不得不立刻对自己过去与将来可能的发展过程加以解释。有教养者立刻把他与其他作家放在一起进行比较，对他的主题选择与处理，加以评论、剖析，并从整体上提出告诫、指正。这时，最令人惊讶的事情可能会发生：这群历史学的中性人，即便是离得很远，也已经做好监督作者的准备了。人们立刻就能听到反响，但反响总是以批评的形式出现，尽管片刻之前，批评者还从未考虑过这个作品出现的可能性。这个作品不会产生任何影响，只是另一种批评；而这种批评所产生的又是另外一种批评。因此，出现了一种普遍的认可，那就是，批评多标志着成功，批评少或无批评则标志着失败。事实上，即便是产生了这样一种"影响"，

□ 德谟克里特

德谟克里特（约前460—前370年），古希腊哲学家、唯物主义者，也是经验论者，"原子论"的创立者。他认为一切都由原子组成，世界的本质即是原子与虚空；人是小宇宙，世界则是大宇宙。在哲学、逻辑学、物理、数学、天文学、动植物学、医学、心理学、论理学、教育学、修辞学、军事、艺术等方面，他都有所建树，不过如今其大部分作品都已佚失，只余残篇。

---

[1]暗指歌德《浮士德》第二幕的结束语，"Das Ewig-Weibliche Zieht uns hinan"——"永恒的女性，吸引着我们"。尼采经常以讽刺幽默的语调提及这句话。

一切还是老样子：人们有了片刻新的谈资，然后会有更新的谈资，继续干他们原先干的事。我们批评家的历史教养不允许产生一种妥善的影响——对生活与行为的影响：他们把吸墨纸放到最黑的字迹上，在最优美的图案上涂上自己浓重的笔画，这被视为是改正。仅此而已。但他们批判的笔从未停止，因为他们已经控制不了，现在成了笔在主导他们。正是在这无节制的批判中，在自控的缺乏中，在罗马人所称的 *impotentia*（无能）之中，现代人性的弱点暴露无遗。

六

我们先把人性弱点放下不谈，转向一个备受称赞的现代人的长处，提出一个肯定会让人痛苦的问题：现代人是否因历史客观性而有权称自己比其他时代的人更强大、更公正呢？这种客观性是否来自对公正的更高需要与需求？或者，作为完全不同的其他原因的一个结果，表面看来，它只是源于对公正的渴望？或者，因为太多的阿谀奉承，现代人被误导到一个有关现代人美德的有害偏见上？苏格拉底认为，欺骗一个人说他有一种实际上并没有的美德，这是几近疯狂的病态；相对于认为自己是过失或罪恶牺牲品的错觉，这种欺骗更危险。无论如何，错觉还有可能变好，但欺骗会让一个人或者一个时代一天天变坏——这在当下意味着更多的不公正。

事实上，没有谁比具有正义的冲动与力量的人更值得我们尊敬，因为最崇高最珍贵的美德就在正义中统一并蛰伏，就像深不可测的海洋广纳百川一样。有权审判的正义者，他在手持天平时不再颤抖，他忘我地在天平上加砝码，天平摇摆时，他的眼睛毫不模糊；宣读判决时，他的声音既不刺耳也不悲痛。如果他是一个冷酷的知识恶魔，他就会在自己的周围散发出一种可怕的、冰冷的、超人的庄严氛围，让我们感到害怕，而不是敬仰。但是，他是一个人，而且试图从草率的怀疑上升到坚定的确定性，从宽容和善上升到"你必须"的命令，从少有的宽宏大量上升到极少有的正义。他现在就像一个恶魔，但一开始只是一个可怜人，并且，他每个瞬间都必须为自己的人性赎罪，并因为一种不可能的美德而悲剧般地消耗着——这一切把他置于一个孤寂的高度，作为这类人的最值得敬仰的榜样。他渴望的真理不是作为冰冷的无效知识，而是作为一个负责管控与惩罚的法官。真理不是个人的自私占有，而是作为神圣的权利推翻自私占有的所有界碑。总而言之，真理作为最终审判，而非猎人欢喜捉住的猎物。但只有寻求真理的人拥有无条件的正义意志时，这种到处被不假思索地颂扬的对真理的追求才有伟大之处。在那些不太有洞察力的人的眼中，各种在事实上同真理毫无关系的动机，包括好奇、摆脱无聊、嫉妒、虚荣以及消遣，会掺和到植根于正义的真理追求过程中。这样看来，世界仿佛充满了"为真理服务"的人，但正义这种美德却极少出现，也就更少地被认知，并且几乎总是被人深恶痛绝。另一方面，一群表面上有美德的人却总是受到夸赞与尊敬。事实情况是，为真理服务的人很少，因为拥有对正义的纯粹意志力的人很少，而在这少数人当中，只有更少部分人有力量做到公正。此外，光有这方面的意志是绝对不够的。人类遭受的最可怕的痛苦，正是产生于那些拥有正义的冲动却缺乏判断力的人。因此，没有什么能比广泛播撒正确判断的种子更能提升普遍的幸福感了，这样才能把狂热者与真正的正义裁判分开、把作裁判的盲目欲望与可以作裁判的自觉力量分开。然而，什么手段能培植判断力呢！提及真理与正义时，人总是处在怀疑与恐惧的状态之中，搞不清对他们讲话的到底是狂热者还是裁判者。因此，如果他们总是特别热忱地欢迎那些真理的仆人的话，我们应该宽恕他们。这些真理的仆人既没有意志力也没有裁判的权利，却给了自己寻找纯粹知识的使命，更明确地说，就是那些毫无结果的真理。有很多真理，它们并不重要；有很多问题，他们不需要怎么努力就能解决，更用不到牺牲。在这个冷漠的没有危险的地域，一个人倒是能很成功地成为一个冷酷的知识魔鬼。然而，即便是整个学者与研究者群体在他们有利的时代都变成了这样的知识魔鬼——那么总是幸运的是，这样的时代有可能因缺乏一种伟大而坚定的正义感而受折磨，也就是缺乏所谓真理渴望的最崇高的核心。

现在，看一看我们当代的历史方面的艺术大师吧：他是他那个时代最公正的人吗？他自身已经培养出了一种细腻而敏感的感觉，以至于没有什么是他感受不到的。许多不同的时代与人都能听到他竖琴弹奏出的相似音符；他成了一种被动的回响板，从这里发出的音响又作用到类似的回响板上，直到最后，那个时代的整个空气中都弥漫着这种柔和交织的嗡嗡回响。然而，我听到的还是那个最初的历史音符的泛音，它的浑厚有力已经不能从这些尖利微弱的弦声振动中辨别了。原来的音符唤起了行动、痛苦和恐惧；而泛音麻痹我们，让我们成为顺从的听众，这就好像是用两支长笛为昏昏欲睡的鸦片吸食者演奏《英雄交响曲》一样。我们现在可以看看，这些艺术老师如何看待现代人对更高更纯之正义的至高追求。这种美德从不招人喜欢，也不知道什么是动听的颤音，它刺耳又可怕。比较而言，宽宏大量在美德的阶梯上处的位置很低，而这一美德只有少数历史学家具备。更多的人只能做到容忍，承认他们不能否认发生的事物的正确性，他们通过解释来消除并掩饰。他们这样做的目的是给出一个正确的假定，即，如果不对过去进行粗暴的尖锐的谴责，那么没有经验的人就会把这看作是正义。但只有最强大的力量能作出裁决，如果他没有假装强大，并将被处以审判的正义作为戏子的话，弱小就必须被容忍。此外，还有一群可怕的历史学家，他们高效、严厉、正直，但却思想狭隘；他们有正义的意志，以及参与判决的同情心。然而，几乎出于同样的原因，他们和一般陪审团作出的判决都是错误的。因此，几乎没有出现大量历史人才的可能性！且不说那些伪装着的利己主义者和党派人士，他们作出一副客观的样子，推进着自己不正当的游戏；也不说那些完全不动脑子的家伙，他们以这样一种天真的信仰来书写历史，即，认为他们时代普遍的观点就是正确的、公正的，而依据这个时代观点来写史也就是公正的；这种信仰每种宗教都有，对此不需要任何进一步的评论了。这种按照现存的普遍观念去衡量过去的意见和行为的方式，被这些天真的历史学家称为"客观性"；正是在这里，他们发现了所有真理的圭臬；他们的任务是让过去适应当代的琐碎与肤浅。另一方面，他们把所有不把这些流行标准奉为圭臬的历史著述都看作是"主观的"。

在对客观一词的最高解释之中，难道不可能暗藏着某种错觉吗？按照这个解释，这个词指的是历史学家内心的一种状态，这让他能纯粹地观察一个事件的所有动机与结果，以至于根本不会对他的主观性造成影响。这类似一种超脱个人利益的审美现象：在狂风暴雨、雷电交加或波涛汹涌之中，画家只看到了它们在自己内心的图画，这是一种完全沉浸在事物本身的现象。然而，把在人内心唤起的图画说成是对这些事物经验性本质的再现，这就是迷信。或者说，在那一刻，说事物在这样一种情绪的人的内心中显示出的图画重现着这些事物的经验性本质，这是一种迷信。或者认为，在那些瞬间，这些事物就像是通过行动把自己刻画、摹仿或映照在一个纯粹的被动媒介之上。

这是一个神话，而且还是一个糟糕的神话。人们忘记了，这个时刻恰恰是艺术家内心最有力、最自发的创作瞬间，也是构思最好作品的瞬间，由此将产生一个艺术上真实的图画，但不是历史学的真实图画。以这种方式，客观的思考历史是剧作家的工作。也就是说，把一切事物联系起来，并把孤立的事件编织成一个整体；这里经常假定，如果不同事物之间没有统一性的话，就必须把统一性置入其中。因而，人就遮掩、束缚过去，并表现出他的艺术冲动，但不是对真理或正义的冲动。客观性与正义彼此无关。我们可以想象有这样一部历史著作，它没有一丁点实证方面的真理，但却可以拥有最高的客观性。事实上，格里尔帕策敢于宣称："历史无非就是人的精神对无法看透事件的理解方式，把只有上帝知道将其归属的事物联系到一起，用可以理解的东西代替不可理解的东西；把自己外部的目的观念强加于整个世界，而这个世界既有目的也有内在；在成千上万个小原因起作用的地方假定了偶然性。所有人类同时都有自己的个体需要，因此，无数的历程，沿着曲线或直线，并列前行，相互阻碍或相互推进，努力前进或努力后退，并由此假定了偶然性的存在，因而，不可能建立贯穿一切事件、无所不包的必然性，更不必说自然事件的影响了。"[1]但这种必然性恰恰被认为是客观看待事物的结果而显现出来。这是一个前提，如果它被历史学家作为一个信条阐述的话，它就会呈现出一种奇怪的形象。席勒十分清楚这种假设的纯主观性，他在谈到历史学家时说："现象一个接一个放弃盲目的偶然性和无界限的自由，并成为与一个和谐整体相称的一员——当然，这个整体只在他的想象中出现。"对于一位著名的艺术老师所说的徘徊在赘述与无意义之间的断言，"人类的一切行动都

---

[1] 参见格里尔帕策《论历史研究的用途》。

服从于强大而不可抗拒的事物发展方向，虽然这总是不太明显"，但人们会怎么看？这个命题不是（尽管可能似乎如此）以平庸的愚笨呈现出的高深智慧，正像歌德的宫廷园丁所说，"自然或许可以被勉强，但不可被强迫"[1]，或者斯威夫特所说的集市上的告示，"在这里谁都能看到世界上最大的象，但它自己除外"。人类行动与事物的发展进程两者如何区别？在我看来，当历史学家（比如我们上述的那位）开始归纳概括时，就失去了其教导作用，并继而揭示他们在模糊不清中感受到的弱点。在其他学科当中，概括是最重要的事，因为其中包含了规律。但如果上面的命题被看成是规律的话，就会有人反驳说，历史学家的作品在此就白费了；在除去所指的晦涩难懂的部分之后，这个命题中剩下的真理都会变成最熟悉的微不足道的常识，因为这对任何有一点经验的人来说都显而易见。因此，给整个民族找麻烦，并耗费多年的艰辛劳动，仅仅是为了对某个被充分证明很久之后的规律进行试验，而这种无意义的试验的泛滥，一直折磨着泽尔纳[2]以来的自然科学。如果说戏剧的价值只在于结局的话，那么戏剧本身就是达到这一目标的一条最乏味曲折的道路。因此，我希望历史的意义不在于一些一般的命题中，就好像这些全部是努力的果实一样。历史的价值在于：选择一个常见的主题、通俗的旋律；在此基础上谱以鼓舞人心的变奏曲；将其增强、升华为一种全面象征；并让人在原创主题上感受到整个世界的深刻、力量与美丽。

  这首先需要伟大的艺术才能、创造性视野、对经验信息的热爱专注以及对给定类型发展前景的想象能力——无论如何，这都需要客观性，但这里的客观性是一种积极的特性。客观性经常是一句空话。这里不是艺术家闪烁着双眼下的外在平静，而取而代之为一种矫揉造作的平静，就好比缺少感情与道德力量，习惯于伪装成冷漠与超然。在某些情况下，观念的陈腐，那种因为乏味而看起来平静的日常智慧，会冒充成一种艺术条件，在这种条件下主观会沉默，而且不可察觉。这个时候，产生不了感情的东西更受欢迎，最枯燥的词语才正确。事实上，

---

[1] 歌德致席勒，1789年2月21日。
[2] 约翰·泽尔纳（1834—1882年），德国天体物理学家、心理学家，曾任莱比锡大学天体物理学系主任。

更过分的是，过去一刻对谁毫无意义，谁就适合对这一刻进行描述。这通常也是古典学者与他们研究的希腊人之间的关系，这两者彼此互不相干——但这却被称为"客观性"！在表现最高尚和最稀少的东西时，这种显著的冷漠最让人恼火，因为正是历史学家的虚荣心导致了这样的冷漠。他倾向于这样的主张：一个人的认知越少，虚荣心就越强。不过，至少要诚实吧！如果你不是要从事正义者的可怕职业，就不要去追求表面的正义。好像公正地对待过去存在过的一切是每个时代的任务似的！甚至可以说，任何时代与那个时代的人，从来都没有权力对过去时代与过去时代的人进行评判。这个令人不太舒服的使命，只会降临到他们之中的极少数人身上。谁会逼你去当裁判？如果你想去，先检验一下自己是否能够做到公正。作为裁判，你就要比受裁判者站得更高，而实际上，你只是他们的后来者。最后入席的客人就该坐到末位。想坐上座吗？那至少要干出点伟大的事业来，然后就会有人给你让座，哪怕你最后才来。

你只有充分发挥现代的力量才能解释过去：只有当你发挥你的最高贵品质的全部力量，你才能发现过去的哪些东西值得了解与保存。物以类聚！否则你就会把过去拉低到你的层次。不要相信来自那些非杰出人士头脑的史学著作。当一个人被迫表达一些普遍的东西，或者重复一些广为人知的东西时，你就会了解这个人的品质。真正的历史学家必须有能力把广为人知的东西重塑成闻所未闻的新事物，并以如此简单而深刻的方式表达出来，以至于简单化于深刻，深刻化于简单。没有人能够同时是一个伟大的历史学家、艺术家，又同时是一个浅薄之士。另一方面，对于那些筛选、传递材料的工作者，我们不能因为他们永远也成不了伟大的历史学家而低估他们，更不可以将他们与伟大的历史学家们混为一谈，而应当把他们看成是老师必需的学徒与帮手，就好像法国人（德国人可不会像法国人那样纯真）过去常说的"梯也尔先生的历史学家"那样。这些工作者慢慢会变成伟大的学者，但因为这个原因永远也成不了大师。大学者与浅薄之士——两者在共事时都会变得更加优秀。

总之，历史是有经验的优秀人士所写。一个人若是没有比他人经历过更伟大和更崇高的事，那他就不知道如何解释过去的伟大而崇高的事情。过去一旦发

悲剧的诞生 THE BIRTH OF TRAGEDY

□ 德尔斐女祭司

阿波罗在帕纳塞斯山上德尔斐神庙的女祭司也称皮提亚，她是阿波罗神谕的传达者，也是当时希腊社会最有权势的女性。在神庙中的禁区，产生神谕的"阿底顿"中，皮提亚就坐在在其中冒出气体的岩石裂缝之上的三脚凳上，手持一个圆盘与一根月桂枝，在接受人们的献祭（通常是山羊）之后，以一种兴奋、恍惚的状态，用难以理解的话语来传达神谕。图为约翰·马勒·科利尔的《德尔斐女祭司》。

言，说出的都是神谕：只有未来的建筑师，只有了解现在的人，才能理解过去。我们现在解释德尔斐神谕的非凡影响力主要是基于这样一个事实，即德尔斐祭司对过去的准确认识。 只有构建未来的人才有权利评判过去，这样说是没错的。在你眺望未来并给自己设定一个伟大目标的同时，你已经约束了自己分析的冲动，从而把现在变成了沙漠，让一切宁静、一切和平的成长与成熟变得不可能。在你周围勾画出一个伟大的无所不包的藩篱，一个充满希望的奋斗的藩篱吧。在心中构思一个与之相符的未来图景，并忘掉你是后来者的迷信。 这样，当你思考未来的人生时，你就会有足够的东西去思考去创造；但是，不要向历史求教，指望历史为你指明实现未来的方式与途径。另一方面，知道了伟人的历史生活，你就会从中学到一个至高无上的训令：要变得成熟，并逃离这个时代令人麻痹的教育，这种教育在抑制你的成长方面看到了自己的优势，从而来完全支配并剥削还不成熟的你。 如果你想读传记，不要找那些"某某先生和他的时代"的传记，而要找那些扉页写着"一个反抗时代的战士"的传记。用普鲁塔克的作品满足你的灵魂，在你相信他写的英雄的同时，也要敢于相信自己。有100个这样的人，以非现代的方式培养的人，也就是说，成熟并且习惯了英雄气概的人，那么，我们这个时代嘈杂的伪文化将永远销声匿迹。

七

　　历史意识，如果不加约束地发挥支配作用，并且它的所有结果都实现后，就会破坏幻想，夺走现存事物赖以生存的氛围，从而把未来根除。因此，历史的正义，即便是真正的、在最纯粹的意图下得到实施的正义，也是一种可怕的美德，因为它总是破坏并摧毁活的东西：它的判决总是毁灭。如果历史的冲动缺失了构建未来的动力，如果破坏和清除不是为了让一个已经在希望之中存活的未来，在腾出的土地上建造起它的房屋，如果仅靠正义发挥主导作用，那么，创作的本能就会失去力量和勇气。例如，一个在纯粹历史正义支配下转化为历史知识的宗教，一个作为科学与学习对象被彻底认知的宗教，在这个过程结束时也会毁灭。原因是，历史考证总是会带来太多的错误、粗鲁、非人性、荒谬与暴力，以至于虔诚的幻想气氛会被粉碎，而一切想要存活的东西都只能在这种气氛中存活。因为，只有在爱中，在爱的幻觉荫庇下，在对正义与完美的无条件信仰中，人类才有创造力。任何限制一个人无条件热爱的东西都会割断他的力量之根，他将凋零，也就是说，不再诚实。有这样的影响后，历史就成了艺术的对立面。唯有当历史能够忍受被转化为艺术作品的痛苦时，才可能保持并唤起本能。

　　然而，这样一种历史著作就会完全违背我们时代的分析和非艺术趋向，甚至被认为是谬误。历史，一旦缺少了构建未来的内在冲动的方向，就只会破坏，而长此以往就会改变它的工具性质：这些人破坏幻想。而破坏自己与别人幻想的人，都将受到自然这一最残酷暴君的惩罚。确实有一段时间，人们能够完全无害地从事历史研究，就好像这跟其他职业一样似的；最近的神学也因纯粹的无害同历史成了伙伴了，现在，它几乎拒绝看到，自己因此为 *voltairean écrase*[1] 服务，尽管这可能违背了它的意志。任何人都不应该认为，这掩盖了一个新而强大的建设性本能，除非这个人觉得所谓的 *Protestant union*[2] 是一个新宗教的产物，

---

〔1〕voltairean ecrasez：指的是伏尔泰的格言"é crasez infame"——粉碎无耻迷信（即教会）。
〔2〕Protestant union：德国新教协会，德国新教于1608年到1621年间成立的联盟。

并可能把法学家霍尔岑多夫（那本很有问题的新教《圣经》的编者和序言作者）当成是约旦河畔的施莱尔马赫。一段时间以来，黑格尔哲学——还在那些陈腐的头脑中燃烧——可能有助于这种天真无害的传播，这大概是通过教人如何把基督教理念同其他各种不完善现象的形式区别开来完成的，甚至还说服自己：以最纯粹的形式，甚至最终以最纯粹、最透明、几乎不可见的形式，在俗世自由神学家的脑海中表现自己，这是优选的思想趋势。但是，当我们听到纯粹的基督徒谈论早期不纯粹的基督徒时，公正的听众经常会有这样一种印象，即，谈论的根本不是基督教的东西——这时我们会怎么想？当我们发现，本世纪（19世纪）最伟大的神学家[1]把基督教说成是能"在所有现有的和许多其他几乎不可能的宗教中"发现自己的宗教，而当"真正的教会"被认为是成了某种流动物质的东西，没有轮廓，各个部分来回流动，一切都平静地融为一体——我们又会怎么想？

我们从基督教的例子中可以学到，在历史化处理的影响下，基督教已经失去了本性，直到完全历史的也就是公正的处理，把它转化成纯粹的有关基督教的知识，并将其毁灭。这一点在所有有生命的事物身上都能学到。有生命的东西被完全解剖后，就会失去生命，而一旦开始对它进行历史的解剖，它就会过上痛苦且病态的生活。有人认为，德国音乐对德国人有转变与改良的效果：当看到莫扎特与贝多芬这样的人被学术的传记吞没，并且被迫在历史批判的酷刑下回答数以千计的不敬质询时，他们会愤怒，并认为这是对我们最蓬勃文化的不公正。当还未耗尽的生命力遭受到对其生活与作品无数细枝末节的好奇调查时，当在本该学会生活并忘掉一切问题的地方探寻知识问题时，这是否意味着夭折，或者至少是伤残呢？想象着把这样的现代传记作者送到基督教或路德改革的诞生地，他们清醒的实用主义好奇心将足以使任何"远距离行动"变得不可能，就好比最卑微的动物也能吃掉橡子，以阻止最庞大的橡树成长。一切活的东西周围都需要一种氛围，一层神秘的迷雾；如果剥夺了这层包裹，如果宗教、艺术或者天才也像脱离了大气的星辰一般旋转，那么我们就不该再惊讶于它们快速的凋零、僵化与无

---

[1] 指施莱尔马赫。

果。伟大的事物都是一样的，正如汉斯·萨克斯在《纽伦堡的工匠歌手》所说的那样，"没有幻想就没有成功"。

每个民族，甚至每个想成熟的人，都需要一种类似的幻想的包围，一种类似的起保护作用的云层。然而现在，这种成熟却被憎恨，因为历史比人生更值得被尊崇。事实上，现在还有人欣喜：科学已经开始支配我们的生活。这可能已经实现了，但如此被支配的生活还有多少价值呢？因为，相比之前受知识外的本能与强大的幻想支配的生活，这种生活离真实的生活更远，对未来的保证更少。如前所述，当今时代被认为应是一个为了尽可能多的公共效用而劳作的时代，而不是有整体、成熟且和谐人性的时代。这意味着，人要顺应这个时代的目的，以便于尽快受雇、开始劳作。他们必须在成熟前去为了公众的共同利益而设的工厂里劳作，以至于他们不应变得成熟。因为成熟是一种奢侈品，会让劳动力市场失去大量的劳动力。有些鸟儿失明了，但因此唱得更动听。我认为，今天的人并不比他们的祖先唱得更好，但我知道他们已经失明了。让他们失明的那种不光彩的手段，是那种太耀眼、太突然、太多变的光照。青年人被携卷穿过整个历史，对战争、外交以及商业一无所知的他们被认为适合学习政治史。我们现代人匆匆走过艺术馆、听音乐会，就像这些匆匆穿过历史的青年一样。我们感觉一个东西跟另一个东西听起来不一样，一个东西跟另一个东西产生的效果也不一样，但渐渐地会丢掉这种陌生感，不再对任何事物感到惊讶，最终对一切都感到满意。这无疑会被称为历史感、历史文化。直言不讳地说，那些奇怪的、野蛮的且暴力的东西大量地侵入年轻的灵魂，这种力量压倒一切，以至于假装愚蠢成了唯一的避难手段。如果你有着更强烈更敏感的认识，那么，在这种情况下，另一种情感无疑会出现：厌恶。年轻人已经变得无家可归，并对所有观念与习俗产生怀疑。他现在知道：每个时代都不同，你喜不喜欢无所谓。带着一种忧郁的漠然，他任由一个又一个的意见从他身边逝去并理解了；荷尔德林读到第欧根尼·拉尔修有关希腊哲学家的生活和学说的著作[1]时的感受："我在这里发现了我以前经常发现的

---

[1] 指《名哲言行录》，其中记录了古希腊83位哲学家的生活言行。

东西，那就是，人的思想与体系的短暂与多变要比通常称之为现实的命运更悲惨。"不，正如古人所证明的那样，如此这般被历史所压倒、所困惑，对年轻人毫无必要，甚至像现代人所阐明的那样极度危险。但现在看看历史学的学生，他们甚至在孩童时代就已经继承了那种衰弱。他掌握了自己的工作方法、正确技巧以及老师高尚的举止。过去的一段完全孤立的篇章，成为他敏锐洞察力与所学方法的牺牲品。他已经产生了某种东西，用更自豪的话来说，那就是创造了某种东西。他成了真理的一个积极的仆人，也是历史帝国的主人。如果孩童时他就成熟了，那么现在他就过分成熟了。只需摇一摇，智慧就会哗啦啦地落在怀中。但这智慧已经腐烂，每个智慧苹果都生了蛀虫。相信我，如果人在成熟前就要在科学的工厂中工作并发挥用处，科学很快就会被毁掉，就像过早受雇的奴隶。我很抱歉，在描述无关效用且高于生活必需的东西时，使用了奴隶主与工头等术语，但是，当你想要描述最近一代的学者时，"工厂""劳工市场""供应""有利可图"以及有关自私自利的所有助动词就会不由自主地脱口而出。纯粹的平庸变得更为平庸，科学在经济角度上更有利可图。实际上，我们现在的学者在某一方面是聪明的，对此我承认，他们比过去的人都聪明，但在其他所有方面，他们发言慎重，跟过去的学者就完全不同了。尽管如此，他们还是为自己要求荣誉与优势，就好像政府与公众舆论有义务接受新币与旧币有同样价值一样。像推车夫那样，彼此之间签订了协议，并在自己身上盖上了天才的印记，以宣布天才是多余的。那么可能在后面的时代会看到建筑都是搬到一块，而不是建起来的。对那些整天重复着现代对战争和牺牲的召唤"分工！""集合！"的人，我们会清楚地告诉他们："如果想尽可能快地将科学向前推进，你最终只会更快地将其毁灭，就好像你强迫一只母鸡过快地下蛋，它就会死亡。"在过去几十年里，科学以令人惊讶的速度向前推进。但看看我们的学者吧，这些被掏空了的母鸡。他们真的不是"和谐的"物种了，只能比以前多叫几声，因为下蛋下得太频繁了。虽然书越来越厚，但鸡蛋越来越小。这最终造成的最自然的结果是，我们看到了普遍受赞美的科学（还有女性化与幼稚化）的普及，用裁缝的裁剪工作来打比方的话，就是低劣地裁剪科学的外衣，以适合一般大众的身体。歌德把这看作是科学的滥用，并要求科学以增强的实践来影响外部世界。老一辈的学者有其充分的理由，认为这样的滥用不仅困难而且繁重，就像年轻一代人把这样的滥用看得轻而易举一样，因为，除去他们那一丁点知识以外，他们自己就是普通大众，有共同的需要。他们只要安逸地坐下来，就能把他们甚至狭小的研究领域向普通大众的好奇心开放。这种放松后来被称为"学者谦逊地俯就于他的人民"。事实上，他们俯就的只是自己，因为在某种程度上他并不是一个学者，而是公众的一员。给自己创设一个人民的概念，这个概念永远不要是足够崇高、足够高尚的概念。如果你对人民有好感，你就会怜悯他们，并会防止把历史的王水[1]当作提神的饮料提供给他们。但你打心里鄙视他们，因为你不可能让自己认真地关心他们的未来。你的行为像是实用的悲观主义者。这样的人因预感的灾难临近，对别人甚至自己的幸福都变得冷漠。只要地球还继续负载着我们！即便是不再负载我们，那也并没有一点不好。因此，他们的存在是多么讽刺。

八

这种讽刺的自我意识，我将其归因于这个习惯对自己历史文化发出喧闹而天真的欢笑的时代，认为这里其实充满着一种预感与恐惧，预感这里没有任何东西值得欣喜，恐惧历史知识的一切快乐即将终结。这看起来有点奇怪，但不会自相矛盾。在其对牛顿作出的一个值得注意的分析中，歌德向我们展示了一个相似的有关人性的谜题：他在他内心的深处（更准确地说，在最高点）发现了一种"烦恼的陷入错误的预感"，就好像是一种卓越的意识，让他对自己的内在本性有了讽刺性改观。恰恰在更伟大、更高度发展的历史学者那里，我们发现了一种受压抑的意识，这种意识几乎总是一种普遍的怀疑，即相信一个民族的教育必须像现在这样以历史教育为主，这是多大的荒谬与迷信；正是那些最强大的民族，在事业和成就上强大的民族，有着不同的生活方式，并且教养孩子的方式也不同。但

---

[1] 王水也即硝基盐酸，由浓盐酸和浓硝酸按3∶1的体积比混合而成，是一种腐蚀性极强的酸。

是，那种荒谬与迷信适合我们（持怀疑态度的反对就是这样），适合我们这些后来者，我们这些更强大更快乐种族最后的萎靡后代。我们正是赫西俄德预言的实现，即，总有一天，人一出生就已经满头银发，而宙斯，一旦看到这个迹象，就会消灭这个种族。历史文化生来就是满头银发，而那些从孩童时期就带着这样标记的人，必然本能地相信人类的老年。然而，这里有适合老年人的工作，那就是通过回顾过去、评判过去，并在短暂的历史文化之中寻求慰藉。但人类既顽固又坚持，不会允许从整个千年或者几千年的角度来考察它的前进或倒退，这就是说，无限小的个体不可能把人类作为一个整体来考察。允许我们把开始看作人类青年、把结尾看作人类老年的两千年（34个连续的时代，每个时代60年），它意味着什么？这种从中世纪继承来的使人麻痹的基督教神学观念信仰——世界末日即将来临，而我们不安地等待着最后的审判——其中是否隐藏着人类对曲解观念的拒绝？对历史判决日益增长的需要，难道不是只换了新装的相同概念吗？就好像我们作为最后一个时代，有权对过去的一切作出普遍裁决一样。而基督教信仰从未想到，这样的裁决会由人，而非"人子"来宣判。在早先时候，这个对整个人类也对每个人的"memento mori"[1]是一根让人永远痛苦的刺，就像是中世纪知识与良知的高点。而现在与之相对的"memento vivere"[2]，坦率地说，还是有点自卑，听起来不够洪亮，有些东西不诚实。人还是继续恪守着"memento mori"，并通过对历史的普遍需求加以表露。知识，虽然用力地扑棱翅膀，还是不能腾飞而起，这里有一种深刻的绝望依然存在，并且带上了历史的色彩，这种色彩现在让所有高等教育与文化变得暗淡无光。一种把人一生中最后的时刻看成最重要时刻的宗教，一种预言地球上所有生命的终结并判决一切生者都生活在悲剧第五幕的宗教，可能会唤起最深刻最高贵的力量，但它抵触所有的新事物、大胆试验以及自由意志；它反对所有向未知领域的飞翔，因为它在那里既没有爱也

---

[1] memento mori，拉丁语，意指"记住死亡"。中世纪西方基督教对事物必死性的反思所形成的理论，禁欲主义的重要戒律。

[2] memento vivere，拉丁语，意指"记住活着"，与"memento mori"对应。这里引自歌德《威廉·迈斯特的漫游年代》。

没有希望。它只是勉强让新生的东西发展，而当时机成熟时，就把它们牺牲掉，作为存在的引诱者或存在价值的说谎者搁置一边。佛罗伦萨人在萨沃纳罗拉布道的影响下对画作、手稿、镜子和面具搞了一次著名的大毁灭[1]，而基督教也会对激励不倦的追求与视"memento vivere"为座右铭的文化做同样的事；如果不可能以粗暴

□ **布道中的萨沃纳罗拉**

在青年时代研读过《圣经》、经院哲学以及亚里士多德的作品后，作为一个批判、严厉的传教士，被派往佛罗伦萨的萨沃纳罗拉曾多次在圣母百花大教堂演讲布道，宣扬圣经内容。他声称自己得到了神谕，并反对宗教腐败，因而得到诸多民众的信仰崇拜。后来，他建立了佛罗伦萨宗教共和国，制定清规，实行苛政；同时，他反对艺术与哲学，称之为"不道德"，并鼓动群众在维奇奥宫前的广场上点燃了摧毁一切"世俗享乐之物"的"虚荣之火"。诸多文艺复兴时期的伟大作品皆在此付之一炬。萨沃纳罗拉最终因苛政失去民心，被教廷判为异端并处以火刑。图为路德维希·冯·朗根曼特尔的《萨沃纳罗拉布道反对挥霍》。

直接的方式完成，也就是说不能靠武力完成的话，它会同历史文化联合（通常后者不知情），带着作为后来者与跟随者的意识，生而白发的意识，口中一边说着，一边耸肩拒绝并窒息一切新事物。对一切发生过的事物的毫无价值、对世界已成熟到接受审判的严肃而深刻的反思，消散于怀疑论中——既然做更好的事情已经为时已晚，那么了解过去发生的一切总是好的。因而，历史的意识让它的仆人们变得消极而怀旧；唯有短暂的遗忘让这种历史意识消失时，历史狂热病的患者才会变得积极，但是，一旦这个积极行动完成了，出于历史研究的目的，他会马上解剖它，并通过分析以防止它产生进一步影响，并最终把它剥皮。在这种意义上，我们还生活在中世纪，历史学还一直是一种伪装的神学，就好像胸无点墨的外行对博学之士的敬畏是从他对教士的敬畏那里继承而来的。人们过去给予教堂的东

---

[1]即著名的"虚荣之火"。

西，现在又吝啬地给予了科学。但是，这给予的东西还是教堂影响下的结果，而现代精神，众所周知，在高尚的慷慨美德方面，还有点吝啬且缺乏技巧。

这些观察也许让人不太好接受，同样不太好接受的还有我。因为我从中世纪"memento mori"以及基督教心中对尘世存在的一切未来的绝望中推出了历史的过量。若是这样，你可以试着用更好的解释，取代我这个有点犹豫的解释，因为历史文化的起源与任何新时代及现代意识精神都极端冲突。这种起源必须以历史的方式加以认识，历史必须解决其自身问题，知识必须把它的刺刺向自己。如果一个新时代真的包含有某种新的、强大的预示生命的东西，那么这三者必须就是其应有之义。或者说，我们德国人——且不说罗马语系的民族——真的必须永远只做较高级的文化事业的后继者，因为我们过去只能如此。威廉·瓦克纳格尔曾经表达了令人难忘的观点："我们德国人是一个后继者的民族，连同我们的高级知识，甚至我们的信仰，都是从过去时代承继而来；甚至对此有敌意的人也呼吸着古典文化的不朽精神以及基督教的精神，并且，如果一个人把这两大元素从围绕他内心的氛围中割除，那么他也就剩不下多少让精神生命得以延续的东西了。"即便我们德国人真的不过是后继者——把这种文化看作是我们正当的继承物会让后继者的称呼无比骄傲、无比伟大，我们还是不得不问，作为衰退的古代学徒是否是我们的永恒命运？有时候，我们可以将目标设置得更高更远，有时候，我们应当为如此富有成果地发展了亚历山大—罗马精神而邀功——也通过普遍历史。因此，作为我们的一个奖赏，我们现在可以设定一个更宏伟的任务——超越亚历山大世界，并勇敢地在古希腊世界的伟大自然与人性中寻找我们的模范。但在这里，我们还发现了本质上非历史的文化现实性，一种无比丰富且充满活力的文化现实性。即便我们德国人事实上只是继承者——在使用了这种文化并且成为它的后继者与继承人时，我们也不会比其他继承者更伟大和更骄傲。

我说的只有一点：想到我们是追随者经常让人痛苦，但它也唤起了个人与民族对未来的伟大影响与希望，假如我们认为自己是了不起的古老力量的继承者和追随者，并在这之中看到了我们的荣誉与动力。因此，我并不是说，我们应该是强大种族的苍白且发育不良的后代，冷漠地作为收藏家和掘墓人延续着他们古老的生命。这些后来的迟到者的确过着一种讽刺性的生活。这些晚期的子孙确实是一种讽刺的存在。毁灭紧随着他们生命中的踯躅步履，他们为过去欣喜时，又对毁灭恐惧，因为他们是活的记忆，而如果他们没有继承者，他们的记忆就毫无意义。这样的话，不安的预感就会把他们包围，即他们的生活不公正，因为没有未来生活为此提供证明。

但是，假如这些好古的后来者突然把那种痛苦的冷嘲和谦逊转变为无耻，假设我们听到他们以刺耳的语调宣布：这个种族已经到了它的顶点，因为直到现在它才认识了自己，并把自己展示给自己，那么，我们就会看到一个景象。在这个景象中，某种著名的哲学对于德国文化的神秘意义就将解开。我相信，黑格尔哲学巨大而恒久的影响力已经让本世纪德国文化的踌躇与危机变得再危险不过了。相信一个人是这个时代的后来者本身就是令人麻痹和沮丧的，但如果有一天这样的信仰被大胆地颠倒，从而把后来者提升到某种神位，作为过去一切事件的真正意义和目的，并把他的悲惨境况等同于世界历史的完成，那么这必定是可怕而又有毁灭性的。这种观点使德国人习惯于谈论"世界进程"，并把自己的时代看作是这个世界进程的必然结果。这种观点用历史取代了其他精神力量、艺术和宗教的主宰地位，因为历史是实现了自己的概念，是不同民族精神的辩证法，还是世界的法庭。

这种用黑格尔的方式理解的历史被嘲讽地称作"上帝在地球的逗留"，尽管上帝也只是由历史创造的。然而，这个上帝在黑格尔的脑袋里变得十分透明且易于理解，并从进化的辩证可能的阶段上升到自我启示。对于黑格尔来说，世界进程的巅峰和终点同他于柏林的存在相一致。事实上，他本该说，他之后的一切都只能被看作是世界历史回旋曲的一个音乐尾声，或者更确切地说，多余。他没有说过的是，他向被他改变了的一代灌输了对历史力量的崇拜，而这实际上把每一个时刻都变成了对成功的赤裸崇拜，从而导致一种对事实的偶像崇拜：这里的偶像崇拜，现在普遍用很有神话意味的一个惯用语来描述，"让自己适应事实"。但是，已经学会了在"历史的权力"面前点头哈腰的人，最后就像中国木偶一般，对任何力量都点头答应，不管这力量是来自政府、舆论抑或是多数人的意见，并且还跟着牵引木偶力量的准确节奏，移动自己的肢体。如果每个成功都是理性的必然，如果每个事件都是逻辑或者理念的胜利，那就赶快跪下，对整个"成功"的阶梯顶礼膜拜！什么，再也没有活着的神话了吗？什么，宗教也在消亡吗？看看历史力量的宗教，看看观念神话的教士们以及他们磨损的膝盖！难道不是一切美德都在追随这种新信仰吗？或者，当历史学者放空自己，直到成为一面客观的平面玻璃，难道这不是大公无私吗？通过崇拜力量本身而放弃自己在天上与地上的一切力量，这不是宽宏大量吗？总有人手握力量的天平，仔细观察哪端更重，这难道不是正义吗？什么样的礼仪学校能这样思考历史？客观地对待一切，不生气，不爱慕，理解一切，这会让人变得多么温和顺从！即便这样的学校出来的人一时公然发怒，我们仍然有理由为之高兴，因为这只是艺术效果上的 *ira* 与 *studium*，其实 *sina ira et studio*[1]。

我对这种美德与神话的结合的异议是多么过时！但是我必须说出来，即便这样做会惹人嘲笑。因此，我要说：历史总是谆谆教诲"曾经有一次"，而道德却说，"不应该……"或"本不该……"。这样，历史就成了实际的不道德概要。一个人如果把历史同时看作是这种实际的不道德裁判者的话，那么，他将陷入深深的歧途！例如，一个像拉斐尔这样的人不得不在36岁死去，这个事实伤害了道德，这样一个人物本不该死。遇到这种情况，你想作为事实的辩护者帮助历史，你会说，他把自己心中的一切都表达了，即使再活得久一些，他创造出来也永远只是他已经创造出来的同样的美等之类的话。由此，你变成了魔鬼的辩护人，因为你把成功、事实作为偶像，而实际上，事实总是很愚蠢，并总是像一头牛犊而不是一个神。作为历史的辩护人，你还有无知为你提供暗示：正是因为你不知道像拉斐尔这样的 *natura naturan*[2]，当你知道它过去存在但永远不会再存在时，你不会愤怒。最近有人告诉我们：歌德活了82岁，活得过长，然而，我仍然乐意用满车的新鲜生命去换歌德"活得过长"的时光中的几年，这样我就能参与到歌德

---

〔1〕ira指愤怒，studium指热情；而塔西佗把自己写史的准则描述为"sina ira et studio（无愤怒，也无热情）"。

〔2〕natura naturan：是斯宾诺沙谈论处于创造中的自然（不同于与已创造的自然）时，为上帝而造的术语——创造自然的自然，万物之因。

同埃克曼的谈话，从而避开现代这些军团士兵的所有适时的教导。同这些死者相比，有权活着的活人实在太少了！许多人活着，少数人死了，这只是一个残酷的现实，也是一个不可改变的愚蠢，是"因此是这样"对道德的"不应该是这样"的直率反对。是的，反对道德！不管你谈论何种美德——正义、慷慨、勇敢以及人的智慧与怜悯，这之所以成为美德是因为人总会反对事实的盲目力量与现实的专制，并服从一些非历史的多变法则。他总是逆历史潮流而行，要么与这种把自己的激情当作存在的最直接的愚蠢事实斗争，要么在谎言在自己周围编织闪亮的网时忠于诚实。如果历史只是一个"激情与错误的世界体系"，那么人就应该像歌德建议读者阅读"维特"那样阅读历史："做个男子汉，别学我！"然而，幸运的是，历史还为我们保留了伟大的反历史斗争者的记忆。"反历史"指的是反对现实事物的盲目力量，并让自己戴上镣铐，原因是它歌颂了这些斗争者身上的真正的历史本质，他们为了更乐观自豪地遵守"因而应该这样"而很少顾及"因此是这样"。不要把这个种族带向坟墓，而应该建立新的一代，这就是一直推动他们不断前进的动力。即便他们出生得晚，仍有一种生活方式能让他们忘掉这一点，而后代们也将把他们当作先行者。

□ 少年维特之烦恼

作为感伤主义代表作的《少年维特之烦恼》正是歌德以自己和自己曾经的同窗耶路撒冷的亲身经历为原型而作。两段失败的感情经历合并于书中，便造就了最终选择自杀的少年维特。《少年维特之烦恼》让歌德声名大噪，同时也在客观层面上造成了一定的消极社会影响，让歌德遭受了相当的非议。后来，歌德在此部小说的第二版中就专门写了劝诫读者的警句："做个男子汉，别学我！"

九

我们的时代可能是这样一个先行者吗？——我们时代的历史感异常强烈，又表现得如此普遍而毫无限制。假如从文化意义上来讲还有未来时代的话，那么单就这一点就足以把我们的时代当作先行者。但恰恰是这一点让我们产生了重大疑问。与现代人的骄傲密切相伴的，是他对自己的一种嘲讽的看法，他对自己必须生活在一种好比黄昏的历史化气氛之中的认识，还有他对自己年轻的希望和力量不能保留到未来的恐惧。到处有人进一步走向犬儒主义，并按照犬儒主义的教条，尤其是以适应现代人用途的方式，来证明历史进程甚至整个世界演变进程的合理性。按照犬儒主义的教条，事物就是它们现在的样子，人也是现在这个样子，任何事物或人都不能阻挡这种必然性。犬儒主义产生的愉悦感是经受不住这种嘲讽状态的人的庇护所；此外，最近十年把它最好的发明作为礼物送给了他，即是描述犬儒主义的一个圆满的措辞——它把他的生活方式变成时代的潮流，完全不考虑"个性完全屈服于世界进程"。个性和世界进程！世界进程和跳蚤的个性！当一个人应该诚实地谈论"人、人、人"时，但愿他不会被迫永远听到夸张中的夸张，"世界、世界、世界"。希腊人和罗马人的后继者？基督教的后继者？这些在犬儒主义者看来都不算什么。但是，世界进程的后继者！世界进程的顶点与目标！一切演变之谜的意义与答案，都在现代人身上出现。这些知识之树上最成熟的果实才是我所称的欣喜若狂的自豪。这是认出每个时代先行者的标志，即便这些先行者来得最晚。哪怕是在梦中，历史的沉思也从未走得这么远，因为人类的历史不过是动植物历史的继续。宇宙历史学家甚至在海洋的最深处找到了自己作为活的黏质物存在的痕迹。他惊奇地注视着人类走过的漫长道路，就像是看到了一个奇迹，然而现在，人居然能纵览这样漫长的进程，在这个奇迹面前，他惊奇得有点颤抖。他骄傲地站在世界进程的金字塔上。当他把知识的拱顶石放到顶上时，他好像在对周围的大自然呼喊："我们到达了目的地，我们就是目的，我们是完美的大自然！"

19世纪过于骄傲的欧洲人，你在说疯话吗？你的知识并未让自然完美，反而摧毁了你自己的天性。把你认知能力的强大同你作为行动者的无能比较一下。诚然，你攀援着知识的阳光上到了天空，但同时你也向下跌落到混沌中。攀登知识的方式是你的不幸，大地沉入远离你的未知境地；你的生命再无支撑，只剩下将每次掌握的新知识撕碎的蜘蛛网。但关于这一点，就不再苛责了，毕竟，还是可能愉快看待这件事的。

一切根基疯狂而轻率地破碎与分解，并融于不停流动的演变之中，一切存在都被现代人——这些宇宙之网上的蜘蛛不知疲倦地拆解和历史化，这些都可能让道德家、艺术家、虔诚者甚至政治家关注并惊慌。我们应该高兴一下，因为我们可以在哲学的滑稽模仿者的一个闪亮的魔镜之中看到这一切。在这个模仿者的脑袋里，时代已经达到了一种对自我的讽刺性认知，用歌德的话说，"达到了可耻"。黑格尔曾经教导我们说："当精神改弦易张时，我们哲学家也在现场。"我们时代转向了自我讽刺，看看！爱德华·冯·哈特曼也在这里，连同他那著名的无意识哲学——或者说得更清楚些——他的无意识讽刺的哲学。我们几乎读不到比哈特曼的书更好笑、更富于哲学戏谑的著作了。谁不能在事物演变上从哈特曼的书中得到启蒙，谁就不能从内心对自己进行清理整顿，那么谁也就真的成熟到要成为过去了。世界进程的始终，从意识的初探到最后归于虚无，连同我们时代在世界进程中的任务的准确描述，这都来自那个发现机智的灵感之泉，来自无意识。它在启示文学的光芒中闪烁，虚伪地模仿那种不动声色的严肃，就好像这是真正的严肃哲学，而不是一个玩笑哲学。这种产物把它的创造者标志为一切时代中第一位哲学滑稽模仿者。因此，让我们在他的祭坛上献祭，向这位正宗万灵药的发明者奉上一绺头发，盗用一句施莱尔马赫式的赞美之语。还有什么药能比哈特曼对世界史的滑稽模仿作品更能有效地治疗历史文化的泛滥呢？

不用修辞技巧的话，哈特曼想通过他那烟雾缭绕的无意识讽刺来告诉我们的是：我们的时代只能保持现状，并最终创造一种条件，在这种条件下人们会发现存在无法容忍。对此我们深信不疑。我们时代的可怕僵化，骨头的不安声响——正如大卫·施特劳斯天真地描述为最美的事实，这些由哈特曼从 *ex causis efficientibus*[1]与*ex causa finali*[2]方面都进行了证明。这个无赖用末日之光照耀我们的时代，它证明我们的时代很好，尤其是对那些愿意尽可能完全地忍受生活难解之处的人，还有那些觉得世界末日不会很快到来的人。哈特曼确实把人类正在走进的年龄称为成年，但他指的是这样一种幸福的状态：这里留下的只有货真价实的平庸；艺术则是柏林商人晚上的消遣；这个时代也不再需要天才，因为这意味着是把珍珠丢在猪面前，或者这个时代进入了一个更重要的不适合天才的阶段——社会演变的阶段——在这个阶段，每个劳动者的工作时间都能留给他充分的闲暇，以便进行智力培养，因而过着舒适的生活。你这个无赖之中的无赖说出了当代人类的渴望。但你也知道，作为这种平庸中的智力培养的结果，一个幽灵——厌恶会在人类成年的终点等待着。事情明显到了糟糕的境地，但还会变得更糟糕，"反基督者正在越发拓宽他们的影响"——但情况必须如此，因为我们选的这条路只能走向对一切存在的厌恶。因此，让我们全力推动世界紧张前进，就像是上帝葡萄园里的园丁一样，因为正是这个进程能引领我们达到救赎。

上帝的葡萄园！世界进程！救赎！谁在这里都能看到听到：那种只懂"演变"的历史文化如何蓄意伪装成畸形，如何在一个怪诞面具之后说出恶意中伤的废话？这最后的无赖召唤葡萄园的园丁究竟想要些什么？他们想奋力推进的工作是什么？或者换句话说，如果有朝一日要亲自收获厌恶——这一葡萄园中最甜的葡萄，那么，这些受过历史教育的世界进程的狂热者，这些还在演变的溪流中游泳浸泡的人，还能做什么呢？他什么也不必做，还是像以前一样活着，爱恨一如从前，继续读他的报纸。对他来说，唯一的罪就是——过得和以前不同。然而，他用一页超大字号的文字记录了他过去的生活。在这一页纸上，整个当代文化人陷入了狂喜，因为他们在上面看到了，能证明自己的理由在启示之光下燃烧。因为无意识的模仿者要求每个人"为了自己的目的，为了世界救赎，让个性完全屈服于世界进程"；或者更明白地说，"对生存意志的肯定被认为是目前唯一正确的道路"；

---

〔1〕ex causis efficientibus：起因。

〔2〕ex causa finali：结局。

"因为只有完全屈服于生活与痛苦，而不是懦弱的遁世与退出，才能为世界进程做出贡献"；"否定个人意志的努力不仅无用而且愚蠢，甚至比自杀还愚蠢"；"有思想的读者不用进一步解释就能明白，一种建立在这些原则之上的实践哲学是怎样的面貌，并且这样的哲学不能同生活分裂，只能与生活全面融合"。

有思想的读者会明白——就好像有人会误解哈特曼一样！而哈特曼会被误解，这是多么的好笑呀！难道现在的德国人是这么有教养吗？一个诚实的英国人发现他们缺少敏锐的感知，并敢于这样说："德国人的思想看起来确实有某种不端的东西，某种迟钝、笨拙且不当的东西。"对此，伟大的德国模仿者会提出异议吗？事实上，在他看来，我们正在接近"人类完全清醒地创造历史的理想状态"，但是，很显然，我们距离那种可以完全清醒地阅读哈特曼著作的理想状态还很遥远。一旦到达那个状态，没有人在再次说出世界进程这个词时会不带笑容，因为他脑海中会想到这样一个时代：那时的人用德国精神的全部朴素与诚实，用歌德所说的"猫头鹰的怪异的严肃"，来倾听、吸收、攻击、崇敬、传播哈特曼的模仿福音，并奉为正典。但世界必须前进，理想的状态不能靠做梦，而只能靠斗争与拼搏，只有靠愉悦才能从猫头鹰式的严肃中通往救赎之路。当人类谨慎地远离世界进程或者人类历史的一切构想时，这样的时代才会到来；在这样的时代，人们不再去看那些大众，而是个人，那些构成了历史演变之河桥梁的个人。他们不推进任何的进程，但他们彼此同时存在着。感谢历史允许这些个体的同时存在与协作，他们就像是生活在叔本华曾经说过的天才共和国。一个巨人穿过时间沙漠的阻隔向另一个巨人呼喊，这种高尚的谈话在继续，丝毫没有被那些爬在下面的侏儒们的喋喋不休所打扰。历史的任务就是作为他们的传递媒介，并且不断激励并提供产生伟人的力量。不，人类目标的实现只能依赖人类最高的榜样，而非它的末端。

当然，我们的喜剧演员的观点与此不同，并用那种与赞赏者的值得赞赏的真实性相同的辩证法说出了他们的观点："世界进程在过去的无限延续，与演变的观念不能相容。因为那样的话，每一个我们所能想象得到的演变必然已经发生，但事实并非如此（啊，无赖！）。我们同样不能承认这一进程在未来的无限延续，

□ 达那伊得斯姐妹

达那伊得斯姐妹（共50位）是达那俄斯之女。达那俄斯因自己会被未来女婿所杀的预言，命令自己的女儿们在新婚之夜杀死她们的丈夫，除去女儿中太爱自己丈夫的长女许珀耳涅斯特拉，其余49个女儿都照做了，这49个女儿由此引怒天神，被罚至地狱最底层的塔尔塔洛斯，让她们灌满永远也无法灌满的无底桶（即达那伊得斯姐妹之桶），永世循环。图为约翰·威廉姆·沃特豪斯的《达那伊得斯姐妹》。

这将抹去朝着一个目标演变的概念（又是无赖！），并让世界进程变得像达那伊德斯姐妹之桶。逻辑的东西完全战胜非逻辑的东西（啊，无赖中的无赖！）必然与世界进程的终结亦即世界末日，同步到来。"不，你这个机灵而爱嘲弄的精灵，只要非逻辑还像现在一样统治着，比如，还能像你这样谈论世界进程并赢得普遍赞同的话，那世界末日就还很远。地球上还有很多快乐，许多幻想仍然繁茂。例如，同时代人对你的幻想，我们还没有准备好被丢到你的虚无之中。这是因为，我们相信这里还能够更快乐，那时候人们会理解你，理解你这个误解了无意识的读者。然而，如果厌恶会随力量而来，正如你向读者预言的那样，如果你对现在与未来的描述被证明是正确的，并且没有人像你这样厌恶地鄙视它们，那么，我非常愿意以你建议的方式与大多数人一同表决：下个星期六晚上12点整将是世界末日。我们的判决尘埃落定：从明天开始，时间不再存在，报纸也不再出版。但我们的判决可能无效。然而即便这样，我们至少还有时间做个不错的实验。我们该找一架天平，一端放上哈特曼的无意识，另一端放上哈特曼的世界进程。有人会相信天平两端会平衡，因为每个托盘里都有一个坏的词语以及一个不错的笑话。一旦明白了哈特曼的笑话，世界进程这个词就不会被使用了，除非当作笑话来说。事实上，历史感泛滥、以存在和生命为代价的对世界进程的过分热衷、一切观点的无意义与错位，对它们而言我们早该用讽刺的恶意去进攻了。我们应该经常赞扬那些无意识哲学家，他们首先发现了世界进程的概念有多么可笑，并让别人通过他们陈述时的严肃更强烈地感受到这一点。我们现在可以不必关注世界与人类存在的目的，除非是当作幽默的对象，因为渺小蠕虫的狂妄自大是现在世界舞台上最可笑的事情。另一方面，要问问你自己存在的目的。如果你没有答案，不妨给自己设定一个目标，一个崇高的目标，由果及因地解释你存在的意义，然后在对这个目标的追求中消亡。*Animae magnae prodigus*[1]在追求伟大而不可为的过程中消亡，除此之外，我找不到更好的人生目标了。如果有关这种至高无上的演变的学说，有关一切概念、类型与种类的易变性学说，以及人与动物缺乏任何根本差异的学说，这些我认为真实但却致命的学说，以一种现在已经流行的教导方式强加给下一代人，那么，如果这个民族在卑微的自私、僵化与贪婪中消亡或者分崩离析的话，没有人会感到惊讶。利己主义制度、排除异己的兄弟会以及粗俗功利主义的创造物可能会取代民族登上未来的舞台。要给这些创造物铺路的话，人们只需继续从群众的视角来书写历史，并从群众的需要中得出法则，那些推动社会最底层（黏土层和陶土层）的法则。在我看来，群众只在三个方面值得注意。第一，作为伟人的褪色副本，用磨损过的雕版印到劣质纸张上的副本。第二，作为反抗伟人的力量。最后，作为伟人手里的工具。至于余下的，就留给魔鬼和统计学吧！什么，统计学能证明历史中有法则？法则？他们确切地证明了群众是多么庸俗且千篇一律到令人作呕[2]。但是，这些惰性、愚蠢、仿冒、情爱和饥饿的效果应该被称为法则吗？让我们先这么认为吧。然而，这只会让另一个主张也被确认：只要法则存在于历史之中，历史和法则便都毫无价值。但是，我们现在普遍奉行的历史认为，广大群众运动是历史最重要最主要的事实，而伟人不过是广大群众最明显的表现，就像洪水表面泛起的涟漪一般。按照这种观点，伟大就是群众的产物，也就是说，秩序是混乱的产物。最后，颂歌自然会唱给创造它的群众，而在这个时代内，推动群众前进并成为所谓的历史力量的人，就被给予了伟

---

〔1〕Animae magnae prodigus：拥有伟大灵魂的浪子。
〔2〕由于时代原因，这是尼采的错误观点。

大的名字。但是，这不是故意混淆质与量吗？ 如果粗鲁的群众发现了某种思想，比如说，一种宗教思想，他们喜欢、努力捍卫并传承了几个世纪，那只有这时，这种思想的发现者和创造者才能被称为伟大。但这是为什么？最崇高最高贵的东西根本没有影响到群众，基督教在历史上的成功，它的历史力量、它的韧性与延续，丝毫没有证明其创建者的伟大， 因为，如果它这么做了，这将成为反对它的证据。但在它与历史上的成功之间，存在着一个非常黑暗且世俗的"地层"，充满了激情、谬误、对权利与荣誉的欲望以及罗马帝国持续的力量，基督教就在这里获得了俗世的品位与残留，从而让它可能继续在世界上存在，并赐予它持久性。伟大不应该依赖成功：德摩斯梯尼没有成功，但却很伟大。基督教最纯粹、最真实的信徒往往不是推动而是妨碍并质疑了基督教的成功以及所谓的历史力量，因为他们习惯于让自己置身于世界之外，不关心基督教理念的进程。因此，他们通常完全不为历史所知。用基督教的话说，魔鬼是这个世界的统治者，是成功与进步的主宰。他是一切历史力量中的实际力量，并且这种力量会一直保持，虽然这对习惯于把成功与历史力量神化的人来说，非常的刺耳。这个时代已经熟练于重新给事物命名，甚至给魔鬼再施洗礼。这确实是一个极为危险的时刻：人类似乎快要发现，个人、群体或群众的利己主义，在所有时代都是历史运动的杠杆。同时，这个发现没有引起任何不安，现在反倒被定义为法令：利己主义应该是我们的上帝。带着这样的新信仰，人们开始明目张胆地着手于建立以利己主义为基础的未来史。但这是一种审慎的利己主义，一种为了让人能忍受而强加给自身某种限制的利己主义，一种为了熟知早期鲁莽而研究历史的利己主义。在研究的过程中发现，在利己主义世界体系的建立中，一个相当特殊的角色被移交到了国家身上。国家要成为一切审慎的利己主义的保护人，用军队与警察防范鲁莽的利己主义可能引发的恐怖暴动。出于相同目的，历史学、动物与人类的进化史，被谨慎地灌输给那些因鲁莽而变得危险的群众与工人阶级，因为人们明白，一粒历史文化的粮食就能使麻木而粗鲁的本能与渴望破碎，并把他们带到雅致的利己主义道路上来。总之，用哈特曼的话说，"现在，人类用一双思考的眼睛看未来，考虑在尘世家园里建立一个家庭"。哈特曼将这一时期称为人类的成年，从而嘲笑现在所谓的成人，就好像这个词指的就是清醒的利己主义者。他也同样预言了在成年之后有一个老年时代，这明显又是在嘲讽我们当代的老年人。他谈论了老年人成熟的沉思，他们借此来"审视他们生命历程中的痛苦，并领会他们至今自以为追求着人生目标的徒然"。不，这种狡猾的受过历史教养的利己主义成年，紧随的是可憎而贪婪并毫无尊严的老年。然后，

> 结束这古怪而多事的历史，
> 最后一幕是童年再现，完全遗忘，
> 无牙，无眼，无味，无一物。[1]

不管我们生活与文化受到的威胁是来自这些放纵的、没有牙齿和味觉的老人，还是哈特曼嘴里的成人，让我们咬紧牙关坚持我们青年的权利，永不疲倦地捍卫我们青年的未来，抵制那些偶像破坏者。然而在这场斗争中，我们会发现一个令人极不愉快的事实：让现代饱受其苦的过量历史感，被蓄意地推动、鼓励并利用了。

过量历史感被用来对付青年人，把青年人培养成那种到处追求成熟的自私自利的成人；通过科学的魔力来美化成人那种缺乏男子气概的自私自利，用历史的过量来打击青年人对这种自私自利的天然的反感。我们确实知道，获得了某种支配地位的历史会做些什么，我们再清楚不过了；它能从根本上剪除青年人最强大的本能，热情、违抗、无私与热爱，浇灭他们的正义，用反欲望（它即时、有用而富有成效）来遏制他们慢慢成熟的渴望，并对他们感受的诚实与大胆产生病态的怀疑。事实上，它甚至能剥夺青年最美好的特权，剥夺他们为自己培植一个对伟大思想的信仰并让其发展成更伟大思想的力量。我们已经看到，历史学的某种过量就能做到这一切，它不断地改变地平线并清除保护我们的空气，从而阻止人类以非历史方式的思考与行动。他从无边无际的地平线回归到他自己，回到最渺小的自私自利的封闭之中，而在这里他必然枯萎死去。他可能会变得聪明，但绝不会

---

[1] 参见莎士比亚《皆大欢喜》，第二场，第七幕。

变得智慧。他讲道理，尊重并适应事实，他不冲动，懂得在他人的利害中寻求自己或党派的利益；他忘掉了一切多余的谦逊，一步步成为哈特曼所说的"成年"与"老年"。但这就是他们要变成的样子，这就是犬儒主义要求"个性完全屈服于世界进程"的意义——正如无赖哈特曼保证的那样，为了它的目标，为了世界的救赎。然而，哈特曼所说的成年和老年的意志与目标很难说就是世界的救赎。对世界更好的救赎是把世界从这些人手中拯救出来。那时，青年的王国就会到来。

十

在青年找到自我的地方，我呼喊："陆地！陆地！"我们在陌生又黑暗的大海上疯狂而错误地航行，真的够了，太够了！终于看到海岸了。不管它是什么样子，我们都要登陆，因为最坏的港湾也好过回到那无休止的毫无希望的怀疑主义之中。让我们权且登陆，不久，我们就能找到更好的避风港，让后来者更易着陆。

航行既危险又刺激。我们最初以一种平静的沉思看着我们的船只出海，但现在我们距离这种状态太遥远了！在寻找历史的危险过程中，我们发现自己尤其暴露在这种危险之下。过量的历史折磨着现代人类，而我们身上明显带着这种苦难的印记。我不想隐瞒的是，这篇论文在无节制的批判中、在人类的不成熟上、在从讽刺到犬儒主义、从傲慢到怀疑主义的不断转换中，揭示了以个性软弱为标志的现代人的性格。然而，我相信这种感召力，它在天才缺席时给了青年航行动力；我相信青年，当他们迫使我反抗现代人的历史教育，当我要求人应该先学会说话并应该让历史服务于我们学到的生活时，青年正确地引导了我。人要年轻才能理解这种反抗。其实，对于我们现在这些早生华发的现代人，即便他们能理解我们究竟在反抗什么，他们也不能变得足够年轻。让我举个例子来说清楚。在德国，不到一个世纪以前，一种对诗的自然本能在一些年轻人身上觉醒了。难道这些年轻人之前的世代和同时代的人就根本没有谈论这种陌生的艺术吗？情况恰恰相反，他们曾兴致勃勃地思考、撰写并争论诗歌，字字揣摩、句句斟酌。文字生命的唤醒并不意味着唤醒者的死亡。在某种意义上，他们仍然活着。如果正如吉本说的，世界灭亡只是个时间问题，不管这时间有多长；那么在德国这个渐进的国度，错误观念的灭亡也是个时间问题，虽然需要的时间更长。尽管如此，现在知道什么是诗歌的人可能比一个世纪以前要多一百个人；到下个世纪会再多一百人知道什么是文化，知道这时的德国不论多么高傲地谈论所谓的文化，他们仍没有文化。对这些人来说，德国人对他们文化的普遍满意既难以置信又愚蠢可笑，就好比过去一度推崇的戈特舍德古典主义与被视为德国品达的拉姆勒给我们的感觉一样。他们可能会认为，这种文化只不过是一种关于文化的知识，一种错误且肤浅的知识。这是因为人们忍受着人生与知识的矛盾，而完全看不到真正有教养民族的文化特征——文化只能从生活中生长并繁荣。但德国人把文化看成插在头上的纸花，或者浇在上层的糖衣，从而注定永远虚假且毫无结果。然而，德国青年的教育正是从这个错误且毫无结果的文化概念开始，其本质目的，并不是培养出自由的有教养的人才，而是学者、科学人士，而且是那种以最快速度培养出来的可用的科学人士——他们能站在生活之外毫无阻碍地了解人生。从经验上来看，其结果是培养出历史学和美学的文化市侩，是那些对国家、教堂与艺术喋喋不休的少年老成者，是鉴赏一切的人，是不知真正饥渴为何物的永不知足者。带有这种目标与结果的教育违背自然，且只有那些还未深受其害的人才能认识到。青年也能认识到这一点，因为他们天生的本能仍然完好，尚未受到这种教育的人为地破坏。相反，谁想打破这种教育，谁就得帮助青年说话，他就必须用概念的光芒，照亮青年无意识的反抗之路，并转化成一种自觉的大声说出的意识。但是，他怎样才能达成这样一个陌生的目标呢？

□ 爱德华·吉本

爱德华·吉本（1737—1794年），英国历史学家、作家，著有《论文学研究》《罗马帝国衰亡史》等作品，并因其作品对教会的公开讽刺与批评而闻名，是18世纪欧洲史学家的杰出代表。其作品的写作风格与思想对其他作家如温斯顿·丘吉尔、艾萨克·阿西莫夫等人都有过影响。

首先要摧毁一种迷信：对于这种教育办学体制必要性的信仰。一般认为，我们当下这个极不合意的现实是唯一可能的现实。看看近几十年来高等学校和教育机构的文献，你会愤怒又惊讶地发现，尽管有不同建议与强烈争论，但教育的实际目的到处都被认为是一样的，迄今为止教育的结果，培养的"受教育者"，都被不加考虑地当作所有未来教育的必要与合理的基础。统一的原则是，年轻人应该从学习文化知识开始，而不是从生活的知识，更不是从生活与体验本身开始。而这种文化知识以历史知识的形式灌输给青年。也就是说，他们的脑子里填满了大量思想，来自于过去时代与民族的间接知识，而非来自对生活的直接观察。他渴望亲身体验，以及感知那种连续、鲜活的亲身体验在自身的演变。这样的欲望被混淆了，就好像是被那种虚假的承诺灌醉了一样。这种虚假的承诺认为，人可能在几年里就把过去时代，而且是那些最伟大的时代最值得注目的经验汇聚己身。这就与某种方式同样疯狂——把我们年轻的画家引导到画廊中，而非老师的工作室，更非唯一的老师（大自然）的唯一工作室。仿佛在历史画廊中的短暂漫步就能把过去时代的艺术与科学（前人生活经验的成果）变成自己的一样！如果不想最终变成些愚笨者与喋喋不休者的话，那么生活就该是一门从基础学起、刻苦训练的手艺！

柏拉图认为，有必要借助强有力的必要谎言来教育新社会（《理想国》）的第一代人。教育孩子相信，他们之前都长期沉睡于地下，在那里他们被大自然的工艺师捏造成人。反抗过去是不可能的！反抗神的工作也是不可能的！这应该被看作一个不可违背的自然规律：谁生为哲学家谁体内就有金子，谁生为战士谁体内就有银子，而生来是劳动者的人，体内只有铁与铜。柏拉图解释说，不同金属不可能混合，所以阶级秩序也不可能混淆。相信这种秩序的永恒真理性是新教育的基础，也是新国家的基础。现代德国人也是这么相信他们教育体制、他们文化的永恒真理性。然而，如果这种必要的谎言遇到了必要的真理，这种相信会破碎，就像柏拉图的国家会破碎一样。这种必要的真理就是，德国没有真正的文化，因为德国的教育没有提供基础。他想要无根无茎的花朵，结果就一定是徒然。这是个简单的真理，一个粗糙而讨人厌的真理，但却是真正必要的真理。

我们的第一代人必须在这样的必要真理中受教育，且必定会深受其苦，因为他们必须用它来教育自己，甚至反对自己，教育自己从旧习俗与第一天性中获得一种新的习俗与天性。这样，他们可能会用古西班牙语对自己说：Definda me Dios de my——上帝保佑我防范我自己，也就是防范教育让我养成的个性。他们必须把这真理当作一味性烈而苦涩的药物，一点点品尝。这一代的每一个人必须克制自己，能够对自己说出："我们没有文化，并且我们已经被毁了，不能生活，不能正确而简单地去看去听，不能愉快地获取对我们来说最接近最自然的东西。我们还没有拥有文化的基础，因为我们甚至不确信我们有真实的生活。这种话如果说的是整个时代，可能会让我们觉得更能忍受。我们变得支离破碎，被机械地分解成内在与外在，用概念播种，就像龙牙一样生出概念龙，受着文字弊病的折磨，怀疑一切没有这种文字印记的自己的感情。作为这样的无生命但却如此活跃的概念和文字的工厂，可能我还有权利说'cogito ergo sum'[1]，而不是'vivo ergo cogito'[2]。我被赋予的是空空的存在，而非丰满的绿色生活。那种告诉我存在的感觉，保证我只是一个会思考的存在者，不是一个有生命的存在者，不是一个animal（动物），至多是一个cogital（会思考的存在者）。先给我生活，然后我会从中为你创造一种文化！"这一代人的每一个人都这样呼喊，而他们也将从这种呼喊中认出彼此。但谁会给他们这种生活呢？

不是神，不是人，只有他们的青年人。解除青年的枷锁，这样也就给了生活以自由。生活只是藏起来了，被囚禁了，但尚未凋零死去——问问你自己，是不是这样？

是这样！但是，这个被解救的生活处于病态，必须被治疗。它被各种疾病所折磨着，不仅仅是那些回忆的枷锁，我们在这里主要关注的是它患上的历史疾病。历史的过量腐蚀了生活的可塑力，它不再知道如何将过去作为滋补食物。这罪恶是可怕的，而且，如果青年没有自然赋予的洞察力，那他就不会知道这是一

---

[1] cogito ergo sum：我思故我在。
[2] vivo ergo cogito：我生故我思。

种罪恶，不知道健康的天堂已经失却。然而，相同的这些青年靠一种有疗效的本能猜出如何重获这个天堂。它知道治疗历史疾病的药物。但这种药物的名字是什么？

这种药物被称为毒药，对此不必大惊小怪。历史的解药，被称为非历史与超历史。这些名字让我们回到了我们沉思的开始，那种沉思冥想的平静之中。

"非历史"，指的是遗忘及把自己封闭于有限视野中的艺术与力量，而"超历史"，则指的是把目光从演变上移开，转向赋予存在永恒与稳定特性的东西上，也就是艺术与宗教上。科学——正是它在这里会说到的毒药——在这两种力量中看到了敌对的力量，因为科学认为，只有一种正确真实的看待事物的方式，也就是说科学的方式，那就是把一切事物都看作过去的、历史的东西，而不是存在着的永恒东西。科学极其敌视艺术与宗教创造的永恒力量，因为科学憎恨遗忘，也就是知识的死亡，并试图消除一切视野的限制，把人扔到一个无边无际的光的海洋之中，而这种光就是一切演变之物的知识。

但愿他们能生活在其中！就像城市在地震中崩塌并变成废墟、人恐惧地在火山废墟上建起自己的房屋一样，当科学引起的观念地震剥夺了人安身立命的基础、剥夺了对不朽与永恒的信念时，生活就会垮掉，并变得软弱胆怯。生活要支配知识与科学，还是知识要支配生活？ 这两种力量哪个更高更有决定性？毫无疑问，生活是那种更高的支配力量，而毁灭了生活的知识，最终也将自行毁灭。 知识以生活为前提，因而在保护生活上，有着动物对其自身持续存在一样的兴趣。因此，科学需要得到监督与管理，而生活的保健学就在科学旁边，其中一个条款是这样的：对于被历史、被历史的弊病压制的生活，非历史与超历史是治疗它的天然解药。受历史病之苦的我们可能会对这种解药感到痛苦，但这不能证明我们选择的治疗方法是错误的。

在这里，我意识到了我说到的青年使命，这第一代斗争者和屠龙者的使命，他们将带来那种更幸福、美好的文化与人性，但他们对这种未来的幸福与美好只是猜想。青年人将受这种疾病与解药的双重之苦，然而，他们有资格自夸比前代人、比现代的文化成人与老人，拥有更强健的身体以及更自然的天性。 然而，他们的使命是破坏现代人的健康与文化观念，并激发对这些混杂观念的嘲笑与憎恶。在当代的流行话语与观念中，青年人找不到描述自己名字的概念或口号，只是意识到自己身上存在的那种斗争、排外与分裂的力量以及愈发强烈的生活感受。而这应该是保证青年人卓越健康体魄的标志。有人可能认为这些青年还没有文化，但这对那些青年会是一种责难吗？有人可能说他们粗劣、不节制，但他们还不够老练聪慧，不能在主张上妥协。尤其是，他们不需要虚伪地去捍卫一种成型的文化，他们享受着年轻人的一切慰藉和特权，特别是勇敢而不假思索的诚实与对希望的振奋人心的慰藉。

对于这些有希望的年轻人，我知道，他们从切身经历了解了这些普遍性，并转化成供自己所用的箴言。而其他人此刻只察觉到那些可能被掩盖住的空盘子，直到有一天，他们惊奇地发现，这些盘子都是满的，攻击、需求、生命动力与激情都被压入这些不能长时间掩盖的普遍性中。留给怀疑者以时间，时间能让一切真相大白。我最后转向那一大群有希望的人，用一个比喻告诉他们历史病治疗的道路与过程，以及他们自己的历史，直到他们健康到足够再次研究历史，并从三个角度让过去为人生目的服务——纪念的、好古的与批判的角度。到那时，他们起初会比现代这些受教育的人更无知，因为他们已经忘掉了太多东西，失掉一切渴望，甚至对这些受教育的人最想知道的东西都不置一瞥。在这些受过教育的人看来，他们的识别标志恰恰是他们的"无文化"、对声望与美好东西的冷漠。但在治疗结束时，他们会再次成为人，不再是类人品质的聚合体。这是值得希冀的东西。难道你们心底没有对这些有希望的年轻人绽放笑容吗？

"我们怎样达到这样的目标呢？"你会问。在踏上这条目标之旅时，德尔斐的神会喊出他的神谕："认识你自己。"[1] 这是个难解的格言，因为神什么也没隐瞒，什么也没说，只是给你指引。但正如赫拉克利特说的，他给你指引了什么呢？

---

[1] 德尔斐的阿波罗神庙入口处的三句铭文之一：γνῶθι σεαυτόν（认识你自己）、μηδεν αγαν（凡事勿过度）、ἐγγύα πάρα δ'ἄτη（妄立誓则祸近）。

□ 德尔斐

作为阿波罗神庙所坐落的希腊圣地，德尔斐曾是希腊信仰之中心，也被认为是世界的中心。然而公元前373年，一场地震严重破坏了圣地建筑，其命运似乎在此时就已经被决定了。公元前4世纪下半叶，德尔斐处于艰苦修复的同时，希腊经历了政治动荡，圣地由此走向衰落。自公元1世纪罗马统治以来，这一圣地便再也没有出现过新的建筑。如今的德尔斐形迹残缺，往日荣华已不可知辨。图为如今德尔斐阿波罗神庙遗迹。

有几个世纪，希腊人也面临着我们现在面临的危险：过去与外来物的泛滥，因历史而消亡。他们从未生活在骄傲的不可侵犯之中。很长时间，他们的文化一直是外来的，闪族、巴比伦、吕底亚与埃及的形式和概念的混杂，他们的宗教则确是东方诸神的一场战争。与此相似，现在的德国文化与宗教就是所有西方与过去时代斗争的混乱产物，然而，希腊文化却不是简单的聚合体，这要感谢阿波罗神的神谕。希腊人逐步学会了组织这种混乱，跟随德尔斐的教义回到了自身，回归了他们的真正需要，并让虚假的需要灭亡。因而，他们再次成为了自己的主人，不再长时间地作整个东方的不堪重负的继承者和追随者。在经过同自己的艰苦斗争以及对神谕的延伸应用后，他们甚至丰富并增加了他们继承的宝物，成了所有未来有文化民族的先行者与模范。

这对我们每个人来说都是个寓言：他必须回忆起自己的真实需要，从而组织自身的混乱。他的诚实、性格中的力量与真实，必然会在一天反抗这样一种状态：他只是重复自己听到的，学习自己知道的，模仿已经存在的。然后，他开始认识到，文化可以是生活装饰外的其他东西，后者说到底不过是掩饰与伪装，所有的装饰物掩藏了被装饰物。因此，希腊人的文化观念就会揭开面纱，它同罗马文化相反，是一种新改善的事物，没有内在外在之分，没有掩饰与习俗，而就是生活、思想、现象与意志的统一体。因此，他会从自己的体验中知道，希腊人依靠他们道德本质的强大力量战胜了其他一切文化，并且每一次真实性的增加都有助于真正文化的推动，尽管这种真实有时会严重伤害那种受推崇的文化教养，甚至会促进整个装饰性文化的灭亡。

教育家叔本华

一

有人问一位游历过许多国家、民族以及一些大洲的旅行家，他在这些地方发现了人的哪些共同品性呢？他回答说："他们都有懒惰的倾向。"很多人会觉得，他应该说"怯懦"才对。"他们躲藏在习俗和舆论背后。"实际上，每个人心里都十分清楚：作为一个独特的个体，他在世上只能存在一次，不会再有第二次这样可能的偶然性，能把如此奇特的多样构成再聚合成像他现在这样的统一体。他明白这一点，但却把它当作亏心事一样掩藏起来——为什么？他害怕他的四邻，他们需要习俗，并用它遮盖自己。那是什么驱使他害怕四邻，按多数人的方式思考与行动，自己却没有快乐？在极少数人那里，可能是谦逊。但对大多数人来说，是懒散和惰性，总之，就是那旅行家谈到的懒惰倾向。他说得没错，人的懒惰要甚于怯懦，人最害怕绝对真诚与坦白让他们背负的诸多不便与麻烦。唯有艺术家痛恨这种在借来的时髦与借用的意见中的懒散漫步，他们揭露了每个人的亏心秘事，以及每个人都是独一奇迹的规律。他们敢于展示人真实的面貌，他的每一块肌肉运动都只是他们自己，并且，在这种严格一致的唯一性中，他们很美，值得关注，绝对不会让人厌烦。伟大的思想家蔑视人类时，他是在蔑视人类的懒惰。因为懒惰，他们就像工厂的产品，无关紧要，也不值得交往或受教。不想成为这样一群人的人只需做一件事，停止自便。跟随他的良知，倾听他的呼喊："做你自己！你现在的所思、所想、所为都不是你自己。"

每一个年轻的灵魂都会日夜听见这种呼喊，并为之颤抖，因为想到自己的解放，他们就会预感到那种万古未有的幸福尺度。这种幸福，如果一直带着恐惧与习俗的枷锁，就无论如何不得实现。没有这种解放，生活会变得多么怅惘与无意义！世界上再也没有比避开自己的天赋，鬼祟地左顾右盼、瞻前顾后的人更讨厌

□ 叔本华

叔本华（1788—1860年），德国哲学家，哲学史上首个公开反对理性主义之人，唯意志论、非理性主义的开创者，悲观主义哲学的代表人物，也是西方哲学中首批公开肯定并分享东方哲学思想的哲学家之一。叔本华继承了康德对自在之物和表象之间的区分，认为它可以透过直观而被认识，并将其确定为意志。他将悲观主义哲学与唯意志论相结合，认为为意志所支配只会带来无尽的痛苦。其思想对近代的学术界、文化界诸多名家（如弗洛伊德、托尔斯泰、莫泊桑、爱因斯坦等人）影响极为深远，并启发了此后的精神分析学、心理学等学科。其最为著名的著作，自然就是融合了欧洲与印度哲学思想的《作为意志与表象的世界》（1819年）。

更可怜的创造物了。最终，这样的一个人就会变得无法被把握与认识，因为他完全是没有内核的空壳，一件着色的破烂衣服，一个打扮了的幽灵，不能引起恐惧，但也不可能引起怜悯。如果真是懒惰杀死了我们的时间，那么最大的恐惧就是：一个把公众舆论也就是个人懒惰看作是自己救赎的时代会真的被杀害。我的意思是，它会从生命真正解放的历史中被抹掉。对于这样一个不是由活人而是由公众舆论左右的假人统治的时代，后来人将会多么不愿面对它所留下的遗产。因此，对于某些遥远的后代来说，我们的时代可能是人类历史上最无人性，因而最黑暗、最不为人知的时期。我走在我们城市的新街道上，不由得思考，为何这舆论的一代人为自己建造的可憎建筑无一能幸存百年，为何这些建造者的意见也会随之消散。另一方面，那些不认为自己是这个时代公民的人怀抱的伟大的希望是多么正确：如果他们是这个时代的公民，那么他们也会帮助杀害时间，并一同消亡。然而，他们期望重新唤醒这个时代，以便自己能活在这个被唤醒的时代。

然而，即便未来不给我们任何怀抱希望的理由，我们活在当下的事实仍然最强烈地激励我们按照自己的规则与标准生活，这个难以言表的事实是，我们恰恰生活在当下（这种生活需要无穷的时间才得以产生），但我们只有这短暂的今天去证明我们为何恰好产生在现在以及我们目的何在。我们对自己的存在负责。因此，我们想成为自己存在的真正掌舵者，不允许我们的存在类似于某种盲目的偶然性。我们不得不勇敢地，带着危险对待这种存在，尤其是因为，不论发生什么，我们注定要失去它。为什么要继续依附于这一块土地、这种生活方式，为什么要留心四邻说的话呢？让自己约束于数百里外已无约束力的观点，真是太褊狭了。东方和西方是我们面前画的粉笔道，意图愚弄我们的怯懦。年轻的灵魂对自己说："我会尝试获得这种自由，但却受到了种种阻碍——两个民族碰巧互相仇恨、互相争斗，或者两个大陆之间被海洋阻隔，或者年轻人周围有一种数千年前不存在的宗教在宣扬。"它对自己说："这一切都不是你自己。谁也不能为你建造一座你借以跨过生命之河的桥梁，除了你自己。当然，有无数的道路、桥梁以及半神载你过河，但你要自己付出代价：你将把自己典当，并失去自我。"世界上只有一条路，除了你没有人能走。它通往哪里？不要问，自己走吧。"一个人不知道他的道路通向何方之时，会比任何其他时候攀登得更高"[1]，这句话是谁说的？

但是，我们怎样才能再次找到自我？人类又如何认识自己？你是一个黑暗的戴着面纱的东西。如果你说兔子有7张皮，那么人就算撕下来70个7张皮，你仍不能说："这就是真正的你，不再是皮了。"此外，这样挖掘自己，并通过最短的捷径强行进入自己本质的深井中，这是痛苦而又危险的行当。这样做的人容易让自己受伤，让自己无医可治。此外，考虑到我们的友谊与敌对、我们的注视与握手、我们的记忆与遗忘、我们的书籍与手稿，这一切都见证了我们的本质，还有什么是需要的？然而，这是对最重要的方面进行问询的一个手段。让年轻的灵魂带着这个问题回顾人生：你至今真正热爱的是什么，向上牵引你灵魂的东西是什么，控制并同时祝福它的是什么？把这些受尊敬的东西放到面前，可能它们的本质与顺序会给你一个法则，真实自我的基本法则。逐个比对，看看它们彼此如何相互完成、拓展、超越、美化，它们如何构成一个阶梯，让你步步登高直到成为现在的自我；因为你的真正本质并非深藏于你自己，而是无限地高于你，或者至少高于你通常看作自我的东西。你真正的教育者与塑造者向你透露，你本质的真正原始意义与基本构成，那是完全不可教育、不可塑造的东西，并无论如何也是难

---

[1] 奥利弗·克伦威尔语，引自爱默生的散文《圆》。尼采阅读的是法布里齐乌斯的德语译本（1858年），他收藏了这一版本并精心研究过。

以接近、难以界定且瘫痪的东西。你的教育者只能是你的解放者。

这是一切文化的秘诀。它不提供人造四肢、蜡制鼻子或眼镜——这是伪教育才能提供的东西。文化就是解放，清除一切杂草、碎石以及觊觎植物嫩芽的害虫，是光和热的流散，是夜雨的瑟瑟降临。它是对母性与仁慈大自然的模仿与崇拜。它是大自然的完善，因为这时，它会阻止大自然残酷无情的攻击并转化为善，给自然的继母的态度与缺乏理解的表现蒙上一层面纱。

当然，还有其他找到自我的方法，并从那种仿若在乌云中徘徊的困惑中回归自我。但是，我认为没有比想到真正的教育者与培养者更好的方法了。因此，今天我要想起一位令我引以为豪的教育者与老师，叔本华，后面还会回忆其他人。

二

如果要描述我第一次阅读叔本华的著作时是怎样的事件，我必须得在一个想法上稍作停留，因为在我年轻时，这个想法如此迫切如此频繁地出现，可能超过了其他任何别的想法。在那些日子里，我随心所欲地徘徊于各种向往，总是相信，命运有一天会解除自我教育的可怕努力与责任。我相信，当那一天到来时，我将发现一位哲学家，一位真正的哲学家，他将给我教育。人们安心地跟随他，因为人们信任他甚于信任自己。然后我问自己：他教育你的原则是什么？我还会思考，对于在我们时代流行的两种教育准则，他会如何评价。其中之一要求教育者应当快速认识到学生的真正强项，然后倾注全部的努力、能量与热量，以便让这个强项发展成熟、开花结果。与此相反，另一个准则要求，教育者培养学生身上所有的力量，使它们形成彼此和谐的关系。但是，难道我们要因此强迫一个决意做金匠的人去学习音乐吗？切利尼[1]的父亲一再强迫自己的儿子去吹"可爱的长笛"，而他儿子却把这称为"该死的管笛"，难道你认为切利尼的父亲做得对吗？遇到如此强烈且确定表现出的天赋，我们不会这样认为。因此，那种提倡和

---

[1] 本韦努托·切利尼（1500—1571年），意大利文艺复兴时期的金匠、雕塑家、画家和音乐家，其父亲是一名音乐家和乐器工匠。

谐发展的准则可能只适用于那些更为平庸的天性？在他们身上虽然堆积了众多的需求和倾向，但无论从总体还是个别来看，都没有意义。知识、渴望、爱恨等一切都涌向一个中心、一个根本的力量，正是通过这个活的中心强有力的支配才使得一个和谐体系得以构建。那么，我们在哪里能找到身上有这种和谐整体与多种声音齐鸣的人呢？除了切利尼，这样的人还有谁？因此，这两个准则可能并不是完全对立的？也许，其中之一说应该有一个中心，而另一个认为还有一个外围？我所梦想的那位哲学教育家不仅能发现这种中心力量，还知道如何防止对其他力量产生破坏。在我看来，他的教育任务就是把整个人改造成活的太阳系与行星系，并认识其更高级的运动定律。

在此期间，我还是没有找到这样的哲学家，我做了各种尝试；我发现，即使仅在对教育任务的严肃理解上，同希腊人与罗马人相比，我们现代人都显得那么可怜。带着这种需要，你可以走遍整个德国，尤其是大学，但还是找不到你要找的；许多更基础、更简单的愿望仍然没有实现。比如，任何真心想在德国学成一位演讲家，或者进一所作家学校的人，不会在任何地方得以如愿。似乎大家还没有意识到，演讲与写作是一门不经最细心的教导与最辛苦的学徒期就不能学成的艺术。然而，谈到教师与教育者，他们既吝啬又缺乏思考，没有什么比这更清晰更可耻地显示出他们狂傲的自满了。即使在我们最高贵的受过最好教育的家庭那里，顶着家庭导师的名义，他们也不会满足。怎样的老古董与乖戾之人组成的大杂烩被称为了文体学校，这还被认为没什么不足了；同教育人成人的任务艰巨性相比，我们对大学还有什么不满——这是什么样的领导，什么样的机构！即便是我们德国学者从事科学追求的令人赞赏的方式，首先也表明他们考虑更多的是科学而不是人性，他们像一群迷失者为科学献身，以便吸引新的一代做出相同的牺牲。如果没有更高的教育准则所引导、限制，而是基于多多益善的原则任由其蔓延的话，同科学打交道肯定会伤害到学者们，就像自由放任主义的经济原则对整个国家道德有害一样[1]。谁还记得学者的教育是一个极其困难的问题——他们的

---

[1] 自由放任主义主张商人自由贸易，反对政府干涉经济，并反对政府征收除了足以维持和平、治安和财产权以外的税赋。

人性不应该在这一过程中牺牲。如果你注意到了那些盲目地、过早地献身科学的人变得驼背的大量实例，那么这种困难性就会十分地显而易见。还有一个更紧要的证据更重要、更危险且更普遍，证明我们缺少一切高等教育。如果我们马上明白，为什么现在培养不出一个演说家或作家，因为我们缺乏培养他们的教育家；如果同样明显的是，为什么学者们必然被扭曲，那是因为受了科学的教育——也就是无人性的抽象物。那么我们最终会问自己：对于我们这些学者或非学者、高贵者或卑贱者而言，我们当代人中的道德榜样与模范在哪里，我们时代可见的道德象征在哪里？在任何时代、任何高度文明社会都关注的道德问题的一切反思都哪里去了？这里再也没有任何榜样或此类的反思了。我们事实上是在消耗我们由先辈继承的道德资本，我们对此只知挥霍，却无力增加。对于我们社会中这样的事情，我们要么沉默不语，要么以一种只能引起反感的缺乏认知或经验的方式谈论。结果，我们的学校与老师干脆就放弃了道德教育，或者搞些形式主义。美德不再是一个对我们老师与学生有任何意义的词语，只不过是一个让人发笑的过时的词。如果不能让人笑，那就更糟糕了，因为，这说明人已经变得虚伪了。

对这种毫无精神与一切道德力量之低落的解释是困难的，涉及太多东西，但是，任何一个考虑过胜利的基督教对古代道德产生影响的人，都不可能忽视我们时代没落的基督教的作用。因为其高尚的理想，基督教超越了古代的道德体系以及存在其中的自然主义，导致人们对自然主义变得麻木而厌恶，但后来，虽然现在已经知道，这些更好更高的理想被证明不可实现，人们再也回不到古代美德的崇高与美好了，不管有多少人还对此向往。在基督教与古代之间，在捏造虚伪的基督教道德与同样拘谨怯懦的复古之间的摇摆不定中，现代人生活着，但过得很不愉快。对已遗传自然性的恐惧以及这种自然性新生的吸引力、在不论何地得以坚定立足的渴望、徘徊在好与更好之间的知识的无能，这一切都在现代人心中产生了不安与混乱，注定了他们的一无所成，闷闷不乐。再没有比现在更需要道德教育家了，也再没有比现在更不可能找到他们了。在发生瘟疫的时代，最需要的是医生，而他们也是最危险的。现代人如此坚定如此健康地立足于自身，以至于还能为别人提供支持并伸出援手，他们的医生从哪找呢？我们时代最优秀的人格也有某种阴郁与麻木，对他们心中伪装与诚实的永恒搏斗的怂怂感受，缺乏对自身的坚定自信，这让他们不能成为他人的指路人与导师。

我想象着能找到一位真正的哲学家作导师，他能让我超越产生于这个时代的我自身的不足，教我在思想与生活上回归简单与诚实，也就是说最深刻意义上的"不合时宜"；因为人现在变得复杂而多面，无论他们是说话、发表主张还是采取行动，他们都是不诚实的。

正是在这样的痛苦、需要与渴望中，我遇到了叔本华。

我属于这样一类叔本华式的读者，在读完第一页后就确定自己会继续读下去，会倾听他说的每一个字。我马上就信任了他，并且现在就跟九年前一样信任。我理解他，就好像他是专门为我而写，虽然这样说有点愚蠢狂傲。我在他身上没有发现任何自相矛盾的论点，尽管不时有些小错误；那些无说服力的主张自相矛盾是因为它们的作者本人都不确信，之所以提出来只不过是为了哗众取宠，引人注意。叔本华从来都不想引人注意。他为自己写作，而且，任何人都不愿受骗，更别说这样一位以此为原则的哲学家："谁也不欺骗，甚至包括你自己！"他甚至不说讨人喜欢的社交假话——几乎涉及一切社交谈话，并被作家们无意识地模仿；甚至也少有演讲家有意识的欺骗，以及人为的修辞手段。恰恰相反，叔本华在跟自己说。如果不得不想象一个听众，那就该想到一个被父亲教导的儿子。这是一次诚恳、平静且友善的谈话，在一个带着爱倾听的听众面前的谈话。我们缺少这样的作家。这位谈话者一开口讲，他那强大的幸福感就包围了我们，让我们感觉就像进入了森林中，深吸一口气，马上就觉得身心舒畅。我们感觉，这里总是有让人振奋的空气，这里有某种无法模仿的真挚与自然，那些内心是自己家园——极为富裕的家园之主才有的真挚与自然；相反，有些作家一旦说出明智的东西，就沾沾自喜，从而让他们的风格带有某种不安与不自然。叔本华的话很少能让我们想到那些四肢天生僵硬的学者，那些心胸狭隘因而笨拙、窘迫或者装腔作势的学者。另一方面，叔本华的粗糙的、有点儿像熊的灵魂教导我们，要蔑视而非认为我们缺少了法国优秀作家的灵巧与宫廷式的魅力，没有人在他身上发现德国作家们如此引以为豪的那种模仿的、仿佛镀了银的伪法国风格。叔本华表达自己的方式让我时不时想到歌德而根本想不到德国模式。因为他知道如何用简单表达出深刻，不用华丽辞藻就能让人感动，不带学究气就能表达严谨科学的东西。他从德国人那里学到了什么呢？他也没有莱辛的那种过于精细、过于逢迎的风格，如果让我们说的话，一种非德国的风格：这可是一个伟大的功绩，因为莱辛是德国所有散文作家中最有诱惑力的一位。为了不在他的风格上过于赘述，我想没有比引用他自己的原话来说出他风格中最高之物更好的了："哲学家必须非常诚实，不借助任何诗意的或修辞的手段。"诚实是有意义的，甚至是一种美德，这在公共舆论的时代属于被禁止的私人意见。因而，当我重复谈到下面的话时，我并非在赞美叔本华，而是在表述他的特征："甚至是作为作家时，他也是诚实的；毕竟，诚实的作家太少了，以至于人们就应该不信任任何写作的人。"我知道有一位作家在诚实方面能与叔本华相提并论，甚至略胜一筹——蒙田。他写的东西真正增加了我们在世上生活的乐趣。自从了解了这颗最自由最强大的灵魂后，我至少感觉到了他对普鲁塔克说的话："我瞥他一眼，我就长出了一条腿或一个翅膀。"〔1〕如果给了我这样的使命，我会与他为伴，让自己在世上安家，自由自在。

除了诚实之外，叔本华与蒙田还有第二个共同特性：一种真正让人快乐的快乐。*Aliis laetus, sibi sapiens*〔2〕，也就是说，有两种完全不同的快乐。真正的思想家总是让人快乐、振奋，不管他是严肃还是幽默，不管他表达的是人性洞察力还是神的宽容；没有易怒的表情、颤抖的双手、含泪的眼睛，有的是明确与朴素、勇气与力量，也许有点粗暴与勇猛，但无论如何都是一个胜利者。最深刻的快乐是同时看到胜利的神与被他打败的所有怪物。有时候，在平庸的作家和唐突的思想家那里，我们也能邂逅这种快乐，但读到这种快乐会让人痛苦，就像大卫·施特劳斯给我们的感觉。有这样快乐的同时代人，人们会感到十分羞愧，因为他们让我们与我们的时代在后代面前难堪。这类快乐的思想家完全无视苦难和怪物，

---

〔1〕蒙田的表达为："Je ne le puis si peu accointer que je n'en tire cuisse ou aisle。""一条腿或一个翅膀"并非长在蒙田的"我"身上，而是长在普鲁塔克身上，"我"则将其从普鲁塔克上拔下来。这里是尼采的错误解读。

〔2〕Aliis laetus, sibi sapiens：对他人，是快乐，对自己，是聪慧。

而这些他们本应看到并与之斗争；他们的快乐让人恼怒，因为他们在欺骗我们，他们想让我们认为战争已经胜利。归根到底，哪里有胜利，哪里才有欢乐；这一点适用于真正思想家的作品，其适用程度就像对所有艺术作品一样。让其内容像生命本身问题一样可怕而严肃吧：只有当半吊子的思想家与艺术家在作品上散发他们不足的气息时，作品才会产生令人压抑、痛苦的效果；同时，人类除了靠近那些胜利者，便不再能获得更好、更快乐的事情，因为这些胜利者思考得最深刻，从而也必然热爱活生生的事物，并作为智者倾慕于美的东西。他们讲话真实，不支支吾吾，也不人云亦云。他们真实地行动、生活，不像人们惯于戴着面具活着。这是为什么靠近他们让我们马上感到自然和人性，并想跟歌德一起喊出："一个活的生命是多么的壮丽珍贵！多么适应它所处的条件，多么真实、多么丰满的存在！"[1]

我描述的只不过是叔本华给我留下的仿佛是生理学上的第一印象。这种印象在那一瞬间的初次相遇后发生，是一个自然物内在力量向另一自然物的神奇涌流。当我事后分析这种印象时，我发现它由三种因素组成，即他的真诚、快乐与坚韧。他真诚，因为他是在对自己说话，为自己写作；他快乐，因为思考让他完成了最艰巨的任务；他坚韧，因为他必须如此。他的力量就像风止时的火焰，笔直而平稳，没有不安的摇摆。他每次都能找到自己的路，甚至我们还没有察觉到他在寻找；他就像受了万有引力定律的驱使继续向前，如此坚定、如此敏捷、如此势不可挡。谁一

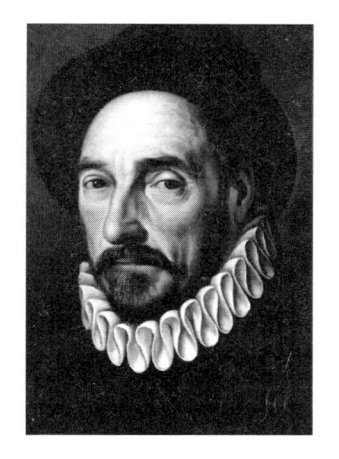

□ 让人快乐的蒙田

米歇尔·蒙田（1533—1592年），法国哲学家，作家。16世纪的作家少有如同蒙田一样，如此受到人们的崇敬与热爱，又对后来者（如莎士比亚、培根、笛卡尔、爱默生等）有广泛的影响。谈到蒙田为何拥有让人快乐的快乐，那就不得不谈到其著名的《随笔集》，一本"此书即我"的著作，包罗万象，堪称16世纪各种知识之汇总。蒙田在此作为目光冷峻的智者，以哲人的思想、朋友的口吻真诚地向人们谈心诉说，授人裨益。尼采便就此说道："世人对生活的热情，由这样一个人的写作而大大提高了。"

---

[1] 参见歌德《意大利游记》，1786年10月9日。

旦感受到,在我们现代的 *tragelaphen*[1] 之人中发现一个完整的、自转的且不受拘束的自然生命的意义,谁就能理解我发现叔本华时的喜悦与惊愕。我意识到,在他身上,我发现了我一直在寻找的哲学家与教育家。但我发现的只是作为书本出现的他,这是一个极大的缺憾。因此,我克服重重困难看透这本书、去想象我要阅读其伟大信仰的那个活生生的人,他允诺那些愿意并且不仅仅是读者的人才能作自己的继承人,也就是说,他的儿子与弟子。

三

我从哲学家身上获益,正是因为他们能树立榜样。他能通过榜样吸引整个民族的跟随,这一点毫无疑问。几乎是印度哲学史的印度史证明了这一点。但是,榜样是靠外在生活而不仅仅是书本来提供的,正如希腊哲学家教导的那样,靠姿态、衣着、饮食以及道德,而不是靠说,更不是靠写来树立。在德国,多么缺乏这种勇敢的哲学生活的可见性!在这里,精神似乎早已解放,但肉体的解放才刚刚开始。如果这种获得的无限制状态,归根到底是创造性的自我限制,未被每个眼神、每个姿态重新证明,那么,精神的自由与独立只是幻想。康德依附大学,服从其规则,维持表面上的宗教信仰,容忍生活在同事与学生中间。因此,他的榜样自然首先是造就了大学教授和教授哲学。叔本华几乎容忍不了学者阶层,他与之隔离,并竭力独立于国家和社会。这是他的榜样,他提供的模范——先从最外在的东西开始吧。在德国人中间,哲学生活解放的许多阶段还不为人所知,尽管不可能永远不为人所知。我们的艺术家生活得更大胆、更真诚;我们看到的最有力的榜样就是瓦格纳,这表明,天才想揭示存在其身的更高秩序与真理,就必须无惧陷入与现存形式与秩序最敌对的关系。然而,我们的教授经常说的真理,似乎是一个更为谦逊的存在,不用担心有什么无序与出格的东西出现;一种自满而快乐的创造物,持续地向一切现存的权力保证,任何人都不会因它而遇到麻烦,因为,它毕竟只是"纯粹科学"。因此,我想说,德国哲学家越来越忘却了

---

[1] tragelaphen:一种"羊鹿"。

如何成为"纯粹科学",而这正是身为人类的叔本华能成为榜样的原因。

然而,他能成为这样一个人类榜样,不亚于一个奇迹。因为他内外都被最巨大的危险包围,而这种危险足以摧毁或粉碎每一个弱小的存在。在我看来,叔本华将会毁灭,最多把纯粹科学留下来,但这只是最好的情况;最可能的是,人与科学一并化为乌有。

一位英国人最近这样形容一个生活在受习俗制约的不凡之人所面临的最常见的危险:"这种格格不入的性格起初会屈从,然后变得忧郁,再生病,最后死去。一个雪莱在英国活不下去,一群雪莱就更不可能了。"[1]我们的荷尔德林和克莱斯特[2],以及其他此类的人,就是毁于自己的不凡,难以忍受所谓的德国文化的气候;唯有像贝多芬、歌德、叔本华与瓦格纳这样天性坚强的人才能站得住脚,但他们身上也显示了令人疲倦的争斗的后果,他们呼吸沉重,说话声音容易失控。一位曾跟歌德面谈的老练外交官,有一次对他的朋友说:"*Voila un homme, qui a eu de grands chagrins*!"对此,歌德翻译为,"这又是一个曾经历经磨难的人",并补充说,"如果我们经受苦难与完成功绩的痕迹不能从我们的脸上擦去,那么我们与我们努力所剩下的一切都会带上相同的印记,这就不足为奇了"。这就是歌德,我们的文化市侩说他是最幸福的德国人,为的是证明在他们之中人是可以幸福的。其中隐含的意思是,如果在他们中间感到不幸福和孤独,那么也只能怪自己了。他们由此得出并实际表达了他们残酷的信条:孤独之人心里一定怀着不为人知的罪恶。现在,可怜的叔本华心里就有这样一种罪恶,即,比起看重同时代人,他更看重自己的哲学。此外,他还从歌德身上悲伤地认识到,他必须不惜代价对抗同时代人的漠视以拯救他的哲学;因为,这里有一种质问性的审查,被称为"牢不可破的沉默",而在歌德看来,德国人对此已很有造诣。 并且,这至少已经取得了不少成绩:他的第一版代表作品的大部分不得不沦为废纸;他的伟大事绩会简单地因漠视而破灭,这种威胁他的危险使他陷

---

[1] 引自沃尔特·白芝浩的《物理学与政治学》,白芝浩在这里说的是新英格兰,而不是英格兰。
[2] 海因里希·冯·克莱斯特(1777—1811年),德国诗人、戏剧家、小说家,一生著作颇多但事业失败,生活困苦,依靠亲戚中请的年金过活,被普鲁士上层社会所歧视,最终自杀。

入了可怕和难以抑制的焦虑之中，看不到哪怕一个支持者。让我们伤心的是，看到他苦苦寻找着哪怕一点自己并非完全不为人知的迹象。最后，当他拥有了 legor et legar [1] 后，他那嘹亮、且过于嘹亮的胜利般的欢呼，带有某种苦楚感人的东西。他展示出的不是伟大哲学家的特征，而是那些担心自己最高贵财富安危的受苦者，因此，他害怕失去他微薄的收入，并且不再能保持他对哲学的纯粹且真正古典的态度，这让他受尽折磨。因而，他多次尝试建立牢固的、有同情心的朋友情谊，但总是求之不得，只得带着沮丧的目光回到他那忠实的狗身边。他是个完全的孤独者，没有一个志同道合的朋友来安慰他。而在一与无一之间，在存在与虚无之间，横亘着无穷。有真正朋友的人，即便是整个世界都与他为敌，他也不会知道何为真正的孤独。哎，我非常清楚，你们不知道孤独为何。哪里有强大的社会、政府、宗教、公共舆论，简而言之，哪里有专制，哪里就有憎恨孤独的哲学家，因为哲学能给人提供一个专制无法侵入的避难所，一个内在的洞穴、心灵的迷宫——而这惹恼了专制统治者。孤独者在那里藏身，但那里同样潜伏着极大的危险。那些逃到内心寻找自由的人也在外部世界生活，让别人看到自己。他们，因血缘、居住、教育、祖国、偶然性与他人纠缠，也同别人联系在一起。别人也认为他们也怀着无数的意见，因为这些意见是这个时代普遍的意见。每一个不置可否的表情都被认为是赞成，每一个不去破坏的手势都被解读为认同。这些孤独者与精神上的自由者，他们知道，他们总是看起来跟他们所想的不一样：他们渴望的只是真理与诚实，但他们却被误解的蛛网所包围；不管他们的渴望有多强烈，他们总是阻挡不了周围对其行为的偏见、顺应，虚假的承认，放纵的沉默与错误的解读。因此，他们的眉间布满了忧郁，对他们而言，以这样的伪装示人，甚至比死亡更令人憎恨。他们因这种持久的愤恨让自己充满了火山般的威胁。他们会不时地为他们被迫的隐藏与克制而复仇。他们带着可怕的神情从洞穴爬出，然后他们的言行就成了爆炸物，并且，他们还有可能毁于己手。叔本华就是这样危险地生活着。正是这样的天性需要爱，需要同伴，因为在同伴面前，他们才敢

---

[1] legor et legar: 有人在读，会有人读。

像在自己面前一样简单、坦荡，不必再忍受沉默与伪装的折磨。如果你夺走他们的同伴，那危险就会越来越大。海因利希·冯·克莱斯特就是毁于无人热爱，而对于非凡的人来说，最可怕的对抗手段就是，把他们驱赶到自我深处，让他们每次复出总变成火山喷发。然而，总是有半人半神，他们受得了在这样可怕的条件下生活，并胜利地生活。如果你想听他们孤独的歌声，那就去听贝多芬的音乐吧。

这是叔本华成长过程中的第一个危险：孤立。第二个则是对真理的绝望。这一危险伴随着每一个从康德哲学走出来的思想家，但这样的思想家必须是在苦难与渴望中完整而有活力的人，而不只是一个咯吱作响的思维机器或者计算机器。现在我们都十分清楚，这个前提隐含的意义多么令人羞愧。事实上，在我看来，康德只对极少数人产生了生动的改变生活的影响。我们到处都能读到，在这位安静的学者创造了他的作品之后，每个精神领域都随之爆发了一场革命。但我却不能相信。从那些在任何一个领域爆发革命前不得不先被革命的人身上，我看不到这样的迹象。如果康德开始产生任何广泛的影响，我们会在这种起侵蚀与瓦解作用的怀疑主义和相对主义中有所察觉。唯有从来都无法在怀疑中生存的最积极最高尚的精神那里，才能有克莱斯特对康德哲学影响的体验，并取代对一切真理的动摇与绝望。"不久前"，克莱斯特以他感人的方式写道，"我开始熟悉康德哲学，现在我要告诉你我从中得到的一个思想，对此，我可以轻松为之，因为我并没有理由害怕它会像震撼我那样深刻而痛苦地震撼你——我们不能断定，我们称为真理的究竟是不是真理，或者只是我们感觉是真理。如果是后者，那么我们在这里收集的真理在我们死后便化为乌有，而对将随我们进入坟墓之财富的一切努力获取，最终只是徒劳。如果这种想法没有渗透你心，请不要笑话那个在其最深处、最神圣的存在部分因它而受伤的人。我唯一的、最高的目标辜负了我，我已一无所有了。"[1] 的确，人什么时候能再次像克莱斯特那样自然地感受，他们什么时候能学会重新以存在最神圣的部分来衡量哲学的意义？这是必要的，然后我们才能理解，在康德之后，叔本华对我们意味着什么——他是一位向导，把我们

---

[1] 克莱斯特致威廉明妮·冯·岑格，1801年3月22日。

□ 哈姆雷特与鬼魂

事实上，谈到哈姆雷特对鬼魂的追逐，王子的态度倒颇为复杂。他并不清楚这告知自己死亡冤屈的鬼魂究竟真的是自己的父亲，还是徒有父亲外表的魔鬼。王子在怀疑中试探了现任国王而确认了鬼魂所言之实，复仇之幕也正式展开。不过，鬼魂虽在客观上引导了王子复了仇，了去自己的一件心事，而当王子真正认识到这就是父亲的鬼魂时，记忆中美好无缺的父亲形象已被眼前怀带着诸多人性缺点的鬼魂所取代，无疑给王子内心带来了更多的折磨。此图即为亨利·弗塞利的《赫瑞修、哈姆雷特以及鬼魂》。

从怀疑抑郁或批判避世的深处，引向悲剧沉思的顶峰，引到在我们之上的繁星密布的夜空，他是走上这个道路的第一人。他的伟大之处在于，他在自己面前勾画了整个生活的画卷，以便于从整体上解读生活；最敏锐的头脑也不能免于这样的错误——只要详细地研究一幅画用的颜色和材料，就能得以更完美地解读这幅画。而结果可能是，这幅画被断定为一块复杂编织的帆布，上面涂上了化学成分不详的涂料。为了理解这幅画，你必须去猜想画这幅画的人——叔本华知道这一点。然而，整个科学行会都沉迷于理解这块帆布与涂料，而不是这幅画；事实上，只有对生活与存在整体有清醒认识的人，才能不受伤害地利用具体科学，没有了这样指导性的整体画面，它们就只是没有终点的线条，只会使我们的生活更加混乱迷离。正如我所说，叔本华的伟大之处在于，他执着于整幅画，就好比哈姆雷特追逐鬼魂一样，不像学者那样被带入歧途，也不像偏激的辩证家那样陷入抽象的经院哲学。对半吊子哲学家的研究非常有诱惑力的是，只在于这些人立刻走进了伟大哲学家的殿堂，在这里，学术争辩、冥思苦想、质疑与反驳都被允许。他们因此避开了一切伟大哲学的要求，而这种哲学作为整体总是只说道：这就是一切生活的画卷，从这之中获取你人生的意义吧！反之则是，读懂你自己的生活，并从中理解一切生活的寓意。而叔本华的哲学也应首先如此解读：从个体角度解读，自己为自己解读，以洞察自己的需要与痛苦、自己的局限，进而获得解决与慰藉的本质。也就是说，牺牲自我，服从最高贵的目标，首先是正义与怜悯。他教会我们在真正推动与表面推动人类幸福的东西之间作出区分。富有、声誉或者博学都不能摆脱对自己生存的无价值而感到的极度沮丧，只有通过一个高贵、理想的总体目标，才能让对这些有价值的东西的追求获得意义，然后获得力量，推动自然生物的演变，并偶尔扮演愚昧和笨拙的矫正人。当然，开始先为自己，然后通过自己最终为所有人。这是一种本性导向服从的追求：因为，对个体或人类整体的任何形式的改进，无论怎样做，达到何种程度，都是可以接受的！

我们把这些话用到叔本华身上后，就会触及第三个也是最独特的危险。叔本华就在这样的危险中生活，而这种危险就隐藏在他的整个架构与骨骼中。每个人都习惯于从自身发现某种才能或道德意志方面的局限性。这样的局限性让他充满了忧郁与渴望。正如负罪感让他渴望成为圣徒一样，而作为一个理智的存在，他也怀着对天才的深刻渴望。这是一切真正文化的根本。我借此理解了人重生为圣徒与天才的渴望，我也知道，一个人不必非是佛教徒才能理解这个神话。在学者圈或者所谓的有教养人士那里，我们发现了没有这种渴望的天才，这让我们既反感又厌恶。因为我们觉得，这样有才智的人并未推动反而阻碍了一种进化的文化与天才的诞生（而这正是一切文化的目的）。这是一种僵化状态，其价值等同于那种惯常的、冷漠的自我夸赞的品德，但它离真正的圣洁最远、并让自己避而远之。叔本华有一种奇怪且极其危险的二重天性。很少有思想家能如此强烈如此确切地感受到——天才在自己身上活动；而他的天才预示了最高的东西——没有比他的犁铧能在现代人类土地上犁出更深沟畦的犁铧了。因此，他知道自己的一半天性已经得到了满足，它的渴望平息，它的力量得以确认；他带着荣耀与尊严成功履行了他的使命。而他的另一半却有着强烈的渴望。我们理解这一半，因为我们听到了他看到特拉普修道院的伟大创立者朗塞的雕像时，表情痛苦而转身说道的话："这是一种恩赐。"天才对神圣的渴望更深刻，因为他们从自己的瞭望塔上比常人看得更远、更清晰，向下看到了认识与存在的和解，向上看到了和平与意志否定的领域，远眺到了印度人所说的彼岸。但奇迹就在这里。叔本华的天性既没有被这种渴望破坏，也没有变得僵化，它的完整与坚不可摧多么令人难以置信！无论这意味着什么，每个人都根据他的天性以及天性多少来理解，但我们都不能完全理解他的天性。

我们在上述三种危险上思考得愈多，就会愈加惊奇地发现，叔本华以何等的精力在与这些危险作斗争，并且能如此完好地走出这场斗争。他身上带着许多伤疤与未合的伤口，这千真万确；并且他养成了一种性情，可能有点过于尖刻，有时候过于好斗。但即便最伟大的人也不及他的理想高远。尽管有这样的伤疤与瑕疵，但叔本华能为我们提供一个榜样，这是确定无疑的。事实上，有人可能说，正是他天性中的不完美与太人性的东西，让我们在人性的意义上更接近他，因为我们把他看成是一个难友，而不只是一个遥不可及的天才。

威胁叔本华的这三种本质上的危险也威胁着所有人。我们每个人身上都有一种有创造力的独特性，作为其存在的核心。当他认识到这一点时，他的四周就会出现奇怪的光影，这是他独特性的标志。大多数人觉得这难以忍受，因为他们如前所述的懒惰，而这种独特性上则系着一条劳苦和重负的锁链。毋庸置疑，对于系着这种锁链的个人来说，生活拒绝了他年轻时渴望的一切：快乐、安全、轻松与荣耀；孤独是周围的人给他的礼物。不论他想生活在哪里，他总是看到沙漠与洞穴。但愿他留神，不让自己屈服，不让自己失望悲哀。为了达成这个目标，让他在自己周围挂上勇敢斗士的画像，比如叔本华。而威胁叔本华的第二种危险也屡见不鲜。到处都有天生思维敏锐的人，他们的思维爱走辩证的双轨。如果他不慎让自己的天赋信马由缰，那么他就容易让自己的人性消亡，在纯粹科学中过着幽灵般的生活，习惯于在一切事物中寻找支持与反对的理由，再也看不到一点真理，然后被迫活得毫无勇气与信任，活在否定与怀疑、焦虑与不满之中，半是希望，半是失望："连狗都不愿意这样活下去！"[1]第三种危险，是道德或智力范畴的僵化。一个人把连接他与理想的纽带割断了，他在这个或那个领域就不再生长结果，他在文化意义上就变得懦弱无用。他的存在的独特性已经变成了一个不

---

[1]参见歌德《浮士德》，第一部，第一场。

可分的、沉默的原子，一块冰冷的岩石。一个人可能毁于自身的独特性，正如毁于对这种独特性的畏惧一样，可能毁于自我与对自我的放弃、毁于渴望和僵化。毕竟，活着就意味着危险。

除了这些在哪个世纪都要面临的本质危险外，叔本华还面临着来自他那个时代的危险。这两种危险的区分对于理解叔本华天性中的榜样性与教育性的东西至关重要。让我们想想专注于存在的哲学家的眼睛：他想重新确定存在的价值。因为，哲学家的根本任务是做万物之尺度、货币、重量的立法者。如果他最初看到的恰恰是孱弱的人性和虫蚀的果实的话，那么，这对他必定是莫大的阻碍！为了公正地对待存在，他要把多少东西添加到他那时代的无价值之上！如果研究过去或外国历史有任何价值的话，那么对于那些想给整个人类命运——不仅是平均的命运，而首先是可以降临到个人或整个民族的最高命运——一个公正判决的哲学家，这尤其有价值。但当代的一切都纠缠不清，即便是哲学家不想如此，它也影响并引导着你的眼睛；那么在总核算中就会不自觉地被估值过高。因此，哲学家在比较当代与过去时，必须有意地低估，并在自身以及他的生活之画中加以克制，即让现代变得平凡，就好像是用颜色涂盖了一样。这是个艰巨而几乎不可能的任务。古希腊哲学家对存在价值的判断，要比现代人的判断丰富得多，因为他们经历和看到的生活既丰富又完满。另外，与我们不同，他们的思想不会因对生命的自由、美与丰富的渴望与追寻真理的冲动（只会问：这种存在的价值究竟为何？）间的冲突而混乱。恩培多克勒生活在希腊文化生命力最蓬勃旺盛的时代，他对存在所说的话在一切时代都有意义：他的判断最有分量，尤其是当没有同时代的另一个伟大的哲学家提出相悖的驳论之时。他说得最清楚，但从本质上讲，如果我们仔细倾听的话，他们说的是同样的东西。一个现代的思想家，重复而言，总是受未完成之愿望的折磨。他首先想让别人给他重新展示生活，真实、鲜红且健康的生活，这样他才能做出自己的判决。他应该是个活生生的存在，然后才相信自己能成为一个公正的裁判。至少对于他来说，这是必要的。现代的哲学家是生命和生存意志最强有力的推动者——渴望他们枯竭的时代产生文化，渴望一种神化的自然——原因就在于此。但这种渴望同样构成了他们的危险：在他们身上，生活的改革者与哲学家，也就是生活的裁判者在斗争。不管胜利倾向于谁，这种胜利都会有损失。那么，叔本华如何逃过这种危险的呢？

倘若一个伟大的人普遍被认为是时代的嫡子，并且，在时代的缺陷上所受的折磨总是比渺小的人更强烈，那么，他同所处时代的斗争就成了一种可笑的带有毁灭性的自身攻击。但似乎也仅是如此，因为他反抗的是阻碍他变得伟大的东西，对他而言，这意味着自由与完全的自我。因此，他把矛头对准了他在自身发现的并非真正自己的东西，反对把永远不相容的东西掺杂混合，反对把符合时代的东西同自己的不合时宜焊接在一起。最终，时代的嫡子被证明仅仅是继子。因此，叔本华从年少时就开始反抗那位虚假、虚荣且拙劣的母亲——他的时代。他似乎把她从自身驱逐了出去，从而治愈并净化了自身，并再次发现了自己健康纯粹的天性。正因如此，叔本华的作品就是一面时代的镜子。倘若一切合时宜的东西在镜中的映象就像那丑化人的疾病，让人看起来消瘦苍白、表情疲惫、眼神空洞，就好比那可辨认的继子童年所受之苦，那这肯定不是镜子之过。他对更坚强的天性、更健康更简单的人性的渴望，实际是对自身的渴望。当他在自身战胜时代后，他就会惊奇地看到自身的天才。他自身存在的秘密在他面前现身，他的时代继母隐瞒他天才的企图被挫败，那个美化的自然王国也暴露了。他现在把无畏的目光转向了这个问题：人生的价值到底是什么？这个混乱苍白的时代及其虚伪模糊的生活，已不足以让他必须处以判决。他清楚地知道，这个世上还会发现、实现比他时代的生活更高崇高更纯洁的东西，而只知其丑恶形态并据此评价存在的人，都是对时代的严重不公。不，现在天才受到了召唤，所以人们能听到，天才这一生活的最高成果能否为生活辩护；这个光荣而有创造力的人，现在要回答这样的问题："你在确定自己内心深处的这种存在吗？这对你是否足够？你会做它的支持者与救世主吗？对此，你只需由衷地说一句：是的！那么，生活，尽管备受谴责，就会自由。"他会怎么回答？——恩培多克勒[1]的回答。

---

〔1〕恩培多克勒（约前490—约前430年），古希腊哲学家，其思想受毕达哥拉斯影响，支持轮回转世的教义，信奉神秘主义，认为火、水、土、空气是宇宙的四大元素，其涉及生命的起源与发展的一些观点与当代科学有所近似。他被其信众认为拥有神性而不朽，甚至可以使人死而复生。他以诗写作，著有《论自然》，不过此诗只余残篇。

四

暂且不去解释上面最后一句话。现在我要谈点十分好懂的东西，解释一下叔本华如何能够让我们受教，从而对抗我们的时代。他让我们获得了真正了解这个时代的优势，也就是说，如果这算是个优势的话！但这在几个世纪后也许就不再可能了。人类可能不久就厌倦阅读，作家也一样，而学者有一天会在自己的遗嘱中要求，把遗体同他的藏书，尤其是他自己的著作，一并焚毁。这样的想法让我感到愉快。如果森林真的会越来越少，那么，有朝一日图书馆是不是要当木材、稻草与柴火来用？因为，大部分书都是人脑中烟雾的产物，它们就该回归为烟雾。如果他们自身没有火，那么火就应该惩罚他们。有可能，以后的某个世纪会把我们时代看成 saeculum obscurum[1]，因为大量我们时代的创造物都已被当作炉火的引火物。因此，我们还能认识到时代的这一点，多么幸运！如果研究自己的时代还有任何意义的话，那么，就让我们彻底看清它，绝不要在时代本质上留下任何疑问。这正是叔本华能让我们做到的。

当然，倘若这样的研究表明，这个时代如此自豪和充满希望的东西，在我们之前从未出现过，那就是百倍的好了。在世界的某个角落，比如在德国，确实有打算相信这种鬼话的天真之人，甚至十分认真地声称，十几年前世界就已经得到矫正，而那种对人生怀着深重疑虑的人，已被这一"事实"所反驳。这个主要事实是，对于一切"悲观主义"哲学思维而言，新德意志帝国的建立是一个决定性和毁灭性的打击，这确定无疑。在我们时代，哲学家作为教育家的意义何在？试图解答这个问题的人，都不得不驳斥这个在大学尤其流行的普遍观点，同时必然宣称：我们认为有思想的可敬之人居然对时代作出了如此令人讨厌的、偶像崇拜式的谄媚，这是一种莫大的耻辱。这证明，人们对哲学严肃性与报纸严肃性间的差异毫无概念。这样的人连最后残存的哲学与宗教的思维方式都丧失了，取而

---

[1] saeculum obscurum：黑暗时代。

代之的不是乐观主义，而是新闻主义，是日常生活和日报那毫无意义的精神。任何认为靠政治事件就触及甚至解决存在问题的哲学，都是笑话式的伪哲学。有史以来，诸多国家纷纷建立，这是一个老生常谈的话题。政治革新如何让人类一劳永逸地成为满足的地球居民呢？但如果真有人相信其可能性，那么他应该挺身而出，因为他真的有资格成为德国大学的哲学教授，就像柏林的哈姆斯、波恩的梅耶与慕尼黑的卡里埃一样。

然而，在德国，我们正在经受最近到处宣扬的教条的后果，即国家是人类的最高目标，没有比服务国家更高的使命了。我从这个教条中看到的，不是向异教的倒退，而是向愚蠢的倒退。这样一个把为国家效劳视为自己最高使命的人，可能真的不知道还有其他更高的使命。但是，确实存在着与此不同的人以及高于这种使命的其他使命。其中之一，在我看来，至少比为国家效劳更高，那便是消除各种形式的愚昧，也包括刚说的这种愚昧。在这里，我关注的是这样一种人，他们的目的超出国家福祉之外，关注哲学家，关注独立于国家福祉外的有关世界的东西——文化。在构成人类社会的连锁环节中，有些是金子，其他都是伪劣品。

现在，哲学家如何看待我们时代的文化？他们的观点肯定与满足于新的国家的哲学教授不同。当他想到时下普遍的匆忙与加快的生活节奏，一切沉思与纯朴的停滞，他几乎认为自己看到的是文化灭绝的预兆。宗教的潮水退去，剩下的只是沼泽或池塘；各民族再次分裂，相互敌视，恨不得把彼此撕碎；科学无节制地推行最盲目的放任主义，打破和瓦解了所有坚定的信仰；受教育的阶层与国家已经被极度卑贱的货币经济所吸引。世界从未像现在这样世俗，如此缺乏爱和善。受教育的阶层再不是世俗化动荡中的灯塔或避难所。他们日益变得骚动不安，失去了思想与爱。一切东西，包括当代艺术与科学，都在为将要到来的野蛮主义效劳。有教养的人退化为文化的最大敌人，因为他们想用谎言否定普遍弊病的存在，从而阻碍医生的治疗。这些可怜的可怜人，每每听到有人谈论他们的弱点、反对他们那有害的谎言时，他们就会愤怒。他们深切地想让我们相信，他们的时代取得了比任何时代都宝贵的东西。带着那种造作的快乐。他们的幸福完全不可理解，但这不妨碍他们伴装幸福的方式有时让人感动。我们甚至不想像唐怀瑟问彼特洛夫那样问他们："可怜的人呐，那你究竟享受过什么？"[1]啊，我们自己知道得更清楚，知道其他的答案。冬天降临到我们身上，我们住在高山上，危险而贫穷。快乐是短暂的，照到雪山的我们身上的每一束阳光都如此苍白。这个时候音乐响起，一位老者拨动手风琴，舞者翩翩起舞。流浪者看到这一幕深受感动，一切是如此狂野、如此沉默寡言、如此无趣、如此无望，而现在其中却响起了一个欢乐的音符，一个纯粹的无思虑的音符！但是，黄昏的雾霭已然蔓延，夜幕已经悄然落下，这个欢乐的音符消逝了，而流浪者的脚步声响起。他这时还能看到的，净是自然残酷荒凉的面容。

但是，如果仅仅强调现代生活画面上线条的微弱和颜色的呆板，这可能有些片面，而这幅画的另一面一点也不令人欣喜，反而使人不安。这里肯定有某种力量，强大的力量，但却是野蛮、原初和冷酷无情的力量。人们带着恐惧的期待注视着它，犹如看到了巫婆厨房的大锅一般：火光与闪光随时可能预示着可怕的幽灵。一个世纪以来，我们一直在为动摇根基的动荡准备着，假如近期有人尝试用所谓的民族国家的体制力量，来反对这种崩塌或爆炸的深刻现代倾向，那么，在相当长的时间里，后者只会加重普遍的不安与威胁。那些对这些焦虑表现得毫无所知的人，并没有误导我们：他们的不安，说明他们对此已经完全清楚；他们用前所未有的匆忙与专注为自己盘算；他们为自己的日子营造种植，但对幸福的追逐却不像今天或明天那样激烈，因为，可能后天一切追逐都将结束。我们生活在一个原子的时代，一个原子式混乱的时代。中世纪时代，各种敌对力量被教堂束缚在一起，而教堂施加的强大压力，让它们在一定程度上相互同化。当束缚解开，压力放松时，它们就会彼此敌对。宗教改革宣布许多东西 *adiaphor*[2]，属于宗教支配不到的领域。这是它交换自己存在的代价，就像在面对宗教倾向过重的古代时，基督教不得不付出相似的代价一样。自此以后，分裂越发广泛。今天，最残酷最邪恶的力量、逐利者与军事独裁者的利己主义，支配着几乎世上的一切。掌握在军事独裁者与逐利者手里的国家，肯定要从自身出发重新组织一切，约束并

---

〔1〕参见瓦格纳《唐怀瑟》，第二场。
〔2〕并非信仰所必需。

限制与己敌对的力量。这就是说，这样的国家想要人们对他给予同教堂一样的偶像崇拜。那么，成功了吗？我们还需等待。不管怎样，我们还处在中世纪冰封的河流中；它已经融化，并带着毁灭性力量奔泻而出。浮冰叠浮冰，一切堤岸都被淹没，濒临崩塌。革命在所难免，而且是原子式的革命。然而，人类社会最小而不可分的基本成分是什么？毫无疑问，这样的时代临近时，人性受到的危险要大于这种时代及其带来的混乱骚动真正到来时。等待的焦急与对每一分钟的贪婪榨取，造成了人灵魂中一切懦弱与自私自利。而真正的危急情况，尤其是那种巨大而普遍的危急情况，通常能让人得到改善并变得更热心。那么，面对我们时代的这些危险，谁会守护和捍卫这世代积累的不可侵犯的神圣珍宝——人性呢？当所有人在自身感到的只是自私的蠕虫与卑贱的恐惧，并从人的形象堕落成动物甚至机器时，又有谁能树立人的形象？

我们现代这个时代相继树立了三种人类的形象，这无疑将长期激励凡人美化他们的生活：卢梭式的人、歌德式的人，最后还有叔本华式的人。这当中，第一种形象拥有最大的激情，当然也产生了最广泛的影响；第二种形象的人属于少数，他们天性爱沉思，容易被大众误解；第三种要求最活跃之人的沉思观察，只有他们能注视他而不受到伤害，因为他会让多数沉思者衰弱，并吓跑多数人。第一种形象中产生了一种力量，这种力量推动并将继续推动激进革命的爆发。因为，在所有社会主义动乱与震荡中，总有卢梭式的人，他们就像埃特纳火山下的堤丰一样骚动不安。遭受傲慢的上流阶层和冷酷富人的压迫与压榨，被牧师与不良教育所毁害，因可笑习俗而使自己可鄙，在诸如此类的困境中，人会哭唤"神圣的自然"，并突然感到，这离他是多么的遥远，就像伊壁鸠鲁的神那样。他的祷告达不到自然，他深陷于非自然的混乱之中。他充满鄙视地抛弃自身的华而不实的装饰，而不久前这些还是他身上最人性的东西，他的艺术与科学，一种优雅生活的优势。他用拳头捶打着让他退化的墙壁，呼唤着阳光、太阳、森林与山川。当他喊出"唯有自然是好的，唯有自然是人性的"，他鄙视自己，渴望超越自己。这是一种心境，在其中，灵魂准备好迎接可怕的决定，同时也从灵魂深处呼喊最高尚、最稀有的东西。

歌德式的人丝毫没有这种威胁力，反而在某种意义上能校正、平抚那些危险的激励。卢梭式的人就是这种激励的受害者。歌德年轻时满怀热爱地忠于自然的福音。他的浮士德是对卢梭式的人最高、最大胆的再现，至少就浮士德对生活的强烈渴望、他的不满足和渴望、他同自己心魔的交往而言，情况是这样的。但是，从这巨大的云层中最终产生了什么呢？肯定不是闪电。在这里，显示的是一种新人的形象，歌德式的人。有人认为，浮士德会被引领着走过到处受折磨而压抑的生活，作为一个不知足的反叛者与解放者、善意的否定力量、一位宗教与魔鬼的颠覆天才，与他完全非恶魔的同伴恰恰相反，尽管他不能摆脱掉这个同伴，只得一边利用一边鄙视其怀疑主义的恶意和否定，就好比所有反叛者与解放者的悲剧命运一般。但是，如果你这样期待的话，那你就错了。歌德式的人避开了卢梭式的人，因为他痛恨一切暴力以及所有突发的转变，但这意味着，痛恨一切行动。因而，这个世界解放者成了一位世界旅行家。人生与自然的一切领域，过去的一切，所有艺术、神话与科学，都看到这位不知足的旁观者擦身而过，最深的渴望被唤醒、满足，甚至海伦也不能长久地留住他。然后，他那爱嘲笑的同伴等待的时刻必然来临。他的飞行在地球上某个合适的地点结束了，翅膀脱落，梅菲斯特即将到来。一旦德国人不再是浮士德，最大的危险就是，他会变质为庸人，落入魔鬼之手，只有天堂的力量能解救他。正如我所说的，歌德式的人是风格恢弘的沉思者，他把过去的、现在的

□ **埃特纳火山与提丰**

在希腊神话中，作为盖亚之子，提坦之一的提丰身比山高且长有百头（蛇头），能喷火，性格叛逆而暴烈。在提坦与宙斯之战中，提丰被宙斯用雷电劈至将死，压在埃特纳火山之下。他想要挣扎脱困，则引起地震；他怒而号叫，则火山喷发。在现实中，埃特纳火山最初喷发于公元前1500年，至今已喷发超过200余次。图为西西里岛东岸喷发中的埃特纳火山。

伟大而值得纪念的一切都聚拢起来，作为生活的营养，从而不致在世上受苦衰落，尽管他生活在一个又一个渴望之中。他不是一个行动者，相反，即便是他加入了行动者建立的现存秩序，仍然不会有任何好的结果——歌德对戏剧的热心参与就是个例子，并且，尤其是，不会有任何秩序被推翻。歌德式的人属于保守的调和力量，但如上所述，他有堕落为庸人的危险，就像卢梭式的人会成为喀提林[1]主义者一样。如果有稍微多一点的肌肉力量与天然野性的话，他的全部美德就会更伟大。歌德似乎认识到了他这类人的危险与弱点，他借雅诺对威廉·迈斯特所说的话指出："你痛苦又烦恼，这很好；如果有一天你真的生气了，那会更好。"[2]

□ 特洛伊的海伦

海伦是宙斯与勒达之女，是斯巴达国王墨涅拉俄斯之妻，她被希腊人称为"世上最美的女人"，其成年之时，全希腊的求婚者不绝如缕。原本是迈锡尼王子的墨涅拉俄斯抽中了婚签，得以迎娶海伦，但此后海伦被特洛伊王子帕里斯强行掳走（或称两人私奔），由此引发了著名的特洛伊战争。图为加斯东·比西埃的《特洛伊的海伦》。

因而，坦率地说，我们有时候真的有必要愤怒一下，以便让事情变得更好。我们有叔本华式的人的形象鼓励我们这样做。叔本华式的人自愿承担真诚带来的痛苦，这种痛苦有助于消灭他的任性，并准备好本性的完全颠覆与转变，这正是人生真正的意义。在其他人看来，这样说出的真理是恶意的流露，因为他们把对缺陷的保护与欺骗看成是人的使命，并认为任何破坏了他们这种孩童把戏的人必定都是罪恶的。他们禁不住对这样的人说出浮士德对梅菲斯特说的话："你用冰

---

〔1〕喀提林（约前108—前62年），罗马政治家及元老院元老，曾密谋发动政变。
〔2〕参见歌德《威廉·迈斯特的漫游年代》第八卷。

冷的魔掌，抗拒那永远积极的创造性力量！"那些按照叔本华的方式生活的人，更像梅菲斯特而不是浮士德，也就是说，这似乎模糊了现代人的眼睛，他们在否定中看到的总是邪恶的标志。但有一种否定与破坏，是对神化和救赎的强有力渴望的释放，而作为第一位哲学教师，叔本华来到我们这些非神化、真正世俗化的人中间。一切能被否定的存在都应该被否定。而真诚就是：相信一种根本不能否定的存在，它本身即是真实而非虚假。正因如此，真实之人觉得自己行为的意义属于形而上，通过另一种更高的生活法则得到解释，并且从最深刻的意义上讲，是肯定的。然而，他所做的一切看起来都是对生活规律的破坏与违背。因此，他的所有行为必然变成持久的苦难，但他知道迈斯特·埃克哈特也知道的："苦难是能最快把你载到完美的野兽。"我会想到，给自己的灵魂设置这样人生道路的人，必定心胸开阔，内心强烈渴望成为叔本华式的人。也就是说，异常泰然地对待自己与自己的幸福，他的认识中充满了燃烧的烈火，远离所谓科学者那种冰冷、可鄙的中立，高贵地俯视那些阴郁不悦的沉思，总是首先为认识到的真理献身，内心充满了对真诚必定产生哪些苦难的意识。他会用勇气毁掉他尘世的幸福，他将不得不与所爱之人及产生自己的机构为敌；他不能让人或事物免于伤害，尽管他们受苦时他也心痛；他被误解为他所长期厌恶的力量的盟友；不管他如何追求正义，根据人洞察力的局限性，他注定是不正义的。但他可以用伟大导师叔本华曾经说过的话自我安慰："幸福的生活不可能，人能达到的最高境界是一种英雄般的生活。这是这样的生活：他，为了所有人的利益以及最终的胜利，不管以什么方式，与巨大的困难作斗争，但回报甚少，甚至没有回报。最后，他变成了石头，就像卡洛·戈齐《鹿王记》中的王子一样，但却始终以高贵的仪态与慷慨的姿势矗立不动。他被记住了，并当作英雄纪念。辛苦劳作、病态的成功以及尘世的寡恩让他的一生受辱，他的意志在涅槃中毁灭。"[1]当然，这样的英雄人生，连同在其中完成的苦行，与一些人无价值的概念毫不相称，这些人谈论最多，庆祝伟人的纪念日，并误认为伟人之伟大，正如他们的渺小，就好

---

[1] 参见叔本华《附录与补遗》："生命意志的肯定与否定"的教学附录。

像伟大是得到了供自己使用的天赋，通过机械作用或者盲目地服从内心的驱动。因此，没有得到天赋或者感受不到这种驱动的人，就有同样的权利渺小，就如同伟大者就有权利伟大一样。但是，得到恩赐或受到驱动，只不过是逃避内心训诫的可鄙言辞，是对听从这种训诫之人，也就是对伟人的中伤。伟人不让自己受到任何恩赐或驱动，他跟渺小的人一样都清楚，怎样轻松地生活，以及，如果他对自己与四邻的态度跟大多数人一样，他睡觉的床该是多么的松软舒服。人类的一切秩序安排都是为了扰乱人的思想，从而使其意识不到生活的流逝。为什么他要反其道而行，要活得明白，也就是，要更加强烈地受生活之苦？因为他意识到，他面临被欺骗的危险，有人合谋要把他从自己的洞穴中绑走。这时，他鼓励自己，竖起耳朵，并决定——我要继续做我自己。这是个可怕的决定，他慢慢才明白这一点。现在，他必须潜到存在的深处，口中说出一连串奇怪的问题："我为何而活？我该从生活中学到什么教训？我如何成为现在的我，为何成为我自己，要受什么苦难？"他折磨自己，看不到任何人跟他一样，但是，周围的人都狂热地为政治舞台上的荒诞事件鼓掌，或者戴着各种面具，扮成少年、成人、老年、父亲、公民、牧师、官员、商人，他们想的只是他们共同的喜剧，而不是他们自己，为什么？对于这个问题：你为了什么而活着？他们都会骄傲地脱口答道：为了成为一个好公民、学者或官员。但他们就是他们，永远成不了别的东西。为什么恰恰如此？而不是更好的东西？谁把自己的生命看作一个时代、国家或科学发展中的一个点，认为自己完全属于生成的历史的一部分，谁就尚未理解存在给他的教训，就必须重新学习。这永恒的生成就是一出骗人的木偶戏，让你在观看时忘掉自己，忘掉这让你随风飘散的真正消遣，忘掉时代这个伟大的孩子无休止地在我们眼前与我们一起玩的愚蠢游戏。而那真诚的英雄主义有一天不再是它游戏的玩具。在生成的过程中，一切都是空洞、欺骗、浅陋、值得鄙视的。要解开的这个谜，只能在存在中解开，在这种存在（即不朽）而非其他存在中解开。现在，他开始检验，他和生成与存在纠缠得有多深，这是摆在他灵魂面前的一个艰巨任务：摧毁一切生成，把事物中的谬误暴露出来。他也想认识一切，但不是以歌德式的人的做法——为了一种高贵的柔弱而保护自己，并为事物的多样性而欣

喜。他自己就是自己的第一个牺牲品。英雄式的人物鄙视他的幸福与不幸、美德与罪恶，也鄙视以他的标准衡量万物。他对自己再无希望，只想看透万物，直至无望的深处。他的力量在于忘我，一旦想到自己，他就会衡量自己与崇高目标间的距离，似乎看到自己

□ **梦幻的仲夏之夜**

谈到梦幻的仲夏之夜，自然不得不提到莎翁耳熟能详的浪漫喜剧《仲夏夜之梦》。剧中的三对情侣（不甚准确，不过这是就结果而言）中的男方或女方都在这仲夏夜的梦醒之间经历了奇幻的新恋情，而当夜晚过去，白日来临，对所有人而言，一切便被归为逝去的仲夏夜之梦，亦真亦幻。此图即为爱德温·兰西尔由《仲夏夜之梦》第三幕第一场所绘的《提泰妮娅与波顿》。

身后与脚下就剩一堆无用的糟粕。古老的思想家会全力寻找幸福与真理，而按照自然的一条罪恶法则——必须寻找的东西永远也找不到。但是，对于寻找不真并自愿同不幸结盟的人，也许还有一种别样的、失望的奇迹在等待：某种难以言说的东西正在靠近他，幸福与真理成了盲目崇拜的仿造，地球失去了重力，世上的事件与力量变得梦幻，就好像在仲夏之夜展示在他周围的幻景。对于看到这些的人，就好像他刚刚醒来，而在他周围嬉戏的，不过是逝去之梦的云朵。甚至这些也将在某一刻被吹散，然后白日来临。

五

然而，我承诺要说出我对教育家叔本华的体验。这个存在于他本身及其周围的理想人，就好像他的柏拉图式的理想。倘若我对此的描述不够完美，那这就是我描述得不充分了，就不能兑现我的承诺。最困难的任务还未解决，那就是，这种理想会产生哪些新的使命，以及如何通过实践向这个如此崇高的目标靠近，简

单来说，证明这个理想的教育意义。否则，有人会认为，这不过是一种令人陶醉的直观而已，短暂地在我们这逗留，然后便让我们陷入更痛苦的、对自身更不满足的困境之中。此外，同样毫无争议的是，我们就是这样开始与这个理想交往，与光明和黑暗、陶醉和厌倦间的鲜明对照交往，而这是在重复一种像理想一样古老的体验。但我们不应该在门口久站，而应该尽快跨过开始阶段。此外，我还要严肃地提出一个确切的问题：让那个难以置信的崇高目标如此靠近我们，在引导我们向上时还教育我们，这可能吗？对此，歌德的名言在我们身上得不到应验："人生适合一个有限的环境，能够简单理解、可接近确定的目标，并且习惯于利用恰好在手边的手段。但一旦他跨出这个环境，他就不知道他想要什么，也不知道他该做什么。他因事物的多样而分心，或者因它们的崇高与尊严而晕头转向，这也是一回事。当他被引导去追求他通过自我所发起与调控的活动实现不了的东西时，其结果都是不幸的。"[1]这似乎是对叔本华式的人提出异议的理由：他的崇高与尊严只能让我们冲昏头脑，从而将我们排除在行动者的行列之外。一贯的使命以及生活的河流也没了。最终，这个人习惯于遵循双重标准，活在不满之中，也就是说，活在行动上的自我冲突与犹豫不决之中，从而变得日益软弱无能。而另外一个人甚至会放弃一切行动，也不关注其他人的行动。当事情对一个人太难，并且他根本不能履行任何使命之时，他的危险达到最大；天性较强的人会被摧毁，而数量更多的、天性较弱的人会陷入自省的怠惰中，并最终甚至因怠惰而丧失反思的能力。

面对这些异议，我想承认的是，我们的工作正是在这里艰难地开始，我自己的经验让我确认：这种理想的形象可能会把一条可完成的使命链条加到我们身上，而我们中的有些人已经感受到了它的重量。但是，在我认真地把这些新的使命变成一个公式之前，我必须先说出我的初步观察。

在任何时候，感受深刻的人都同情动物。它们受生活的折磨，无力拔除自身的痛苦荆棘，也不能形而上地理解自己的存在。事实上，人们看到毫无意义的痛

---

[1] 参见歌德《威廉·迈斯特的漫游年代》第6卷。

苦时会无比愤怒。正因如此，地球上不止一个地方出现了这样的主张：动物体内有罪恶之人的灵魂，因而，这种一眼看去让人愤怒的无意义的痛苦，在永恒正义的审判席前，变得有了意义，即惩罚与赎罪。像动物一样生活，受饥饿与欲望的困扰，却又没有任何思考生活本质的能力，这确实是一种严厉的重罚。再想不到有比食肉动物更艰难的命运了，它们受着痛苦折磨的驱赶，在荒野中生存，很少被满足；即便是满足了，也是靠痛苦地与其他动物殊死搏斗，抑或无节制的贪婪与令人厌恶的过食。它们如此疯狂、如此盲目地眷恋着生活，再无更高的目的；不知为何受到重罚，反而带着一种强烈的渴望，愚蠢地把惩罚当幸福，这就是作为动物的意义。如果整个自然都涌向人，那它是在暗示，把自然从动物生活的诅咒中解救出来，人是必要的，并且，存在最终在他身上竖起了一面镜子，照出的生活不再毫无意义，有了形而上的重要性了。让我们反思下：动物止于何处，人类始于何处？人是自然唯一关心的。人要是还像渴望幸福那样渴望生活，那他的目光就还未超越动物的视野，因为，相对于动物的盲目冲动，人只不过是带着意识在渴望。但我们人生的大部分时间都是这样：通常，我们摆脱不了动物性，还是毫无意义受苦的动物。

　　但是，我们也有明白这一点的时候。到那时，云朵散开，我们看到，我们同自然一道涌向人，就好像涌向居于我们头顶之上的东西。在这突然的光亮中，我们战战栗栗地注视着四周与身后。我们看到了更狡猾的食肉动物，而我们就在他们中间。人在地球这个荒原上的来往，城市与国家的建立，人的战争，无休止的聚散，混乱的融合，相互的模仿，相互的愚弄与践踏，困境中的哀号，以及胜利中的欢呼，这都是动物性的延续。就好像人是被有意退化，隐瞒他们形而上的倾向，甚至好像自然在长久地渴望与创造人之后，现在在人面前变得畏惧，宁愿回归本能的无意识。自然需要认识，又对需要的认识心怀恐惧。因此，火光来回闪烁不定，仿佛是害怕自己，先抓住了上千个的事物，却没有抓住自然需要认识的原因。有些时候，我们明白，我们如此精心安排的生活，不过是为了逃避我们本该承担的任务。我们多么喜欢把脑袋藏起来，仿佛我们那长着百只眼的良知就是找不到它，我们多么急迫地把心交给国家、挣钱、交际与科学，为的是不再拥有自我，我们多么勤奋地、不动脑筋地沉迷于日常工作，超出了维持生活的必要，因为，对于我们来说，更有必要的是让自己毫无休息或思考的闲暇。匆忙是普遍的，因为每个人都在逃离自我。我们对这种匆忙的羞怯隐瞒也很普遍，因为每个人都想让人看起来满足，不想让目光锐利的旁观者看到自己的可怜。此外，对那种新的叮当作响的词语铃铛的需要也是普遍的，把它系到生活上，生活似乎就有了一种热闹的节日气氛。每个人都熟悉一种奇怪的状况，当不快的回忆突然产生时，我们会借助剧烈动作与大声说话，努力把它们从脑海中驱逐。但这到处都有的声音与动作表明，我们始终都在这样的状况中生活，害怕记忆，害怕转向内心。但那频频侵扰我们的是什么？让我们不能安睡的蚊蚋又是什么？我们周围都是幽灵，他们每时每刻都想跟我们说些什么，但我们拒绝倾听。我们害怕，我们安静独处时耳朵会听到某些低语，因此我们仇恨安静，通过社交让自己变聋。

我们时而意识到了这一切，并惊讶于这些令人眩晕的恐惧与匆忙，以及我们生活的整个梦幻的状态。生活似乎害怕觉醒，离觉醒越接近，梦境就越生动、越不安。但我们同时觉得，我们太软弱了，忍受不了长久深刻的反思，而且，我们不全是自然为了自救而涌向的人。我们只要稍稍把头探出水面，看到我们深深沉浸在哪条河流，这就做得够多了。但即便是这短暂的浮现与觉醒，我们也不是靠自己力量完成的，而是靠别人托起的，那是谁托起了我们呢？

他们是那些真实的人，不再是动物的人，即哲学家、艺术家与圣人。自然从不飞跃，但在创造他们时有了第一次飞跃，而且是一次快乐的飞跃，因为自然第一次感到自己达到了目标。在这里，自然可以忘掉目标，它已经把生命与生成的游戏玩得太极致了。这种认识让自然美化，它的面颊上浮现出那种称为"美"的温柔的夜间疲惫。这时，自然以这种美化的面容所说的，正是关于存在的伟大启蒙，而凡人渴求的最高愿望，就是永远用开放的耳朵参与这种启蒙。如果我们想想叔本华在其人生中必然听到了太多这些东西，我们事后可能会对自己说："哎，你的聋耳朵，你的笨脑袋，你那闪烁不定的认知，你那衰弱的心，这一切我都认为是我的，我是多么鄙视你！不会飞翔，只会振翅！向上仰望，却够不着！去认识并踏上那条通往哲学家无比开放的眼界之路，但才走几步就踉跄而退！最伟大的愿望即便只能实现一天，我们也乐意用所有余生来换！像哲学家那样攀登到阿尔卑斯山巅，那里有纯洁凛冽的空气，不再有云雾与遮盖，万物的构造得以显露，虽然粗糙、僵硬，但却清晰明了！只要想到这一点，灵魂就会无限的孤独。然而，假如它的愿望实现了，如果它的目光像一道光明亮地照射到万物上，如果羞耻、恐惧与渴望消亡，那么，该用什么词语来形容它，那种没有了骚动的新的神秘的激励。凭借这样的激励，它像叔本华的灵魂一样，不是作为夜晚的黑暗，而是作为黎明普照大地的炽热光芒，铺陈在存在的巨大象形文字上，在僵化的生成学说上。另一方面，感受到了足够的哲学家的确定性与幸福，从而能够感受非哲学家以及无望的渴望者的不确定性与不幸，这是怎样的命运！知道自己是一棵树上的果实，但因为大半被阴影遮盖，永远不能成熟，尽管它缺少的阳光就近在咫尺！"

这种折磨足以让一个无才华的人变得嫉妒恶毒，倘若他能变得恶毒嫉妒的话。然而，他最终可能让自己的灵魂转向，不在虚荣的渴望中消耗自己，这时，他将发现新的使命之环。

在这里，关于是否有可能通过实际活动追求叔本华式的人的伟大理想的问题，我已经得出了答案。首先，有一点可以确定：这些新的使命不是孤独者的使命，而是一个强大团体的使命，这个团体，不是靠外部的形式与规则，而是靠某

□ **阿尔卑斯山与德国文化之缘**

阿尔卑斯山位于欧洲中心，跨过意大利、法国、德国、瑞士等国，是欧洲最高的山脉（平均海拔约3000米）。单论19世纪的德国，对当时身处德国的诸多学者、哲学家与艺术家而言，阿尔卑斯山就早已是度假、沉思与创作的好去处：尼采便是在此写就了《悲剧的诞生》；身为瓦格纳最大竞争对手的勃拉姆斯在此创作了《第二交响曲》《D大调小提琴协奏曲》《大提琴与小提琴二重协奏曲》；瓦格纳的岳父李斯特在此创作了《旅行岁月》钢琴曲集；瓦格纳自己则在此创作了《纽伦堡的工匠歌手》，以及《尼伯龙根的指环》系列的后两部。这美丽高洁的被雪群山，已与德国文化长久结下了不解之缘。

种基本思想聚拢在一起。这就是文化的基本思想，只要它给每个人设置了这样唯一的任务：促进哲学家、艺术家与圣人在我们身上与之外的产生，从而推动自然的完成。因为，自然需要艺术家，就像它需要哲学家一样；为了取得一个形而上的目标，也即是自我启蒙，它最终会作为一个清晰完成的图画呈现——而在它朝目的演化的纷乱中一直模糊；也就是说，自我认识。歌德曾高傲而深刻地宣称："自然的尝试，只有在艺术家理解了它结结巴巴的言语，在半途遇到它，并表达出它的真正意图时，才有价值。"他有一次呼喊："我经常说，以后还会不断重申，戏剧诗是人类与世界活动的 *causa finalis* [1]。因为这东西没有别的用途。"因此，自然最终还是需要圣人，在圣人身上自我完全融化，他的苦难生活不再被感知为个体的生活——几乎不能这样感受，而是对一切生命的同一与特性的深刻感受：在圣人身上，出现了生成游戏永远想不到的转变的奇迹，那种最高人性的生成，是自然为了自身救赎而驱使并督促而生的变化。毋庸置疑，我们都跟圣人有关联，就像跟哲学家与艺术家的关系一样。有这样的时刻，仿佛爱恋之火的明亮火花，在这样的光芒之中，我们再也不理解"我"这个词，某种存在于我们本质彼岸的东西，在这些时刻，越过彼岸到此岸。因此，我们发自内心地渴望由彼及此的桥梁。当然，我们通常就这样，对拯救者的产生毫无贡献，所以就像通常那样怨恨自己。这种悲观主义之根的怨恨，正是叔本华再次教给我们时代的东西，尽管它的历史像对文化的追求一样古老。它是根，而不是花朵；是底层，而不是顶层；是路的起点，而不是终点；因为有朝一日，我们要学会仇恨一些东西，一些更普遍的东西，而不再仇恨自己的个体性及其可怜的局限、易变与不安。在这样提升了的条件下，我们将爱上一些别的东西，一些我们现在不能爱的东西。唯有当现在或未来的某个阶段，我们自己被托举到哲学家、艺术家与圣人的那种尊贵的等级时，我们才会被给予新的爱恨目标——那时，我们就会有自己的使命、义务以及自己的爱恨，因为我们知道了文化是何物。为了应用到叔本华式人的身上，文化要求我们做好准备，通过认识并清除对其有敌意的东西，促进他的持续

---

[1] causa finalis：终极原因。

产生——总之，我们要孜孜不倦地对抗那些阻碍我们成为叔本华式的人、剥夺我们在最大程度上实现自身存在的东西。

六

有时候，接受一个事实要比认识它更难，大多数人在思考下面的命题时都有此感受："人类必须持续致力于个别伟人的产生，这就是它的使命，再无其他。"从观察动物或植物的任一物种所获得的，人类是多么乐意把它们应用到人类社会与社会目的上。对于这个物种来说，它唯一关心的是个别的更高的样本，更不寻常、更强大、更复杂、更加多产的样本。倘若那反复灌输的有关社会目的的幻想没有顽强抵抗，那么，人是多么乐意呀！我们认识到下面这点并无困难：当一个物种发展到它的极限，准备向更高级物种过渡时，其进化的目标，不在于大量的样本及其状态，更不要说是时间序列上最晚的标本，而在于不时从有利条件中产生的表面分散的偶然存在物。同样容易理解的还有这样的要求：人类意识到了自己的目的，因此，应该找到并创造有利条件，让伟大的拯救者产生。但一切都与这个结论相悖：在这里，我们看到了终极目标，是所有或大多数人的幸福，而在那伟大群体的发展中；一个人可能准备好为国家牺牲，但如果是代表另一个人作出牺牲，那就另当别论了。一个人为另一个人而存在，这似乎是个荒谬的要求；"为了其他所有人，或者，至少尽可能多的人！"哦，高尚的人，让数量来决定价值与重要性似乎不那么荒谬！因为，问题是：你的生命，个人的生命，如何获得最高价值、最深刻的意义？如何尽可能少地浪费？肯定是为了极少数最有价值的样本，而不是大多数人的样本，也就是说，不是单独来看最没有价值的样本。教导年轻人把自己看作是自然的一个不成功的创造，同时也是这位艺术家宏伟奇妙意图的见证。他应该对自己说，自然做得不好，但我会为它效劳，让它有一天做得好些，以此向它的伟大意图致敬。

有了这样的决定，他便将自己置身于文化圈内。文化是每个个体自我认知与不满的产物。每个相信文化的人都会说："在我之上，我看到更高的更人性的东西；让每个人都帮助我够着它，因为我会帮助所有跟我一样认知并受苦的人。最终，那种认为自己完美并拥有无限知识、爱、认知与力量的人会产生，而这样的完人将作为万物的裁判和评判者与自然融为一体。很难在任何人那里创造这样无畏的自我认知，因为不可能教人以爱。单就爱本身能赐予灵魂的，不仅是对自己明确的辨别与鄙视，还有对超越自己的渴望，去全力寻找隐藏着的更高自我的渴望。因而，唯有心系某位伟大人物的人，才能接受文化的第一献祭。其标志是：毫无痛苦的自我羞愧，是对自己狭隘与枯萎天性的憎恨，是对一再从我们冷漠与枯涩中走出的天才的同情，是对一切斗争的生成之人的预感。同时，还是最深刻的信念，相信到处都会遇到涌向人的天性，尽管一再地达不到目标，但到处都成功地创造了最神奇的开端、个体特征与形式，以至于我们这些与其一起生活的人就像在一个到处都散落着最宝贵雕塑碎片的场地，这里的所有东西都对我们喊道：来吧，帮帮忙，完成它，并将原本是一个整体的东西，整合到一块，我们是多么渴望成为一个整体。

  这种内心状态的总和，我称之为文化的第一献祭。现在我要描述第二献祭的影响，我意识到我在这里的任务更艰巨。现在，我们要从内部过渡到外部事件的评估上，我们的眼光要向外看，在行动的伟大世界中，重新发现上述第一阶段的体验中已经认识到的对文化的渴望。个人要把自己的拼搏与渴望看成是字母表，用于解读整个人类的抱负。但他不能停留在这，必须从这一阶段攀上更高的阶段。文化需要他，不仅是他的内在体验，也不仅是他周围外部世界的评判，还首先是一种行动——为文化进行的斗争，反对那些让他认识不到自己目标的影响、习惯、法律以及机构。这个目标就是：天才的诞生。

  能让自己跻身第二阶段的人首先想到的是，关于这个目标的认知是多么的贫乏，相比而言，文化努力是多么的普遍，在文化服务上消耗的精力多么巨大。人们会惊讶地问自己：这样的认识可能毫无必要？即便大多数人误解他们奋斗的目标时，自然还能实现它的目标吗？那些习惯于重视自然无意识目的性的人，或许不难如此回答："是的，就是这样。人可以随意反思、争论他们的终极目标，但在他们内心深处的模糊动机中，他们对正确道路了然于胸。"一个人要有相当的经历才能对此反驳。但是，真正相信文化目标就是推动真正的人产生的人，然后看到，甚至现在，尽管有文化上的浮华与消耗，这种人的产生还是同延伸到人类世界对待动物的残酷分不开，这个人会认为，最终非常有必要用自觉意志力取代那种"模糊冲动"。他会这样想尤其因为第二个原因，那就是，要取缔这样的可能性：把那种不清楚目标的冲动，那种有名的模糊冲动，用于完全不同的目的，并引导到一条让天才产生这一最高目标无法实现的道路上。这里存在着一种文化上的误用与滥用——你只要看看自己周围！正是现在最积极推动文化的力量在这样做，但却是出于自身原因而非出自纯粹的无私。

在这些力量当中，首先是逐利者的贪婪，它需要文化的帮助，并反过来帮助文化，同时蛮横地强加他们的标准与目的。正是从这之中得出了那个最有利的主张与结论，大体是这样——尽可能多的知识与教育，因此，尽可能多的需求，尽可能多的产出，尽可能多的幸福与收益，这就是那个诱人的公式。教育被其支持者界定为一种洞察力，凭借这种洞察力，一个人在需要与满足中变得合乎时宜，同时最快地掌握最容易挣钱的方法与手段。这样的话，目标就成了创造尽可能多的流通的人，就像我们说货币流通一样。按照这种概念，一个民族拥有这样流通的人越多，它就越幸福。因此，现代教育机构的唯一目的是帮助每个人成为通用的人，教育每个人让他们利用自己的知识与学识，尽可能地获得最多的幸福与财富。这里提出的要求是，在普遍教育的帮助下，个人应该在他有权向生活要求什么方面，对自己进行准确评估。最后断定，才智与财产、财富与文化之间存在着一种自然且必然的关联，甚至，这种关联是一种道德意义上的必要性。在这里，任何让人孤独的教育，不以金钱与逐利为目的的教育以及耗时的教育，都是可憎的。更严肃的教育形式也通常被诋毁为"精致的利己主义""不道德的文化上的伊壁鸠鲁主义"。这里的道德所赞扬的正是与之相反的教育，也就是一种速成教育，让人快速地成为赚钱工具的教育，也是一种足够全面的教育，以便让人能挣到更多的金钱。一个人允许拥有的文化多少，要符合普遍的牟利和与世界交往的利益，对他的要求也就这么多。简言之，人类有权要求尘世的幸福，出于这个原因，他需要教育，但也仅仅出于这个原因。

□ 盗火的普罗米修斯

在与雅典娜一同创造人类后，普罗米修斯又从奥林匹斯山上为被禁止用火的人类带去了火种，带去了文明和希望。在西方的古典传统里，普罗米修斯代表了进步的人类，在浪漫主义时代，普罗米修斯还被视为孤独的天才，为期人类的更好生存而遭受悲剧，在文学艺术作品中颇受欢迎。玛丽·雪莱就曾把普罗米修斯作为自己小说《弗兰肯斯坦》的副标题；歌德也有同名的诗剧。图为海因里希·弗里德里希·菲格尔的《普罗米修斯带来火种》。

其次是国家的贪婪。同样，国家渴望尽可能广泛地传播、普及文化，它手中掌握着满足自己欲望的最有效工具。假定它知道自己足够强大，既能解放力量，也能在适当时机束缚力量，并且它的根基足够宽广稳固，能承受整个教育机构，那么，教育在本国公民的推广只有在其同其他国家竞争中才有利。现在，无论何时谈论文化之国，人们都认为教育面临着释放一代人精神力量的任务，以便为现存制度的利益服务，仅此而已。就好比一条林中河流被堤坝与防波堤改变流向，从而用减弱了的推动力来推水磨。要是用整条河流的力量，那会让水磨受损而不是转动了。同时，这种力量的释放更多是对他们的束缚。我们只需回忆一下，基督教因国家的贪婪变成了什么样子。基督教无疑是文化冲动的最纯粹的启示之一，尤其是那种对圣人永久再生的冲动。但是，由于被过度地用于推动国家权力之磨，基督教渐渐病入膏肓，变得虚伪失真，并堕落到同其最初目的背道而驰的地步。即便最近的历史上——德国宗教改革，倘若不是从国家间战火中窃取了新的火种，也不过就是突然而迅速熄灭的火焰。

第三，文化还受这类人的推动——他们意识到了一种丑陋或无聊的内容，但却想用所谓"美的形式"加以掩盖。假定人们往往按照外表来判断内容，外在的东西诸如言语、姿势、装饰、华丽与礼仪，会让观察者受限制，从而对内容作出错误判断。在我看来，现代人对彼此的厌恶已经到了极点，到最后他们感觉到，需要借助所有艺术让自己摆脱无聊。他们让艺术家将他们当成辛辣刺激的美食端上桌，他们仿佛浸泡在东西方的所有香料中，真的是这样！他们现在闻起来相当有趣，有所有东西方的味道。他们现在准备充分，能满足所有口味。每个人都应该被款待，不管他想要的是闻着香的或是臭的食物，山珍海味或者粗茶淡饭，希腊风味或者中国风味，悲观或者淫猥的戏剧。在这些不惜代价想变得有趣并让人感兴趣的现代人的最知名厨师之中，最著名的是法国人，而最差劲的是德国人。说到底，这个事实对于后者更是一种慰藉。如果法国人嘲笑我们缺少趣味与优雅，或者，当看到一个德国人渴望变得文雅有风度时，法国人脑海中浮现的却是想在鼻子上穿环或要求文身的印度人，那么，我们丝毫不该责怪法国人。

在这里我要说点题外话。自最近同法国的战争以来，德国已经发生了太多的变化，很明显，回归和平同样带来了一些对德国文化的新需要。对于许多人而言，这场战争让他们第一次来到了世界上最优雅的地方。当胜利者不齿于向被征服者学习一点文化时，胜利者显得是多么的无偏见！尤其是手工艺品，反复地被引入同更有教养的邻居竞争，德国房屋的布置也弄得跟法国一样，甚至，通过建立法国模式的研究院，让德国的语言获得"健康的品味"，以摆脱歌德产生的可疑的影响——这就是近期柏林科学院院士杜布瓦·雷蒙德表达的观点。我们的剧院早就静静地循规蹈矩地追求相同的目标，甚至已经造就出了优雅的德国学者。因此，我们可以预料，凡是不符合这种优雅的东西——德国的音乐、悲剧与哲学，都将被当作非德国的东西而拒绝。但是，说真的，如果德国人把他缺少的文化理解为是美化生活的艺术与技巧，包括舞蹈师与布景师的所有精巧发明；如果他们关心的语言只是学术上认可的规则与某种普遍的优雅，那么，德国文化就不值得动一根手指了。近期与法国的战争和自我比较，似乎没有唤醒任何更高的要求。相反，我总是被这样的怀疑折磨：德国人想强行摆脱掉其卓越天赋与本性的严肃、深沉强加给他们的古老使命。他们偏爱耍猴把戏，爱学习那些让人生更有趣的艺术与礼仪。把它当成是随心捏就的蜡，捏成类似优雅的东西，这是对德意志精神最严重的中伤。如果这不幸是个事实，大部分德国人都乐意被这样捏造、揉搓成型，那么，我们有必要重申，直到他们听到这样的话："古老的德国人的本性，尽管顽固、严肃、充满对抗，但却是最宝贵的材料。唯有最伟大的雕塑师才配得上加工它，但这些本性你们已经丧失了。相反，你身上有的是一种柔软的糊状材料，你用它来做你想要的东西，塑造成优雅的娃娃与有趣的偶像。"在这里，瓦格纳的话就很适用："德国人假装优雅与礼貌时，他们是生硬的、拙笨的；但当他们燃烧时，他们就变得崇高，并优于任何人。"优雅之人有充分理由留心这德国之火，否则有一天它会把他们同他们的娃娃与蜡像一并吞噬。当然，对于这种在德国占上风的美的形式的倾向，我们可以从其他更深的源头上取缔：这些源头包括，那种盛行的匆忙，那种气喘吁吁的分秒必争，那种过早把果实从树枝摘下的急促，那种在现代人脸上刻下（仿佛是刻下他们所做的一切）沟纹的竞争与追求。好像一种阻止他们喘气的药水在作祟似的，他们怀着龌龊的焦急向前冲，成了遭受当下、舆论与时尚纠缠的奴隶，以至于尊严与得体的缺失明显到让人痛苦，因而需要一种骗人的优雅来掩盖这种无尊严而病态的匆忙。对美的形式的时髦追求就是这样同现代人的丑陋内容关联起来的：前者想掩盖点什么，后者需要被掩盖。有教养意味着：不让自己注意到自己有多么的可怜卑劣，多么不知满足的掠夺，多么贪婪地聚敛，多么自私无耻地享受。我过去向别人指出德国不存在文化的时候，经常听到这样的回答："这种不存在很自然，因为迄今为止德国人一直太过贫穷谦卑。只需让我们的同胞变得富有自信，那样他们就会拥有文化了！"虽然信仰让人满足，但这样的信仰对我正好有相反的效果，因为我认为人们相信的德国文化——一种财富、优雅和伪斯文的文化，正好与我信仰的德国文化截然相反。毫无疑问，凡是生活在德国人中间的人，都要忍受他们狼藉而灰暗的生活与思想，他们的不拘形式，他们愚蠢与迟钝，他们在微妙事务上的粗枝大叶，甚至他们个性中的嫉妒、隐瞒与不洁。同时，德国人对假象和不纯、拙劣模仿，把外国优秀的东西转化为本国糟糕的东西的喜欢，让人感到痛苦与冒犯。然而，现在，还增添了最让人感到痛苦的东西，德国人狂热的不安与骚动，他们对成功与利益的追求，他们对当下的过分高估。让人无比愤怒的是，想到这些疾病与弱点就基本无药可救，只能用一种形式有趣的文化加以掩饰！这居然发生在一个诞生了叔本华与瓦格纳的民族！而且应该还会经常有这样的人诞生！或者我们是在绝望地自欺欺人吗？也许，上述人物不再保证如他们的力量还存在于德意志的精神和思想之中？难道他们自己也是例外，就好像之前认为的德国品质的最后血脉？我承认我在这里陷入窘境，因而回到一般沉思的道路上，但我焦急的疑虑经常让我偏离这条道路。我还没有列举出所有的力量。这些力量虽然需要文化，但并没有认识到文化以及天才产生的目的。我已经列举了三种力量：逐利者的贪婪、国家的贪婪，所有有理由伪装并用形式掩盖自己的人的贪婪。我现在说出第四种：科学的贪婪以及他们仆人——学者的特有品质。

科学之于智慧正如清高之于圣洁。科学冷漠、枯燥、无情，且对缺陷与渴望的深刻感受一无所知。科学对自己有用，却对它的仆人有害，它把自己的个性转嫁给他们，让他们的人性僵化。只要文化的本质还是科学的发展，文化就会以无情的寒冷穿透饱受折磨的人类，因为科学四处看到的只是认识问题，而受苦在科学界只是某种不恰当而不可理解的东西，因而至多是又一个问题。

但是，一旦一个人习惯于把所有经验转化成一种辩证的问答游戏，转换成纯粹的脑力事件，那么，你会惊奇地发现，这样的活动很快会让人枯萎，最后只能剩下一副骷髅。每个人都知道并认识到了这一点。然而，为什么青年们在看到这样的骷髅时没有退缩，反而是一再地献身于科学，如此盲目、如此无节制、如此不加选择？这几乎不可能源于那种所谓的"对真理的渴望"。因为，怎么可能有一种对冷漠、纯粹和无结果认识的渴望呢？那真正推动科学仆人的力量，对于那些无偏见的人来说，如此的显而易见。我在这里极力建议对这些学者本身进行审视与解剖，他们非常习惯于对世上的一切动手动脚，并把它们拆分，包括其中最受尊敬的事物。要让我说的话，学者是由各种动机与刺激的混乱网络组成，完全是个不纯的金属。首先是那种显著的永远强烈的好奇心，对认知领域探险的追求，还有相对于陈旧无聊之物的新鲜罕见事物产生的持续激励。还有某种辩证调查的冲动，那种在思想领域追踪狐狸的猎人的乐趣，因此，真正追求的不是真理，而是追求本身，而最大的乐趣在于狡猾的跟踪、包抄以及正确的捕杀。此外，还要加上矛盾的冲动，以及那种渴望自己被认知为与众不同的个性。斗争成为一种乐趣，其目的是个人的胜利，因而，为真理而斗争不过是借口。学者极大

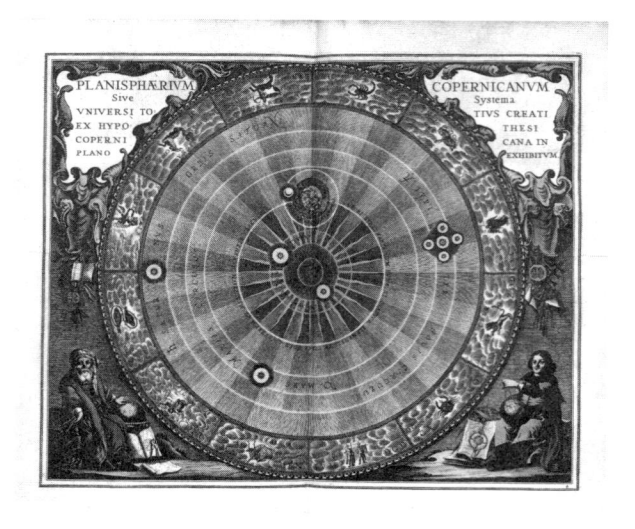

□ 日心说

早在公元前300多年时，赫拉克利特和阿科斯塔克斯就已经提出过日心说，不过完整的日心说理论则是由哥白尼在1543年的《天体运行论》中提出的。当然，脚下的坚实土地一直在运动，承载人类生命的星球竟然不是宇宙的中心，这对当时的人们来说实在难以接受；除开心理因素，当时的观测数据也与托勒密的地心说相吻合。因此，在一定程度上，颠覆人类认知的日心说最初并不为人们所接受，其实也在意料之中。图为安德烈亚斯·塞拉里乌斯的《哥白尼星座图》。

地受某种东西的激励去发现特定的真理，而这种东西就是他们对特定的统治者、等级、舆论、教会、政府的服从。他认为让真理站到他们一边对自己有利。学者身上还有下面这些显著的品性，虽然不规律但却经常出现：第一，诚实与朴实。这是很有价值的品性，但前提是它们不是笨拙的、缺乏练习的伪装，毕竟这需要不少机智。事实上，在机智与敏捷过于显眼的地方，人们就该有所提防，对个性的诚实产生怀疑。另一方面，即便是对于科学而言，这样的诚实多半也价值不大，很少会有什么成果，因为它完全墨守成规，通常说的都是简单或 *adiaphoris* [1] 的真理。在这些情况下，说出真理要比沉默更省事。因为一切新的东西都需要重学，所以，这种诚实总是在需要时选择尊重古老的观点，责备创新者缺乏 *sensus recti* [2]。它必定反对哥白尼学说，因为有现象与习俗支持它。学者当中也不乏仇恨哲学者，他们主要是仇恨那一连串的结论与伪造的证据。说到底，每一代学者对允许的睿智程度有一套无意识的标准，而超出这标准的就会受到质疑，并被用于质疑提出者的诚

---

〔1〕adiaphoris：无关紧要。
〔2〕sensus recti：对错感。

实。第二，对眼前事物有敏锐的观察力，而对远处与普遍事物却高度近视。他的视野通常很小，不得不紧盯着观察物。要想从另外一个点看，就得把整个视觉器官移动到另一个点上。他把一幅画分割成了很小的碎片，就好比一个人拿着望远镜看舞台，一会看到脑袋，一会看到衣服，但永远看不到整体。他从未见到这些碎片被拼到一起，他只是去推理它们之间的联系，因而，他对一切普遍的东西没有深刻的概念。他不能从整体来看一篇文章，比如，只靠几个段落、句子或个别错误来判断，他被诱导着作出断言：油画就是油料无序的堆砌。第三，在好恶中体现的本性的冷静与习惯。这导致他对历史格外欢喜，因为他能按照自己知道的动机去追溯古人的动机。鼹鼠洞即是鼹鼠的天堂。他能防止任何人为的或过度的假设。如果他能执着于此，他就能挖出过去的所有平庸的动机，因为他觉得自己与他们都是平庸的同类人。正是因此，他通常不能理解或评价稀少的、伟大的事物，也就是说过去那些至关重要的东西。第四，缺乏感情与乏味。这让他们甚至能胜任活体解剖。他感觉不到经常随知识而来的痛苦，因此，他敢于进入那些令别人恐惧的领域。他冷漠，因而容易显得残酷。别人觉得他很勇敢，其实他跟骡子差不多，不过是天生对晕眩免疫罢了。第五，缺乏自尊，甚至谦卑。尽管被拘于一个可怜的角落，但他们一点也不觉得是牺牲或浪费，他们的内心深处似乎总是明白，自己不是飞禽，只是爬行动物。这样的品性带有某种让人感动的东西。第六，对老师与领导者的忠诚。他们真心想帮助这些人，并且十分清楚，寻求真理是帮助这些人的最好方法。他们对老师与领导者心存感激，因为只有通过这些人，他们才能进入可敬的科学殿堂，而这靠他们自己永远不可能完成。现在，如果一个老师知道如何开辟一个新的领域，让最笨的脑子也能有所成功，那么这样的人会马上出名，而且马上就有一大批追随者。但同时，每一位忠实且心怀感激的追随者，都将是老师的不幸。这是因为，每个人都会模仿他，而当老师的缺陷在如此渺小的个体身上显现时，就会以过分的比例被放大，而老师的优点，则与此相反，则会以同样的比例被缩小。第七，学者习惯性地沿着自己被推动的道路继续前行。不假思索地遵循已有的习惯，这决定着他们的真理观。这样的天性属于目录与标本的收集者、解释者与编制者。他们围绕单一的领域研究探寻，只是因为他们从来没想过还有别的领域。他们的勤奋中有某种类似重力的极为愚蠢的东西，因此，他们往往成就极大。第八，逃避无聊。真正的思想家追求的不过是闲暇，而平庸的学者却避之不及，因为他们不知道有了闲暇干什么。他们的慰藉就是书本，也就是说，他倾听别人的所思所想，以此来排遣自己，打发时间。他尤其会选择那些在某一方面能激励他们怜悯之心的书，这能唤醒他们的好恶以感受到某种情感，也就是说，在这些书中，他们讨论的是他们自己，他们的阶级，他们的政治或审美信条，甚至只是语法规则。只要有一个让他们专注的研究领域，他们就不会缺少消遣的手段或者驱赶无聊的苍蝇拍。第九，谋生的动机，也就是要喂饱饥饿的肚子。让真理直接带来薪水与晋升，或者至少获得那些授予面包与荣誉的人的青睐，这就是服务真理。但是，他们服务的也只是这样的真理。正因如此，可以在有利可图的真理与无利可图的真理之间划出一条界线。前者有许多人为之服务，而后者只有少数人，那些原则不是 *ingenii largitor venter*[1] 的献身者。第十，同行的认可，以及得不到认可时的恐惧。相比前面的动机，这是个更少见更高级的动机，但仍然非常普遍。这个行业的成员之间互相猜忌，这种面包、职位与荣誉等太多东西依赖的真理，应该以真正发现者的名字重新命名。他们会及时认可某个真理的发现者，以便于他们碰巧也发现另外的真理时，可以得到同样的对待。非真理与错误会被否定，因此同行候选人数量不会增长太多。然而，有时真理也会被否定，从而至少在一段时间内为那些固执而无耻的错误让位，因为这里跟别处一样，也不乏称为恶作剧的"道德白痴"。第十一，出自虚荣的学者，这是个少见的种类。这样的学者想要的是一个属于自己的领域，而为达成目的，他们会选择古怪稀奇的研究项目，尤其是那些需要高昂投入、旅行、发掘以及不同国家间的诸多联络的项目。他通常会满足于别人看到他们时的惊讶——别人视他们为奇怪的东西，而且，他们也不想通过研究来糊口。第十二，寻找乐子的学者。这种乐趣在于寻找科学中的难题，并解开，同时，小心地不因太过努力而失去游戏的乐趣。这样的学者从来不会深入到某一个问题，然而他却

---

〔1〕ingenii largitor venter：引自佩尔西乌斯讽刺诗集的前言，"肚子是才能的挥霍者"。

经常发现那些辛劳钻研的专家看不到的东西。最后，第十三，学者追求正义的冲动。我把追求正义的冲动作为学者的第十三个动机时，有人会反驳说，这个高贵的可以被认为是一种形而上的动机，很难同其他动机分开，从根本上说，属于人眼看不到的，无法把握的动机。因此，我在这个动机上附加了一种不切实际的希望，希望这个动机在学者中间比它看上去更普遍、更有影响。落到学者灵魂中的一点正义之火，足以点亮并净化他的人生与努力，这样他们就永远不知休息，永远摆脱那种不冷不热的心境，而学者通常就是在这样的心境中完成日常工作。

如果现在想着把所有成分或者其中一些用力混合摇匀，那么真理的仆人就产生了。在这里非常奇怪的是，为了一个基本上非人性和超人性的事务，一种纯粹、无关紧要，因而无动机的认识与许多微小的、非常人性的动机如何被放到一起，产生出一种化合物；而这种产物——学者如何在脱离世俗的、高尚的和完全纯粹的事务中被如此美化，以至于都忘记了产生他们所需的不同成分的混合。然而，总有某些时刻，学者对文化的意义受到质疑的时候，他们会思考并想起这一点。直到懂得观察的人发现，学者天生是没有成果的——这是他的产生所带来的后果！并且，他对有成果的人有某种自然的仇恨。正因如此，天才与学者总是意见冲突。后者总是想认知、分解并消灭天性，而前者想通过活生生的本性来增加天性，因此有了活动与意图的冲突。完全幸运的时代不需要这样的学者，也不认同这样的学者，而完全病态萎靡的时代，则视他们为最崇高最可敬的人，并给予他们最崇高的地位。

如何评价我们时代的健康与疾病呢？谁够资格充当这个医生？学者在太多方面被过分高估了，这对所有天才生成的东西有害。学者对天才的痛苦心如铁石。他谈论天才时的声音尖锐而冷漠，并且很快就耸耸肩，就像谈论某些奇怪的东西，对此他既无兴趣也无爱好。在他身上，也未发现对文化目标的认知。

而我们从这些反思中得到了什么呢？现在文化看起来最繁盛的地方，都对这种文化的目标一无所知。国家不论多么高调地宣扬它对文化所做的贡献，它推动文化都是为了推动自己，除了自己的福祉与持续存在外，它没有更高的目标。逐利者不断要求教导与教育时，他们最后真正想要的就是金钱。当追求形式者把在文化上实际付出的劳动归于自己，比如，认为一切艺术都属于他们，必须为他们的需要服务之时；这是在清晰表明，他们肯定文化是为了肯定自己，因此，他们仍然深陷在误解之中。关于学者我们谈得够多了。因此，我们可以看出，不管这四种力量多么热情地借助文化来推动自己的利益，当不涉及这些利益时，它们就会变得迟钝，毫无灵感。正因如此，现在这个时代对天才产生的条件毫无改善，并且，对有创造力的人的厌恶已经到了很深的地步，以至于苏格拉底不可能活在我们中间，无论如何也活不到七十岁。

现在我想起了我在第三节中谈论的主题：现代世界看起来一点也不持久牢固，以至于无法预言文化概念的永恒。我们甚至不得不认为，下一个千年可能会出现一些新的思想，那些思想可能会把我们当代人吓得毛发倒竖。也许，对文化形而上意义的信仰最终不是那么可怕，或者，只是一些从其中得出的有关教育与学习的结论。

当然，要超越目前的教育机构，看到未来第二代或三代人可能需要的一种完全陌生且不同的机构，这需要相当非凡的思考能力。现在的高等教育者努力培养出了学者、公务员、牟利者、文化市侩，但最终通常是这几种的混合物，那么，这些仍待创建的机构会有更艰巨的任务，又因为这是一个无论如何都更自然，而在某种程度上更容易的任务，这个艰巨的任务也并非那么艰巨；比如，依靠现在的手段把年轻人培养成学者，还有什么比这样违背天性的事情更难？然而，这其中的困难在于，重新学习并设立一个新目标。用一种新的基本理念替代目前教育系统背后的基本理念——这种理念根植于中世纪，其理想实际上是中世纪学者的产物——需要付出大量的努力。是时候该看清楚这两者之间的矛盾了，因为，总得有一个时代先开始，后一个时代才能胜利。一个理解了这种新文化基本理念的人会发现自己走到了十字路口。选择第一条路，他会受到时代的欢迎，得到名誉与报酬，获得强大的党派支持，他的前后都是志同道合之人，而当领队的人喊出命令时，整个队伍会齐声相应。在这里，首要的义务是列队作战，其次是把拒绝入队者当作敌人。而第二条路，更加艰难、崎岖陡峭，鲜有同伴。选择第一条路的人会嘲笑他，会引诱他到自己中间来，因为他的路更乏味，危险更频繁。一旦两条路偶然相遇，他就会被虐待、扔到一边或者孤立起来。那么，文化机构对这两条路上不同的漫游者意味着什么？沿着第一条道路向着目标奋力前进的一大群人认为，文化机构就是规则与安排，让他们在一种秩序中前进，并借以将一切独立者与顽抗者，那些寻找更高更遥远目标的人驱逐出去。而对于另一条道上的少数人而言，文化机构要实现的是完全不同的目的。他需要一个稳固的机构保护，以免被那一大群人冲散，同时防止他们的成员因过早的消耗而牺牲，或者疏远他们伟大的使命。这些成员应该完成他们的工作，这是他们聚在一起的意义所在。而所有参加这个机构的个体，通过持续的净化与相互帮助，在其内部与周围为天才的到来与天才事业的成熟做好准备。不少人，包括一些二三流天赋的人，注定有提供援助的义务，而只有服从于这样的命运，他们才感到他们有了责任，他们的人生才有了意义与目标。然而，当下，正是这种流行文化诱惑的声音，让这些有天赋的人偏离了道路，远离他们的本能。这种诱惑对准的是他们自私自利的动机，他们的弱点与虚荣。恰恰是时代精神以谄媚的口吻耳语："跟我来，别往那里去！因为在那里你只是仆人、助手、工具，在更高的天性面前相形见绌，永远不喜欢真正的自己，系着绳索，戴着枷锁，就像奴隶，甚至是自动机器。而在我这里，你们就是主人，享受自己自由的个性，你们的才华闪耀着自己的光芒，你们应该站在最前列，无数追随者会聚集在你周围，而公共的欢呼肯定会让你愉悦，胜过天才从那寒冷缥缈的高处赐予的高贵的赞许。"哪怕最优秀的人也可能屈服于这样的诱惑。这里起决定作用的几乎不是天赋的力量与罕见，而是特定英雄气概的影响，以及与天才的深厚关系与关联。那里确实有这样一些人，在看到天才陷入苦苦争斗或者自我毁灭的危险时，或者因为国家鼠目寸光的贪婪，逐利者的浅薄，学者无趣的自满，天才的作品被漫不经心地对待时，他们会苦同身受。因此，我还希望有人明白，我展示叔本华的命运意欲表达什么，以及，按照我的想法，让教育家叔本华教育我们的目的何在。

七

但是，让我们暂且把教育遥远的未来与可能的改革搁置一边。现在，对于一位正在生成中的哲学家,我们应该从他身上渴望什么,在必要时该为他提供些什么,以便于他享受清闲时光,并在最有利的情况下,实现叔本华那种不易实现但肯定有可能的存在?为了让他更有可能对同时代人产生影响,我们还应该策划些什么?我们还应清除哪些障碍,以便让他发挥充分的榜样作用,让这位哲学家再次教育哲学家?我们的反思在此转向实践与残酷的现实。

自然总是想要普适性,但却不知如何找到最好而最实用的工具与手段。这是它的最大苦恼,因此,它忧郁惆怅。自然创造哲学家与艺术家,意图让人的存在有道理、有意义,这里可以肯定自然对救赎的渴望。但是,哲学家与艺术家通常实现的效果是多么不确定,多么昏暗无力!它很少会产生任何效果!尤其在哲学家身上,自然遇到了最大的难题,因为它想以一种普适的方式来利用哲学。它的手段似乎只是偶然遇到的尝试与思想的探究,因此它经历了无数次失败,而大部分哲学家也未能实现普适性。自然看起来热衷于浪费,但这种浪费不是因为无节制的奢侈而是缺乏经验。可以假定,如果自然是一个人,它就摆脱不了对自己以及自己愚笨的恼怒。自然把哲学家当成一支箭射向人类,没有目标,只是希望它落到某个地方。但是,它射空了无数次,并对此沮丧不已。自然对文化像对种植、播种一样挥霍。它以一种笼统笨拙方式实现其目的,并为此牺牲了太多力量。艺术家与他自身艺术的爱好者的关系,犹如重炮之于麻雀。为了扫去一点雪而引发雪崩,为了打死鼻子上的苍蝇而杀死一个人,这是愚蠢的行为。艺术家与哲学家是自然手段目的性的反证,尽管他们也是这种目的之智慧的最好证明。他们击中的只是目的中的少数人,虽然他们本该击中目的中的所有人,但即便是这样,这些哲学家与艺术家发射时也只击中了少数人,击打的力度也很弱。因此,不得不对作为因的艺术与作为果的艺术给予截然不同的评价,这是悲哀的。作为因,艺术是如此宏伟,作为果,它却如此孱弱,如此空虚。艺术家按照自然的意志为他人的幸福创作,这毋庸置疑。然而,他知道这些人不会像他那样理解和热爱自己的作品。因而,由于自然的笨拙,我们需要更大程度的理解与热爱,以便产生较低程度的理解与热爱。伟大与高贵是产生渺小与平庸的手段。自然是个糟糕的经济学家,它的投入远大于它的收入。不管它有多少财富,它迟早会挥霍一空。如果它的齐家原则是较少的投入加百倍的收益，那它的安排就会更合理。例如，如果少数艺术家，力量微弱，但他们的接受者却数量众多，并且是比他们拥有更强大力量的一类人，这样的话，相对于它的因，艺术作品其效果将百倍地放大。或者，难道我们不该期望因与果有同等的力量吗？但自然几乎没有过这样的期望。艺术家尤其是哲学家，似乎总是他们时代偶然的产物，就好像是迷路或掉队的隐士或流浪者。想想叔本华真正的伟大，但他的影响却如此荒谬的渺小！这个时代每个可敬的人看到这一幕都会感到羞愧：叔本华来到这个时代纯属偶然，而到底应该把他如此渺小的影响归罪于怎样的力量与无力。首先，很长一段时间里，他因缺乏读者而处在不利地位，这是我们文学时代长久的羞耻。而当他得到读者时，这些最早的支持者们却不称职，更有甚者，还有现代人对书本的迟钝，他们完全不想再认真对待书本了。此外，另一个新的危险逐渐

□ 孤独的叔本华

从常人的角度，叔本华父亲早逝，他与母亲的关系极其恶劣，平日私交甚少，生活近乎隐居；而从哲学家的角度，叔本华的一生与诸多天才的命运相同，著作颇丰，但在一生相当之长的时间内都不曾为人赏识，只在作为对《作为意志与表象的世界》之补充与说明的《附录与补遗》（1851年）发表之后才声名鹊起。长久郁郁不得志的叔本华最终还是找到了心灵安慰："谁要是走了一整天，傍晚走到了，那也该满足了。（此为弗朗切斯科·彼得拉克之名句）"

显现，这种危险源于种种尝试——尝试让叔本华适应这个微弱的时代，或者甚至把他当成奇异而刺激人的调味品，就像是一种形而上的胡椒。于是，虽然他渐渐出名，并且我认为，他的名字已比黑格尔更为人所知，但他还是个隐士，仍然没有什么影响！但这方面的功劳却少有属于他的文学对手与诋毁者，首先，很少有人能忍受他的作品，其次，那些忍受得了的人都被引导到叔本华那了；因为，不管一个赶驴人如何吹嘘他的驴而贬低一匹良驹，谁又会受他劝阻而不去骑这匹良驹呢？

凡是认识到自己时代本性不合理的人，都不得不考虑提供一点帮助的手段，然而，他的任务是让那些自由灵魂以及深受我们时代之苦的人认识叔本华，把他

们聚集起来，产生一股潮流，以便克服自然在利用哲学家时的愚笨。这样的人会认识到，那些弱化伟大哲学理论的东西，正是阻碍哲学家产生的东西。因此，他们有理由把为叔本华的产生、也就是哲学天才的产生开路作为目标。然而，从开始就抵制其学说的影响与传播，并最终想挪移他的权利而不择手段地破坏哲学家再生的，坦率地讲，正是当代乖戾的人性。因此，所有伟大的人物在其产生的过程中都必须付出难以置信的努力，摆脱他们自身的乖戾。他们进入的世界笼罩在谎言之中——除了宗教信条外，还可能是诸如"进步""普遍教育""民族""现代国家"与"文化斗争"等虚伪概念。确实，所有这些概括性词语都带着人为的、不自然的服饰，而更清醒的后代会指责我们的时代已经扭曲堕落到极点，不管我们如何自夸我们的"健康"。叔本华说过，古代器皿的美在于它们以一种朴素的方式表达了它们的用途与功能，这同样适用于古代的其他一切东西。看到这些，你会感到，自然地产生了花瓶、双耳瓶、灯、桌椅、头盔、盾牌、盔甲等等，这正是它们的模样。相反，凡是注意到现代对待艺术、国家、宗教与教育之普遍态度的人——出于好意不谈我们的器皿——都会在人类身上发现，他们在表达上有一种野蛮的任性与过度，而天才发展中受到的最大阻碍，就是他所处时代盛行的如此奇怪的概念与如此稀奇的需要。这就是那种沉重的看不见也说不清的压力，那种他驾犁耕耘时如此频繁地压在他手上的力量。因而，即便是最好的作品也得奋力向上挣脱这种压力，因而必定会带有这种暴力的痕迹。

　　如果有这样一种条件，能让产生的哲学家在最有利的情况下免于被我们时代的乖戾所压碎；我在找到这样的条件时发现了一些异常的东西。一部分这样的条件恰好是叔本华成长的条件。当然，这里也不缺少相反的条件：在他那位虚荣和文化狂妄的母亲身上，时代的乖戾在可怕地向他靠近。但他父亲的那种骄傲、自由的共和党人的性格，从他母亲那里拯救了他，赐予了他哲学家所需的第一位的东西：不屈不挠的男子气概。他父亲既不是官员也不是学者，他带着自己的孩子多次在异国旅行，这一切，对于一个研究人而非书本、尊重真理而非政府的人来说，都是莫大的鼓励。他及时学会了对国家狭隘性的漠然，并对此极为批判。他像在自己家乡一样生活在英国、法国与意大利，并对西班牙精神感到十分亲切。他丝毫不把自己生在德国看成是一种光荣，我不知道在新的政治体制下他是否会有不同的想法。众所周知，他认为国家的目的就是保护国内不受外部、内部势力以及保护者的伤害。如果在此之外还编制了其他目的的话，那么国家真正的目的很容易面临危险。正因如此，让一切所谓的自由主义者惊恐的是，他把他的财产留给了那些在1848年为维护秩序而参与战争的普鲁士军队的幸存者。从现在开始，如果一个人把国家与他的使命看轻的话，这可能越来越成为精神优越的标志，因为凡是有 *furor philosophicus*[1]的人就再无闲暇于 *furor politicus*[2]了，并明智地避免每天读报纸，更不要说为某个政党效劳了，但在国家面临真正的危难之际，他还会毫不犹豫地为国效力。任何一个除了政治家还要别人为政治操心的国家，其组织结构必定毫无秩序，它活该毁在这些政治家手里。

　　叔本华拥有的另一个大的优势是，他从一开始就没打算成为学者，而是不情愿地先在商行工作了一段时间，从而在整个青年时期呼吸着一个大商行的自由气息。学者永远成不了哲学家，甚至康德也做不到，他与生俱来的天赋上的压力，直到最终都是处在蝶蛹阶段。谁认为我这样说对康德不公，谁就不知道何为哲学家，哲学家不仅是一个伟大的思想家，还是一个真正的人。那么一位学者何时能成为真正的人呢？任何让概念、意见、过去及书本处在自己与事物之间的人，也就是说，任何在广义上为历史而生的人，永远不会对事物有切身的感知，也永远不会是一个被切身感知的事物。但这两种条件都属于哲学家，因为他受到的大多数教导，都需要从自身获得，因为他把自己当成整个世界的反映与摘要。如果一个人靠别人的意见来认知自己，那么，他在自己身上看到的只是别人的意见，这就不足为奇了。学者就是这样的人，这样生活，这样看待事物。相反，叔本华，无比幸运地从近处，在自己身上、自己之外以及歌德身上，看到了天才。这两重映象让他彻底认识领悟了一切学术的目标与文化。依靠这样的体验，他知道了一切艺术文化所渴望的强大自由的人类是什么模样。有了这样的洞悉，他怎么会有

---

〔1〕furor philosophicus：哲学狂热。
〔2〕furor politicus：政治狂热。

太多渴望，以现代人的那种学术或虚伪的方式投身到所谓的"艺术"之中呢？因为他看到了更高的东西，一个超脱尘世的法庭的可怕场景，在这里，一切生命，哪怕是最高贵最完美的人，也被称量并发现不够分量：他看到作为存在而裁判的圣人。叔本华多早就开始如此详细地描绘这样的画面，并尝试在所有这之后的作品中再现，对此我们不能确定。我们能证明的是，他年轻时，并且可以相信，他童年时就已经看到了这惊人的景象。他后来从生活与书本以及整个科学中获得的一切，只不过是表达的颜色与手段而已。他甚至把康德哲学当成一种特别的修辞工具，借以更清楚地描绘那个画面，正如他偶尔把佛教与基督神话用于同样的目的一样。对他来说，只有一种使命，以及成千上万种解决手段；一种意义，以及无数可以表达它的象形文字。

关于他存在的最佳条件是，他按照自己的座右铭 *Vitam Impendere Vero*[1]，为了这个使命生存，不受生活中琐碎的必需品的压迫。众所周知，他多么感激他父亲所做的努力。而在德国，理论家们通常以个性纯洁为代价来追求学术前途，就像个"有思想的乞丐"，追名逐利，小心谨慎又卑躬屈膝，讨好那些有地位有影响力的人。在叔本华对众多学者的冒犯中，没有什么比他不像这些人——这一不幸的事实更冒犯他们。

八

尽管存在种种不利的因素，但是，我们时代的哲学天才总会在某些条件下产生。这些条件包括：性格中自由的男子气概，对人的极早认识，未接受学者式的教育，无狭隘的爱国主义，不受生计所迫，与国家没有关系。总之，除了自由，还是自由。正是这种希腊哲学家能成长于其中的精妙而危险的因素。谁要像尼布尔指责柏拉图那样，指责他不是好公民，那就让尼布尔去做个好公民吧。这样他跟柏拉图就都是对的。还有人会把这种自由解释成傲慢，这么说也对，因为他靠着自由什么事也不去做，而如果他要求这种自由的话，他也是十分傲慢的。这种

---

［1］*Vitam Impendere Vero*：为真理献身。此句即在叔本华《附录与补遗》开头作为题词。

自由事实上就是一个重担，只有靠伟大的功绩才能免除。事实上，每一个平凡的地球之子都有权对这样的宠儿表示愤恨，但愿有某位神灵保佑他，免得他过于受宠而承担可怕的使命。若非如此，他会马上毁于自己的自由与孤独，并因为无聊而成为一个傻子，一个恶毒的傻子。

从我们已经讨论的内容中，有的父亲可能能从中学到点什么，并以某种方式用于自己孩子的私人教育中，尽管真的不能期望父亲只想让儿子成为哲学家。也许，所有时代的父亲都极力反对自己的儿子成为哲学家，好像这是极大的堕落似的。众所周知，苏格拉底因"引诱青年"成为了父亲之愤怒的牺牲品，正因如此，柏拉图认为有必要建立一个全新的国家，以免父亲们的不理智危及哲学家的产生。现在看来，柏拉图似乎真的有所成就。因为，现代国家都把推动哲学看成是一项任务，并随时提供给一些人以"自由"，而自由正是哲学家产生的最必要的条件。但从历史角度来看，柏拉图却异常地不幸。一旦出现与其建议一致的东西，仔细观察都是调包的婴儿——一个丑陋的怪胎，就好像一个中世纪神父之国，而非他梦想的"诸神之子"统治的国家。当然，现代国家最不想做的就是让哲学家成为统治者，对此，每个基督徒都会补充道："感谢上帝！"但即便是国家理解的那种哲学的推动，总有一天也得审视下，看它是否是按照柏拉图的方式理解的，也就是说，是否认真诚实地理解，就像它的最高目标是要产生新的柏拉图。如果哲学家通常都是偶然出现在他们的时代的话，难道国家现在真的给自己设定任务，自觉地把这种偶然性变成必然性，并在这里给自然提供帮助吗？

遗憾的是，经验教给我们的是更好的，或者更坏的东西。它告诉我们，阻碍天生的伟大哲学家产生与传播的最大障碍，正是为国家效劳的那些坏哲学家。这是个痛苦的事实，不是吗？——叔本华在他著名的大学哲学论文[1]中，首先关注的就是同样的问题。我稍后会回到这个问题上：因为得有人强迫他们认真对待，也就是说，让它激励他们采取行动；并且我认为，每个背后不包含这样对行动的挑战的言词都是白写。再次证明叔本华总是有效的命题，并直接指向我们最接近

---

[1] 指叔本华《论大学哲学》。

□ "引诱青年"的苏格拉底

苏格拉底曾被德尔斐神谕指明为最聪明者,他自己对此的回应是:"我比其他人聪明的地方,仅在于我承认自己什么也不知道。"尽管如此,在当时的雅典,苏格拉底仍有一大批年轻的追随者。彼时的雅典在伯罗奔尼撒战争中战败,这场失败被认为是雅典娜对雅典市不敬天神的惩罚。而对此的补救办法,便是惩罚那些质疑雅典娜或其他天神之人。于是,苏格拉底最终被雅典法庭以不虔诚和引诱、腐蚀雅典青年思想(即不信神)之罪名判处死刑。图为路易斯·勒布朗的《在演讲的苏格拉底》。

的当代人,这无论如何是件好事,因为一个好心人会认为,自从叔本华发出谴责以来,德国的一切都在改善。尽管在这个微不足道的一点上,他的作品也还未完成。

更细致的考虑,国家为哲学而给予一些人的"自由"根本不是自由,只是一种带来收益的职位。似乎,现在对哲学的推动在于,国家允许一部分人能够靠他的哲学生存,也就是把哲学当作一种生存手段。然而,古希腊的先贤们不由国家发薪,而最多是像齐诺那样得到一个金冠,得以在凯拉米克斯立碑的荣誉。我通常不敢说,给人指出一条靠真理谋生的路径是否是为真理效劳,因为这完全取决于被指之人的素质。我能够相当清楚地想像一种傲慢和自尊,足以让一个人向身边的人说:"照顾我即是照顾你们自己,因为我有更好的事情要做。"在柏拉图和叔本华那里,这样出色的性情与表达不会让人感到疏远。正因如此,即使他们成为大学哲学家,比如柏拉图就当过一段时间宫廷哲学家,他们也不会因此而贬低哲学的尊严。然而,康德也不能免俗,有学者惯有的小心谨慎、低声下气,在对待国家的态度上也无伟大之处。因此,每当责问大学哲学之时,他就不能为之辩护。如果真有能够为之辩护的天性,比如叔本华与柏拉图的天性,恐怕他们也永远没有机会,因为没有哪个国家会青睐他们这样的人,把他们放到大学的位置上。为什么会这样?因为每个国家都害怕他们,并只会青睐那些它不怕的哲学家。确实会发生的情况是,国家害怕这样的哲学,在这样的情况下,国家将更努力把哲学家拉拢到自己身边,这些哲学家给它一种假象,好像哲学就站在它这边一样。因为它这边有这些顶着哲学家头衔的人,而且明显不会引起恐惧。但是,如果出现这么一个人,他真的表示要用真理之刀解剖一切,包括这个国家,那么,这个国家首先要肯定自己的存在,便会有理由把这个人驱逐,把他当成敌人对待(就好像要把凌驾于它之上的、渴望当裁判的宗教驱逐,并视以为敌)。因此,如果一个人愿意充当为国家所用的哲学家,那么他就要忍受被他人视为已经放弃任何追求真理的尝试。只要他还受国家的青睐与雇用,他就必须承认一种高于真理的东西——国家。不仅是国家,还包括国家认为对于自身利益必要的一切,例如宗教形式、社会等级、军队体制等这一切上面都写着"*noli me tangere*"[1]。大学教授会认识到强加到他身上的整个责任与限制吗?我不得而知。但是,如果他已经认识到这一点但仍然受雇于国家,那么他必定是真理的坏朋友;如果他没有认识到,那他还不是真理的朋友。

这是最普遍的反对。但对他们这些人来说,这当然是最微弱无力的反对,也是他们最不关心的。大部分会满足于耸耸肩说道:"就好像不向人的卑鄙让步,这地球上的伟大而纯粹的东西能够长存一样!难道你宁愿国家迫害哲学家,也不希望国家养活并雇用他吗?"我不会马上回答这个问题,但我注意到,哲学对国家的让步现在已经到相当的程度了。第一,正是国家来挑选哲学仆人,选择的数量正是它的机构所需的。因而,它假装能够区分哲学家的优劣,甚至还假定总是有充足的优秀哲学家填补它的学术职位。现在,无论在哲学家的品性,还是在需要多少好的哲学家上,它都是权威。第二,它强迫选出的哲学家居住在一个特定位置,生活在特定人中间,从事特定的工作。他们被迫给每个渴望教导的学术青年授课,而且每天在固定的时间段授课。那么问题来了:一个哲学家真的敢问心无愧地说每天都有东西教吗?能教给每一个想听的人吗?他是否被迫显得比他实

---

[1] *noli me tangere*:不要碰我。

际更博学？他是否被迫在一群陌生的观众面前谈论那些他跟知心朋友才能安心谈论的东西？总的来说，由于有义务在规定时间内公开思考预定的问题，他是不是在剥夺自己的自由——那种跟随无论何时何地召唤他的天才的自由？还是在年轻人面前！这种思考岂不从一开始就像是被阉割了！假设有一天他跟自己说："今天我想不出任何东西，至少想不出任何有价值的东西。"他还是要假装在思考。

但是，也许你会反驳，他本来就不是思想家，最多是一个有学问的他人思想的表现者。而关于这些，他总有一些学生不知道的东西可以说。而这恰恰是哲学向国家的第三种极其危险的让步，假如它承诺首先并且主要让自己看起来学识渊博（尤其是在哲学史方面）。天才像诗人一样以纯洁热爱的目光注视一切，不会让自己沉浸其中。对于他们而言，在无数奇怪而反常的意见中搜寻，无疑是所能想到的最让人讨厌、最不适宜的工作了。无论是在印度还是希腊，学习过去的历史从来不是一个真正哲学家的事；如果一个哲学教授从事这样的工作，他就必须满足于别人对他说出的最好评价：他是个不错的古典学者、古董鉴赏家、语言学家、历史学家，但绝不会说他是一个哲学家。这还是最好的情形。因为在古典学者看来，大学哲学家完成的大部分学术工作多半很糟糕，缺乏科学的严谨，而且还带有一种可憎的枯燥。例如，里特、布兰蒂斯和策勒虽然博学，但他们带来的不是特别严谨的科学，遗憾的是它们还无聊透顶，请问，谁能让希腊哲学家的历史摆脱这种令人昏睡的迷雾呢？我更爱读第欧根尼·拉尔修的作品，而不是策勒，因为前者至少还呼吸着古代哲学家的精神，而后者那里什么精神都没有。最后，我们的青年与哲学的历史有什么干系？各种混杂的意见是要让他们失去自己主见的勇气吗？难道是要让他们学会为我们已经走得如此深远而欢呼吗？甚至是让他们学会如何仇恨或鄙视哲学？或者我们几乎已经这样想了。因此，当我们知道，学生们不得不受哲学考试的折磨，以便于把人类精神最疯狂最尖刻的思想，连同最伟大最晦涩的思想，统统都塞进他们可怜的大脑。对哲学唯一可能的且能证明点什么的批判，是看一个人能否依靠哲学生活，但这从来不在大学里教。大学里教的东西是用一种文字批判另一种文字。现在想象一下有一个生活经验不足的年轻人，他的脑子里存储着混杂在一起的五十种文字体系以及五十种对文字的批判，这是多大的荒原，多大程度的野蛮回归，又是对哲学教育多大的嘲讽！但这当然不是哲学的教育，只是为了哲学考试而进行的培训，其通常的结果就是大家知道的，被"考焦"的考生们唉声叹气地对自己说："感谢上帝，我不是一个哲学家，而是一个基督徒，一个公民！"

如果这一声如释重负的叹息正是国家的目的，而"哲学教育"不过是让人远离哲学的手段，那该如何呢？让我们扪心自问。如果真是这样，我们要害怕的只有一点。青年终有一天会认识到，哲学在这里被滥用的目的为何。最高的目标——哲学天才的产生，无非是一种借口？这个目标也许就是防止天才的产生？哲学教育的意义被颠倒了？在这种情况下，替这个国家与教授的政策感到悲哀吧！

此类的东西是否已经为人所知了？我不得而知。但我知道，大学哲学现在成了普遍蔑视与怀疑的对象。这部分是因为，现代占据讲台的是一帮孱弱的人。如果现在让叔本华写关于大学哲学的论文，他不再需要棍棒了，一根稻草就能取胜。叔本华要打击的，正是他们这些歪着脑袋思考的伪思想家的后裔与子孙们。他们看上去十分的幼稚矮小，让我们想到了印度的一句格言："人的出生遵父辈之行为，愚蠢、聋哑、畸丑使然。"正如格言所说，父辈们什么样的行为，就会有什么样的后代。因此，毫无争议的，大学学生没有了大学哲学很快也能应付，而大学外的青年已经不用哲学就能应付了。我们只需回顾下自己的大学生活。比如，我大学时就完全漠视大学哲学家们，我认为他们就是从其他科学的成果中为自己搜罗东西，业余时间读读报纸、听听音乐会，甚至他们的同事也是以一种友善下的轻蔑对待他们。人们相信他们知之甚少，并且他们从来不为用以掩盖其无知的模糊措词感到茫然。因此，他们偏爱待在眼睛明亮之人难以长期忍受的昏暗的地方。某个人这样反对自然科学：任何一门自然科学都不能完全解释最简单的生成过程，因此它们跟我还有什么关系？另一个人这样说历史：对于一个有思想的人来说，历史已经说不出新的东西。简而言之，他们都是能找到理由，证明为什么一无所知比学有所得更有哲学意味。如果他们真的学习，他们内心的隐秘动机就是逃避科学，在科学的某个不足或模糊之处建立一个模糊的领域。他们只是在这样的意义上走在科学前列，就像猎物跑在追赶它的猎人之前一样。最近，他们满足于这样的主张：他们真正说来只不过是科学边防的哨兵和间谍。对此，尤其有用的是康德的学说。他们还努力从康德的学说中想出一种很快让人失去兴趣的怠惰的怀疑主义。不过，他们中间时不时有一位跳起来搞那小小的形而上学，但通常尾随的结果是眩晕、头疼和流血。他们在这条迷雾重重的道路上经常尝到失败，而且频频有一些真正科学的粗鲁而固执的人揪住他们的头发，把他们拉到地面上，然后，他们的脸上习惯地显出那种被发现后的拘谨表情。他们失去了自信，因此，他们所有人没有一刻为他们自己的哲学而活。过去，他们中的一些人相信自己能创造新的宗教，或者用他们的哲学体系取代旧的哲学，而现在，他们失去了所有陈旧的傲慢，大多都虔诚、胆怯又多变，绝不像卢克莱修那样勇敢，对于人性压迫也不敢愤怒。在他们那里，再也学不到逻辑思维了。并且，在对自己力量有了正确评价后，他们停止了过去练习的正式辩论。毫无疑问，相对于所谓的哲学家而言，人们现代对具体科学的追求，更有逻辑、更谨慎、更谦逊、更有创造力，总之更哲学。因此，每个人都会认同公正的英国人白芝浩关于当代体系构建者所说的话："谁不是事先就确信，这样的体系包含了真理与谬误的奇怪组合，因此不值得耗费生命思考其结果？这样的体系吸引了年轻人，给粗心者留下印象，但受过良好教育的人对此十分怀疑。他们准备好接受暗示与建议，连最小的真理也欢迎，但对一部演绎哲学的巨著表示怀疑。无数未经证明的抽象原理被乐观的人急切地收集，并在书本与理论中小心地延伸，用于解释整个世界。然而，世界完全反对这些抽象的东西，它也必须如此，因为它们彼此矛盾对抗。"[1]如果过去的哲学家，尤其是德国的哲学家，曾经陷入过如此深刻的反思，反思他们一直处在用头撞梁的危险之中，那么，他们现在，正如斯威夫特在拉普他岛之行描述的那样，就会有一群敲打者，时不时轻轻敲打他们的眼睛或别处。有时敲打得会重一些，这时，一些着迷的思想者很容易忘却自我，予以回击，结果总是让自己狼狈难堪。"你看不到房梁吗，你这个瞌睡虫！"[2]敲打

---

[1] 引自白芝浩《物理与政治》。尼采在引用时颠倒了原文中的句子顺序，但并不影响其意义。
[2] 参见斯威夫特《格列佛游记》。

者说道。这时，哲学家经常真的看到了房梁，从而再次变得温顺。这些敲打者正是历史与自然科学。他们的逐步到来是为了威胁德国的梦想与思维行业，因为它们长期以来一直与哲学混为一谈，以至于这些思维贩子完全乐意放弃独立存在的尝试。然而，如果他们想阻碍前者或者试图在他们身上系一根牵引带，那么这些敲打者会马上开始猛烈地敲击，好像是要说："让这样一个思维贩子玷污我们的历史与自然科学，将成为压倒我们的最后稻草。滚蛋吧！"这样，他们就会踉跄地回到自己的不确定与困惑之中。他们真的想掌握一点自然科学，诸如赫尔巴特的经验主义心理学，同时，他们确实还想要一点历史学——这样，他们就能公开地行动，就好像他们从事的是科学研究，虽然私下里，他们想让一切哲学与科学都见鬼去。

我们已经承认了这群拙劣的哲学家的可笑之处，谁会不承认呢？同时，他们在多大程度上有害？简单来说，在他们让哲学本身变得可笑的程度上。只要国家承认的这种伪思想家团体还存在，真正哲学的影响就会丧失或者至少受到阻碍，而让它遭受这种命运的，正是那种哲学代表对自己可笑的诅咒，而这种诅咒也击打了哲学本身。正因如此，我说这是一种文化需求，即取缔国家与学院对哲学的认可，废除国家与学院不能完成的区分真伪哲学的任务。让哲学家们自生自长，不给他们任何获得国家与学院职位的前景，不再用薪资引诱他们，甚至，迫害他们，向他们表明——你不认为他们会看到奇迹！那看似哲学家的可怜之人会四散飞去，寻找

□ 浮岛拉普他

在乔纳森·斯威夫特的《格列佛游记》中，格列佛在出海途中遭遇了海盗抢劫，只被留有一条小船，他漂流到了巴尔尼巴比。格列佛在此见到并登上了环绕巴尔尼巴比飞行的浮空之岛——拉普他。浮空岛上的拉普他王国知识丰厚，不过其统治下的巴尔尼巴比的科学院花费了大量人力物力，盲目追求着荒谬空洞的科学课题，致使王国的民生凋敝。浮空之岛风光无限，其辖治的民众之岛却是民不聊生。图为英国原版《格列佛游记》中的插图——从巴尔尼巴比眺望拉普他岛的格列佛。

能找到的一片屋顶，有的会变成牧师，有的会变成校长，有的会成为报纸编辑，有的会给女子高中写教科书，最理智的他们会拿起犁，而最虚荣的他们会进入宫廷。突然一切成空，群起离巢。因此，要摆脱拙劣的哲学家轻而易举，不再给他们奖赏优待即可。在任何情况下，这都比国家公开庇护某种哲学更值得建议，不管是什么样的哲学。

国家从来都不需要真理，需要的只是对它有用的真理，更确切地说，对它有用的一切东西，不管是真理、半真理还是谬误。国家与哲学的联盟，只有当哲学承诺无条件地对国家有用，也就是说，把对国家有用置于真理之上时，才有意义。如果国家能让真理为它服务，这肯定是极为美好的事，但国家十分清楚，真理的本质是不为任何人效劳与服务。然而国家拥有的是虚假的真理，一个戴着面具的人。不幸的是，它也不能做任何国家渴望真正真理所做的事：证明其有效性与神圣性。中世纪的王子想让教皇加冕但教皇拒绝的话，他会任命一个对立教皇，然后为他完成加冕。这在一定程度上行得通。然而，要是一个现代的国家任命一个伪哲学来证明它的合法性，那就行不通了，因为仍然有反对它的哲学，甚至比之前更多。我极严肃地相信，对国家更有利的是，不跟哲学有任何关系，不渴望从哲学得到什么，把它长久地看成自己完全漠视的东西。如果这种漠视的条件不能被忍受，如果哲学危及并敌对国家，那么国家就会迫害它。国家只想看到大学为其培养有用的忠诚子民，别无其他兴趣。因此，国家不愿意因要求年轻人参加哲学考试，而让这些有用的忠诚的人面临危险。当然，通过哲学考试这一幽灵完全能吓到这些迟钝无能的人，让他们远离哲学研究，但相比这种强迫的苦差对那些鲁莽不安年轻人的伤害，实在得不偿失。他们开始阅读一些禁书，开始批判他们的老师，最终认识到大学哲学及其考试的目的。更不要说，这种情况给年轻神学家带来的疑虑，正因如此，他们开始在德国销声匿迹，就像蒂罗尔的山羊一样。我非常清楚，只要鲜绿的黑格尔主义还在遍地发芽，国家就会反对这种看待事物的整个方式。但现在这个收获已经落空，所有在此之上的期望都是徒劳，所有谷仓都是空空的。这时，人们宁可远离哲学，也不愿再予以反驳了。现在，有了权力，而在黑格尔时代，人们只是想要权力，这是重大的区别。国家不再需要哲学的认可，哲学对于国家变得多余。如果国家不再保留哲学教授，或者如我对不久将来的预见，表面上保留而实际上忽视他们，那么国家就从中得到了利益。但似乎对我来说更重要的是，大学也将从中受益。至少我会认为，一个真正科学的机构肯定看到了其中的好处，因为它不用再跟半吊子科学为伍。大学得到的关注很少，它们必定从原则上渴望淘汰那些学者们轻视的学科。非学者有充分理由普遍蔑视大学，他们责备大学怯懦，因为少数人害怕多数人，多数人害怕舆论；他们在更高的文化问题上不能引领，反而在后面迟缓地跛行，同时也不坚持让受尊敬的科学在真正的道路上前行。比如，现代对语言学的研究比以往都热衷，但都不认为有必要进行正确的写作与演讲方面的教育。印度古代已经敞开了大门，然而这些研究者同印度不朽作品及其哲学的关系，同动物与竖琴的关系无异，尽管叔本华把对印度哲学的认识看成是我们时代超过其他时代的最大优势。经典的古代变成了一个随意的古代，不再发挥经典和典范作用：它们的信徒真的不再是榜样，这就是一个事实证明。弗里德里希·奥古斯特·沃尔夫的精神去哪了？对此，弗朗茨·帕索夫说，它看起来是真正爱国的人文精神，如果需要的话，它拥有把一个国家置于烈火与动乱之中的力量。这种精神去哪了？相反，报界人士的精神正在向大学渗透，而且总是顶着哲学的帽子。以一种流畅的高度粉饰的表达方式，不断谈及的《浮士德》与《智者纳坦》、令人作呕的文学杂志的语言与观点、最近对神圣的德国音乐的闲谈，以及设立席勒和歌德研究职位的要求，这些迹象都表明，大学精神开始与时代精神混为一谈。因而，对我来说，似乎最重要的是，应该在大学之外建立一个更高的法庭，其功能是在它们推动的教育方面对这些机构进行监督裁判。一旦哲学从大学分离出来，它就会摆脱一切无价值的顾虑和偏见，那么它恰恰就会组成这样一个法庭：全无国家权威，也无薪水或荣耀，但它知道如何履行职责，既没有时代精神也无对它的畏惧。总而言之，就像叔本华那样活着，作为他周围所谓文化的裁判。这样，哲学家将有用于大学，但他不是同大学结合，而是从一个有尊严的距离外监督它。

最后，哲学在世上的存在是第一位的，那么国家的存在、大学的发展跟我们有何关系呢？或者，为了不留下任何关于我想法的疑问，一个哲学家的产生要远远重于一个国家或大学的持续存在。哲学的尊严，会随着对公众舆论的奴役以及自由的危险的增长而增加。在罗马共和国崩溃以及罗马帝国时期，当哲学的名字与历史的名字变成了 *ingrata principibus nomina*[1]之时，它就处于顶峰。布鲁图斯对哲学尊严的证明要多于柏拉图，他属于那个伦理学不是陈词滥调的时代。如果说哲学在今天不怎么受尊重，有人应该会问，为什么没有任何伟大统帅或政治家同哲学有任何关系。其中的缘由是，他们当年寻找哲学时，遇到的却是顶着哲学名义的孱弱幽灵，那种博学的讲台智慧与谨慎。总之，因为哲学在他们年轻时就成了某种可笑的东西。然而，哲学对于他们来说应该是可怕的，这种谋求权利的人应该知道，哲学正是英雄主义的源泉。让一个美国人告诉他们，作为一个新的巨大力量的中心，一个来到世上的伟大思想家意味着什么。"当心，"爱默生说，"当伟大的上帝让一位思想家来到地球时，一切事物都将面临危险。就好比一场在大城市爆发的火灾，谁也不知道哪里还安全，大火何时结束。科学都逃不过一夜之间被颠覆的可能，而所有文学名望，包括所谓的永恒名声，都可能被修正、被谴责。此刻对我们宝贵的东西都是一些观念，一些出现在他们精神层面的观念，并且产生了当前的事物秩序，就像一棵托着苹果的苹果树一样。新文化会在顷刻之间革新人类追求的整个体系。"[2]现在，倘若这样的思想家是危险的，那么我们大学的思想家为何是安全的，原因就很清楚了，因为他们的思想如此平和地从传统中生长而出，就像树上结出果实一样。他们不会让人惊恐，他们不会除掉任何东西。关于他们所有的艺术与目的，我们可以借用第欧根尼听到有人在他面前赞美一位哲学家时所说的话："既然他从事了那么久的哲学，从来没有扰动过任何人，那么他怎么能被认为是伟大的呢？"这确实应该作为大学哲学的墓志铭："它没有扰动任何人。"但这是对一个老妇人的赞美，而不是对真理女神的赞美。如果有人认为真理女神只不过是个妇人，那么她就缺乏男子气概，并且，可想而知，她被有权利的人完全忽视，这就不足为奇了。

---

〔1〕ingrata principibus nomina：令君主不悦者。
〔2〕引自爱默生的散文《圆》。

但是，倘若我们时代的情况是这样的话，那么，哲学的尊严就被踩躏成尘土了。哲学似乎已经变成了某种可笑或者无关紧要的东西。因此，哲学所有的真正朋友都有义务证明这种混淆，至少指出它只是虚假且无价值的哲学仆人，可笑又无关紧要的仆人。如果他们能靠行动证明，对真理的热爱是一种令人敬畏的强有力的东西，那就更好了。

叔本华证明了这一切——并将夜以继日地证明更多。

瓦格纳在拜洛伊特

一

　　一件事要有伟大之处，必须同时具备两个条件：完成者的伟大精神与经历者的伟大精神。不管是整个星座消失、整个民族毁灭、疆域辽阔国家之建立，还是对规模宏大、伤亡巨大战争之控诉，事件本身无所谓伟大。然而，诸如此类的一切都如同雪花飞絮，转瞬间就会被历史吹得烟消云散。也可能发生这样的情况，一个强大的人取得了某种功绩，这种功绩先是触礁，然后毫无印象地从视线中坠落，只听见一声短暂而刺耳的回响，最后一切都过去了。对于这种被删节又中性的事件，历史几乎没有什么可记录的。因此，每当看到一个事件来临，我们都会有某种恐惧，害怕经历者与这个事件不相称。人们行动时，不管是渺小或者伟大之事，总是期待行为与感受性之间的一致，而想给予的人，肯定希望找到适合他礼物意义的接受者。正因如此，一个本身伟大之人的个别行为，倘若是短暂的、缺乏共鸣与效果的，也就缺少伟大之处，因为他完成这个行为的时刻，他肯定在那一刻这一行为的必要性上犯了错。他没有采取正确的行动，偶然性成了他的主人，而伟大与对必要性的清晰认识总是密不可分。

　　因此，关于现在正在拜洛伊特发生之事的必要性与合时性的疑虑，我们乐于留给那些怀疑瓦格纳对必然性的认识的人。对于我们这些更加相信的人来说，似乎他肯定既相信自己行为的伟大，又相信经历者的伟大。一切被给予这种信任的人，不管人数多寡，都应该感到自豪，因为这种信任不是给予所有人，既没有给予我们整个时代，也没有给予当下站立着的整个德意志民族。这是他在1872年5月22日的奠基演说中对我们说的。可惜没有一个人敢于反驳，尽管反驳对他来说是一种慰藉。"当我为我的构思寻找同情者时，"他当时说道，"我只有你，我的特定艺术、我最个人化的作品与创作的朋友们。我只能从你那里期望帮助，让我

的作品以一种纯粹而真实的形式展现给对我的艺术真正热爱的人，尽管到现在它们一直是以那种不纯粹而歪曲的形式展现。"〔1〕

毫无疑问，连拜洛伊特的观众也值得一看。一位聪明的观察者，在比较了不同世纪的著名的文化运动之后，必定会在这里大饱眼福。他会感到自己突然置身于一池温水中，就像在湖中游泳的人游到一股温泉旁边一样。这股暖流一定来自别处更深的源泉，他对自己说，因为周围的水肯定都是从浅处流出。因而，所有来参加拜洛伊特音乐节的人，都会被认为是不合时宜的人，他们的家不是这个时代而是别的地方，他们的解释与辩护在这个时代也找不到。我越来越清楚的是，有教养的人，只要还完全是这个时代的产物，他们就走不进瓦格纳所思所做的一切，除非以一种拙劣的模仿品呈献给他们，因为瓦格纳的思想与行动真的都被拙劣模仿了。这些有教养的人只会靠我们滑稽的报纸作家的非神灯〔2〕照亮拜洛伊特事件。如果它能止步于拙劣模仿，那我们应该感到幸运！在它里面，还有一种疏远与敌对的精神，去寻找完全不同的释放其本身的方法，有时候还真做到了。这位文化观察者同样会注意到，这种不寻常的尖锐而紧张的对立。一个人在其普通的人生历程中，创造了完全新的东西，这肯定会激怒那些把一切演变的渐进性看成是某种道德准则的人。他们自己迟钝，从而也要求别人迟钝。在这里，他们看到了行动迅速的人，

□ 理查德·瓦格纳

理查德·瓦格纳（1813—1883年），德国作曲家、剧作家。他延续了韦伯和梅耶贝尔的浪漫主义传统，又承接莫扎特的歌剧作曲潮流，提出了"整体艺术"概念，整合音乐、诗歌、歌剧以及视觉艺术，开启了后浪漫主义歌剧潮流，是德国音乐史上的巨匠。其一生多舛，历经政治流亡（屡次）、离婚以及生活拮据的压力，唯在人近黄昏之时得以安宁。他的音乐作品以复杂的音乐织度、丰富的和声及配器法而著称，歌剧作品有：《仙女》《黎恩济》《漂泊的荷兰人》《唐怀瑟》《罗恩格林》《特里斯坦与伊索尔德》《纽伦堡的工匠歌手》《尼伯龙根的指环》《帕西法尔》等。

---

〔1〕瓦格纳参加首届拜洛伊特音乐节剧院奠基仪式时说的话。
〔2〕与神灯相对，指17世纪发明的幻灯片投影仪。参见叔本华《作为意志与表象的世界》第一册，第二篇。

但因为不知道他是怎么做到的，所以他们为之愤怒。像拜洛伊特一样的事业，没有警示、没有过渡，也没有任何中间物。除了瓦格纳，没有人知道目标以及通往目标的道路。这是在艺术领域的首次环游：似乎在那里发现了一种新的艺术，以及艺术本身。一切现代的艺术，作为隔离、萎缩或者奢侈的艺术，因此几乎被贬值了。此外，我们现代人从希腊人那里获得的有关真正艺术的不确定而杂乱的回忆，倘若现在还不能用一种新的理解来照亮自己，也会安息了。现在是许多事物生死存亡的时刻，而这种新的艺术是一种预言，它看到了艺术以外其他事物末日的临近。因它的拙劣模仿而引发的笑声沉寂后，它的劝诫之手必定会对我们整个当代文化造成不安的印象：让这种快乐再继续片刻吧！

另一方面，我们这些复活艺术的信徒，就会拥有时间与意志力，进行深刻而严肃的反思！关于迄今为止有关艺术的吵闹与唠叨，从现在开始，我们必然发现它是一种无耻的纠缠；一切强加给我们的是沉默，五年毕达哥拉斯式的沉默。在为现代文化的偶像效劳之时，我们谁没有弄脏双手和心灵呢！谁不需要纯洁之水，谁没有听到劝诫的声音呢：沉默与净化！沉默与净化！只有听从这一声音，我们才能获得一种伟大的洞察力，借以观察拜洛伊特事件，而只有这样的洞察力才能看到这一事件的伟大未来。

1872年5月的那一天，天色昏暗，暴雨如注，在拜洛伊特的一个山岗上举行完奠基仪式后，瓦格纳驾车同我们中间的一些人返回城市。他沉默不语，似乎是以一种难以言说的目光在审视自我。这一天开始他进入耳顺之年：过去的一切都是为这一刻准备的。我们知道在某些危机时刻，或者生命中有决定意义的转折点，我们会把过去经历的一切事件聚拢成一幅全景图，一幕幕在内心加速闪过，并像看到近期事件那样敏锐地观看遥远往事。在用同一个酒杯灌醉欧亚大陆的那一刻，亚历山大大帝可能没有看到什么？然而，瓦格纳那一天内心在沉思什么——他如何成为现在的他以及将来的他——我们这些离瓦格纳最近的人也在一定程度上看到了：只有从瓦格纳内心的视角出发，我们才能够理解瓦格纳的伟大壮举，而这样的理解才能保障这一行为的硕果。

二

倘若一个人最擅长最热爱的事情未能在其整个生命的形成中显现，那这就有点奇怪了。对于杰出人士而言，他们的生活不仅仅该是他们性格的反映，正如普通人一样，还首先该是他们个人才智与特殊能力的体现。史诗诗人的生活自身就有史诗的东西——比如歌德，德国人通常错误地认为他主要是一位抒情诗人——而戏剧作家的生活道路就是戏剧的。

自从支配瓦格纳的激情意识在掌控其整个天性之后，他成长中的戏剧因素变得相当清晰明了。从那时起，他不再摸索、游荡，杜绝了旁枝的增生，而在他那最错综复杂的艺术道路与通常大胆的轨迹之中，总有唯一的一种内在法则，一种意志力，在发挥支配作用，并提供解释，不管这样的解释听起来多么奇怪。但在瓦格纳的生活中，还有一个先于戏剧的阶段——他的童年与青年——而绕过这个阶段必定要遇到难解之谜。对于那个阶段，瓦格纳本人似乎也不在场，而我们回顾时，可能把一些品质的并存解释为他在场的标志，但这些品质激起的是疑虑，而非有希望的预期：一种不安而敏感的精神，把握上百个事物时的神经般的匆忙，对几乎病态的紧张心境的欣喜与热爱，从静如止水到大发雷霆的突然转变。在特定艺术上，他没有传统家庭教育的限制，他可以轻松地选择绘画、诗歌、表演或者音乐，作为他的学术教育或未来。一种肤浅的观点可能认为：他生来就是个业余艺术爱好者；他成长的小小世界，不是艺术家渴望的家园，不值得庆祝；他极容易享受知识王国里一件件事物的肤浅趣味带来的危险乐趣，也极容易因学者之城流行的肤浅知识而变得自负；他的情感容易被激发，也容易被满足；不管少年的目光落到哪里，周围环绕的都是一种奇怪、早熟、生机勃勃的存在，而与之形成对比的是，华而不实、可笑的戏剧以及难以理解、压迫心灵的音乐之声。现在，当一位现代人被赋予了伟大的才能之时，通常值得注意的是，他童年与少年时很少具备天真与朴素的品性，而当他有了这样的品性时，比如像歌德与瓦格纳等罕见的例子，他们获得了天真，但也是在成年之后。尤其是模仿能力非常强大的艺术家，他们必将深受现代生活虚弱多面性的伤害，就像患上了严重的儿科疾病。与他真正自我相比，他在童年与少年时代更像是一个成人。最惟妙惟肖的青年的原型，即《尼伯龙根的指环》[1]中的齐格弗里德，只能由一个男人来创造，一个在晚年时才发现他自己青年的男人。瓦格纳的青年姗姗来迟，所以他的成年来得也晚，因而，他在这一点上跟人们通常预期的天性正好相反。

一旦一个人在精神与道德上成熟了，他生活的戏剧也就开始了。看看他现在有多么不一样！他的本性以一种异常的方式简化了，分割成两种动机或领域。在其下面，一种强烈的意志激流肆虐翻滚，似乎要穿过所有通道、洞穴与沟壑到达光明，追求权利。只有完全纯粹与自由的力量可以引导这种意志，让它走上一条友善与仁爱的道路。倘若与某种狭隘的精神结盟，这种脱缰的意志将变得致命。而无论如何，必须尽快找到一条通往开阔的充满空气与阳光的道路。努力追求迎来的往往是频频的失败，这会让人恼火。不足之处，有时在于环境，有时在于命中注定，有时在于缺少力量。虽然存在这样的不足，但那些不能停止追求的人可能会痛苦，并因而变得易怒、不公正。他可能会从别人身上去寻找失败的原因，甚至带着强烈的怨恨归罪整个世界。也许，他还会目空一切地走上旁门左道，求助于阴谋诡计或暴力。因而，这样的情况发生了：在寻求美好目标的路上，仁慈的天性变得野蛮。甚至在那些只追求自身道德纯洁的人中间，在隐士与修士之间，也有这样野蛮病态的人、被失败掏空与毁灭的人。曾有这样一种充满爱的精神，它的声音洋溢着甜美与善良，它痛恨暴力与自我毁灭，不想看到任何人受桎梏。正是这样的精神在对瓦格纳说话。它降临到瓦格纳身上，用它的翅膀盖住他，并为他指路。我们现在来看看瓦格纳天性的另一个方面，但我们该如何描述呢？

---

[1]《尼伯龙根的指环》，是瓦格纳在巴伐利亚州拜洛伊特为拜洛伊特戏剧音乐节的建立而设计的表演四部曲，首场表演于拜洛伊特音乐节开幕时举行。瓦格纳将《指环》系列设计为"上演三天加一晚的音乐节戏剧"。其第一晚是 *Das Rheingold*（《莱茵的黄金》），独幕（四场）；第一天是 *Die Walküre*（《女武神》），三幕；第二天是 *Siegfried*（《齐格弗里德》），三幕；第三天是 *Götterdämmerung*（《诸神的黄昏》），三幕加一场独白。根据表演节奏，整个作品时间大概为15~16小时，是现存最长的音乐剧（《莱茵的黄金》总计2.5小时，是最长的无间断音乐舞台剧）。本文（即第四篇"沉思"）出版于1876年7月，以同音乐节典礼一致，而《尼伯龙根的指环》首次于同年8月13、14、16和17日公开演出。

□ 将要亲吻布伦希尔德的齐格弗里德

布伦希尔德作为赫雅姆古纳与安格纳两人斗争的仲裁者，违背奥丁（也称沃坦）偏向于赫雅姆古纳的意志，判决了安格纳的胜利，由此而被奥丁降罪，陷入沉睡并被火焰之墙所包围。屠龙者齐格弗里德偶然从森林的小鸟处得知了布伦希尔德的故事，他便穿过火焰之墙，亲吻并唤醒了布伦希尔德。凝固之美开始变得鲜活，他们两人彼此凝视、诉说，并陷入了爱河。图为查尔斯·埃内斯特·巴特勒的《齐格弗里德与布伦希尔德》。

艺术家创造的形象不是他自己，但他明显赋予了自己的爱恋，而这一系列形象无论如何都告诉了我们有关艺术家自身的东西。现在请想想黎恩济、漂泊的荷兰人和森塔、唐怀瑟和伊丽莎白、罗恩格林和伊尔莎、特里斯坦和马可、汉斯·萨克斯、沃坦和布伦希尔德：一股道德高贵的暗流从他们身上流过，并扩大得愈发清澈纯洁，把他们连接起来。在这里，我们面对着瓦格纳灵魂最内在的发展，哪怕是还有羞怯的保留。在哪个艺术家身上能感知到类似的伟大呢？席勒的形象，从强盗到华伦斯坦再到退尔，都穿过了这样一条高贵的道路，同样表达了它们创造者发展的某种东西，但瓦格纳的标准更高、道路更长。神话与音乐，一切都参与了这种净化，表达了这种净化。在《尼伯龙根的指环》中，我发现了我所知道的最道德的音乐，比如当布伦希尔德被齐格弗里德唤醒时的音乐。在这里，瓦格纳达到了一种心境的神化与圣洁，让我们想到了阿尔卑斯山被冰雪覆盖的皑皑峰巅。这里的自然，如此纯洁、孤独、端庄、不可接近，沐浴着爱的光芒；云彩、风暴甚至苍穹，都在它脚下。从这个有利地势回看唐怀瑟和荷兰人，我们便感受到了瓦格纳的成长过程：他如何在黑暗与不安中开始；如何猛烈地寻求安慰、力量与陶醉，却又经常带着厌恶回头；如何甩掉负担、渴望失忆、否定与放弃——整个溪流一会儿冲入山谷，一会儿又冲入另一个山谷，进入最幽暗的山涧之中。在这隐秘的溪流骚动之夜，一颗星星出现在上空，闪耀着悲伤的光芒,他按他认识的那样称呼它:忠诚,无私的忠诚!为什么在他看来它比任何东西都明亮纯洁?忠诚这个词对他整个存在有何秘密?忠诚的形象与问题铭刻于他所思与所造的一切东西。他的作品包含了几乎所有可能的忠诚的完整系列,其中有最美好、最罕有的忠诚:兄弟对姐妹的忠诚,朋友对朋友的忠诚,仆人对主人的忠诚,伊丽莎白对唐怀瑟的忠诚,森塔对荷兰人的忠诚,伊尔莎对罗恩格林的忠诚,伊索尔德、库文纳尔和马可对特里斯坦的忠诚,布伦希尔德对沃坦内心渴望的忠诚——这不过是一个系列的开始。这是瓦格纳自身所经历的最初始的事件,他视之为宗教秘密一般尊敬。他用忠诚一词来表达这种体验,并不厌其烦地用上百种形象来表现它,并以充裕的感激之情,赋予这种体验他所拥有所能做到的最美好的东西——这种美妙的体验与认识:他存在的一个领域忠实于另一个,以自由与最无私的爱表达忠诚;一个创造性、天真、更明亮的领域对那种黑暗、顽固、专横领域的忠诚。

三

正是在这两种深刻力量的关系中,在一种力量向另一种力量的屈服中,存在着某种伟大的必然性,以便他能保持完整的自我。同时,这是他的力量所不能控制的唯一东西,只能观望忍受,而不忠诚的诱惑与带给他的可怕危险却总是出现。由这种不确定性带来了一种充沛的痛苦之源。他的每个本能都恣意追求,一切对存在欢喜的天赋都想独立,从而满足自我:它们越是充沛,骚动就越大,交汇时的敌意就越强烈。此外,还有源于偶然与生活的获得力量、名誉与快乐的冲动,甚至,他更频繁地忍受着无情的生存需要的折磨:陷阱与枷锁无处不在。如何在这样的条件下保持忠诚,让自己依然完整呢?这种怀疑经常压制他,然后,就被表现在艺术家塑造的形象中:伊丽莎白只能为唐怀瑟受苦、祈祷和死亡,她靠自己的忠诚拯救那个不安而无节制的人,但不是为了此生。对于每一个被抛入现代的真正艺术家,危险与绝望在等着他。他有很多获得荣誉与权力的方式,他一再得到平和与满足,但却总是以现代人熟知的那种形象,而这对于忠实的艺家而言，必然变成令人窒息的污秽空气。他的危险，恰恰在于这种诱惑以及对这种诱惑的抵抗，在于对获得快乐与名声的现代方式的厌恶，在于对现代人所有利己主义满足之方式的愤怒。设想他有公职，正如瓦格纳不得不在市镇与宫廷剧院担任指挥的职务。我们看到，最严肃的艺术家如何有力地把严肃性强加到他所在的机构身上，而这样的机构的建立是如此的草率，以至于草率俨然成了它的原则；他如何取得了部分成功但最终总是失败；他如何开始厌恶并逃避；他如何找不到任何逃避之所，一次又一次作为其中一员回到我们文化的吉普赛人与流浪者之间。摆脱一种处境，极少能让他找到另一种更好的处境，有时候还会深陷在可怕的匮乏之中。因而，瓦格纳变换着城镇、伙伴与国家，鲜有人知的是，长久地把他留住的东西是什么。他的大半生都笼罩在沉重的氛围之中。他似乎放弃了普通的希望，得过且过。因此，他避开了绝望，以放弃信仰为代价。他必定经常觉得自己像夜行的流浪者，身负重担，筋疲力尽，然而一到晚上又兴奋起来。继而出现在他眼前的突然死亡并不是可怕的东西，而是一种诱人的幽灵。负担、路途与夜晚，转眼消逝。这听起很有诱惑力。他上百次带着急促的希望重新回归生活，把一切幽灵甩在身后。然而，他几乎每次都操之过度，这表明他对这种希望并不深信，只是借以让自己陶醉于此。他的渴求与无能间的对比，让他受着针刺般的折磨。持续的贫乏让他恼火，但每当贫困稍有缓解，他的判断就会过度。他的生活变得更加复杂，但他处理的手段却愈加大胆且别出心裁，尽管这不过是剧作家应急的处理方式，其目的是为了短暂的欺骗。他需要时可以随时获取，但消耗得也同样飞快。如果从近处客观地看，瓦格纳的生活有很多戏剧的东西，而且是明显怪诞的戏剧，这让我们想到了叔本华的一个思想。他的整个生命画卷缺失了尊严，这样的感受与认识如何必然影响那些只能在崇高与超崇高中自由呼吸的艺术家？这是思想家要考虑的事情。

所有上述的活动，只有详加记述，才能唤起应有的怜悯、恐惧与赞赏，然而，在这些活动中间，显露了一种学习天赋，甚至在德国这个天才的学习民族中间也非同一般。然而，这种天赋也带来了一种危险，甚至比那种明显不稳的、无根基的、被不安的幻觉混乱引导的生活还危险。瓦格纳从一个新手，不仅成长为一位全能的音乐与舞台老师，还是技术上的创新者与开发者。他为所有大型表演艺术提供了最高的榜样，对此没有人会质疑。但他成就的东西更多，为此，他与其他人一样，少不了要把最高的文化归为己有。他怎么做到的！看一看也是有趣的。他从四面八方获取文化并吸收为己用，而这个建筑物越大越重，他那管控它的思想弓弦就越绷越紧。然而，让一个人发现科学与技能之路，很少有如此之艰难，而且，他经常还不得不即兴创作这些道路。这位通俗戏剧的复兴者，真正人类社会中艺术之地的发现者，过去生活哲学的诗意解释者、哲学家、历史学家、美学家与批评家、语言老师、神话学家与神话诗人，首次在一个指环里装入了壮丽而原初的结构，并在上面镌刻了他的神秘符号——瓦格纳要积累多少丰富的知识才能做到这一切？而且，这一切的重量居然没有压垮他行动的意志力，其中个别方面的诱惑也没有让他走上歧途。要评判这种姿态有多么不平凡，不妨拿他同伟大的反例歌德对比一番。作为一位学问人，歌德看起来就像有许多分支的河流，在蜿蜒曲折的路途上失散了很多力量，不能把全部河流都带到遥远的大海。确实，歌德的天性乐观，并给人更多的乐趣，其上盘旋着一种温和高贵的东西，而瓦格纳那种激烈的湍流会让人惊恐。但让害怕的人害怕去吧，我们这些其他人要鼓起勇气，亲眼目睹这位甚至在现代文化问题上也"不曾学会恐惧"[1]的英雄。

他很少学会靠历史与哲学来抚慰自己，也很少让它们的那种软弱与清静无为的效果影响自己。学习本身以及学到的东西，都没有让创造性或斗争着的艺术家偏离自己的道路。一旦他被自己的创造力所支配，历史就会成为他手里任意捏塑的黏土。这时，相比其他学者，他同历史的关系突然变得完全不同，类似希腊人同他们神话的关系，也就是说，像同某种提供塑造与诗歌创作材料的东西的关系，带着热爱与某种羞怯的专注，但也少不了创造者的那种权威。恰恰是因为历史比其他梦想更灵活更多变，他就能把单个事件改造成所有时代的典型事件，从而达到历史学家永远达不到的表象上的真实。哪里还有像《罗恩格林》那样，把宫廷气派的中世纪转化成了有血有肉的形象？德国天性会不会被工匠歌手讲给未

---

[1] 齐格弗里德的话。

来的所有时代，并且，它会不会成为那种天性的最成熟的成果之一呢——这种天性总是在寻求改革而非革命；虽然明显对自己满足，但却忘不掉对不满足的高贵表达，那种革新的事业。

　　瓦格纳正是被历史与哲学的研究一再驱向这种不满足。他发现这里不仅有武器与盔甲，但首先是鼓舞人心的灵感。这些灵感从所有伟大的战士、伟大的受苦者与思想家的墓地吹拂而来。除了利用历史与哲学的方法外，再没有其他方法能让你独立于当今这个时代之外。正如平常理解的那样，历史似乎被授予了这样的使命：让现代人在气喘吁吁、汗流浃背奔向目标时喘口气，以便于让他有片刻感到卸下了轭具。在宗教改革的骚动中，孤独的蒙田代表着什么？一种自身的安宁，一种为己而活与放松——他最好的读者莎士比亚对他正是这样的感受，这就是对现代精神而言的历史。如果德国人一百年来尤其专注于历史研究的话，那么这表明，在当代世界的骚动中，他们代表的就是那种阻碍、延迟、抚慰的力量。也许有些人会把这看成对他们的赞美。然而，总的来说，当一个民族的精神追求最关心的是过去之时，这就是个危险的征兆，是衰弱、退化的标志，以至于它会极其危险地暴露在蔓延的狂热之中，比如政治狂热。在现代精神的历史中，我们学者表现的是一种虚弱的状态，同一切革命的与改革运动相对。他们没有给自己设定一个最自豪的使命，而是确保自己享受一种平静的幸福。每个更自由、更具有男子气概的步伐都会从他们身旁走过，尽管绝不是从历史身边走过！这种历史自身有截然不同的力量，这正是瓦格纳这样天性的人所认识到的：不过它的记载方式更认真更严格，出自一个伟大的灵魂，并且不再像以往那样的乐观。也就是说，不同于德国学者的一贯做法。他们的一切作品都有权宜、阿谀与满足的东西，他们对事物演变的认可。如果有人让你注意到，他之所以满足是因为事情还能更糟，这就是很大的问题了；他们大部分人都不自觉地相信，事物发生的方式相当好。 如果历史并不总是伪装的基督教神正论，如果是用更大的正义与热情之感写就的，那么，作为一切革命与创新的鸦片，不管是为了什么目的，它都将真的毫无用处。哲学的情况类似：大部分人想从哲学当中获得对世界的粗略（非常粗略！）的认识，以便让自己适应这个世界。甚至，哲学最高贵的代表也格外强调它给人抚慰的力量，以至于懒散的人与渴望安逸的人必定认为他们追求的正是哲学追求的东西。另一方面，对我而言，世界特性在多大程度上不可改变，似乎是哲学最重要的问题，以便于在解决这个问题之后，毫无顾忌地去改善世界可改变的部分。真正的哲学家会教导这一点，他们致力于改善那十分可塑的人类判断力，而没有保留自己的智慧。真正哲学信徒也会教导这一点，比如瓦格纳，他们知道从中汲取的是强大的决心与顽强，而不是催眠剂。瓦格纳在精力最充沛、英雄气概最强的时候，最称得上是哲学家。正是作为哲学家，他毫无畏惧地穿过了多种哲学体系的烈火，穿过了学识与知识的迷雾，却仍然忠实于最高的自我，而这要求他进行其多面天性参与的行动，命令他为有能力完成这样的行动而受苦并学习。

四

如果考虑到实际上走过的道路，忽略掉停滞、倒退、犹豫与拖延的话，那么，自希腊以来的文化发展历史其实很短暂。世界的希腊化，以及让这变得可能的希腊的东方化——亚历山大大帝的双重使命——仍然是最后的伟大事件。文化是否能移植到异国他乡的古老问题，仍然是让现代人疲倦追求的问题。这两种因素间有节奏的竞赛，正是尤其决定历史进程的东西。比如，在这里，基督教似乎就是东方古老的一个片段，已经被人们过度地思考与处理过了。随着它影响力的减弱，希腊文化的力量再次增长。我们经历的现象如此独特，如果我们不对一段漫长时间进行回顾，并把它同希腊的类似现象加以联系的话，我们就难以理解这样的现象，仿佛它们悬在了未知的空中一般。因而，在康德和爱利亚学派[1]之间，在叔本华和恩培多克勒之间，在埃斯库罗斯和瓦格纳之间，就有这样近似与亲和的关系，让人清楚地想到一切时间概念相对的本性：似乎许多事物属于同一体，而时间像是云朵，让我们的眼睛难以看清这事实。精密科学的历史尤其唤醒了这样的印象：即使我们现在还站在离亚历山大—希腊世界最近的地方，时间的钟摆

---

[1]爱利亚学派：由先于苏格拉底的哲学家巴门尼德（出生于公元前510年）的追随者创立，巴门尼德是第一位欧洲的形而上学者，有部分作品流传于世。

悲剧的诞生 THE BIRTH OF TRAGEDY

□ 亚历山大斩开戈尔狄之结

弗里吉亚国王戈尔狄俄斯制作了这个极其复杂的绳结（绳结的外部没有绳头），并由他的儿子迈达斯绑在弗里吉亚首都戈尔迪乌姆的一个柱子之上，人们甚至都弄不明白这个绳结是如何固定的。有神谕宣称，解开此结之人将会成为整个亚细亚的统治者。当亚历山大大帝此见到这个众人拿它毫无办法的绳结之后，他直接拿出剑，将其劈为两半，解开了绳结。而且，此后看来，之前的神谕也正好应验了。图为多纳托·克雷蒂的《亚历山大斩开戈尔狄之结》。

仿佛又摆回到了它的起点，从这里它摆向了神秘的远方与消失的地平线。我们当代世界呈现的画面肯定不是一个新的画面：对于了解历史的人而言，它看起来越来越像感知到的一个熟悉面庞。希腊文化的精神无限地分散在我们当代这个世界：各种力量蜂拥向前，现代科学的成果与成就相互交换，而希腊形象模糊的轮廓，如幽灵般再次出现在远方。这片已经相当东方化的土地，重新向往希腊化了。谁想在这里提供帮助，谁就得健步如飞，汇聚各种散播的知识点与最遥远的天赋之地，以便于穿越并统治整个广阔的地域。因而，现在我们需要一队反亚历山大人马，他们要拥有强大的凝聚与团结的力量，够到最遥远的线头，不让织物被刮破。不是像亚历山大那样解开戈尔狄之结——因为这会让它的端头飘向世界的各个角落，而是再次把它系上，这就是现在的任务。我在瓦格纳身上发现了这种反亚历山大力量：他把分散、软弱与懒散的东西汇聚一处；用一个医学术语来说，他具备一种收敛剂的功效。在这个意义上，他是真正伟大的文化巨人之一。他是艺术、宗教以及各民族历史的老师，他与那些只会汇总整理的博学者截然相反。瓦格纳把他汇入了新的生命结构的东西组成整体，他是世界的简化者。如果人们能把他的天赋赋予他的最普通的使命同总是想起瓦格纳名字的狭隘的任务作对比，那么，他们就不会误解这一概念。人们期望他对戏剧进行改革。如果他成功的话，那么，这会对那更高更遥远的任务有何贡献？

　　现代人肯定会因此而改变：我们现代世界的一切事物，如此依赖之外的其他事物，以至于拿掉一根钉子，整栋大厦都会颤抖坍塌。这样说瓦格纳的改革似乎有点夸张，但真正的改革都会带来类似的结果。如果没有道德、政治、教育与社会等领域的革新，要让戏剧艺术产生最高的最纯粹的效果，这根本不可能。热爱与正义在一个领域变得强大，这里说的是艺术领域，但这必须遵守让他们延伸到其他领域的内在冲动的法则，不能再回到先前蛹化阶段的惰性状态。甚至，要把握我们艺术与生活的关系在多大程度上是生活退化的象征，以及我们的剧院在多大程度上是建造者与频繁造访者的耻辱，我们就要完全改变观点，把日常平凡的东西看成是不平凡而复杂的东西。判断的模糊，拙劣掩饰而不惜代价的对愉悦与消遣的饥渴、学术的考虑、表演者的浮夸与造作、事业家对金钱疯狂的贪婪，一个只考虑人民是否有用或危险并且毫无任何责任感地参加剧院与音乐会之社会的空虚与毫无思想，这一切都构成了我们当下艺术界的堕落风气。但是，倘若一个人已经变得像有教养者一样习以为常，那么他必定认为，这种风气对于一个人的健康必不可少，即使短暂地剥夺他也会感到不舒服。事实上，只有一种捷径能让他相信，我们的戏剧机构是多么的粗俗，而且是异常的粗俗与奇特，那就是，把它们同先前的希腊戏剧作对比。如果我们对希腊人一无所知，那么，我们现在的状况也许就不可避免了，而瓦格纳郑重提出的反对与抗议，只会被看作是世外桃源居住者的梦想。也许可以说，我们所有的这类艺术令人满意，非常适合他们。他们从来都是这样！但他们肯定有过不同的样子，甚至现在，还有一些人对我们现在的机构不满意，正如拜洛伊特的情况证实的那样。在这里，你会发现有准备而专注的观众，他们有那种处在幸福巅峰的感受，他们的整个天性都被调动起来，从而追求更高远的志向。在这里，你会发现艺术家最忠诚的自我牺牲，奇观中的奇观，一位胜利的创造者，他的作品本身是胜利的艺术家行为丰富性的缩影。在现代遇到这样的现象，岂不是让人感觉有点魔幻？参与的人岂不是已经被转变与革新了，以便于以后在其他生活领域进行转变与革新？这里岂不是在经过广袤的海洋后到达的一个港湾,而水面上还散发着一种平静?当他在体验过这里的深刻与孤独的情绪后又回到生活的肤浅与平庸时,他必定会像伊索尔德那样问道:"我过去是如何忍受它的?我现在又当如何忍受?"如果他忍受不了自私地为自己保留幸福与不幸,他就会抓住每个机会在自己的行为中证实这一点。他会问:"那些受现代戏剧机构之苦的人在哪里?我们的自然盟友,能同我们一起抗争那肆虐的现代伪文化侵害的盟友在哪里?"因为当前,当前,我们只有一个敌人,那些有教养的人。对他们而言,"拜洛伊特"一词意味着他们最惨重的失败之一。他们没有得到丝毫帮助,他们愤怒地反对,或者展示他们更有效的装聋作哑,这现在已经成为了一种惯用的优雅反对的武器。但是,他们的敌意与仇视不能摧毁瓦格纳,也不会阻碍他的事业,但让我们明白了一点:这暴露出他们的脆弱,先前统治者的反对将不再能经受更多的攻击。那些想取得胜利的人的时候到了,最伟大的领域敞开了大门,凡是有财产的地方,在财产所有人名字后面都打上了问号。因此,比如,教育体系已经腐化,到处都是已经悄悄离弃这种体系的人。但愿能激发出这些事实上已经深感不满的人公开的宣言与愤怒!但愿他们能摆脱绝望的沮丧!我知道,如果把这种天性的人的贡献从我们整个文化体系的成果中抹除,那么这就是对后者最致命的放血——让文化体系变得衰弱无力。比如,在学者之中,只有那些感染了政治狂热的作者与各种三流作家留在旧体制之下。这种讨厌的体系现在从权利与不公正中、从国家与社会中获取力量,将为后者提供越来越多的罪恶与无情以视为自己的优势,但没有了这种力量,它会变得虚弱无力、疲倦不堪。一旦公开对它表达蔑视,它就会崩溃。那些为爱与正义而战的人最不害怕,因为他现在对抗的只是当今文化的先锋,而只有当他走到最后时,他才会遇到真正的敌人。

对于我们而言,拜洛伊特意味着战斗之日的晨祭。如果人们认为,我们只关心艺术,仿佛艺术是包治百病的药剂和麻醉剂一样,那么这就是对我们最大的不公了。我们在拜洛伊特悲剧艺术作品中看到的是,个人同一切明显不可战胜的必要性的抗争,包括权利、法律、传统、契约以及事物的整个秩序。个人不可能活得更好,除非他们准备好为爱与正义的斗争死去,并为之献身。悲剧神秘的目光对我们的注视,并非是让我们屈服或麻痹我们四肢的巫术,虽然它要求我们安静,因为艺术并不是为斗争而存在,而是为斗争前与斗争中的间歇存在。我们会在这间歇之时回顾过去、展望未来,当我们的疲倦之感伴随着使人振作的梦想时,我们理解了象征性的东西。破晓之时,战斗就会来临,神圣的阴影就会消散,艺术会再次离我们远去,但它对我们的慰藉仍在。要不然,个人到处发现的都会是让他不满的、无动于衷的东西。倘若他没有先被圣化为超个人的东西,他又怎么会带着任何勇气斗争呢?个人痛苦的最大原因,即,认识的不一致,最终洞察的不确定、能力的不平等,这些都使他需要艺术。只要我们周围的一切都在受苦或者创造痛苦,我们就不会幸福;只要人类事物的进程还取决于暴力、欺骗与不公正,我们就不可能道德;只要整个人类还没有在同智慧的竞争中斗争,并按照智慧引导的方式把个人带到生活与知识中,我们就不可能聪明。如果我们不能在斗争、追求与失败中认识到某种崇高而有意义的东西,不能从悲剧中学会对伟大激情的节奏及其牺牲品产生乐趣,那么,我们该如何忍受在这三重无能的感受中生存?当然,艺术不是直接行动的教导者或教育者,艺术家在这个意义上从来都不是教育者或者顾问。悲剧英雄追求的目标并非本身就是值得追求的东西。只要我们还牢固地处在艺术的魔法之下,我们对事物的评估就会不同,就像在梦中一样。在这种魔法的支配下,当悲剧英雄宁愿死亡也不愿放弃时,我们会同他结盟,并认为这太值得追求了。在现实生活中,这很少有同样的价值,也不值得付出同样的努力。因此,艺术是休息者的活动。艺术所描绘的斗争属于生活中真实斗争的简化,它的问题是极其错综复杂的人类行动与意愿的缩影。但艺术的伟大与不可或缺恰恰在于,它能产生一个更简单的世界、人生之谜的更简短解答的表面形象。每个受生活之苦的人都离不了这样的表面形象,就好比人离不开睡觉一样。人生规律越难认识,我们对这种简化的表面形象之渴望就越热烈,哪怕是瞬间,而事物的普遍认知与个体精神—道德能力间的紧张之弦,就会变得更紧绷。然而,艺术的存在让弓不至于折断。

个人应该被圣化成某种超个人的东西,这就是悲剧的意义。他必须摆脱死亡与时间给个人带来的可怕焦虑。因为即使在他生命历程最短暂的瞬间,他也可能遇到某种神圣的东西，远远超过他的所有斗争与忧虑。这就是说，要有悲剧意识。人类一切崇高都包括在这个最高使命之中。对这一使命的明确拒绝，将会是人类之友所能想到的最悲伤的画面。这就是我对事物的观点！人类未来的唯一希望与保证在于悲剧意识的留存。如果人类完全失去它，那么骇人听闻的痛苦哀号就会响彻大地。相反，最令人欢喜的乐趣莫过于知道我们所知道的：悲剧的思想再次降生。这样的乐趣完全是普遍的、超个人的乐趣，是人类对人类联合与存续得到保障的欢呼。

五

瓦格纳用一种强烈的洞察之光照耀现代与过去的生活，这种洞察之光足以照亮最遥远的地域。正因如此，他成了一位世界的简化者，因为，世界的简化在于认识并主宰明显混乱而又无比丰富的事物，并把先前不可调和的东西融合在一起。瓦格纳做到了这一点，因为他发现了看起来完全异质的处于不同领域的两个事物之间的关系：音乐与生活，以及音乐与戏剧。他并没有创造或发明这种关系，它们就在那里，躺在每个人的生活之路上，就好比每个伟大的问题都是宝石，成千上万人从它身上走过，直到有个人最终把它捡起来。瓦格纳问自己，如音乐这样的艺术以无可比拟的力量从现代人的生活中产生，这意味着什么？完全没有必要为了感知到一个问题而蔑视人生。不，倘若你考虑这样人生的所有伟大力量，并为自己勾画一种奋发向上、为自觉的自由和思想独立而斗争的存在图景，那么音乐在世上才能真正显现为一个谜。有人肯定会说，这样的时代产生不了音乐？那音乐的存在又是怎么回事？一个偶然事件？当然，一个伟大艺术家的出现肯定是偶然事件。但一系列伟大艺术家的出现，比如现代音乐史所展示的，迄今只在希腊时代发生过一次，这让人觉得，在这里发挥支配作用的，不是偶然性，而是必然性。正是这个必然性问题，瓦格纳提供了解答。

首先，他认识到一种不幸的状态，其波及范围之广，就好比现代文明把各个民族联系起来一样。在这里，所有语言都患病了，这种强大的疾病压制着整个人类的发展。语言一直在通向那可能的最高成就之梯上攀登，以便进入思想王国——一个完全对立于那种表达强烈情感的王国适应最高原初事物的表达。在当代文明的短暂时期内，语言因努力过度而耗尽。因而，它现在不再能发挥它存在的唯一目的所要求的功能：让受苦的人类能够互相理解人生最简单的需要。人类再也不能靠语言来表达需要与困境，因而也不能真正地交流。在这种模糊感知的条件下，语言在所有地方都成了一种自我力量，并用幽灵的双臂抓住人类，强迫他们前往不想去的地方。一旦他们试图互相理解，为共同的事业联合起来，他们就会被普遍概念的疯狂所支配，甚至是被纯粹的词语之声音所控制。由于表达上的无能，他们共同做的一切都带上了缺乏理解的印记，因为他们满足的不是自己的真实需要，而是这些专横的词语与空洞的概念。因而，人类在他们的所有痛苦之上又加上了来自习俗的痛苦，也就是说，那种因在词语与行动而非情感上达成一致而产生的痛苦。正如每种衰落的艺术总会达到一个点，在这个点上，其病态却繁茂的形式与技巧，会专横地支配年轻艺术家的灵魂，让他们成为奴隶。因而，随着语言的衰落，我们成了词语的奴隶。在这种强迫下，每个人再不能自我表白，再不能天真地说话。此外，在这样的教育面前，很少有人能够保留自己的个性。这种教育认为，教育的成功，不在于从教育意义上满足明确的需要与感情，而在于把个人卷入"清晰概念"之网中，教育他们正确地思考。就好像把一个人教育成正确思考与推论的人，而不是正确感受的人，真有某种价值似的。现在，当德国大师的音乐在受伤到如此程度的人耳边响起时，真正还能听得见的是什么？恰恰是这种正确的感受，一切习俗、一切人与人之间人为疏远与不理解的敌人。这种音乐是向自然的回归，同时，也是自然的净化与改造，因为对这种回归自然的迫切需要产生于充满慈爱的灵魂，而在他们的艺术中响起的，是在爱中转化的自然。

让我们把这看作是瓦格纳对于"音乐在我们时代意味着什么"的一个回答。他还有第二个答案：音乐与人生的关系，不仅仅是一种语言与另一种语言的关系，而且还是完美的听觉世界与整个视觉世界的关系。然而，作为眼见的一种现象，当同过去的生活现象进行比较时，现代人的存在就显示出一种无法言说的贫乏与枯竭，尽管有某种难以言说的绚丽，但只有最肤浅的眼光才能从中看到快乐。倘若更近些去看，并分析这种强烈震颤的色彩演绎所产生的印象，那么，从整体上看，这不就是从早期文化中借来的无数小石块与碎片闪烁的光辉吗？这里的一切难道不是不当的浮华、模仿的动作以及自以为是的浅薄吗？难道不是一件给赤身裸体者与受冻者穿的破布彩衣？难道不是强迫受苦者跳的一场表面欢乐的舞蹈？难道不是一位身受重伤者假装的傲慢自负的表情？在这中间，唯有靠动作的迅捷与混乱才能掩盖：苍白的无能、唠叨不休的不满、辛劳的无聊以及耻辱的悲惨！现代人的形象变成了完全的表面形象，他表现出来的东西，不仅让你看不见他，还把他隐藏了起来。在一个民族那里，比如法国人与意大利人那里，残存的艺术创造力被用到这种自我掩盖的艺术上。现在凡是要求形式的地方——社交、会谈、写作以及外交，形式都被不自觉地理解为一种令人愉快的现象，这与真正的形式概念正好对立。形式实际上是一种对内容必需的形态，正由于它是必要而非随意的，所以它同是否令人愉快毫无关系。但是，甚至在文明的民族中，在不明确要求形式的地方，真正形式的必然形态也很少见：他们在追求令人愉悦的表面形象时很少成功，尽管他们至少同样热情地追求。在这样或那样的情况下，究竟表面形象如何令人愉悦，为何每个人都乐于接受现代人至少努力追求了一种表面形象，对此，每个人将决定他在多大程度上是现代人。塔索说过："只有划桨的奴隶了解彼此。但是，我们却礼貌地误解了别人，别人也该回报以误解。"[1]

在这个形式与渴望被误解的世界，现在出现了被音乐充满的灵魂，出于什么目的？带着高贵的诚实与超个人的激情[2]，他们按照恢弘自由的节奏前行，从他们身上用之不尽的深处放射出强大而宁静之火，照亮了他们。这些目的何在？

音乐通过这些灵魂找到了它的姐妹：体操，也就是自己在可见世界的必然形态。在这样的追寻中，音乐变成了对整个现在可见世界的裁判。这是瓦格纳对

---

[1] 参见歌德《托尔夸多·塔索》第五幕，第二场。"误解"一词的不同字体是尼采加上的。
[2] 参见叔本华《作为意志与表象的世界》第一册，第三篇。

"音乐对于这个时代的意义"的第二个答案。帮帮我，他对所有能听到他的人呼喊，帮助我发现音乐作为二次发现真实情感的语言所能预言到的文化。思考一下，音乐的灵魂现在想为自己创造一个躯体，通过你们寻找一条通往运动、行动、结构与道德之可见性的道路！有人已经理解了这种呼喊，这样的人会越来越多。此外，他们第一次重新领悟了，在音乐之上建立国家意味着什么，对此，古希腊人不仅领悟了而且还要求自己进行实践。他们这些人将无条件地谴责现代国家，就像大多数人现在谴责教会一样。这条通往崭新却并非闻所未闻的目标之路，引导我们承认，我们教育最耻辱的缺陷以及让它无法摆脱野蛮的根本原因在于，缺少那种给人启发的、塑形的音乐灵魂，而它的要求与机构是这个我们期待良多的音乐尚未诞生之时代的产物。我们的教育是现在最落后的体系，其落后恰恰在于现代人有的一种新的且唯一的教育力量——这种力量是之前几个世纪所没有的——或者，他们可以有这种力量，如果他们不再在片刻的鞭策下浑浑噩噩、匆匆忙忙地活着。到现在为止，他们尚未让音乐的灵魂在自身寄居，所以还没有认识到希腊与瓦格纳所说的体操的概念。这是造型艺术家注定无望的又一个原因，只要他们继续放弃音乐作为他们进入新的可见世界的引路人。他们有多少才能无关紧要，它的到来不是太晚，就是太早，总是时候不对，因为它是多余的、无效的。甚至过去时代最完美最高的产物，我们当代艺术家的榜样，也是多余的、几乎无效的，几乎不能发挥任何作用。倘若在自身之中看到的只是身后的旧形象，而非前面的新形象，那么，他们就是在为历史而非人

□ 托尔夸多·塔索

托尔夸多·塔索（1544—1595年），意大利诗人，生于索伦托，后因精神疾病在费拉拉休养，最终在前往罗马被教皇授勋的途中去世。他是16世纪文艺复兴晚期的代表人物之一，也是16至20世纪欧洲最受欢迎的诗人之一，因其叙事长诗《被解放的耶路撒冷》而闻名。在《被解放的耶路撒冷》中，塔索描绘了耶路撒冷被围期间、第一次十字军东征结束之时，基督徒与穆斯林间的斗争，他以浪漫主义风格歌颂了骑士戈特弗里德解放耶路撒冷的功绩。

生效劳，他们尽管还有气息却已经死了。然而，那些在自身感受到真实而有成果人生的人——这在现在指的就是音乐——他怎会被片刻误导，怎会期望从那些让他在形象、形式与风格中耗尽的东西中得到更多的东西呢？他超越了所有此类的虚荣，很少考虑在自己声音的理想世界之外发现艺术奇迹，也很少期望伟大作家从我们那枯竭褪色的语言中产生。他不愿听到任何无用的安慰，他却能忍受着让自己极度不满的目光注视现代世界。倘若他的心还未温暖到产生怜悯，那就让他充满悲痛与仇恨吧！甚至连恶意与嘲讽，也比他遵照我们"艺术之友"的方式，沉迷于骗人的自满与无声的嗜酒之中要好！但即便是他不仅能否定与嘲讽，还能爱、怜悯与帮助，他也必须首先否定，以便为其乐于助人的灵魂铺路。如果音乐有朝一日让众人有了虔诚之心，并熟悉音乐的最高目标，那就必须先结束与这种神圣艺术的寻欢作乐式交往。我们的艺术消遣——剧院、博物馆与音乐协会赖以存在的基础——"艺术之友"，必须被封锁。尤其重视对这种艺术之友的培养的公共判断，必然被一种更好的判断驱赶。同时，我们甚至必须把公开的艺术敌人看作真正有用的盟友，因为他公开敌对的东西，恰恰是艺术之友理解的艺术。除此之外，他不知道别的艺术。让他呼吁艺术之友对在如下方面金钱的愚蠢挥霍予以解释：剧院与公共纪念碑的建设，著名歌手与演员的聘用，完全无成果的艺术学院与美术馆的维护。更不必说，在所谓的"艺术追求"教育上，每个家庭投入的所有精力、时间与金钱了。这里没有饥饿与满足，有的只是对两者无趣的伪装，旨在误导他人的判断。更有甚者，如果相对认真地对待艺术的话，人们就会要求它产生一种饥饿与渴望，并在这种人为产生的兴奋中找到它的使命。人们呼喊所有的恶魔，就好像害怕因自我厌恶与迟钝而毁灭，以便让自己像被追赶的猎物一样：渴望痛苦、愤怒、激情、突如其来的恐惧、令人窒息的紧张；呼唤能用魔法召唤这场幽灵狩猎的艺术家。在我们有教养者的精神家园，艺术完全成了一种骗人的、耻辱的、可鄙的需要，或者什么也不是，或者某种有害的东西。更优秀更少见的艺术家，看不到这一切，就好像困在了使人昏惑的梦境中，还以不确定的语调犹像地重复那从远处依稀听到的幽灵话语。另一方面，对较高贵同行的梦幻似的探索，现代艺术家充满了蔑视，他牵引着拴在一起的激情与可鄙之物，以便在需要时放开,让它们扑向现代人。因为,现代人宁可被追逐、伤害、撕碎,也不愿安静地独处。独处!——这让现代人的灵魂颤抖,这是他们对幽灵的恐惧与害怕。

当我在人口众多的城市,看到成千上万人走过,并看到他们沮丧而痛苦的表情,我反复对自己说,他们的心情肯定很糟糕。但是,对这些人来说,艺术的存在只会让他们感觉更糟糕、更沮丧、更迟钝,甚至是更受扰与贪婪。错误的感受不间断地支配着他们,防止他们承认自己的不幸。只要他们想说话,习俗就会对他们耳语,让他们忘掉真正想说的东西;只要他们想互相理解,他们的理解力就像是中咒一般瘫痪,以至于他们所称的幸福实际上是自己的不幸,而且还固执地联合起来,推动他们自己的厄运。因而,他们被彻底改变了,堕落成无助的错误感受之奴隶。

六

这里有两个例子能证明我们时代的感受是如此反常,并且我们时代对这样的反常是如此的无知。在过去,人们以真正的高贵诚实轻视那些从事金钱交易的人,尽管也少不了这样的人,人们同时承认每个社会都必须先解决温饱问题。现在,这样的人作为人类灵魂中的支配力量,是人类最贪婪的那部分。过去,人们被告诫的是,不要太认真对待日子与光阴,主张"*nil admirari*"[1],关心永恒的东西。但现代人灵魂中只剩下一种认真,只对报纸或电报带来的消息认真。利用每一分钟,从中获取利益,尽可能快地评估其价值!人们可能相信,现代人只保留了一种美德,即精神的存在。遗憾的是,这实际上更像一种无处不在的肮脏的贪婪与四处窥探的好奇心。究竟他们的精神是否存在当下?我们该把这个问题留给未来的法官们,他们有一天会用自己给现代人过筛。但是,我们现在已经看出来这个时代是粗鄙的,因为它尊敬的东西,恰恰是过去高贵的时代鄙视的东西。当它把过去艺术与智慧最宝贵的东西全部占为己有,并穿着最华丽的衣服到处散

---

[1]对一切漠然(前文已有,为便于读者阅读,在此保留)。

步，它表现出的是一种对自己粗俗的怪异认识，它用这件外衣不是为了取暖，而是为了遮盖自己。遮盖与伪装自己似乎要比不受冻的需要更迫切。因而，我们当代的学者与哲学家不会利用印度与希腊人的智慧，以让自己变得聪明平静，他们工作的唯一目的是为现在创造一种虚假的智慧名声。动物行为研究者把现在国家之间、人与人之间关系中的暴力、狡诈与复仇的兽性爆发描述为不可改变的自然规律。历史学家焦急而勤勉地致力于证明一个命题：每个时代都有它的权利与存在条件，以便为我们时代接受未来审判时提供抗辩的论据。国家、民族、经济、贸易以及正义的学说，这一切现在都有预备辩解的性质。似乎，所有在推动伟大经济与权力机器运转中未耗尽的积极精神，其唯一使命便是为现在进行辩护与开脱。

在哪位起诉人面前？有人困惑地问道。

在自己不安的良知之前。

在这里，现代艺术的使命一下子清楚了：恍惚或谵妄！让人沉睡或陶醉！不择手段让良知沉默！帮助现代灵魂忘掉负罪感，而不是帮助它回归无辜！至少有一瞬间这样！强迫人们沉默、无力倾听，借此让他免受自己的伤害！少数感受到这种使命的无耻之极、艺术的可怕堕落的人，将发现他们的灵魂充满了悔恨与怜悯，同时还有一种新的强大的渴望。凡是渴望解救艺术、恢复其被亵渎了的圣洁的人，首先必须把自己从现代灵魂中解救出来。而只有当他自己无辜时，他才能发现艺术的无辜，从而面临两件要完成的大事：净化与神圣化。如果他胜利了，他解放了的灵魂向人们说出了解放了的艺术语言，他就会遇到自己最大的危险、最艰巨的斗争。但是，人们宁可撕碎他与他的艺术，也不愿承认，在他们面前自己该因羞愧而毁灭。艺术的救赎，现代唯一可以指望的一线光明，很可能是要留给少数孤独的灵魂，因为多数人继续注视他们艺术的闪烁与烟火。他们想要的是眼花缭乱，而不是光明；他们仇恨照耀在自己身上的光。

因而，他们就逃避新的光明使者。但是，受与生俱来的爱的驱使，他跟着他们，想强迫他们。他朝他们喊道，"你们应该穿过我的神秘！你们需要它的净化与震撼。为了你们的救赎冒点险吧，放弃一回你们似乎知道的那一点朦胧的自然与生活吧。我带你们进入一个同样真实的王国，当你们自己从我的洞穴回到你们的白昼，让你们自己说，哪种生活更真实、哪里是真正的白昼、哪里是洞穴。自然内部更丰富、更强大、更快乐，也更可怕。你们通常的生活方式不能让你了解它。学会重新成为自然，然后在自然中让自己接受我爱与火之魔力[1]的改造"。

这就是向人类诉说的瓦格纳艺术的声音。我们，悲惨时代的孩子，首先被允许听到这样的声音，这表明，我们的时代多么值得同情。另外，真正的音乐是命运与原始法则的一部分。因为音乐不可能从现代的空洞无意义的偶然行为中产生，一个偶然出现的瓦格纳被抛入了各种反对因素之中，从而被这些因素的强大力量压碎。但是，现实的瓦格纳成长却有一种为其美化与辩护的必然性。目睹他的艺术的产生，就像是在目睹一幕壮观的场景，虽然其中也有痛苦，但到处显现出理性、法则与意图。在看到这一幕的欢乐中，观看者将赞扬这种痛苦，并带着欣慰思考：所有最初决定了的天赋与天性如何将一切都转化成幸福与收获，虽然它也要经过艰苦的学习与磨炼；每一种危险如何让它更勇敢，每一种胜利都让它更有思想；它如何以毒药与不幸为食却又长得如此强壮康健。周围世界的嘲讽与敌对对它是刺激与激励。如果它误入歧途，它会带着最惊人的战利品回归；如果它睡着了，"它的睡眠只会给它带来新的力量"[2]。它磨炼身体，让它更强健；它活多久都不会消耗生命；它像一种欢快的激情支配着人，并在他双脚疲惫地陷入泥沙、被岩石所伤时，把他腾空举起。它能做的只是交流，每个人都参与到它的工作中，它不吝啬它的馈赠；如果遭到拒绝，它会更慷慨地奉送。如果受赠者滥用，它就把它所有的最珍贵的珠宝拿出来，而且，根据古老与最近的经验，受赠者从来都没有完全配得上这样的礼物。先天决定的天性是音乐借以同现象世界说话的东西，它是太阳底下最神秘的东西，是力量与善同居其中的深渊，是自我与非自我之间的桥梁。尽管显而易见的是，它的合目的性存在于它产生的方式中，但谁能说出他存在的根本目的是什么？但是，那种最快乐的预感会让我们发问：更伟大的东西

---

[1] 暗指瓦格纳《女武神》。
[2] 选自《纽伦堡的工匠歌手》第三幕，汉斯·萨克斯的独白。

为了更渺小的东西而存在，最伟大的天赋为了最渺小的天赋而存在，最高尚的美德与圣洁为了虚弱者而存在？真正的音乐是因为人类最不配享有但却最需要它而奏响吗？如果我们让自己思索这种可能性的无穷奇迹，那么，回顾人生，我们将看到一切都光芒四射，不管之前它们看起来多么黑暗模糊。

七

　　没有其他可能——面对着像瓦格纳这种天性的人，一个人必定时时反思自身渺小与软弱，并自问：这样的天性对你有什么用？你究竟为什么存在？可能他回答不了这个问题，然后不知所措地站在自己的天性面前。让他满足于体验到这一点：让他在感觉自己远离自我存在中听到这个问题的答案。正是这种感受，让他参与到了瓦格纳非凡的成就之中，他力量的中心、他天性中的恶魔式的感染力与自我放弃之中。这种天性能同别人交流，就像是与其他天性那样容易地交流，他的伟大在于放弃与接纳。由于明显屈服于瓦格纳充沛的天性，对它反思时，他事实上已经参与到它的力量之中，好像是它通过他获得了反对自己的力量。更密切审视自己的人都知道，甚至单纯的注视也涉及一种隐秘的敌意，那种对比之下的敌意。如果他的艺术让我们能体验一个漫游灵魂一路所体验的一切——分享其他灵魂与命运，通过许多双眼获得观看世界的能力，那么，我们通过对如此异常的遥远事物的认知，将能够在体验他本人后亲眼看到它本人。我们将确信，在瓦格纳身上，世界上一切可见的东西都想变成可听之物，从而变得更深刻、更强烈，并在这里寻找它失去的灵魂。同样的，一切世上可听之物也想显现为可见之物，成为一种看得见的现象，似乎是要获得一个躯体。他的艺术总是引导他走向一条双向的道路，从一个听得见的场景世界进入一个与其神秘相关的看得见的场景世界，或者相反。他和观察者都不断被强迫去把可见的运动转化到灵魂与原始生活中去，又要把掩盖在最深处的内心活动看作可见的现象，给它披上身体的外表。这一切都是酒神颂歌戏剧家的本质，这个概念延伸后将包含演员、诗人与作曲家。这个概念必然从瓦格纳之前酒神颂歌的戏剧家唯一完美的典范中、从埃斯库罗斯与希腊艺术家同行中推断出来。如果人们试图从内在的限制或缺陷中推导出伟大的艺术家的发展，比如，如果歌德把诗歌看成是画家失败后的一条出路[1]；如果有人说席勒的戏剧是一种变相的粗俗的口才；如果瓦格纳本人试图用别的原因来解读德国人对音乐的推动，他认为，德国人缺乏天生悦耳的声音，被迫像他们宗教改革者对待基督教那样认真地对待音乐——因此，如果有人想以类似的方式把瓦格纳的发展同这种内在的限制联系起来，那么，人们也许会假定，在他身上存在这样一种原初的戏剧天赋，而这种天赋必然否定最明显最直接途径带来的满足，并把所有艺术聚拢成一个伟大的戏剧的表现，从中找到它的手段与救助。然而，人们还可以说，最强大的音乐家天性，由于不得不向半吊子或非音乐家诉说而绝望，就暴力地强行进入其他艺术，以便最终以百倍的清晰表达自己，并强迫人们理解。我们可以想象一下潜在剧作家的发展，在他完美的成熟中，他是一个没有任何限制与缺陷的形象，而真正自由的艺术家会同时在所有艺术中思考，他们是表面分割的不同领域的中介者和调解人，是艺术能力统一性与整体性的重建者，而这种艺术能力绝不能靠理性来猜测或得到，只能靠实际行动来证明。然而，这样的行动在谁面前突然发生，谁就会被它最神秘最有磁性的魔力所制服。他一下子就面临着一种力量，让一切抵抗变得毫无意义，让他过去的一切都变得毫无意义、不可理解。我们狂喜地在一种神秘而火热的元素中游泳，再也不知道自我，再也不认识最熟悉的东西；我们再也没有任何衡量的标准，一切固定和刚性的东西，都变成了流体，一切都闪耀着新鲜的颜色，以新的符号与文字对我们诉说——现在，纠缠在这半苦半乐之中，这人必须是柏拉图，才能像他做的那样决绝，并对戏剧家说："凭自己的智慧能够变成一切事物、模仿一切事物，如果这样的人来到我们的群体，让我们把他当成某种奇迹的神圣的东西崇敬，给他头上涂油，戴上花环，然后就劝他离开，去另一个群体。"一个生活在柏拉图式的群体里的人，能够且必须说服自己这样做，但我们这些生活在完全不同社会中的其他人，即便是我们对它心存恐惧，却渴望与要求魔术师的到来，以图有一天否

---

[1] 参见歌德《诗与真》。

定我们的社会以及作为它化身的错误理性与权力。人类、人类群体、道德、社会以及设施的一种缺少了模仿艺术家的状态，这也许不是完全不可能，但这种"也许"是最大胆的"也许"，相当于"极有可能"。只有他允许说这样的话，并在自己脑海中预测并实现一切未来时光中的最高瞬间，于是，像浮士德那样失明，他不得不也有权利这样做，因为我们对他的失明没有权利，而像柏拉图那样，在瞥了一眼希腊人的理想后，就有权利对希腊的现实视而不见。相反，我们其他人需要艺术，因为我们演变到看到了现实的面容。我们需要的正是一个全能戏剧家，指望他至少暂时把我们从那可怕的紧张——人在自己与强加给他的任务之间感受到的这种紧张——中解救出来。我们和他一起登上了感觉的最高阶梯，只有在这里，我们才能回到自由天性与自由王国。我们从这个高度，仿佛在海市蜃楼中一般，把我们的争斗、胜利与失败看成崇高的有意义的东西，我们沉醉于激情的节奏与牺牲，英雄每迈出一大步，我们都能听到沉闷的死亡回响，并在临近死亡时感受到生命的最高刺激。这样，我们就被改造成了悲剧人物，带着异常慰藉的心情回归生活，有了新的安全感，就好像从最大的危险、放纵与狂喜中，我们发现了回归有限与熟悉的道路，回到我们相当仁慈的，至少比过去更高尚的地方；因为这里貌似严肃与痛苦的一切，似乎是在朝一个目标前进的一切，相比我们在梦中走过的道路，更像是我们可怕回忆中整个经历的异常碎片；事实上，我们应陷入危险，并轻松地对待人生，因为我们异常严肃地对待这艺术——这让人想起了瓦格纳对他人生道路说过的话。如果我们只能体验而不是创造酒神颂歌的戏剧艺术，而梦要比清醒的现实更加真实，那么它的创造者如何评价这两者呢？在那里，他置身于日常生活、生活必需品、社会以及国家的一切嘈杂的召唤与强求之中，作为什么？也许，在这些糊涂的受折磨的昏睡者中间，在被妄想欺骗的受苦者中间，他是唯一清醒的人，唯一认识到真实与现实的人。有时候，他甚至感到自己成了长期失眠的牺牲品，似乎要在一群梦游者与幽灵般认真的人中间过着清醒而有意识的生活。因此，对他们似乎习以为常的东西，他都觉得可怕，他想用恣意的嘲讽来反击这种现象带来的印象。但是，这种感觉变成了一种奇怪的混杂，一种完全不同的冲动、高处对低处的渴望以及对大地与共同幸福的追求加到了这恣意的嘲讽之中。接着，当他记起他作为孤独的创造者被剥夺的一切时，他像一个下凡的神，把一切微弱的、人性的与失却的东西，"用火热的臂膀举到天上"[1]，以便最终找到爱，不再只是崇拜，并在爱中完全放弃自己。然而，这混杂的感受是酒神颂歌戏剧家灵魂中的真正奇迹；倘若他的天性可以在什么地方概念化的话，那必定是这里。当对世界的那种惊讶与诧异的可怕而强烈的感受，同作为热爱者的那种强烈的接近世界的渴望相结合时，他艺术的创造性时刻正是在这种混杂感受带来的紧张中产生的。他投向大地与生活的目光，总是那吸收水分、驱散云雾、赶走雷云的光束。他的目光既敏锐又慈爱无私，他现在用这双重的目光照亮的一切，都在自然的驱使下马上以可怕的迅疾释放全部力量，揭示它最深处隐藏的秘密。它这样做是出于羞愧。这不仅仅是一个修辞：他靠他的目光惊吓到了自然，并看到了自然赤身裸体，因此，自然现在试图逃到她的对立面，以便于掩盖自己的羞愧。迄今为止看不见的内在的东西，都逃到了一个显形的领域，成为了现象，而迄今为止仅仅可见的东西遁入了听得见的黑暗海洋。因而，在试图隐藏自己时，自然揭露了她对立面的特征。在节奏欢快轻盈的舞蹈中，在狂喜的表情中，原始戏剧家诉说着正在他与自然身上发生着什么。其舞蹈的酒神颂歌，既是可怕的认知与充沛的洞察力，又是深情的靠近与快乐的自弃。言词兴奋地跟着节奏流出，旋律又跟着言语响起，又把它的火花倾泻到形象与概念的王国。一个像又不像自然与其追求者的梦之幽灵翩然而至，凝结成更加人性的形象，并通过一个完全英雄主义的生机勃勃的意志力、一种心醉神迷的沉没与意志力的休止来展开。于是悲剧产生了，它把最壮丽的智慧赐予了生活：那种悲剧思想，从而最终产生了狂热的酒神颂歌戏剧家，这一凡人中最伟大的魔术师与施恩者。

八

瓦格纳真实的生活，也就是酒神颂戏剧家的逐步显现。他不仅仅是酒神颂

---

[1] 参见歌德《神与印度神庙舞妓》。

戏剧家，他也在同他自己持续不断地斗争。他与反抗他的世界的斗争如此激烈如此可怕，因为他听到了这个世界——这个妩媚的敌人发自内心的诉说，因为他心中藏着一个强大的反抗恶魔。当他人生的主导思想——那种无与伦比的影响，一切艺术中最伟大的影响，可以通过戏剧实施并支配他时，他的存在就陷入最激烈的骚动之中。关于他未来的行动与目标，并未立即产生一个明确的决定。这种思想最初出现时几乎就是一种诱惑，是他的那种贪婪地渴求权利与名誉的模糊个人意志的表达。影响力，无与伦比的影响力——如何实施，对谁实施？——这是从现在开始持续占据他脑海与内心的问题与追求。他想要的是史无前例的征服与支配，尽可能一蹴而就，达到那种残暴的无所不能的地步，这是他本能的渴望使然。他那嫉妒的探索目光扫视着一切享受成功的东西，并更多地观察着必须施加影响的对象。通过剧作家的法眼——这样的剧作家能够像阅读最熟悉的作品那样轻易地看穿灵魂，他看到了观众与听众的内心深处。虽然他经常会因他了解的东西而受到干扰，但他马上就又获得了掌握它的手段。这样的手段总是现成的，什么能对他产生强烈的效果，他就能造就什么；他对他的榜样的每个阶段都理解，就好像他自己能创造他们一样，他从未质疑自己想做什么，就能做到什么。在这方面，他甚至比歌德还要"狂妄"。歌德对自己说："我总以为我拥有一切。他们应该给我戴上一顶王冠，我认为这相当理所当然。"瓦格纳的能力、品味以及他的目标——这一切总是如此匹配，就像钥匙与锁一样，一起变得伟大自由，但是，最初并不是这样。那些受过文学与美学教育的艺术之友，他们所经历的远离大众的孱弱、高贵却又自私孤独的感受，与瓦格纳有何关系？但是，戏剧歌唱的高潮在广大听众内心掀起的狂风暴雨，那种突然爆发的精神陶醉，彻底的诚实与无私，这是他自己感受与体验的回响。而当他听到时，他身上弥漫着对最高权力与影响力的热切期望。因而，这时他认识到，大歌剧是表达自己主导思想的手段。他的渴望把他引向了大歌剧，他的眼睛眺望着它的故乡。他人生的较长时期，伴随着大胆的变化，他的计划、研究、居所和交往，只有参考这种渴望以及这位贫苦、不安、激情且天真的德国艺术家注定要遭遇的外部抵制来解释。另一位艺术家更懂得如何成为这个领域的主人。现在逐渐了解到，梅耶贝尔酝酿并获得每一个伟大胜利所产生的各种影响多么复杂，他多么审慎地权衡歌剧的一系列"效果"。同时也可能理解，当瓦格纳睁开双眼，看到艺术家为了从观众那里攫取成功使用的艺术手段，他感到多么地羞愧愤怒。我怀疑在历史上是否还有另一位艺术家，他从严重的错误开始，却友好而天真地从事着他的艺术最令人反感的形式，然而，他的方式不无伟大之处，因而有着非凡的成果。他从认识错误时感受到的绝望出发，理解了现代人的成功、现代公众以及整个现代艺术谎言的本质。他成了在自己身上产生效果的批判者，对他自己如何被净化的一种战栗的认识。就好像音乐精神从这时开始用完全新颖的灵魂魔力与他诉说。就好像他刚摆脱一种顽疾回归生活，他几乎不敢相信他的眼睛或双手，他踌躇前行。因而，这对他来说就像是一个奇迹的发现：他发现自己仍然是音乐家、艺术家。事实上，他现在才真正成为了音乐家与艺术家。

　　瓦格纳成长的每个阶段都有这样的特征：他的两个基本动机之间愈加紧密地联合。它们对彼此的防范之心减弱，更高的自我不再屈尊为它那更暴力更世俗的兄弟服务，它爱自己的兄弟，只能为他服务。最终，当这种成长的目标达到时，最温柔最纯粹的因素会包含在最强烈之中，而鲁莽的动机会一如既往走自己的路，但是沿着一条不同的路，通向那更高的自我的家园。更高的自我又降到尘世，在一切尘世的东西中认识自己的形象。假设有可能以这样的方式谈论成长的最终目标与问题，同时还能说得明白易懂，那么，也就可能找到一种形而上的表达，描述他成长中冗长的中间阶段。

□ 贾科莫·梅耶贝尔

　　贾科莫·梅耶贝尔（1791—1864年），德国歌剧作曲家，其歌剧融合了德、法、意三国歌剧的特色，开创了19世纪法国式大歌剧流派。他的《十字军在埃及》（1824）为其赢得了欧洲的声誉；《恶魔罗勃》（1831）在巴黎获得盛赞，使其成为名家；而此后的《法国新教徒》（1836）和《先知》（1842），则使其声名达到了顶点。他的一系列歌剧，是19世纪顶级歌剧院中最常演奏的作品。这使他成为了当时歌剧界的主导人物，对当时诸多的歌剧作曲家影响颇深——瓦格纳便是其中之一（梅耶贝尔也是瓦格纳的早期支持者）。不过后来，瓦格纳逐渐开始反对梅耶贝尔的音乐风格，并发表了数量相当多的激烈言论，由此导致了梅耶贝尔的作品声名下降。

但我对前者质疑，因而也不想尝试后者。可以用两个词语来对这个中间阶段进行历史的区分：瓦格纳成为社会革命家，瓦格纳认识到迄今为止唯一的艺术家是民间诗人[1]。他是被那个主导思想引领着走向上述两者的，而这个主导思想，在经过巨大绝望与赎罪之后，以一种新的且比以往更强大的形态出现在他面前。影响力，戏剧的无与伦比的影响力！但对谁产生？他想到那些迄今为止他试图影响的人时，他不寒而栗。他自己的经验让他知道了艺术与艺术家所处的耻辱境地：一个没有灵魂或者铁石心肠的社会，一个称自己善良实际却罪恶的社会，它把宫廷艺术与艺术家当作其奴仆随从，满足它的想象需要。现代艺术是个奢侈品：他知道这一点，知道他必须与他所在的社会荣辱与共。这个社会以最无情的、诡诈的方式运用它的权利，让无权利的人民变得更驯服、更卑鄙、更丧失本性，把他们造就成现代的"劳动者"，从而剥夺了他们最伟大最纯洁的东西，而这是人民最深刻需要促使他们创造的东西，并在其中作为真正唯一的艺术家温柔地表达他们的灵魂：神话、歌曲、舞蹈以及语言创造。其目的是从中提炼一种猥亵的解药——现代艺术，用于治疗它存在的枯竭与无聊。这样的社会是如何产生的，如何知道从表面对立的权力领域吸取力量，比如基督教如何让自己堕落到虚伪与浅薄，成为社会与其财产的堡垒，成为对付人民的盾牌，而科学与学术如何卑躬屈膝地为这种强制的服务效劳？这都是瓦格纳多年来一直探索的问题，而当他结束时，他感到的只有愤怒与厌恶。他出于对人民的同情而成为革命家。从那时起，他热爱人民，向往人民，就像向往艺术一样。只有在它之中，只有在人民当中，他现在才能看到配得上他梦想的自己艺术作品力量的唯一观众与听众，尽管它现在被人为地压迫，以至于几乎再也不能被想象到。因而，他的反思集中到一个问题上：人民如何产生？又如何才能复活？

他只找到一个答案：他对自己说，如果大量的人同他一样忍受着同样的需要，那么这大量的人必定是人民。在同样的需要导致同样的冲动与渴望的地方，

---

[1] 瓦格纳原话的意译。在这里与文章中其他地方，尼采使用了 *volk* 一词，它同瓦格纳使用时的意义相同，即，文化上的人民或民族，与政治上的存在不同。

就必定会追求同一类满足，而在这种满足中会发现同样的幸福。他环顾四周，寻找最让他受鼓舞与安慰的东西，寻找那最温暖最深刻满足他这种需要的东西时，他带着振奋人心的确信认识到，这东西只能是神话与音乐。神话是人民需要的产物与语言，而音乐有着类似但更神秘的源泉。他在这两种元素中沐浴并治疗他的灵魂，这是他最热切需要的东西：从这出发，他可以得到，他的需要同人民诞生时经历的那种需要如何地密切相关，而在很多瓦格纳式的人出现时，人们会以哪种方式复活。那么，如果神话与音乐尚未成为现代社会的牺牲品，那么它们如何在现代社会存活？它们都遭受了类似的命运，这见证了两者之间神秘的联系：神话被严重地贬低与扭曲，改造成了"童话"，成为退化的人民中妇女与孩童的玩物，完全丧失了奇特而严肃的男子气概。音乐在穷人与纯朴者中间、在孤独者中间存活，而这位德国音乐家未能在上层艺术圈立足，反而成为了那充满怪物与感人声音与征兆的童话、错误问题的提问者、某种完全着魔的有待救赎的东西。在此，艺术家清晰地听见了只对他发出的命令——恢复神话的男子气概，为音乐驱魔，让它说话。他一下子感到戏剧力量被释放，并确立了对神话和音乐之间一个未发现的王国的统治。他现在在人们面前展示了新的艺术作品，在其中，他汇聚了他知道的一切力量、有效性与快乐的东西，同时带着一个伟大而令人痛苦的尖锐问题："同我的痛苦与需要一样的人在哪里？我渴望成为人民的多数人在哪里？我认出你们的标记就是——你们应该有与我相同的幸福和慰藉。你们的痛苦应该通过你们的快乐向我显现！"因而，他借唐怀瑟和罗恩格林发问，他寻找的是他的同类人，一个渴望那多数人民的孤独者。

然而，发生了什么呢？没有人给出答案，也无人理解这个问题。人们并非完全沉默，相反，答案到处都是，只不过答非所问；他们对新艺术作品议论纷纷，就好像它们天生就是为了成为大家的谈资一般。对美学的写作与谈论的渴求像一种热病一样在德国人中传播，人们借着一种羞耻对艺术作品与艺术家进行品评，而对于这种羞耻，德国学者比起德国记者一点也不逊色。瓦格纳尝试通过散文写作来帮助人们理解他的问题：新的混乱，新的嘈杂——那个时候，全世界都把这位写作并思考的音乐家看成是怪物，然后喊道："他是一个理论家，妄想按照头脑中的概念来改造艺术，砸死他！"——瓦格纳目瞪口呆。他的问题未被理解，他的需要无人理解，他的艺术作品像是在对牛弹琴，他的民众就像是幽灵。他举步维艰、步履蹒跚。万物剧变的可能性浮现在他眼前，他不再退避这种可能性。也许，在革命与破坏的彼岸创造一种新的希望，也许不会——但无论如何，一无所有总比令人厌恶的东西要好。不久，他成了政治上的流亡者与穷光蛋。

但正是现在，当他的外在与内在命运发生如此可怕的转折时，那伟大的人进入了他人生的新的阶段，他的卓越技能之光像流金的闪光一般！只有到现在，这位酒神颂戏剧天才才脱掉了最后的外壳！他完全孤独，时间对他来说微不足道，他放弃了希望。因而，他普遍的目光潜到深处，这次到了最底处。在这里，他看到了万物本质的痛苦，从此刻起，他变得更冷漠，他更平静地接受了属于他的那份痛苦。对最高权力的渴望、过去岁月的传承，被完全转化成了艺术创造力。他现在通过他的艺术与自己说话，不再对公众或人民讲话，并且努力提供那进行强有力对话的最大能力与清晰性。他的前期作品有所不同：在那些作品中，他试图产生立竿见影的效果，尽管是以一种高贵而柔和的方式。这些作品意味着一个马上要回答的问题。瓦格纳经常想让他的听众更容易理解他，所以他走出去面对他们并遵守陈旧的表达形式与手段，但他们并不习惯于被质询。他担心在某些地方自己的语言无法让人理解和信服，所以，他试图用自己陌生但听众所熟悉的语言来提问。现在，没有任何东西再强迫他这样考虑了。他想做的就一件事：向自己妥协，在行动中思考世界的本质，用声音进行哲学探讨。他残存的意图就是他最终见解的表达。谁有资格知道，他内心发生了什么、他习惯于在自己灵魂最神圣的幽暗里与自己谈论的是什么——配得上的人是少数——就让谁听到、看到并经历《特里斯坦和伊索尔德》，所有艺术中真正的形而上学作品。在这部作品上停留着将死者破碎的目光，带着对黑夜与死亡神秘的最不知足的、甜蜜的渴望，远离那如同罪恶、欺骗与隔离的，闪耀着可怕而明晰的晨光的生活。这是一部形式最苛刻严肃的戏剧，其纯朴的伟大不可抗拒，如此适应它说的那个神秘，生命中死亡的神秘，二元性的统一。此外，还有比作品更奇迹的东西：艺术家本人。他创作完这部作品之后，不久就创造出了完全不同色彩的世界——《纽伦堡的工匠歌手》，并且，他在这两部作品中，就好像是一种自我休息与提神，以便循序渐进地完成他已经勾画的四部巨著，这是他构思创作了20多年的作品，他的拜洛伊特艺术作品《尼伯龙根的指环》！谁在接近《特里斯坦与伊索尔德》和《纽伦堡的工匠歌手》时感到困惑，他就不能在这个重要的点上理解所有真正伟大德国人的生活与天性。他不知道，

□ **纽伦堡的工匠歌手**

在歌剧《纽伦堡的工匠歌手》中，瓦格纳描写了发生在16世纪德国纽伦堡中一对情侣的爱情故事，刻画了陷于形式主义的"名歌手协会"形象。与瓦格纳其他诸多以带悲剧色彩的神话或传奇为题材的歌剧不同，这部作品是一部以历史人物（汉斯·萨克斯）和事件为题材的三幕歌剧，是瓦格纳歌剧中少有的喜剧，也是现存最长的剧目（长约5小时）。图为迈克尔·埃希特为歌剧第一幕所作的《在歌唱的施托尔青》。

路德、贝多芬与瓦格纳展示的德意志乐观的生长基础，这种乐观是其他民族完全理解不了的快乐，当代德国人似乎已经完全丧失了的快乐——那种纯朴、深邃的爱、反思的头脑与恶作剧的彻底发酵后的混合品质，就像瓦格纳把它当作最美味的饮料分给那些深受生活之苦的人，并把它看作康复者回归生活的微笑。此外，他本人更宽容地看待世界，更少愤怒厌恶，更多的是在悲伤与热爱中放弃权力，而不是恐惧。因而，他平静地推进自己的伟大作品，总谱一个接一个。这时，一件事的发生让他停了下来：朋友们来了，告诉他众多灵魂的隐秘动向，这远非在此行动并宣称自己的"人民"，而可能是在遥远未来将被完善的真正人类群体的萌芽与生命之源。但现在这只不过是一种保证：他的伟大作品有朝一日会落到一群忠诚者的手中，他们会承担并有资格在未来保护这最辉煌的遗产。他的生活的白昼在朋友的热爱中闪耀着更温馨的色彩。他最高贵的关怀与照料，仿佛要在夜幕前到达他作品的目的地，为它找一个避难所，而不再是他自己的关怀与照料了。然后，在这里发生了一件事，这对他意味着一种新的慰藉、一种幸运的标

志，但他只能象征性地加以理解。德国的一场伟大的战争让他仰视，他所知道的已经堕落的德国人的战争，这些德国人离他从自己以及其他历史上伟大的德国人所观察到的高远的德意志精神相去甚远。但正是在这场战争中，在极端可怕的形势下，德国人表现出了两种真正的品质：朴实的勇敢与精神的存在。他开始认为自己也许不是最后一个德国人，他的作品终有一日会得到比少数朋友自我牺牲更强大的力量的保护，并将它作为未来的艺术品保留到那注定的未来。也许，当他试图把这种信念上升为一种即时实现的希望时，它难免受到怀疑：他从中得到了一种巨大的激励，这足以让自己记住尚未完成的崇高使命。

倘若他交托后世的只是那沉默的总谱的话，他的作品就不能完成，得不出什么结论来。他公开阐明并指导了那不能猜度的东西、只有自己知道的东西、他的表演与表现的新风格[1]，以便提供别人无法提供的榜样，从而建立一种风格上的传统——不是用符号写在纸上，而是作为效果铭刻于人的灵魂上。这一点愈加成为他的一种严肃职责，因为他的其他作品正是在表演风格上遭受了最不堪最荒谬的命运：它们很有名，备受赞赏，但却被糟蹋，但显然无人对此愤怒。这听起来有点奇怪：正当他在对同时代人清醒认识中更严肃地放弃了成功的渴望，并摒弃权利的想法时，成功与权利却迎面而来，至少全世界都对他如是说。反复强调这样的成功是彻底的误解，对他是一种侮辱，对他并无裨益。人们如此不习惯看到一个艺术家区分他作品产生的不同效果，以至于从未真正认真对待其最严肃的抗议。一旦他意识到我们戏剧事业与戏剧成功与当代人性格的联系后，瓦格纳的内心就再也不想与剧场打交道了。他不再关心那激动群众的审美热情或欢呼了，他看到自己的艺术不加区分地喂养那无法满足的无聊和消遣欲时，必定怒气满胸。在这里，每个戏剧产生的效果必定十分肤浅轻率；在这里，与其说是在喂养饥饿者，不如说是在填饱一个贪得无厌者，他尤其从一个常规的反复现象中得出了结论：不管何处，包括表演者与制作者在内，人们都完全把他的艺术当成按照一般戏剧创作的令人讨厌的教科书制作的舞台音乐对待。事实上，有教养的指挥家还

---

〔1〕参见瓦格纳《论指挥》。

会删减他的作品，直到它成为他们认为的歌剧：剔除了灵魂，而歌手们才能完成表演。当人们尝试像样的表演时，人们就会以一种笨拙与拘谨的急切，遵从瓦格纳的指引。比如，《纽伦堡的工匠歌手》第二幕所描述的纽伦堡街道上的夜晚狂欢，通过故作姿态的芭蕾演员来表现。在所有这些情况下，每个人都表现得如此真挚，毫无不良意图。瓦格纳自我牺牲的尝试，即通过行动与范例，至少表明朴素的准确性与完整性，并把单个歌手引入全新的表演风格，但却反复被那支配着的漫不经心与恶习的污浊一扫而空。此外，他总是不得不同早已让他厌恶的剧场混在一起。难道歌德没有失去参加自己《伊菲格尔》上演的兴趣吗？他解释说："当我不得不同这些从未真实表演过的幽灵打交道时，我万分痛苦。"[1] 同时，他在自己厌恶的剧场越来越成功，最终，瓦格纳的艺术作品被包装成了歌剧，大部分大剧院都靠这样的表演带来的收入存活。瓦格纳的许多朋友也被这日益增长的戏剧激情所感染。尽管他已经耐心地忍受了很多痛苦，但现在他要忍受最难忍受的东西——看着自己的朋友陶醉于这样的成功与胜利，而瓦格纳独特的崇高理想正是在此被嘲弄与否定。看起来，一个在许多方面严肃而呆板的民族，拒绝放弃它对待最严肃艺术家的那种一贯的轻率，恰恰因此，它似乎要把德意志品性中的一切粗俗、浅薄、愚昧且有害的东西发泄到这位艺术家身上。因此，当德意志战争期间一股更广泛更自由的思潮占据上风时，瓦格纳想起了忠诚加到他身上的责任，以拯救他的最伟大的作品，免于遭受那种误解与辱骂带来的成功，并以他独特的节奏把它树立为所有未来时代的榜样。于是，他有了拜洛伊特的想法。伴随着这股思潮，瓦格纳相信，他看到了一种提升了的责任感在他想要交托他最宝贵财产的人身上得以唤起。正是出于这样的相互责任感，瓦格纳事件产生了，就像那奇怪的阳光照耀着近期以及未来几年。这是为一个遥远的未来、仅仅可能但无法证明的未来而设计；这样的未来对于当代与只知当代的人来说，不过是一个谜或一种憎恨而已；对于少数能为它的创作提供帮助的人来说，这样的未来是一种最高的预先体验，让这少数人知道他们被祝福、保佑且富有成果，超越了自己的

---

[1] 歌德致埃克曼，1827年4月1日。

时代；但对于瓦格纳来说，这个未来是辛劳、忧虑、反思、愤怒的黑暗，也是新的对敌对因素的愤怒，但是，无私而忠诚的星火普照一切，让一切都化成了难以言说的幸福！

悲剧的气息笼罩着这样的生活，这无须言说。每一个从自己灵魂中有所感受的人，每一个对人生目标中的悲剧性欺骗、对人生意图的歪曲与违背、对靠爱实现的放弃与净化方面并非完全无知的人，肯定会从瓦格纳展示的艺术作品中感受到一种梦幻般的对伟人英雄般存在的回忆。我们应该相信，从某种遥远的距离，我们听到了齐格弗里德讲述他的功绩；感人的幸福中交织了晚夏深深的忧伤，而整个自然静静地躺在金色的暮光中。

九

反思瓦格纳是什么样的艺术家，沉思那真正自由的艺术能力与自主性的场景，这是任何思考并忍受瓦格纳如何成长之苦的人所需要的东西，从而作为自我恢复与激励的手段。如果艺术总体上只是同别人交流个人经历的一种能力，如果每种不能让人理解的艺术作品都自我矛盾，那么，瓦格纳作为艺术家的伟大就必然在于他天性中的魔鬼般的交流能力，好像用每一种语言在谈论自己一般，无比清晰地让人认识到他内心最具个性的体验；在人类习惯于把艺术割裂对待看成是永恒规则之后，他在艺术史上的出现，就如同他天性中完整艺术能力的爆发。因而，给他冠以什么身份变得悬而未决，诗人、雕塑家还是音乐家？每个词都必须在极其广义的层面上进行理解，否则就得造个词来形容他。

瓦格纳在可看见可感知的事件中思考，而不是在概念中思考，也就是说，他像大众通常那样用神话的方式思考，其中表露了他身上的诗人要素。神话并非像矫揉造作的文化之子认为的那样建立在思想之上，它本身是一种思维方式。它传递一种对世界的想法，关于一系列事件、行动与痛苦的想法。《尼伯龙根的指环》是一个庞大的思想体系，但却没有概念形式的思想。哲学家也许会在旁边放一些与其完全对应的但却缺少形象或行动的东西，只用概念同我们诉说。这样，会展现两个完全不同领域的同一个事物，一个给民众，一个给民众的对立面，理论家。因而，瓦格纳并未对理论家说明自己，因为他们对诗歌与神话的理解，大体同聋人对音乐的理解无异，也就是说，两者都看到了对他们毫无意义的行动。只要你还受诗人的掌控，你就会跟诗人一起思考；就像你是一个只会感知、看听的人，你得出的结论只不过是看到的事件的串联，也就是事实上的因果，而非逻辑上的因果。因此，这两个完全不同的领域彼此都看不到对方。

现在，如果瓦格纳创作的神话戏剧中的神与英雄也是用言语来传达，那么最大的危险就是，这样的口头语言会唤醒我们身上的理论家，从而把我们举起到另一个非神话的领域，而最终，我们依靠言语并未更清楚地理解了眼前发生的一切，而是完全不理解。这正是瓦格纳强迫语言回归原始状态的原因，在这种状态下，语言还未用概念思考，它本身还是诗歌、形象与感受。瓦格纳从事这种十分可怕任务的无畏表明，他如何被诗歌精神强行引导，就像一个要跟随幽灵向导引领的人一样。戏剧的每一个词都要被演唱，并适合剧中的神与英雄：这正是瓦格纳对自己语言想象力提出的巨大要求。其他任何人肯定都会绝望，因为我们的语言太古老、太贫瘠，以至于满足不了瓦格纳的要求。然而，他在岩石上的敲打产出了充裕的泉水。他比其他德国人更爱他的语言，因此要求更多——因而，语言的堕落与弱化、多样性的缺失与残缺、生硬的句子结构、毫无咏唱性的助动词，这一切都是通过罪恶与堕落进入到语言之中，这让瓦格纳更加痛苦不堪。另一方面，他深以为豪的，是语言中尚存的自然创造性与无穷尽性，其根本上的共鸣的力量，相对于罗马语种高度派生与人为修辞的语言，他从中察觉到一种奇妙的音乐、真正音乐的倾向与准备。[1]瓦格纳的诗歌中弥漫着对德语的乐趣，而对此处理时的真诚与坦率，在歌德以外的德国人那里见不到。表达的个体性，大胆的压缩，抑扬顿挫与节奏多样性，显著有力的内涵丰富的词语，句子结构的简化，作为语言的独特创造性的澎湃感受与预感，有时单纯涌现的通俗谚语与口语，这些都是需要列出的品质，然而最强大最值得赞扬的仍然被遗忘了。连续读过《特里

---

[1] 参见瓦格纳《歌剧与戏剧》，第四卷。

斯坦与伊索尔德》与《纽伦堡的工匠歌手》这样诗篇的人，都会在口头语言方面感到惊奇与困惑，类似他在音乐方面的感受。也就是说，如何可能创造两个在形式、色彩、连贯完全不同的世界，同它们在灵魂上的一样。这是瓦格纳最强大的天赋，某种只有一个伟大的老师才能具备的能力：为每种作品创造一种属于它的语言，并赋予新的主观性一种新的躯体与声音。在这种罕有的理论自我表达的地方，对个体过量与奇特性的责备，对表达与思想上更常见的隐晦性的责备，总是微不足道、毫无结果。而且，那些迄今为止责备最响亮的人，最终发现大多数语言都不是灵魂的语言，而整个感受与痛苦的方式，令人厌恶、闻所未闻。让我们等待他们获得新的灵魂，然后说出一种新的语言。那个时候，对我而言，整个德语才会有比现在更好的形态。

然而，首先，凡是思考诗人与语言雕塑家瓦格纳的人都不会忘记，瓦格纳的戏剧不是用语言阅读的，不必纠缠于言语戏剧方面提出的要求。后者只想通过概念与词语来影响人的感受，这样的目标让它受制于措辞。但是，在生活中，激情很少喋喋不休，而在话剧中，它必须这样才能充分表达。然而，当一个民族的语言已经破碎腐朽，戏剧家就要给他的想法与语言以非凡的色彩，并创造新的词汇。他想要让语言升华到再次表达崇高感受的高度，从而招致一种完全不被理解的危险。同样，他试图通过诙谐的格言与自负，向激情传达高贵的东西，从而陷入另一种危险中：他显得造作、虚假。因为，真正的激情不会用格言来诉说，并且，倘若诗歌的激情本质上不同于现实，那么很容易唤起对它诚实的怀疑。另一方面，作为第一个认识到话剧内在缺陷的人，瓦格纳以言语、表情与音乐三重表现展示了所有戏剧事件；首先，音乐把戏剧描写的人物内心基本的冲动，传递到了听众的心灵，而听众，则感知到了相同人物表情中的这些内在事件的第一个可见形式；其次，言语上传递了第二个略苍白的表现形式，这些内在事件已经被转化成了更自觉的意志行为。所有这些影响同时发生，彼此毫不干扰，同时还驱使戏剧呈现对象达到一种全新的认知与同感状态，仿佛他们的感官瞬间变得更精神化，他们的精神更感性，就好像一切渴望知道的东西处在一种自由的得意洋洋的认识传递之中。瓦格纳戏剧中的每个事件都像从内被音乐照亮一般，因而能以最高的清晰度同观众交流，而作者也不需要话剧诗人给予其事件光芒与热情所需的一切手段。戏剧的整体经济性可以更简单，建筑师的节奏感再次敢于在建筑的总体布局中展现，因为现在没有那种蓄意创造的复杂性与混乱多样性的动机，这在之前是话剧诗人借以唤起兴趣与紧张，以便把作品增强到拥有一种幸福的惊讶之感的东西。那种理想化的遥远与高贵的印象，现在不需要技巧就能实现。语言从修辞广阔性上返回到那种感情表达的简洁与力量。虽然表演者谈论他的行为与感受比之前更少，但那种言语戏剧出于非戏剧本性而阻挡其进入舞台的内在事件，现在迫使听众同他们产生同感，而表演也只需要最优雅的表情。现在，激情的演唱要比激情的诉说时间更长，音乐似乎把感受延伸了。从这之中得出，依然作为歌手的表演者，通常需要克服话剧在动作上的夸张剧烈。他发现自己被一种表情的高贵所吸引，而当音乐把他的感受投入到更纯洁的天空中沐浴、并因而不由自主地让他们更美时，他更会这么做。

瓦格纳给演员与歌手提出的非凡任务会世世代代激励他们彼此竞争，以便最终实现：以一种可见的可感知的方式，完美地表现瓦格纳英雄的形象，而这种形象已经在戏剧的音乐中完美地实现了。跟随这样的向导，造型艺术家的眼睛最终看到了一个新的可见世界的奇迹，在他之前，只有像《尼伯龙根的指环》这种作品的创作者才看到过。作为最高级别的雕塑家，瓦格纳像埃斯库罗斯那样，指明了通向未来艺术的道路。实际上，当造型艺术家把他的艺术效果同瓦格纳的音乐效果比较时，激励伟大天赋的必定不是嫉妒：瓦格纳音乐中静卧着最纯洁阳光普照的幸福，所以，对于听到这种音乐的人而言，几乎所有过去的音乐都是说着一种浅薄拘束的语言，就好像在不配严肃对待的人面前玩的游戏，或者是在就连游戏也配不上的人面前进行的一种教导和论证手段。早先的音乐给我们短暂的幸福，而瓦格纳的音乐让我们一直能感受到幸福。只当音乐同自己诉说，并像拉菲尔的《塞西莉亚》一样，引导自己的目光偏离那些向她索要消遣、娱乐或学识的听众之时，会有极少见的片刻遗忘。

关于音乐家瓦格纳，通常可以说，他赋予了自然中迄今不想说话的一切以语言。他不相信任何注定哑巴的东西。他投入到黎明、森林、云雾、峡谷、山巅、

□ **出神的圣塞西莉亚**

《出神的圣塞西莉亚》是意大利画家拉斐尔在1516至1517年间完成的祭坛画，此画包含了相当丰富的象征意义（两封信、佩剑、鹰、管风琴及脚下的乐器等等）。画中的圣塞西莉亚（中）在圣保罗（左一）、传道者约翰（左二）、圣奥古斯丁（右二）、抹大拉的玛丽亚（右一）四人的围绕下，出神聆听着天使们演奏的音乐（圣塞西莉亚祈祷时能听到天国的圣乐，这因而被传为圣迹），不过其余四人并未看到塞西莉亚所看到的异象，也并未体验到她的情感。

深夜与月光之中，察觉到它们身上的隐秘的渴望：它们渴望发出鸣响。如果有哲学家[1]说，有机与无机世界都有渴望生存的意志，那么，这位音乐家会补充说：而且，这个意志在所有阶段都想要"有声的存在"。

在瓦格纳之前，音乐在整体上有狭隘的界限，它适用于人类的稳定永久状态、希腊人称之为 *ethos*（民族特征）的东西，只有从贝多芬开始，它才找到悲伤、激情的渴望，以及发生在人内心深处的戏剧事件的语言。过去，音乐的目的是通过声音表达一种心境，一种果断、欢快、崇敬或后悔的状态；通过一种特定的形式上的一致性，及对这种一致性的延伸，以驱使听众去解读音乐的情境，并最终让自己进入这样的情境。不同的情境与状态下的各种形象需要不同的形式，而其他形式都由习俗来定。时间长度问题是音乐家裁定的问题，他想把听众移置到特定情境中，不想因持续的过长让听众厌烦。当对立情境的形象被依次描绘，并从中发现对比的魅力时，那意味着又前进了一步。而当同样的乐章包含了对立的特性时，比如男性主题与女性主题的冲突，那就更进一步了。这一切都是音乐粗糙而原始的阶段。对激情的恐惧产生了一条规则，而对厌倦的恐惧则产生了另一条法则。而感情的深化与过度都被认为是不道德的。但是，当民

---

[1] 指叔本华。

族特质的艺术百遍地重复着相同的惯常状态与情境时，不管艺术家创造力多么惊人，它最终还是枯竭了。贝多芬首次让音乐说出新的语言，迄今为止被禁止的语言，但是，因为他的艺术是从民族特质的艺术法则与习俗中产生的，似乎不得不在他们面前尝试为自己辩护，因而，他的艺术发展有着特殊的困难与混乱。一种内在的戏剧事件——每种激情都有一个戏剧历程——都想突破生出一种新形式，但情境音乐的传统模式提出反对，几乎是用道德来反对不道德的产生。有时候，贝多芬似乎给自己设定了自相矛盾的任务，通过道德形式来表达情感。然而，这种想法不适合他最后的伟大作品。为了再现激情的伟大弧线，他真的发现了一种新的手段。他从激情的轨迹上清除了个别的点，并以最明显的方式标明，以便于让听众从中推测出整个曲线。从表面上看，新的形式似乎是许多乐章的组合，每一种都明显表现了一种持久的状态，实际上是激情的戏剧过程的各个瞬间。听众可能会认为，他听到的是老的情境音乐，抓不住各个部分之间的关系，而这再不能靠对立部分的旧规则来理解了。甚至音乐家也对构建一个艺术整体的要求蔑视起来，而他们作品各部分的顺序也变得随意。表达激情的伟大形式的创造，因为误解回归到内容随意的单一乐章，而作品各部分间的张力完全失去。因此，贝多芬之后的交响乐有着如此奇怪的混乱结构，尤其在个别部分还结巴地说着贝多芬激情的语言。手段不适合目的，而整个目的对于听众而言完全不清楚，因为连作者也从不清楚。但是，要说的东西要相当确切，说得尽可能清楚，这样的要求，在作品越高级、越复杂、越宏伟时，越显得不可或缺。

因此，瓦格纳的全部努力就是为了找到表达清晰性的所有手段。为了这个目标，他首先要把自己从静止状态的古老音乐的所有偏见与主张中解放出来，并让他的音乐，那种感情与激情的发生，说出一种绝非模棱两可的语言。看看他已经取得的成就，就会知道，他在音乐王国做了独立雕塑创造者对造型艺术所做的一样的事。相比瓦格纳的音乐，所有早期的音乐都显得僵硬、胆怯，似乎从哪个角度看它们都感到羞愧。瓦格纳以最大的确定性与坚定性抓住了各种程度、各种色彩的感受：他把最温柔、最遥远、最狂野的情感抓在手中，不担心拿不住，就好像拿着某种坚硬牢固的东西一样，尽管在别人看来这些东西像蝴蝶一样难以捕捉。他的音乐从来都不是模棱两可的，只表达一种普遍的情境。它诉说的一切事物，人或自然，都有严格的个体化激情。风暴与烈火采纳了一种个人意志的强制力量。在所有声音实现的个体与激情经历的斗争中，在对立力量的整个旋涡之中，一种强大的交响乐智慧，极为泰然地涌出，并从所有这样的冲突中孕育出和谐。从整体上看，瓦格纳的音乐是世界的一个映象，正如伟大的以弗所哲学家[1]所理解的一样，"冲突产生的一个和谐体，正义与敌意的统一体"。让我惊叹的事实是，从多种方向不同的单个激情中，计算出的总激情的伟大路线。这样的事情是可能的，我看到瓦格纳戏剧的每一幕都能证明，每一幕都讲述了不同个体的历史以及他们所有人的总的历史。我们从一开始就感觉到，我们面前有相互冲突的溪流，但同时也有一股掌控着它们方向的明确的强大激流。这股激流起初不安地流动，流经暗礁，有时好像要分出支流，朝不同方向流去。我们渐渐注意到，整体内在的运动变得更强劲、更扣人心弦，那种骚动的不安过渡成一种更宽阔、更可怕的强大运动，朝着未知的目标流去。突然，整个激流跌入深谷，带着对深渊与激浪的着魔似的兴趣。在困难十倍增长时，瓦格纳还能以立法者的兴趣支配这伟大的事件，这让瓦格纳再不能更是瓦格纳了。把相互抗争的材料制服成简单的节奏，让多样性的需要与渴望服从单个意志的支配，瓦格纳觉得这是他天生的使命，而在这种使命的履行中他感到了自由。他在这个过程中从未无法喘息，他到达目标时从未气喘吁吁。他不断追求给自身强加那最苛刻的法则，而其他人却在努力减轻自身的负担。倘若他不能同它们中最艰难的问题为伴，人生与艺术对他来说就成了压迫。比如，想想那唱出的旋律与说出的言语旋律之间的关系，想想瓦格纳如何对待那激情言语的音调、音量与节奏，把这作为自然的模板，把它转化为艺术。考虑一下这种唱出的激情，如何在音乐的整个交响体系中安排，并认识到困难被克服的奇迹：他在宏观与微观上的创造性，他处处表现出的精神与勤奋，在看到瓦格纳乐章时，人们会相信，在他之前根本没有如此的工作与努力。关于艺术中的辛劳，他可能会说，剧作家真正的美德在于自我牺牲。但他可能反驳说：艺术

---

[1] 赫拉克利特（公元前6世纪）。

中只有一种辛劳，那就是尚未自由者的辛劳，而美德与善良轻而易举。

总体来看，作为艺术家，瓦格纳身上有着某种狄摩西尼的东西：对事件的极端认真，加上一种让他每次都不失手的把握力度。他瞬间就能抓住，他的手牢牢握住，就好像铜造的一样。同狄摩西尼一样，他隐藏他的艺术，或者强迫观众思考主题而忘掉艺术。然而，跟狄摩西尼还一样的，他是整个艺术灵魂队列中最后、最高的榜样，因而要比队列前面的人有更多的东西要隐藏。他的艺术作为再生、重新发现的自然，有自然的效果。他没有任何华丽辞藻，不像过去的音乐家那样，偶尔会拿自己的艺术开玩笑，卖弄他们对艺术的掌控能力。在瓦格纳艺术作品的表演中，人们想不到任何有趣的东西、轻松的东西或者瓦格纳本人，也完全想不到艺术。他们感受到的只有它的必然性。他强加给自己意志的目的是多么严苛与一致，他在自己成长过程中需要的是怎样的自我克制，以便在自己最终成熟时以一种创作必不可少的快乐自由做一切必要的事，这没有人能够推算出来。如果我们在个别情况下感觉到，他的音乐怎样带着某种残酷的决定屈从于如命运一般无情的戏剧进程，而这种艺术的火热灵魂，如何渴望有朝一日无拘无束地在自由的荒野上漫步，这就已经够了。

□ 狄摩西尼

狄摩西尼（前384—前322年），古希腊演说家、政治家，其演讲是当时雅典智力文化的重要体现。其父早年去世，留下的遗产被人侵吞，他为了要回遗产向当时著名的演说家伊赛学习演说之术，并最终取回了自己应得的遗产。他反对马其顿王国入侵希腊，数年间在雅典发表了诸多极富感染力的演讲（如《斥腓力》等），谴责马其顿王腓力二世的扩张野心，后于亚历山大大帝去世后返回雅典继续反抗马其顿，最终因失败而自杀。

十

一个具备这种力量的艺术家，即使无此想法，也会让所有其他艺术家服从。另一方面，只有对于他，他的服从者、他的朋友与追随者代表的才不是危险或限制，而个性较弱试图从朋友那里获取支持的人，通常都因此而失去自由。令人惊奇的是，瓦格纳一生都避开了任何党派，然而，在他艺术发展的每个阶段总会有一群追随者形成，其目的显然是要把瓦格纳固定到那个阶段。他总是能够挫败这样的意图，从而穿行到下一个自己的阶段。他的道路很漫长，没有一个人能轻松地一路相随，他的道路非凡而陡峭，甚至最忠实的信徒也会喘不过气来。几乎在瓦格纳人生的每个阶段，他的朋友都想把他教条化，而他的敌人出于不同的原因也希望这样。如果他的艺术品格的纯粹能稍微再降低一点，那么他就能早得多地成为当代艺术与音乐的无可争议的主宰。瓦格纳最终成了这样的主宰，尽管在更深的意义上，在任何艺术领域发生的一切，都看到了自身自觉地置身在瓦格纳艺术与其艺术品性的审判席之前。他甚至征服了最不情愿的人，所有有才华的音乐家都从内心倾听他的音乐，并发现他的音乐比自己和其他任何音乐更值得倾听。有些决心要不惜代价有所意义的人，会同这种势不可挡的内在影响较量，把自己放逐到旧的音乐老师的圈子，宁愿在舒伯特或亨德尔而不是瓦格纳那里建立自己的"独立性"。徒劳！同这种更好的良知斗争，让他们作为艺术家变得更卑劣更狭窄，他们不得不忍受卑鄙的朋友与同盟，从而毁掉了自己的个性。在所有这些牺牲之后，他们会发现自己，也许是在梦中，仍然在倾听瓦格纳的音乐。这些反对者实在可怜。他们以为失去自我意味着失去了很多，他们错了。

从现在开始，对于音乐家们是否按照瓦格纳的方式作曲或者是否作曲，瓦格纳明显不感兴趣，实际上，他尽其所能地消灭当前的一种不幸的信念：现在必须依附他形成一个作曲家学派。[1]只要他还是作为音乐家产生直接影响，他就试图在大型表演的艺术上教导他们。对他来说，艺术的发展似乎已经到了这样的时刻，在这个时刻，成为一个表演与音乐实践方面的音乐老师的意愿，要比不计成本地对创造性的渴求的价值要大得多。在当前达到的艺术阶段上，这种创造性，由于日常应用中对天才技巧与创造的消耗，已经产生了致命的结果，让真正伟大的东西变得琐屑。在艺术中，即使因模仿最好的东西而产生的好东西，都是多余、有害的。瓦格纳式手段与目的属于一个整体：要意识到这一点，只需艺术上

---

[1]参见瓦格纳《论〈音乐剧〉这个称谓》。

的诚实，而察觉并把这样的手段用于完全不同的渺小目标，那就是不诚实。

如果瓦格纳因而拒绝生活在一群按瓦格纳的方式作曲的音乐家之间，他就会更加迫切地为每个有才华的人提出新的任务，即与他一道发现戏剧表演中的风格法则。他感受到为他的艺术建立一种风格传统的深刻需要，借此他的作品能以纯粹的形态代代相传，直到其创造者注定的那个未来。

瓦格纳有一种不知满足的强烈欲望，要传授那与风格建立从而同其艺术的持续存在有关的一切东西。他的作品是他存在的神圣宝藏与真正成果（用叔本华的话说）。要让他的作品成为人类的财富，把它保存下来，留给更有判断力的后代，这已经成了高于其他一切目的的目的。出于这样的目的，他戴着以后会转变成桂冠的荆冠。他的努力主要放到了对他作品的保护上，就好比昆虫在最后保护它的卵，关心它永远见不到其存在的幼虫孵化。它把卵产到确信有一天能找到生命与营养的地方，然后安心死去。

这个高于任何其他目标的目标，激励他进行新的创作。对自己与其反应迟钝的时代的冲突，及其彻底的不愿，他倾听得越清楚，他就愈能从他非凡交流天赋的源泉中汲取更多的东西。然而，在他的不懈的激励诱导下，甚至这个时代也渐渐地做出让步，并侧耳倾听它的声音。不论何时，只要远处出现或大或小的机会，能通过实例阐明他的思想，瓦格纳就时刻准备着。他把他的思想应用到获得的情况之中，并让它们发生，哪怕是通过最不适当的化身。每当出现哪怕是有半点接受性的灵魂，他都会撒播他的种子。对于冷静的观察者所不在意的事物，他都会寄之以希望。他愿意欺骗自己百次，为的是有朝一日在观察者面前维护自己的权利。正如聪明的人与活着的人打交道只是想增加自己知识的宝库，艺术家除了为让自己的艺术永恒外，不会同当代人交往。爱他意味着爱他的艺术以及永恒性。他同样只知道一种针对他的仇恨，那种试图切断他的艺术与其未来桥梁的仇恨。瓦格纳为自己而教育过的学生，听过他说话、看到他作表情示范的个别音乐家与表演者，指挥过的大小乐队，见证他严肃工作的城镇，半害羞半热爱地参与他计划的王子与夫人们，他暂时作为其艺术裁判和愧疚之人的多个欧洲国家，这些都渐渐成为他思想、他对未来成果不懈追求的回响。如果这种回到他这里的回响变得扭曲混乱，那最终会成为势不可挡的齐唱，这是他向世界呐喊出的信息的巨大强度注定要唤起的。不久之后，就不可能听不到他或者错误地理解他了。这种合唱已经让现代人的艺术中心颤抖，当他的精神气息吹拂到这些花园时，一切枯萎的、即将凋零的都要为之摇晃，甚至比颤抖更雄辩的是一种普遍的不确定性：再也没有人知道，瓦格纳的影响在哪里不会突然爆发。他完全不能把艺术的好处看成在所有方面同普遍的福祉割裂的东西：凡是现代精神代表是一种危险的地方，他都以最敏锐的不信任察觉到艺术的危险。他在自己的想象中拆除了我们文明的大厦，不让任何腐朽、轻率建造的东西逃过。如果他遇到了坚固的城墙或者持久的地基，他马上会思考将其加以利用的方法，作为其艺术的堡垒与防护顶。他活得像个逃亡者，他的目标不是保护自己而是一个秘密，就像一个想救她腹中孩儿而不是自己的不幸妇女：他像齐格琳德那样，"为爱而活"〔1〕。

因为，作为一个无家可归的流浪者，生活在这个必须对它说话、提出要求同时蔑视却又离不开的世界，肯定充满了折磨与羞辱——这是未来艺术家的真正窘境。他不能像哲学家那样，在黑暗的角落里追求知识，因为他需要人的灵魂作为走向未来的媒介，需要公共设施保障这样的未来，作为现在与以后的桥梁。他的艺术不是靠文字这条船来运载，这与哲学家的著作不同。艺术需要表演者而不是字母与符号作为传播者。纵观瓦格纳的一生，一直有一种恐惧在回响，那就是害怕他遇不到这样的表演者，害怕提供不了他应该提供的实例，反而被迫限制到文字上——向那些读书的人提供不了动态展示，反而是这动态展示的影子。而这些读书人总体上还不是艺术家。

作为作家，瓦格纳是个勇敢的人，右手被砍掉了，就用左手战斗。他写作时总是受折磨，因为一种暂时无法克服的必然性剥夺了他以自己的方式交流的能力，也就是用那种胜利的实例来交流。他的文字完全没有规范的东西——不规范、不严谨、不严格，这些是理解驱使他创造他作品的本能尝试，就仿佛是把他

---

〔1〕在《女武神》中，齐格琳德是齐格弗里德的母亲，她受布伦希尔德的鼓励，为爱——为怀中的孩儿而非自己——而活，将自己从沃坦的愤怒中解救。

本人置于他的眼前。如果他成功地把本能转化成了知识,那么,他希望在读者的内心产生相反的过程。他就是带着这样的目标在写作。倘若此事在这里被证明是一种不可能的尝试,那么,瓦格纳也不过是分享了跟反思艺术的所有人一样的命运。相比大部分人,他的优势是,他身上汇聚了对一切艺术的最强大本能。我知道没有什么美学著作像瓦格纳的作品这样给人启发,要了解有关艺术作品诞生的东西,可以读瓦格纳的作品。这是一位真正伟大的艺术家,他作为见证人在这里出现,并在漫长的时光中以更自由、更清晰、更鲜明的方式证实了他的证词。甚至当他在认识上跌跌撞撞时,他至少也能跌撞出火花。有些作品,如《贝多芬》《论指挥》《论演员与歌手》以及《国家与宗教》,让任何反驳者哑口无言,驱使人们带着沉默的敬畏对待它们——就像是要打开一个宝贝匣子。其他作品,尤其是早期的作品,包括《歌剧与戏剧》[1],则令人不安:这些作品节奏上的不规则,使这些散文变得无序混乱。其中的论证充满了缺陷,而情感上的跳跃阻碍而不是加快了行文。此外,作者的不情愿像阴影一样笼罩着,就好像艺术家对概念上的论证感到羞愧一般。对于那些还没完全接受的人来说,最艰难的也许是它给人的那种有尊严的自我坚定的印象,一种独特的难以描述的口吻。对我而言,好像瓦格纳总是在敌人面前说话,因为所有著作在风格上都是口头的,而非书面的。如果能听到它们被大声诵读,人们就会觉得更清楚明了。这些敌人是他不熟悉不亲近的人,因而被迫在演讲时矜持一些。有时候,他那种激情的参与会突破这种蓄意的尊贵风格,而那种人为、冗长、累人的阶段会结束,而后,德国散文中最美的句子会整页地脱口而出。然而,即便假定,他在这样的段落中是在同他的朋友诉说,而敌人的幽灵也腾开了他们原本的位子,那么,瓦格纳作为作家对其诉说的所有朋友与敌人就有了某种共同之处,这把他们从根本上,同瓦格纳作为艺术家为其创作的"人民"区分开来。在他们那种教养的高雅与无果中,他们

---

[1]《歌剧与戏剧》是瓦格纳在1850至1851年间写就,1852年出版的一部音乐论著,也是瓦格纳所有文学著作中最长的一部。作品总体分为三个部分:"歌剧和音乐的本质""戏剧与戏剧的本质"和"未来的戏剧中的诗歌和音调艺术"。瓦格纳在此抨击了当时流行的歌剧(以罗西尼、梅耶贝尔作品为典例),并试图调和并解释自己的政治与艺术理念,表达自己的艺术革新理想——将歌剧作为理想社会中的一种理想艺术形式(亦即整体艺术)。

完全脱离了人民，而想要被人民理解的人必须以脱离人民的方式来说话：正如我们最好的散文作家所做的，瓦格纳也这样做了。我们可以猜猜这是出于何种程度的自我限制。那种给他带来牺牲的慈母般的动机与保护的力量，把他引回到了学者与有教养者的氛围中，对此，作为创造者的他已经永远告别了。他服从于有教养的语言以及所有它的交流法则，尽管他是第一个感受到这种交流形式的深刻不足的人。

如果有某种东西让他的艺术同现代其他艺术不同的话，那就是它不再说某个社会等级的有教养的语言，并且不再承认有教养与无教养之间的差别。这把它置于文艺复兴整个文化的对立面，而文艺复兴文化的光明与阴影至今还笼罩着我们现代人。通过把我们短暂地带出这样的光明与阴影，瓦格纳的艺术让我们第一次看到了整个过程是多么一致。对我们来说，歌德与莱奥帕尔迪似乎是意大利语言诗人最后的伟大继承者，而《浮士德》是对渴望真实生活的现代理论家提出的谜语的表现——一个最远离人民的谜语。甚至歌德的诗歌也是对民歌的模仿，而不是民歌的榜样，并且，诗人歌德也十分清楚，他为何用这样的话告诫追随者："我的东西不能大众化，谁有这种想法或作出此种尝试，谁就错了。"[1]

一种艺术有存在可能的条件，是如此明亮温暖，足以照亮贫穷者与卑微者，并融化有学识者的自负，这在它发生之前是无法猜度的。然而，现在它已经发生了，从而必须在每个体验到它的人的思想中，转变一切有关教育与文化的理念。未来的帷幕似乎已经在他面前拉起，在这样的未来中，除了大家共享的东西外，再无任何伟大而美好的东西。迄今附在"公众"一词上的恶名彼时将被清除。

如果敢于凝视未来，我们还会意识到一种可怕的社会动荡，这种动荡是我们时代所有的特点，并且无法掩藏一种艺术所面临的危险——这样的艺术如果在未来没有根基的话，那现在也就毫无根基了，同时，它向我们展示的是它绽放的花枝，而不是它生长的根基。我们如何保存这种无家可归的艺术，让它能存活到未来？我们如何阻止这明显势不可挡的革命洪流，以便这种对更好未来、更自由人

---

[1] 歌德致埃克曼，1828年12月11日。

类的幸福期待与保证，不会随着那注定且应该毁灭的东西一并被扫除？

那些感受到这种焦虑的人便是为瓦格纳分忧了。他将和瓦格纳一起被驱使着寻找那现存的力量。而这些力量拥有某种意志，在未来的地震与剧变之时，成为人类最宝贵财富守护神。唯有在这种意义上，瓦格纳在自己作品中询问有教养者是否愿意把他的遗产，他的艺术的珍贵戒指，收藏到他们的宝库中。甚至瓦格纳在政治目标上给予德意志精神的崇高信任，在我看来，也是源于他相信改革的民族拥有需要的力量、宽容与勇敢，以便"把革命的海洋转入缓缓流淌的人性溪流"。我几乎认为，这正是他想通过其《皇帝进行曲》[1]的象征表达的东西，而非其他。

然而，总的来说，创造型的艺术家济世救人的渴望太强烈，博爱的视野太开阔，他的眼光不受限于任何一个国家的范围。他的思想是超德意志的，正如每个伟大的优秀的德国人一样，而他艺术的诉说，不是向民族，而是向个体。

而是向未来的人类。

这是他本人特有的信仰，他的痛苦与特点。过去，没有任何一个艺术家从他的天赋中得到如此卓越的嫁妆，只有他不得不在饮下热情甘露的同时，品尝那苦酒。正如人们以为的那样，他不是一个被误解虐待的艺术家，他是一个逃亡了的艺术家，为自卫才采纳了这样的信仰。在同时代人眼里的成功或失败不能抬高他，也不能为它提供辩护。不管这个时代是称赞或是拒绝，他都不属于这个时代。这是他本能的判断，至于是否会有一个世代属于他，这对于已经不相信的人来说，是不能证明的。但是，甚至这个不相信的人也会提出这样的问题：如果瓦格纳能从中认识他的人民，也就是有共同需求、想通过共同的艺术得到救赎的人的缩影，那样的时代究竟是个什么样子？席勒当然更有信心，更满怀希望。他没有问：如果提出预言的艺术家的本能被证明合理，那么，那个时代会是什么样子？相反，他要求艺术家：

---

[1]《皇帝进行曲》，瓦格纳作于1871年，以庆祝德意志帝国的建立。

张开勇敢的翅膀,
凌驾于时代之上!
让未来时代在你镜中,
闪现出依稀的晨光![1]

十一

　　但愿健全的理智让我们不必相信,人类会在某个未来找到"最终理想的秩序",那时候幸福就会像热带的阳光坚定地普照这秩序。瓦格纳绝对没有这种信仰,他不是乌托邦。如果说他不能停止对未来的信念,那也不过是意味着,他在现代人身上认识到的品性,并不是人类本性中的不可改变的性格与骨骼结构,而是多变的、实际上短暂的东西。正是由于这样的品性,艺术才在他们中间无家可归,而瓦格纳才不得不成为另一个时代的预告者。他本能引导他走向的一代,既不是黄金时代,也不是万里无云的天空,而它的模糊轮廓,只要还能从满足的天性中获得需要的天性,就能在他的艺术密码中发现。超人类的善良与正义都不会像静止的彩虹那样,横亘在这未来的大地上。也许整个这一代甚至比现在这一代更坏,因为它在善与恶两个方面都将更加坦率。实际上,如果它的灵魂能用自由而饱满的声音告白,它将会让我们的灵魂震颤恐惧,就好像听到了迄今一直隐藏的、罪恶的自然精灵的声音。或者,这样的命题给了我们怎样的印象:激情胜过斯多葛派与虚伪;诚实,即便是在罪恶中,也好过在传统道德中自我迷失;自由之人善恶皆有,而不自由之人是自然的耻辱,他们被排除在天国与尘世的慰藉之外;最后,想自由的人必须通过自己的行动实现,因为自由不是奇迹般的礼物从天而降。不管这听起来多么刺耳可怕,这里听到的是未来世界的声音,它真正需要艺术,因而期待从中获得真正的满足。这是在人世恢复的自然的语言,正是我早期所称的正确感受,对立于那种主导现在的错误感受。

[1] 参见席勒《艺术家》第466—469行。

但只有自然能享受真正的满足与救赎，非自然与错误的感受则不能。非自然认识到这一点后，所渴望的就只是虚无，而自然通过爱渴望变革。前者想要不存在，而后者则想要不同的存在。让领悟到这一点的人，在心灵的宁静中审视瓦格纳艺术的朴素主题，并自问这是自然抑或非自然，正如已经说的那样，在这里追求着它的目标。

□ "漂泊的荷兰人"

"漂泊的荷兰人"，传说中只能永远在海上漂泊、注定无法返乡的幽灵船；这艘船带着永恒的悲惨宿命，对其他航海者而言，遇见它，即是遇见毁灭。此外，这艘船的故事在航海传说中还有着诸多其他版本，在文学或艺术作品中也常被提及［最早由乔治·巴林顿在其《博特尼湾之旅》（1795）中提到］。瓦格纳的版本除开传说之外，还融入了海涅的作品。对瓦格纳而言，《漂泊的荷兰人》（1843）是他对歌剧风格的早期尝试，是他歌剧写作生涯的转折点，也是他迈向成熟的标志。图为迈克尔·芝诺·迪默的《漂泊的荷兰人》。

一个无家可归的绝望者，因一个宁死也不愿不忠的女人的爱，而从痛苦中找到了救赎——这是《漂泊的荷兰人》的主题。一个恋爱中的女人，放弃了自己的所有幸福，在从情爱到博爱的天国的变化中，变成了圣人，并解救了所爱者的灵魂——这是《唐怀瑟》的主题。最崇高、最壮丽的东西因对人的渴望而下凡，不会被问及从何而来。当这个致命的问题被提出时，它们就会受到痛苦的强迫而返回到更高的生活去——这是《罗恩格林》的主题。妇女与人民热爱的灵魂乐于接受造福于人的新天才，尽管传统的守护人中伤憎恶他——这是《纽伦堡的工匠歌手》的主题。两个恋人不知道他们陷入恋爱，反而相信彼此深受对方的伤害与蔑视，向彼此索要死亡毒酒，这表面上是为了赎罪，但实际上是出于一种无意识的冲动：他们想一死了之，摆脱一切分离与伪装。死亡的临近解放了他们的灵魂，让他们拥有短暂而可怕的幸福，好像他们真的从日子、欺骗以及生活中逃脱——这是《特里斯坦和伊索尔德》的主题。

在《尼伯龙根的指环》中，悲剧主人公是一个渴望权力的神。他不放过任何一条实现的途径，因而让自己受到了契约的约束，失去了自由，陷入一切权力之上的诅咒中。他不再有任何拥有金指环的手段，但金指环是一切尘世力量的象征，一旦落入敌人之手就会成为他最大的危险。这样的事实尤其让他深刻认识到了自己的不自由。他恐惧的，是众神的末日与黄昏，他绝望的，是自己的无能为力，只能眼睁睁看着它的临近。他需要一位自由勇敢的人，无需他的帮助或建议，这个人敢于挑战神界的秩序，并凭自己的意志去完成神所不能的事业：这个人哪也看不到，正当他出现的新希望来临时，神被迫遵从束缚他的约束：他最爱的东西他必须毁掉，最纯洁的同情必须惩罚。最终他感受到对那种孕育了罪恶与不自由的权力的厌恶，他的意志崩溃，他转而渴望那远处的威胁他的末日。而只有在现在，他曾经最渴盼的东西终于出现了：那位自由的无畏的人出现了，天生与一切习俗与传统矛盾重重。因不顾其结合违背自然与道德的秩序，他的双亲毁灭了，但齐格弗里德活了下来。看到他的健康成长与蓬勃发展，沃坦心中的厌恶消失了，他以父亲般的爱与忧虑跟随着英雄的命运。他如何为自己铸剑，杀死蛟龙，得到指环，避开欺骗，并唤醒布伦希尔德；指环上的诅咒又如何不放过他，一步步靠近他；他如何忠诚于不忠，因对他最爱的她的爱而受伤，他被罪过的迷雾与阴影吞没，但最终却像阳光一样出现落下，用他的炽烈火光点燃了整个苍穹，并清除这诅咒的世界。这一切——神的统帅长枪在同最自由之人的战斗中毁坏了，他的力量也因此被剥夺了——神都伴随着喜悦看到了，并与他的征服者一同快乐。他的眼睛中映出了痛苦的祝福之光，看到事情的结束，他在爱中变得自由，摆脱了自我。

现在问问你们自己，你们这些活在现在的人！这是为你们而创的吗？你们是否有勇气指着这美好与善的天穹这样说："这是瓦格纳置入繁星中的，我们的生活！"

你们之中谁有能力根据自己的生活解释沃坦神圣的形象，谁又像他那样越后退越伟大？这样的人在哪里？你们中的谁肯在认识并体验权力即为罪恶之后放弃权力？谁像布伦希尔德那样，因爱放弃他们的智慧，但最终却从生活中学到最高的智慧?——"悲伤之爱的深刻痛苦让我睁开了眼睛。"[1]那些自由与无畏的人,在无辜的自私中成长并壮大的人,你们在哪里,齐格弗里德在你们中间吗?

这样问的人,问的是一种徒劳,并由此不得不期待未来;如果在某个遥远的时代,他的目光将发现被瓦格纳艺术作为历史记录下来的人民的话,他将最终理解瓦格纳对于人民来说是个什么人:某种对我们每个人来说不可能的东西,即,过去的解释者与美化者,而不是他在未来可能成为的预言家。

---

[1] 布伦希尔德的话,瓦格纳所写的《诸神的黄昏》结束剧中多个不同版本之一。这段话不在谱曲的最终版本之中,而是在1872年版《指环》剧本中补充的脚注段落中。

雅思贝尔斯：尼采的人生历程[1]

概述

只有在对尼采的人生历程有了明确认识的情况下，对尼采思想的研究才能达成真正的理解，因此，我们首先要简要概述一下尼采的生平。

尼采一生的外在历程

1844年，尼采出生于洛肯的一个牧师家庭，其父母的先祖都是牧师。他在5岁时丧父，母亲带其迁居瑙姆堡，在这里，尼采在女性亲戚的包围中和比他小两岁的妹妹（伊丽莎白）一起长大。10岁时，尼采在瑙姆堡语法学校就读，14岁时（1858年），他从普夫达中学得到了一份奖学津贴（覆盖食宿和学费），这所寄宿学校因有许多优秀的、有人文主义精神的教师而闻名。20岁时（1864年），他开始在波恩大学就读，共两个学期，后他加入了当地的法兰克尼亚互助会（由于该会与他的理想相去甚远，他于1865年退出该会）。后来，在老师立敕尔的陪同下，尼采离开波恩前往莱比锡，在这里，他与欧文·罗德一并成为了这位语言学大师（立敕尔）最杰出的弟子。在莱比锡，尼采建立语言学学会，发表语言学研究作品，并

---

〔1〕本部分（尼采的人生历程，*Nietzsches Leben*）为德国哲学家雅思贝尔斯所著*Nietzsche: Einführung in das Verständnis seines Philosophierens*的节选。雅思贝尔斯从尼采的大量著作、信件出发，加以自身对尼采的理解，系统性剖析和描述了尼采的生平及其思想，著成该书，以让人们能够对尼采有更为全面、清晰的了解，并由此反对彼时纳粹当局将尼采归为纳粹哲学家且加以利用的行径。

在取得博士学位之前因立敕尔的推荐而受巴塞尔大学邀请出任教授。立敕尔在写往巴塞尔大学的信中谈道："39年来，我亲眼目睹了如此多年轻的灵魂，但我从未见到有一个年轻人像这位尼采一样，能在如此早年达到这样迅速的成熟……如果他足够长寿（上帝保佑！），我预言他将站在德国语言学家的最前沿。他如今24岁，身体强壮而健康，拥有勇敢的灵魂……他是莱比锡这里整个青年语言学家圈中的偶像……您会说我这是在描述某种奇迹，是的，他就是个奇迹，同时他既和蔼又谦虚……无论什么，只要用心，他就能做到。"

接下来是精神病发作前的20年。1868至1879年间，尼采出任巴塞尔大学教授，与布克哈特一样每周教授六个课时。巴塞尔的贵族家庭向尼采敞开了大门，他同大学里的杰出人物们（如布克哈特、巴霍芬、赫斯勒、吕蒂梅耶）都保持着或近或远的关系，又同奥维贝克（与他同居一室的友人）近乎密不可分。尼采人际交往中最重要的一段经历，是1869至1872年间，他在卢赛恩附近的特里布森对理查德·瓦格纳与科西玛·瓦格纳的一系列拜访（这也是他平生最重要的一段经历，他直至人生最后都还记得此事）。在《悲剧的诞生》一书出版后，尼采遭到了维拉莫维茨领导的语言学家圈子的排斥，巴塞尔大学语言学专业的大学生们也离他远去。1873年，尼采患病，他被迫于1876至1877年间休假。这段时间中的很大部分，尼采是同保罗·瑞一起在玛尔维达·冯·梅森堡在索伦托的家中度过的。1878年，年仅35岁的尼采因病被迫辞职。

在1879至1889年的这第二个十年间，尼采四处旅行，寻找能缓解疾病痛苦的气候——由于季节变换，他在任何地方的逗留时间都不超过几个月。他大多时候居于恩嘎丁和里维埃拉，有时居于威尼斯，最后居于都灵。其冬天大多是在尼斯度过，夏天则大多是在锡尔斯玛利亚度过。作为一名"流亡者"，他朴素地住在简朴的房间里，整日于乡野徘徊（顶着绿色的遮阳伞以防眼睛受阳光照射），接触各种旅行者。

尼采的早期著作

尽管尼采的早期作品《悲剧的诞生》与《不合时宜的沉思》（指第一篇，针对施特劳斯而作）造成了轰动效应并由此招来了热情的赞美或者是坦率的拒斥，尼采此后的著作却并不成功。那些警句式的书籍几乎没有卖出去，尼采被人遗忘了。由于特殊情况，尼采同出版商发生摩擦而陷入出版上的困境，他最终自费出版了自己的著作。仅仅在其意识尚清楚的最后几个月，尼采才觉察到了名声渐进的最初迹象，虽然他从未怀疑过自己会享有声誉。

被排斥在自己的职业之外，尼采开始全心全意地致力于自己真正的、被认可的使命，他离群索居，仿佛生活在世界之外，而随着身体愈发健康，他开始希望重回现实。1883年，他计划在莱比锡大学授课，但由于其著作的内容饱受质疑，授课已不可能。尼采于是仍旧离群索居，整个人遂埋头著作而变得愈发紧绷。

1889年1月，在45岁时，尼采因一种官能性大脑障碍而彻底崩溃，在久病之后，于1900年病逝。

尼采的世界

尼采生活其中并借以观察、思考和表述的世界，从他年轻时起，就是由德国文化——由德国文化中的人文学校、诗人和爱国传统——展示于他的。

尼采研究了古典语言学。这种研究不仅给了尼采伴随一生的伟大古代思想，而且还促成了尚是学生的他与一位真正研究者的幸运邂逅——立敕尔的古典语言学教程会借助哲学来解释技巧，这在当时堪称独一无二：甚至许多医学专业学生与其他非语言学专业的学生都来听他的课，以学习到"方法"。立敕尔在课上所采取的技巧与做法在所有科学中是共通的，这是区分真实与非真实，区分事实与虚构，区分可证明的知识与个人观点，区分客观明确性与主观信念的艺术。只有着眼于一切科学中的共通之处，一个人才能对科学知识的本质有一个清晰的概念。尼采意识到了学术性研究者的本质：意识到他要清廉而坚定，意识到他要不断对自己的个人思想做批判性斗争，意识到他要保持朴实无华的热情。

尼采仅在极小程度上满足了自己从事教育的强烈冲动。他最为认真地履行了他作为大学教授的职责和在教育学院的职责，但对其却越发厌倦。在担任教授的整个十年中，在尽力履行其严格的职业职责的同时，尼采一直处于紧绷状态，努力保持尽可能多的精力，以投入到一直吸引和激荡其内心的使命之中。

　　1867至1868年间，尼采在瑙姆堡野战炮部队服役。不过他在一次骑马时受了伤，由于受伤而导致的化脓和疾病持续了数月之久，使其服役提前结束。1870年战争期间，尼采志愿报名当卫生员，他对自己担任教授的中立国家的忠诚使他无法成为战士。尼采此后患上了痢疾，甚至在战争结束之前，他就回到了教师岗位。

　　从二十五岁到生命终结时，尼采一直在国外生活，这一事实（整整二十年，他都从国外注视着德国）对他的世界观产生了深远的影响。这种局外人的身份（尤其是在后来他勇于背井离乡而流离失所时）使得他批判性的目光更为锐利，也使他能重新认识一些人们司空见惯之事。生活地点的变换始终激发着他产生新的感受，不断扩展着他的视野，使他拥抱一切事物的本质，并激化了他对自己祖国的爱与恨——因为距离，他更能深切地感受到这些情感。

　　在摆脱了尘世、专业、同事、教职后，尼采便不得不阅读主题广泛的书籍，以寻找新的感受，但这些感受也因其视力而受到了限制。尽管我们知道他于1869年至1878年间从巴塞尔大学图书馆借出了哪些书籍，也知道他自己的大部分藏书，但我们不能说他把这些书都读过了。不过这些书确实都经过了他的手，也确实以某种方式引起了他的注意。他让人把每周的新书目录寄来，并一直计划住在有大图书馆的城市里，而所有这一切都不过仅是一个开始。

　　尤其引人注目的是，这些书目中有大量自然科学与人种学的书籍，这显得尼采似乎希望弥补自己在语言学研究中欠缺的事实知识。对这些书籍的粗略阅读想必对他有所启发，但大多数情况下，这些书籍都达不到他自己的水平，只能被视为与生物学和物理学相关的、第一手资料的简单替代品。

　　尼采在粗略阅读时就能发现不少东西，这实在令人惊讶。他在瞬间就掌握了它们的实质。在阅读过程中，他将这些书的作者形象化，直观地感受他们思想和写作的真正意义及其存在的意义。他不仅看题材，也看这些题材中最为核心的思想。

　　尼采读物中的言语和思想常常会直接转化为成为尼采自己的东西。与其说这对尼采的哲学思想而言意义重大，倒不如说这是尼采表达思想手法的真正来源。歌德的"超人"（superman）、海姆的"文化市侩"（cultural philistine）以及布尔热的"透视主义"（perspectivism）和"颓废"（decadence），这些被尼采借用的词语其实都并不重要。尼采那种自发形成、直接作用并容纳一切的接受能力，才是所有创造性作品中必不可少的。

尼采甚至从小就开始了哲学思考。叔本华成为了这个年轻人的哲学家，朗格、斯皮尔、泰西穆勒、杜林、哈特曼则为这个年轻人提供了传统的思想观念。在大哲学家之中，尼采仅仔细地阅读了柏拉图的著作，不过尼采是把柏拉图当作语言学家来阅读的（后来，他"因意识到自己对柏拉图所知甚少而倍感震惊"——致奥维贝克，1888年10月22日）。尼采自身的哲学内容并非源自于对这些作品的研究，而是源自于尼采对古希腊前苏格拉底时代的沉思——首先是对前苏格拉底哲学家们的沉思，然后是对第欧根尼、悲剧诗人和修昔底德的沉思。出于对语言学的兴趣，尼采研究了第欧根尼·拉尔修，因而对哲学史有了一定了解。尼采几乎从未彻底研究过大哲学家们，大多数时候，他只是靠第二手资料了解他们，但他仍能透过流传下来的思想之外的表皮，洞穿思想的本源。由于自身的天性，尼采开始越发决然地关注真正的哲学问题。

由于自身哲学方式的影响，诗人对尼采的吸引力其实并不亚于严格意义上哲学家对尼采的吸引力。青年时代，他醉心于荷尔德林（尤其是《恩培多克勒》和《许佩里翁》），其后流连于拜伦（《曼弗雷德》）。在最后的几年间，他还受到了陀思妥耶夫斯基的影响。

尼采对音乐的兴趣则是更为出自本性、更具宿命性的。没有任何一个哲学家像尼采一样，曾经如此完全地被音乐所浸染，如此沉醉其中。甚至在还是个孩子时，尼采就已受到音乐的熏陶。在青年时代，尼采则毫无保留地热爱着瓦格纳，准备将自己的一生投入到瓦格纳的音乐之中。此后尼采自白："最终来说，我是一个老音乐家，除了音乐以外别无慰藉。（致加斯特，1887年6月22日）"1888年，他对音乐的眷恋进一步加深："音乐如今带给了我前所未有的体验，它令我清醒，让我脱离自我……它让我变得更强大，在每一个音乐之夜之后，便会有一个充斥着坚定思想和认识的清晨……没有音乐的生活单纯就是一个错误、一份苦难、一场流亡。（致加斯特，1888年1月15日）"对他而言，阳光下的一切，"都不比音乐的命运更值得关注"（致加斯特，1888年3月21日）。

但正是这个热爱音乐的尼采以同样的激情放弃了音乐。1886年，在写到自己在1876年以后的几年间情况时，尼采回忆道："我开始明确地、原则性地拒绝一切浪漫的音乐——拒绝这种含糊、作态而色情的艺术，它剥夺了精神的坚定与欢乐，令暧昧的向往、膨胀的欲望蔓延开来。Cave musicam！[1]这是我如今对所有拥有男子气概——那些坚持在精神问题上保持纯净——的人的建议。"因此，尼采对音乐的评判符合古老的反音乐哲学传统："音乐中没有哪个音调能表达精神的狂喜，在尽力表现浮士德、哈姆雷特与曼弗雷德的心理状态时，音乐忽略了精神，仅描绘出了情绪的状态。""诗人高于音乐家，前者对整个个体提出了更高要求；思想家则提出了再高的要求：他要求人要有积聚起来的、全部的鲜活力量，他要求人不要享乐，而要投入到一场——彻底放弃一切以自我为中心的冲动的——斗争中。"尼采认为"人的认识的错误甚至狂热的发展，人对仇恨与谩骂缺乏克制，也许就是由名为音乐的放纵所致"。音乐是"危险的"——"它的放荡，它那唤醒人的基督教式精神状态的嗜好……是与人的精神之不洁、心灵之颠狂相伴而行的"。下面这种对音乐的态度至少算是最善意的了——音乐表达了某种东西，而这种东西在思想中有更好的表达方式："音乐是我的先驱……它的许多东西都不曾被言说和思考过。"

尼采在区分真正的音乐和浪漫的音乐（他称后者危险、淫逸而暧昧）时，似乎发现了摆脱如此矛盾的音乐的方法。尼采试图在理查德·瓦格纳那里寻求的，与浪漫的音乐相对立的那种真正的音乐，他在彼得·加斯特的作品中找到了。最初，在1881年，尼采将加斯特设想为"一流的大师"，认为其音乐与自己的哲学息息相关（致奥维贝克，1881年5月18日）；这种音乐象征着"我所有全新的实践与复活在音调上的合理性"（致奥维贝克，1882年10月）。由此，尼采最终要求音乐"要像十月的午后一般安详而深沉；它应该肆意、无拘无束且温柔，应该是一个充满魅力的甜美的小女人"。他还将比才的《卡门》提高到了独一无二的范式作品这

---

[1] 警惕音乐!

一高度，但他并非真的这样想："我谈论比才的话，您不要当真；我的真实情况是，我出于很多原因而未注意过比才。而他在讽刺性地跟瓦格纳唱反调时倒是颇有成就。（致福克斯，1888年12月27日）"

人们如果看到尼采如何完全陶醉于音乐，考虑到尼采的可疑判断（尤其是尼采对加斯特的音乐作品所作的非常错误但很顽固的评论），再考虑一下尼采自己的音乐作品[1]，就会认识到音乐并非尼采所长。尼采的神经系统——构成他存在的那些素材——对音乐毫无驾驭能力。在他身上，音乐就是哲学的对敌：他的思想越发哲学化而非音乐化。尼采的哲学思想是从音乐中夺来，并在与音乐的斗争中得以实现。不仅他的思维过程，甚至他的神秘的身世经历都不是音乐性的，而是反音乐的。

尼采以自己特有的方式，从他人的资料中构建出了新的素材。在相当长的一段时间内，尼采都颇为敬佩一些法国作家，如拉罗什富科、丰特奈尔、尚福尔，尤其敬佩蒙田、帕斯卡、司汤达。心理学是尼采进行哲学分析的媒介，不是由因果关系而进行的经验性的心理学分析，而是基于理解（Verstehen）的社会、历史性的心理学分析。他希望自己的经验能"自觉再度体验历史上的一切价值判断以及与其相反的判断"。他希望在自己所设想的研究道路之上能有同伴："哪里有关于爱、贪婪、嫉妒、良心、虔诚、残忍的历史？……人们是否研究过一个人的日常安排——工作、休息以及节假日？……人们是否记录过他们共同生活（比如在修道院中）的经验？"

所有出现在这个世界上的一切，对尼采而言，都不比尼采自己神化或魔化的那些伟大人物更为重要。歌德、拿破仑、赫拉克利特被尼采视为无可置疑的伟大人物，苏格拉底、柏拉图、帕斯卡则被尼采视为可争议的伟大人物，因而可根据一定的思想情形作完全相反的评价。尼采总在拒绝圣保罗、卢梭，也几乎总在

---

[1] 尼采在回信时认可了汉斯·冯·彪罗在1872年对他音乐作品的评价："长期以来，您的《曼弗雷德沉思》在我看来是一种极尽幻想的奢侈，是最令人反感和反音乐的作品……整部作品就是一个彻头彻尾的玩笑，您或许是打算谱写一部拙劣模仿所谓的未来音乐的作品吗？……但抛开所有反常之处不谈，您那发烧般的音乐作品可以让人从中感受到一种非同寻常的、卓越的精神……"

拒绝路德。修昔底德与马基雅维利则因坦率和具有现实性的坚定而受到尼采的钦佩。

尼采具有深刻的历史性意识，这是因为他的思想与内在本质同一些伟大人物密切相关，这些伟大人物同尼采一样，研究同样的问题，关心同样的事物，栖息于同一个精神王国——"这正是我的骄傲所在。我的血脉……凡触动了查拉斯图拉、摩西、穆罕默德、耶稣、柏拉图、布鲁图、斯宾诺莎、米拉波的东西，我也已然生活其中……""当我谈论柏拉图、帕斯卡、斯宾诺莎与歌德时，我知道，自己的血管中流动着他们的血液……""我的祖先是赫拉克利特、恩培多克勒、斯宾诺莎以及歌德。"

尼采的形象

同时代人对尼采的描述似乎总是在扭曲着尼采的形象。人们从不恰当的角度看待尼采，把他当作是那一时代的理想主义者或反理想主义者，或者用不正确的尺度来衡量他——就像是在从一面扭曲的镜子中看待他一样。

尼采的妹妹用她自己的方式提供给我们的尼采伟大的、理想化的形象，与奥维贝克提供给我们的更为现实、流离、不安而可疑的形象一样，都与真实相去甚远。但我们要感谢这两种形象，尤其要感谢他们两者提供的一些事实资料。而由于不满足感，人们渴望倾听所有那些曾与尼采会面、谈话的人们的琐碎记录。的确，这些丰富而混乱的描述确实可以为我们提供尼采形象的雏形。但这一形象并未定型，缺漏的地方太多，甚至始终含糊不清。同时代人对其形象的论述必须联系尼采的个人文件（他的信件、作品和笔记），联系他本人曾经的一切令人难忘的语气，联系其著作中的细枝末节来加以纠正。以下是尼采同时代人的一些证言：

关于学生时代的尼采，多伊森写道："无论是出于赞美的作态还是出于指责的作态，都与尼采的本性相去甚远……我曾听他讲过许多精辟独到的见解，但很少听到他开善意的玩笑……他讨厌体操，他很小就身体发胖，头部容易充血……一个熟练的体操运动员一下子便做完的一个简单动作，对尼采来说都是件艰难的事情。在做这样的动作时，他脸色涨红、呼吸急促、汗如雨下……"

1871年的一份报告指出："他戴的眼镜让人想起一位学者，而他那讲究的着装、近似军人的姿态和明亮清晰的嗓音却与学者的形象背道而驰。"同是在1871年，多伊森写道："晚上11点后不久，尼采从雅各布·布克哈特家作客回来，他充满活力、情绪火热，坚韧而充满自信，就像一头幼狮。"

尼采的同事们如此讲道："尼采博得了所有认识他的同事的好感，因为他的本性毫无恶意。"奥依肯评论道："我依然清楚记得尼采对博士研究生的友好态度，他一向礼貌待人，从不动怒，他会以一种友善但又出众的方式与他们会谈。"

舍夫勒对作为讲师的尼采的评价是："他很谦虚，甚至近乎谦恭……身材与其说中等，不如说略显矮小。他的头颅深陷在肩膀之中，身体矮胖而虚弱……尼采已接受了时兴的服装，他穿着浅颜色的裤子、短外套，脖间那整齐的领带轻轻晃动……他头发很长，几缕发丝遮在他苍白的脸庞四周……他步履沉重而近乎艰难……尼采说话柔和而自然……这样有一个好处：让人觉得这些话语出自灵魂深处，而声音带有魔力……"

一位波兰人在1891年回忆起自己在70年代中期遇到尼采时的情形："他很高，胳膊细长，头圆而坚硬，头发耸立……深黑色的胡子围在嘴角两旁，直至下巴。他的黑眼睛大得非同寻常，如火球一般，在眼镜片后放出光芒，这让我觉得就像看见了一只野猫。我的同伴打赌说，他一定是一个在旅途中寻求放松的俄国诗人。"（这段描述很可疑，因为据露·莎乐美所说，尼采是中等身材、褐色头发。）

恩琴·施坦伯格在1876年提道："可以肯定的是，他会给人一种高傲的印象，但他由近视所造成的行动不便以及疲惫都令这种印象不那么强烈。他有着尤其亲切和令人愉快的社交礼节，朴素而又高贵。"

露·莎乐美在1882年写道："一种隐藏着的、无言的孤独感——这是尼采给人的一种强烈的第一印象，这种印象给尼采的外表赋予了一种迷人魅力。随便一眼看去，尼采并没有什么显著之处。这个中等身材的男人衣着极其朴素而整洁，褐色的头发平整地梳向脑后，是个很容易被人忽视的人。他笑得很轻，说话也不喧闹，走路时双肩有些内弯，显得谨慎而有所思虑。很难想象这个人会置身人群之中，因为他本身带有一种离群的孤独印记。他的双手形态高贵而优美无比——

以至于人们会不由自主地凝视它……他那双眼睛也在流露真情。这双眼睛尽管已经半盲,却不像许多近视的人那样眯眼窥视,让人感受到并非有意的冒犯。相反,他的双眼看上去更像是内在财富与无言秘事的守护者……视力有缺使得他的眼睛反映了他内心的心理过程而非短暂的外在印象,进而赋予他一种非常特殊的魅力。这双眼睛看向内心,同时看向远方,又或者,是看向内心的远方。当他与人进行启发性的交谈,当他表露出真正的自我时,他的双眼涌现出令人振奋的光芒;而当他情绪低沉时,他的双眼便近乎咄咄逼人地流露出一种仿佛来自可怕深处的孤独感。尼采的外在举止同样给人留下隐秘、沉默的印象。在日常生活当中,他表现出极致的礼貌、女性般的柔和——一种恒定的友善与沉静。他乐于文雅地同人打交道……但喜欢掩饰……我还记得我第一次同尼采谈话,他那刻意的正式礼节令我惊讶和疑惑。但这个孤独的男人不会令人疑惑多久,他只是一如平常地戴着面具,就如同一个来自沙漠与深山的人穿上了世俗的斗篷。"

多伊森在1887年讲道:"他再没有往日那高傲的举止、坚韧的步伐和流畅的言语。他只是在费力地,向一边倾斜着地拖动着身躯,说话时变得笨拙而犹豫……我们准备在阿尔彭罗斯酒店休息一个小时。还没到一小时,我们这位朋友便来敲我们的门,他温柔而关怀地询问我们是否还疲劳,并为他有可能来得过早而道歉。我之所以提及这一点,是因为这样一种对他人的过分关心和顾虑并非尼采性格的一部分……当我们分别时,他的眼中满含泪水。"

尼采的本性给人一种暧昧的印象,这在那些如今保存下来的照片中也能进一步确证:他的每一张照片乍看来都令人失望——它们都是扭曲的镜子。只有长久地、反复地细心观察,才能从这些照片中揭示一些东西。他的胡须可看作是他隐秘、沉默性格的可信标志。他那看向远方的目光表明了他朝向清醒的进取态度。但要捕捉尼采的目光(哪怕只是瞬间)则并不容易。相关的艺术肖像,则尤其是反映时代趣味的不可靠的面具。奥尔德的蚀刻画表现出了尼采的瘫痪状态,这固然是真实的画面,但对于每个真正地看到这幅画的人来说,这终究是痛苦的画面。

如果关于尼采的外表和行为的可用记录变得不确定,而相关的照片也使我们感到疑惑,那么一瞥尼采的笔迹,似乎就能将尼采的本性再次带到我们面前。我们要感谢克拉格斯所作的分析。在此我们援引其分析的一部分：

克拉格斯知道，"从古典时期到最近一个世纪之交这一整段时间里，还没有哪一位杰出人物的笔迹同尼采的笔迹有相似之处"。在克拉格斯看来，其他人彼此的笔迹倒更为相似。克拉格斯认为尼采的笔迹"有着某种极其鲜明的东西……尽管显然并不温和……有着某种透明、无形、晶莹的东西——这同朦胧、流动和起伏不定极端对立……有某种极其坚硬、锐利，有着玻璃般的脆性的东西……有着某种每一个细节都被塑造、被完成了的东西"。克拉格斯在其中看到了极端的敏感、易怒，看到了丰富的情感生命，"尽管这种生命被封闭在笔迹主人的身体之中"。所有的感受只是克拉格斯的感受。他看到了一种严谨、自制、不懈地自我判断，也看到了"自尊的强烈冲动"。尼采的笔迹尽可能地将字词清晰地分离开来，这显示出尼采无意识地、近乎毫不修饰地勾画出字母结构的这一简单化的做法；这还揭露了尼采"有一种不断重新起步的振奋人心的动力"。人们可以感受到一种"在思想领域内击剑般的奋进精神"；"这些笔迹尽管有如同从石头上切割下来的轮廓，却也有某种令人不安地无边界的、无法预料的、突如其来的东西"。而根据克拉格斯的说法，这种笔迹肯定不是一位实干者的笔迹。例如，与拿破仑、俾斯麦的笔迹特征相比，尼采的笔迹"结构近乎纤细而脆弱"，这表现出一种极端的灵性和一种"几乎无法想象的创造力"。"我们还未见到过这样一种无风格的笔迹，它表现出如此锐利的书写角度，如此同等、完美的节奏分布，以及如此近乎珠玉般的排序。"

如果要概括这一切，要询问尼采基于实证的形象，那我们就还必须问："一个人如果因为自身的诚实、价值观和等级观念而陷入尴尬境地，被迫戴上面具，因而很快失望并感到厌恶；一个人如果在自己内心发展出了他人尚未意识到的东西，看到并渴望着他人并未看到和渴望的东西，而他将永远无法在人的世界中得到关于此的证实，甚至一辈子都无法满足自我（因为他的一切体验对他而言首先只是一场实验，然后又是一种失败）——那么，这个人注定会成为什么样子？"

即使在如今，尼采的形象依然并不切实明晰，他的形象已变得难以识别。但我们又确实看到了作为流浪者不断前行的他。我们看到他登上了人迹罕至的山脉。而他即使身影消失，对我们而言，他依然是可见的，因为他早已能独自生活，也早已能传递出他的内心。

尼采的基本特征：例外

尼采脱离了职业和社会的一切现实存在。他既没有婚姻，也没有学生和追随者，更未在这世界上创造出一片活动的圈子，还居无定所，漫无目的地四处徘徊，仿佛在寻找着他永远无法找到的东西。但这种例外正是尼采的实质：它代表着尼采所有哲学思想的特征。

1865年，尼采在波恩第一次经历了一场特殊的思想危机，这场危机的内容虽然模糊，只是改变了尼采的生活方式，但也仍然促使尼采坚定地走上了自己命中注定之路。他意识到他被引导去的方向——学习生活、各种活动、团体生活（Leben in der Burschen-schaft）、获取知识来自我发展以及学术职业——都不能令他达到真正的满足。对尼采而言，生活既不是消遣，也不是一件遵循既定规则的事情。并且，在因前两者分神的同时，尼采感受到自己正处于一种无法适应认真生活所需要求的状态中。他在精神上的生活水平确实很高，但这还不够。他面临着一个非此即彼的挑战：要么随波逐流；要么接受非凡，对每日生活提出正确的要求。而现在，尼采的内心才有了适于他的那种专注，尽管他并不知道是什么让他专注，也不知道是什么向他提出了对生活的要求。这对尼采来说尽管是个不易察觉的过程，但在尼采自己的书信与行为方式上却清晰可见。他没有哀号，也没有经历什么灾难（他退出学生团体一事根本算不上灾难）。尼采团体中的同伴们想必会指责他傲慢自大或认为他缺乏友爱，因为没人知道尼采内心正在发生着什么。而就在这一年，尼采的人生道路变得相对确定：尽管不断会有新的变化，但仅有的可能性指向了一个现实，这种现实会以一种永远无法满足的冲动，驱赶着尼采以一种特殊的形式进入他自己的存在（Existenz），要求他不断超越自我，永世不得安宁。

从哲学的兴趣出发，我们对尼采生平的叙述强调了尼采作为一种例外的存在，这种存在实际上是尼采所有变化着的现象的基础——尽管这些现象并未直接揭示出尼采的存在本身。我们将其放在三个方面来研究：尼采的思想发展历程、尼采的友情以及尼采的疾病。

尼采的思想发展历程

尼采的著作是一个独一无二的整体，此外，他的每一部著作都在其二十年的发展历程中占有独特地位。在这个历程中出现了尤其非同寻常的变化，更令人惊讶的是，这些新的变化似乎植根于甚至从一开始就存在着的趋势。了解尼采的发展历程使我们有可能更深刻地理解他的作品，因为它使我们能够从具体话语的时间位置推进到整体发展的视角。

著作的发展历程

全面考察尼采的著作，可以为我们提供尼采思想各个阶段的初步特征。

尼采青年时代的著作本身并不算太过重要，尽管回想起来，在逐渐了解后，我们可以在这些著作中发现大多数他后来的想法和冲动的种子。尼采三卷本的语言学论集使人对尼采的科学研究工作产生了深刻的印象，其中散布的观点已然是他哲学研究的开端。而他真正的著作可以划分为下述几类：

1.早期著作：包括《悲剧的诞生》和《不合时宜的沉思》（1871—1876年）、遗著中关于古希腊的残篇、《论我们教育机构的未来》的诸篇文章、原拟撰写的《不合时宜的沉思》的札记——《我们，语言学者》。这些论文相互联系起来才可阅读，这是这些著作的基本体裁。这些早期著述也表现出了尼采对天才，对即将到来的德国文化——这种文化会从当下的混乱中诞生——的信仰。

2.1876至1882年间的著作：《人性的，太人性了》《混杂的观点与箴言》《漂泊者及其影子》（后两篇合为了《人性的，太人性了》的第2卷）《曙光》《快乐的科学》（1—4卷）都以格言诗为基本体裁。这些言简意赅的论述表达了多维的思想丰度，且基本没有倾向性。从《曙光》开始，在逐步的思想演变中，尼采形成了冷静、游离、看破一切而高度批判性的观点，这些发展的最终结果便是尼采的最终哲学。

3.尼采的最终哲学：

a.《查拉斯图拉如是说》（1883—1885年）基本是在臆造情景与人物行为这一框架内，表现查拉斯图拉对群众、同伴、"更高超者"、动物及他自己的一系列讲话。尼采将此书当作自己的典范著作，认为其不可被归并到通常的某类书中去：它不是诗作，不是预言，也不是哲学。把它归为这些体裁中的任何一种，都不合适。

b. 尼采遗著的第11至16卷（1876—1888年）涵括了自1876年以来他藏在简短残篇中的思想历程。从第13至16卷，他的思想变迁都同他后来的基本思想密切相关（如权力意志、重估价值、颓废、永恒轮回、超人等等），但又几乎都无限超出了这些思想。这些残篇的特点是：以一种尖锐、简洁的形式，安静地记录思想，力求最大程度的清晰，而没有明确的文学目的。尽管被大量的深刻印象所淹没，但也并不缺乏系统性考察的、连贯的有条理的思维。而其对直接和具体的直观把握，则比逻辑上发展的思想体系更为重要。

c. 1886至1887年间，尼采撰写、发表了《善恶的彼岸》以及与之相关的《快乐的科学》第5卷。这是向格言式著作的回归，但尼采表现出了更强烈的连贯性陈述与煽动性感怀的倾向。《论道德的谱系》包括了诸多已发表的系统性研究论文。尼采在为以前著作撰写的诸篇前言中，表现出了他在回顾中认知自我的非凡能力。

d. 尼采在1888年完成的是最后一组相互有所联系的著作，带有为自己盖棺定论的含义。《瓦格纳事件》《偶像的黄昏》《敌基督》《瞧！这个人！》《尼采反对瓦格纳》都是飞快写就的作品，它们写得极其激进，旨在达成无法抗拒的效果。

因此，尼采的思想历程通常分为三个阶段：第一，是信仰文化和天才的阶段（直至1876年）；第二，是对科学的实证主义信仰与剖析性批判相结合的阶段（直至1881年）；第三，是提出新哲学的阶段（直至1888年年底）。换句话说，一个渐进而彻底的疏远过程使尼采摆脱了对友谊和学生团体的年轻信念，也摆脱了对人类未来生活的信念，驱使他在"荒芜的荒野"中度过了一段时光，此间，所有事物都被他冷眼沉思，并以一种新的信念终止。这种信念源于极度的孤独感（几乎不与个体或人民产生联系）的强烈张力，并且仅以象征性和预言性的方式来表达自己。这些阶段——尤其第三阶段——可以再加细分（要是简单地将第二阶段称为实证性和科学性的，那就错了）。不过，这三个阶段的划分恰好与尼采思想上的几次决定性转变相吻合，事实上，它也是以尼采的自我理解为依据的。

尼采对自身所走道路的看法

从第一阶段到第二阶段以及从第二阶段到第三阶段的两次根本性转变，是尼采本人意识到并有意选择的。从文学风格到使命设定，尼采的思想转变都显而易见。尼采在回顾自己的生活时从未否认过这些转变，反而强调并解释了这些转变。他对自我的了解给所有读者都留下了深刻的印象。从时间上说，尼采的第一次转变发生于1876至1878年间，第二次转变发生于1880至1882年间。

从第三阶段的思想出发，尼采开始回溯，他将自己的整条道路视为有意义的整体。在他看来，这三个阶段并非一种可以结果各异的不同时间的简单连续，而是一种压倒一切的必然。整条道路的辩证之处正使得这三个阶段成为了必然。尼采将这三个阶段解释为"通往智慧之路"：

第一阶段："较其他阶段有着更多的敬仰（顺从和学习），吸收一切值得敬仰的事物，让它们彼此斗争。承受一切困难……鼓足勇气，与人相处。（克服不良、狭隘的偏好，拥有——只有靠爱才能获取的——广博的胸怀。）"

尼采在这段时间中热情地将瓦格纳与叔本华介绍给了自己的友人，他奉行着语言学研究的纪律，虔诚敬仰着自己的老师立敕尔。与此同时，他也让那些值得敬仰的思想彼此斗争（如让瓦格纳、叔本华同语言家斗争，让哲学同科学斗争）。他不仅周游在自己的私人朋友中间，而且还参加青年团体，后又建立了语言学家的社团。他严格训练自己，抛弃自己一度产生的任何狭隘的感受——如果他有的话。

无论去往何处，他都自认为所遇之人是善良、和蔼的，并坦率待之。尼采就是这样来形容自身青年时代举止的。

  第二阶段："在敬仰者最坚定的时候击碎他的内心。拥有自由精神、独立意识，一段心灵荒芜的时光。批判一切敬仰之物（伴随着对未受敬仰之物的理想化），尝试逆反过去的评判（杜林、瓦格纳、叔本华这些人甚至还从未达到过这种层次！）。"

  1876年起，尼采采取了全新的态度——这仿佛是对自己以往一切的全盘否定，这种截然相反的态度令他的朋友大为震惊。这是他"脱离"与"克服"的一段时光。在尼采所有的使命中，有一个最为艰难：他要粉碎自己对瓦格纳无比的敬仰，而瓦格纳同他的关系可谓最为密切。在生命的尽头，尼采也无法从这一创伤中恢复过来。所敬仰的一切已经破碎，存在对尼采只是一片荒芜，唯一留下的，只有那无情迫使他走上这条道路的真实（truthfulness）——永无止境且毫无约束的真实。面对真实的挑战，尼采服从于颠覆他以往所有价值判断的新的准则，并——作为一种实验——试图积极接受（崇尚）自己迄今为止轻视的一切（一切反艺术的、自然主义的东西，实证科学以及怀疑论者）。正是这种对完全真实的尝试，使尼采在瓦格纳、叔本华以及杜林（杜林对当代价值的批判只在表面上与尼采有相似之处）这些先前备受推崇的人物身上发现了缺失：他们都满足于保持一种相信而不质疑、崇拜并接受事物为真的状态，仿佛毫无别的可能。

  第三阶段："对一切是否适用积极、肯定的态度，作出重大决断。不再有神或人凌驾于我之上！一种知道自己该在哪里做什么的创造者的直觉。责任重大而纯真圣洁……（这只是对少数人而言，大多数人在第二阶段就已消亡了。也许柏拉图、斯宾诺莎成功了？）"

  逆转与否定并不是终点。问题在于，敢于以极端手段引导生活那种创造性的思想源头，是否能够断言——能创造出可以经受一切考验的、真实的肯定性［或确定性（positiveness）］。这种肯定性不再来自另一个人，不来自上帝，不来自一个受尊敬的人，也不来自"在我之上"的人，仅仅来自他自己的创造。现在，必须要在肯定而非否定的意义上达到极致："赋予自己以行动的权力，超越善与恶……他不会因命运而屈服：他就是命运。他……掌握着人类的命运。"

尼采以各种方式回顾性地表述出的自我剖析，显然是与他在历经1876年与1880年两次巨大思想转变时所进行的自我剖析一致的。

第一次转变。自1876年以来，尼采宣称自己放弃了那些充斥于自己早期著作中的、形而上的艺术观点。他抛弃了自己"对天才的迷信"。"如今，我才首次具有了看向现实人类生活的朴实眼光。"此外，他在一封信里谈道："这种形而上学蒙蔽了所有真实与简单之物，让理性相互争斗……最终令我愈发羸弱，现在我摆脱了不属于我的一切——作为朋友和作为敌人的人、习惯、安逸和书籍。（致玛蒂尔德·梅耶，1878年7月15日）"

尼采这一态度的基础，在于他相信自己正在达成真正的自我觉醒。他以前谈论的是哲学及哲学家，而在此时开始从自身出发进行哲学沉思。"以前我是在推崇那些哲学家，现在我勇于追随智慧本身，自己做一名哲学家。（致福克斯，1878年6月）"他认为自己现在同古希腊人已只有百步之遥："我如今在每一件细小之事上都自行追求着智慧，而我以前只是敬仰与崇拜着智者。（致玛蒂尔德·梅耶，1878年7月15日）"

第二次转变（1880年及其后）。第二次转变要脱离否定的"荒漠"，转向新的、肯定的创造性，这自然要产生更为深刻的影响，而且，他所宣称的新思想的性质在一开始仍是晦暗不明的。尼采同时意识到了自我转变，并很快形成明确的自我认识的方法，这是在1880至1883年间产生的。我们可以按时间顺序，从其模糊的起始追溯到崭新的清晰概念形成时期：

尼采对自我以及自身使命的认识一直都是显而易见的。他曾致信戈斯多夫（1872年2月4日）谈论《悲剧的诞生》："正如我深信不疑地向你讲述的那样，我准备缓慢而宁静地漫步过这几个世纪。这里首次表述出了某些永恒的事物，它们必须被持续表述下去。"与他后来对自我的认识相比，这些话还很谦虚，既自然又节制，他觉得自己属于拥有一件伟大成就的、拥有历史影响的人物之列。自《人性的，太人性了》之后，这种谦虚越发明显，当时他认为："我不认为我有权接受甚至宣称自己的普遍想法。直到现在，我还觉得自己是个痛苦可怜的新手,我的孤独和疾病使得我习惯于自身文学创作的'厚颜无耻(brazenness)'。(致加斯特,1878年10月5日)"而自1880年年中起,他隐约产生了非同寻常的变化。他那尚不明确的使命的达成,不是一种精神创造,而是——按他后来的自我剖析来说——要将世界历史一分为二:"如今,我觉得自己似乎找到了正确的道路与方向,而这需要受到人们百遍地信仰与驳斥。(致加斯特,1880年7月18日)"后来,他从马里安巴德地区写信时,其最初的几句话以全新的、明确无疑的语调表述出,他达到了思想的源头:"自歌德以来,肯定还没有人想得这么多,就连歌德的头脑也未必想到过如此根本性的东西。(致加斯特,1880年8月20日)"然后,我们读到"我常常不知道该如何承受自身的弱点(精神、健康与其他事物)与力量(可见的未来与使命)"(致奥维贝克,1880年10月31日);很明显,这种力量就是新奇感,这种新奇感淹没了他,几乎令他困惑,"如果没有强大的平衡力来平衡支配着我的高歌猛进的冲动"(他指的是,如果没有疾病来反复使他无能为力,令他想到人的局限),那么他应该"会变成个傻子"……"我刚刚摆脱了两天的痛苦,就愚蠢之极地又去追求完全无法令人置信的事物……我生活得好像这若干世纪形同虚无。(致奥维贝克,1880年11月)"与此相应的是他对自己新行动的价值评价——这种行动不再是著书立说。他在《曙光》之中写道:"你觉得这是一本书吗?你仍然认为我是一名作家吗?我的时候到了。(致妹妹,1881年6月18日)""我的思想属于烈性的精神佳酿……这是我的一切思想起点的起点——在我面前还能有什么!——我正处于生命,也即我的使命的巅峰……(致奥维贝克,1881年9月)"尼采后来所想的第三阶级现在以命运的形式到来,命运完全控制了尼采,而尼采知道,他注定要贯彻这一使命。

直至生命的终点,尼采在回忆起七八月这段时间时,认为自己在此时诞生出了最深刻的思想(永恒轮回),当时他就在书信中提出了这段时间的重要之处:"在我的意识中产生出了我从未有过的思想。或许我还要为此再多活几年。(致加斯特,1881年8月14日)"

自1881年起,尼采就已明确了解到自己形成了某种全新的思想。随后,他认识到了这种思想的压倒性的严肃,而对其表现出了震惊:"如果你读了《神圣的一月》（Sanctus Januarius，引自《快乐的科学》）后……你就会发现我进入了一个新的领域。我面前的一切都是全新的，不久，我就会看到自己毕生使命的惊人面貌。（致奥维贝克，1882年9月）"这种全新的思想在《曙光》中有迹可循，在《快乐的科学》中有明确开端，而在《查拉斯图拉如是说》中首次正式出现。考虑到这种新思想，尼采甚至在《查拉斯图拉如是说》之前，在《快乐的科学》完成时，就将此书归入了第二思想阶段，因而属于过去。随着这本书的完成，"我6年间（1876—1882年）的著作，我全部的'自由思想'便结束了"（致露·莎乐美，1882年）。另一方面，在《查拉斯图拉如是说》第一卷写成时，尼采马上便意识此书在其作品中的非凡深刻性：

"在此期间，我撰写了自己最好的著作，迈出了自己去年尚无勇气迈出的决定性的一步。（致奥维贝克，1883年2月3日）""沉默的时代已然过去，我的《查拉斯图拉如是说》将会向你透露出，我的意志飞翔到了何种高度。在这些朴素与陌生的文字背后有着我最为严肃的意向与我全部的哲学。这是我自我展现的开始——仅此而已！（致戈斯多夫，1883年6月26日）""这是一种非凡的综合性问题，我相信还没有人将头脑与心灵如此综合起来过。（致奥维贝克，1883年11月11日）""我发现了自己的新大陆，目前为止，还没有人对此有所察觉，此刻我当然也必须一步步地占领这片大陆。（致奥维贝克，1883年12月8日）"

无论是在1876年后还是在1880年后，尼采的两度思想转变都不仅仅是形成某种新观点的纯粹的思想进程，而是某种生存性事件，尼采在事后都以辩证的方式对其进行了解释，并为其提出了恰当的构造。为了表明这种转变的重要性，尼采两次都谈到了要改变他的"趣味"。尼采认为"趣味"实质上是先于任何思想，任何观点，任何价值判断的事物："我有某种趣味，但没有自己何以具有此种趣味的理由、逻辑以及必要性。（致加斯特，1886年11月19日）"但对他而言，这种趣味是从存在的深处中诉说出的最终的权威之处：1876年后，他首次看出自己的"趣味"有了某种超出一切思想内容之外的转变；他看到并希望有某种"风格上的差异"；他力求最高程度的行为关联性和思想灵活性，并谨慎使用任何悲惨性和讽刺性的手段，以取代他早期著作中"浮夸、欠妥的做法和语调"。他觉得自己早期的著作令人难以忍受，因为它们讲述着"狂热的语言"。

尼采对自己新趣味的相关表述在1880年后便显而易见了。在《悲剧的诞生》与《人性的，太人性了》中，尼采说："我再也受不了所有这些东西了。我希望自己能超出'作家和思想家尼采'之上。（致加斯特，1886年10月31日）"在患病的前一年（1888年），他回顾自己对永恒轮回的构思，写道："回顾这几个月的日子，我觉得它是一种预兆——我的趣味产生了一种突然又关键的转变。"

第三阶段尤其特殊。这种对尼采思想诸阶段的划分可能让人认为，在从第二次转变开始的第三阶段里，尼采掌握了全部真理，并在著作中成功表达了这一真理。但尼采这个阶段的思想始终是在变动着的。尼采在这一阶段向自己提出了至高的要求，并勇于作出非凡的冒险之举。更令人激动的，是这一时期的尼采如何确定自己的使命，并如何尽力去实现这始终未得以实现的使命的。他从未有实现使命的满足，反而愈发意识到一切都尚未完成。他有意从事的写作计划，以及他对自己所做之事的自我评价——我们只能从他自己的陈述中，按时间顺序来加以收集和理解。

1884年与1887年，尼采又两度发现自己在结束过去，并在根本上重新开始：

第一次，在《查拉斯图拉如是说》尚未完成之际，他产生了构建自己的真正哲学的新计划，起草了留待完成的著作的系统性格式。就要完成的新的研究而言，这只是一份大纲：

尼采想要"修正"自己的"形而上学与认识论观点"。"现在，我必须一步一步地研究全部学科，因为未来的5年中，我决心通过《查拉斯图拉如是说》来构建我自身哲学的前庭。（致奥维贝克，1884年4月7日）"两个月后，尼采因循着这一意图写道："现在我已建立了自身哲学的前庭，我要再次采取行动……直至建筑的主体结构完成……我想在这6个月里制定出自身哲学的格式和未来6年的规划。（致妹妹，1884年6月）"又过了3个月，格式和规划的制定工作完成了："我完成了今年夏天的主要任务——未来的6年就属于对这一格式的填充工作，在其中概述出了我自身的哲学。（致加斯特，1884年9月2日）"

不过在这个时候尼采的思想除了梗概和大纲外没有任何进展。取而代之的，一些新的、晦暗的东西在寻求被表达。尼采要彻底地同自己迄今为止表露的一切思想（甚至包括《查拉斯图拉如是说》）保持距离，"我迄今为止撰写的一切，都是前景……我忙于一些危险的东西。在这一期间，我时而以通俗的方式向德国人介绍叔本华与瓦格纳，时而设想查拉斯图拉这个人物，他们都是我的经历，也是我能静坐思考的藏身之处"（致妹妹，1885年5月20日）。尼采脑海里充满了思想，他完全投入到了将这些思想统一起来的冲动和对这些思想的前所未有的新颖认识之中。但他必须自问，是否能够表达这些问题的真正本质："我几乎每天要将自己的思想诉说两三个小时，但我的'哲学'——如果我有权如此称呼那虐待我至深的东西的话——是无法传达的，至少是无法付印的……（致奥维贝克，1885年7月2日）"

但现在，尼采并没有将自己局限于制定自身哲学的"主要结构"上，也没有等待6年。相反，他首先撰写并出版了《善恶的彼岸》以及《论道德的谱系》；这些著作完善但无体系地表达了他的哲学，而这是他自己向读者展示的。这些作品是尼采主要使命的临时替代品，而不是最终目标。他将这些书籍算作是他的"准备工作"。的确，尼采一刻也没有误会，在这些书籍完成之后，他只是愈发强烈地意识到自己的使命。1887年的大量材料证明，尼采知道要结束一些事情，并开始着手新的东西。

第二次。在某种程度上，这与1884年的草拟、预定的方案类似。但1887年，尼采似乎又经历了一次巨大的危机，尽管在我们看来，他所关心的仍只是他在整个第三个时期所致力于的不变的伟大哲学。尼采的记述按时间顺序陈列如下：

我们首先想起1884年的情形："要在以后几年间构建起一座具有内在联系的思想建筑，这让我感到被压上了千钧重担。（致奥维贝克，1887年3月24日）"而某种深刻的事情必定再次发生了："我感到我的生命中必须有一个新的篇章，全部重大的使命现在就摆在我的面前！（致加斯特，1887年4月19日）"这一深刻的事件并不像1884年那样，仅仅要求学习许多新事物："较之学习和质疑5000个个别问题，我现在更需要彻底的孤立。（致加斯特，1887年9月15日）"这种决心表明了他对未来的看法："现在，在近几年里，再也不会有什么东西被付印了，我必须抽身，直到我能摇下自己树上最后的果实。（致奥维贝克，1887年8月30日）"他谈到《论道德的谱系》时说："随着这部著作完成，我的准备工作结束了。（致奥维贝克，1887年8月17日）"他对自己的整体情况是非常了解的："我觉得我的某个时期结束了。（致奥维贝克，1887年11月12日）"这种认识进而得到了深化："我在……理清自己这里的人与事，将全部的'迄今为止'束之高阁。我现在做的几乎所有事情，都是在给某个东西画上句点……由于我要采取全新的形式，我首先就需要疏远一切……（致福克斯，1887年12月14日）"一种对"迄今为止的一切都已结束"的认识："我的生命现在正处于意义重大的正午——一扇门关上，另一扇门打开……我逐步摆脱了各种人与事，为其画上句点。至于在我转向自己存在的主要目的之时，什么人或什么事应当保留下来，这是个重要的问题。（致戈斯多夫，1887年12月20日）""我现在的任务是尽可能全面地收集自己的思想，使我的生命的果实逐渐成熟并甜美。（致妹妹，1887年12月26日）"

但尼采并未走上自己所决定遵循的这条全新道路，他被别的事情牵制住了。他既没有多年间一个字也不付印，也没有在沉思中等待自己果实的成熟，而是在几个月之后便开始创作1888年的一系列著作。他在这一年里飞快撰写了一些进攻性著作（《瓦格纳事件》《偶像的黄昏》《敌基督》）以及《瞧！这个人！》）。他不再去构建自己的整体哲学，相反，他表现出一种全新的意图——立即采取行动，创造历史，并将欧洲的危机推向高潮。因此，在因精神错乱而导致他被沉默吞噬之前，尼采正以那即将破碎的声音大声疾呼着。

我们必须问问，考虑到对他死后笔记中遗愿之精髓的客观而清晰的陈述，依据尼采自己的论述，按照尼采自己的标准，他的创作是否完成了？

尼采本人给出了创作未能实现的首个迹象。从1884年直至1888年，尼采总在用类似的话语称，他虽然在瞬间在内心意识到了整体哲学，但对此的实际执行依然摆在他的面前，悬而未决。那些1884年以来，应该按照尼采认识和意图而发生的事情从未真正具现。可以肯定的是，他设想出了自己想要的东西："有些时候，一种无边无际、包罗万象的哲学（以及那些自远古以来就被称为哲学的东西！）在我眼前散布开来……（致奥维贝克，1884年8月20日）"1888年，尼采仍然处于同样的处境，他凝望着眼前的整体哲学，但无法认识到其中的实在："那无疑极其庞大的使命的轮廓，它从一团迷雾中升起，此刻就展现在我的眼前。（致奥维贝克，1888年2月8日）""我几乎每天都用一两个小时来积聚精力，以便能从头至尾地看到自己的整体构想……（致布兰德斯，1888年5月4日）"他很高兴看到彼得·加斯特似乎能感受到他的整体哲学，尽管后者只读到他一些残篇："您意识到它会发展为一个整体。这种东西在我看来，既向下生长进入大地，同时又向上生长进入天空！（致加斯特，1887年4月12日）"但尼采知道，这个整体尚不存在。

在意识清晰的最后几个月里，当确信自己会成功，并借《瞧！这个人！》来极为满意地概述自己的全部著作时，尼采就已不再考虑自身哲学的主要构造了。1888年的著作表明，他已放弃了原先拟定的道路。伴随着如今的迫切使命的，是一种尼采此前鲜有体会过的完全成功的感觉（这种感觉可能与他激发出查拉斯图拉式灵感的那段时光的感觉相当，不过两者并不完全相同）："总的说来，我比以往任何时候都更加感到镇定和安宁，甚至感到接近和实现了一个伟大的目标。（致奥维贝克，1888年9月）""如今，我是这世上最心怀感激之人。我的任何词句的出色含义都带有秋日的气息；这是我的丰收时日。我对一切都举重若轻，我在一切上都取得了成功，尽管几乎没有人能处理这些伟大的事物。（致奥维贝克，1888年10月18日）"这就是精神错乱爆发之前，尼采一直幸福度过的带有个人主观满足的数周。

证明尼采所思计划的创作并未实现的第二条线索，在于尼采于1888年精神病发作前夕最终表达出的对自己作品的理解。1887年年底，在为迄今为止的一切画下句点时，尼采补充道："当然，这样一来，我迄今为止的存在就仅仅是一个单纯的诺言。（致加斯特，1887年12月20日）"在终末前不久，在持续数年地渴望对"即将成熟的东西"的平静与遗忘之时，他对多伊森诉说了（1888年1月8日）那尚未到来的东西："即对我整个存在姗姗来迟的认可与正名。（否则，尽管有上百条理由，他的一生也始终是成问题的！）"可以确定的是，尼采尽管确信自己"无论如何也取得了很大成就"，但最终也必须承认："我未超出过尝试与冒险，自白与承诺之外。（致加斯特，1888年2月13日）"他没有更进一步的机会了。一种要压倒性的冲动（这种冲动使他写出了1888年下半年的著作）控制了他，他没能履行自己的承诺。

整体发展中的不变之物

在我们对尼采发展历程的回顾中，第三阶段尤为突出：只有这一阶段才揭示出了他后来哲学思想的最佳之处和独创性。此外，这一阶段也显示出了具有强烈教条色彩的思想固化。而其他的阶段则如同准备性、起始性的阶段。我们仍然需要提出问题，尼采是否在所有阶段都保持了一些不变的东西？这前两个对尼采而言的准备性阶段，与那些不曾经历此两阶段，但精神品格和观点与尼采天性相似的人的早期阶段，是否相同？

事实上，尼采所有阶段之间的关系都是可辨的。以前的有些思想即使不易察觉，也会很好地保留下来，其完全形态直到很晚才会显现。例如，当尼采在第二阶段阐述"自由精神"的观念时，这绝不意味着对他以前自我的突破，也不是向同时代人的"自由精神"的过渡。他根本没有把自由精神视为放荡之人或视为对自由有可悲信念的人。他不想悬挂起"精神自由的讽刺肖像或漫画来敬拜"。恰恰相反，他要有条不紊地将那不被任何信仰所束缚的、冒险性的严肃思想孤立起来，并将其推到极致。他的思想植根于粉碎偶像的需要，寻求着生活中有意义的自由。甚至在这第二阶段，他就已没有随意性的思考，而是要"绷起一条延伸一个世纪的带电的纽带，将它从停尸房一直连接到全新的精神自由的新生儿室"。当第二阶段的尼采尤其支持和称颂着科学时，他会坚定地支持和称颂——即使此前他已彻底质疑过科学，且此后也会质疑。此时的他仿佛是从梦中醒来一样，只不过是在强调：·"有必要全盘接受整个实证主义。"这里他指的是实际性的知识。尼采随即补充说，他想要的不是实证主义，而是理想主义的基础。

从尼采的遗著中，我们可以发现尼采经常思考他没有准备公开提及、以后也不会发表的事情。因此，那些公开发表的语句表面上的自相矛盾之处，其实可以更加清楚地显示出彼此之间的内在联系。或许，其中令人印象最深的例子，就是他1874年关于瓦格纳的批评性札记，这段札记包括了他1888年的毁灭性论战中所有实质性的观点，虽然1876年的《瓦格纳在拜洛伊特》还是以对这位大师的热情赞颂而写就的。关于此，尼采于1886年承认，他在论述叔本华与瓦格纳时（第一阶段），早就"什么也不再相信了，正如人们所说的，对叔本华也不再相信"。正是在这一时期，尼采写出了他曾留作秘密的著作——《论非道德意义上的真理与谎言》。事实上，这一著作已包含了属于尼采后期哲学的对真理的深刻阐释。

如果说尼采的发展历程中两度出现了深刻的危机，那么进一步的详细研究的同时会发现，第三阶段并未带来安宁，其中反而揭示了一种永远处于危机之中的新的思维方式。尼采的一生都充斥着热情，但这种热情在第一阶段只被极其间接地表达着，因而，他的一生也充斥着否定性。这种否定性在第二阶段表现为冷静的分析，在第三阶段则表现为压倒一切的危机意识。尼采尽管似乎在1880至1881年间感到有所满足，但随后又经历了因那些尚未到来之物所提出的统一的、尚不确定的需求而引起危机，而这些危机本质上是一种放弃：他还未拥有新的，就已放弃了旧的；他驶离了每一座港口，以在浩瀚的海洋上面对无限。撰写《查拉斯图拉如是说》时的满足对他来说是不够的，他的使命依然悬在他的面前。仿佛一切肯定的东西都要通过否定的形式来呈现于他。肯定的东西对他而言有吸引力，也可以理解，但却会立刻变为他所寻求的事物之外的东西。因此，恰恰在尼采因未能完全达到存在的真相而受到打击时，这种否定才变得最有力。就仿佛当尼采真正掌握着某种肯定之物时，其实是他被肯定之物掌握着，这种肯定之物毫不留情地将他掌握的事实从他手中打落。尼采总是一再感受到这一点，又有意给自己提出无限的要求，这就是他精神生活始终经受危机的由来。而这些危机中，只有少数决定性的危机在达到顶峰时，才能为我们所见。

当尼采在回顾中令人信服地指出，他的初期思想与后期哲学在实质上是一致时，我们就能意识到尼采思想中保持不变之处。1888年，在批判《悲剧的诞生》一书时（批判其"艺术家的形而上学""浪漫主义"及其形而上的"慰藉"），尼采便在书中问题的实质——狄奥尼索斯的重生——中看到，自己的意志始终是不变的。他声称自己始终在做相同的决断："这些决断早就有了，尽管在《悲剧的诞生》中，它们被尽可能地遮蔽和掩藏了，而我此后学到的一切都融入其中，成为了其中的一个部分。（致奥维贝克，1885年7月）"他在早期著作中感受到的那种冲动，在以后的日子里依然推动着他："阅读我的著作时……我满意地发现，我内心还留有所有那些曾经明确表达过的强烈的意志冲动……此外，我已按照原本的设想（见《教育家叔本华》）生活着。（致奥维贝克，1884年夏）"最后，他谈到自己有关叔本华与瓦格纳的著作："这两部作品只是在说我自己心里的期待而已……在我心理的意义上，瓦格纳与叔本华都未曾出现过。（致加斯特，1888年12月8日）"

反过来说，尼采早就预料到并表达了他打算成为的人以及他实际上要成为的人。甚至早在1876年，他就写出了仿佛是对自己人生结局的预言："最后的哲学家享有极致的孤独感！他置身于自然，秃鹫在他头上盘旋。"当时，他写下了"最后的哲学家同自己的谈话"："我称自己为最后的哲学家，因为我是最后一个人。除了我自己之外，没有人同我交谈。那传向我的声音听起来就如同垂死之人的声音！……我靠你来掩饰自己的孤独，靠事物与爱来欺骗自己，因为我的心……无法承受最为孤独的孤独感的恐惧，这迫使我像两个人一般地去相互交谈。"这是尼采在巴塞尔做教授时写下的，当时《悲剧的诞生》获得了成功（他还未看到查拉斯图拉），他被朋友所环绕，正对瓦格纳充满热情。

最后，令人惊奇，在研究其青年时期（1858—1868年）的著作时，我们发现尼采甚至在孩童时代就表达了属于他后来哲学的冲动和思想：

早在那时，基督教就已经不再仅仅是一种提供了深刻保证的形式，而成为一个问题的对象："一旦大众明白所有的基督教都建立于假设的基础上，那么伟大的革命就在眼前；神的存在、《圣经》的权威、不朽和灵感都将永远成为问题。我曾试图否认一切：啊，拆毁很容易，建立却很难。"他也谈到"同现有的一切决裂"，"怀疑两千年来，人类是否都是被虚假的幻象所误导了"。

此外，他的超人观念也已浮出水面："充实而深刻的人，才会以一种可怕的激情献身，这种激情如此彻底，以至于他似乎脱离了人性。"就思想发展历程而言，此时，他已超出人类的存在，将思想投射到了无限未来的空旷视野中，并将这种思想与向永恒的演变联系起来："终究而言，我们不知道人类本身……是否仅仅是世界整体演变过程中的一个阶段……向永恒的演变有终点吗？"

他在这一时期所接受的实证主义式思辨也已显现，例如，在自问"是什么将人的心灵吸引至日常平凡之事的？"时候，他回答说："是头颅与脊柱的先天性结构、人的父母的地位与天性、社会环境的平凡……"

尼采仿佛预料到了自己后来在1888年的意图，他在玩味着这样一种思想："要尽快坚决地推翻整个世界历史，我们要即刻加入独立的诸神之列。"而他立刻也意识到："世界历史对我们而言不过是一种梦幻的恍惚。帷幕落下，人又一次回归自我，如同一个小孩子般在晨曦中醒来，笑着从前额上擦去那个可怕的梦魇。"

这就是尼采命运那非同寻常的特点，这个15岁（1859年）的人在试图用摸索又犹疑的思想表述出一种引向彻底独立的思想解放：

没有人有胆量，
向我询问，
我的家乡。
无拘于天地，
也不束于飞逝的时光，
我如雄鹰一般自由翱翔。

友谊与孤独

尼采拥有同他人交流的热忱渴望，但这并未能阻止他孤独感的与日俱增，这是他平生的基本事实。他的那些书信——这些书信同时是他著作的一个内在部分，与他的生平密不可分——就是对此的证明。

尼采的朋友中有不少优秀人士。他接触了他那个时代第一流的思想，被非凡人物包围着，不过，他未能真正长时间地吸引其中任何一人，或为其中任何一人所吸引。

对尼采友谊的研究

每个友人实现成果的特殊方式，他们真正本质的表达，他们发展的阶段以及最终的崩溃——都为尼采的发展提供了不可替代的见识，并且为其提供了无与伦比、关于友谊之可能性的体验。这笔财富不能用与尼采交往的人数来衡量。我们应该从本质上不同的方向考虑，以清楚地认识到这些可能性。我们首先要充分理解这些可能性，然后理解由此导致的孤独。我们可根据下述事实情况作一些考察：

尼采同欧文·罗德和理查德·瓦格纳交往至深。这两段友情并非永久。但在尼采的内心深处，这两个人都伴随了尼采一生。只要在生活中与他们相伴，尼采就不是真正孤独的。而一与他们分离，尼采的孤独便接踵而至。

尼采试图在孤独之中结交新的朋友（保罗·瑞、露·莎乐美、施泰因），这些人的才干尽管不及他失去的那两位朋友，但也绝非微不足道、没有意义的。但一如之前，他们中的每个人都给尼采带来了进一步的失望和失败。在这段时间里，有一个人站在尼采生活的背景之中，他虽比不上那些朋友，却也被尼采自身的幻想所笼着，似乎成为了尼采被夺走的一切友谊的替代品，他就是彼得·加斯特。

有一些人际关系与这些不幸的友谊和变化相反，它们足够持久，可以为尼采的生活提供支持，但这些持久的人际关系并未在尼采的深层领域——他的天性、他的使命——中起到关乎存在的影响。作为一个人，安全感（Geborgenheit）对尼采而言是不可或缺的，但他却根本无法在任何持久的关系中找到安全感：在亲朋好友那里是如此，在社交中持久打交道的人（这些人在交往中对尼采不曾有过任何深远、持续的影响）那里也是如此；在同各种杰出人物进行思想交流时是如此，在得到忠实的奥维贝克的支持时也是如此。

其结果便是孤独感的与日俱增。我们必须问，这些人际关系对尼采这种例外的存在有何必要？如果说尼采的整个一生，看起来似乎都对交往所需的基础条件毫无准备，那么我们就着重要理解尼采的使命怎样摧残了他这个人，又怎样摧残了他交友的可能性。尼采本人对孤独的看法可能无法回答我们的问题，但也注定会有所启发。

罗德与瓦格纳

只有两位友人对尼采产生了真正命运性的影响：欧文·罗德——尼采青年时代的朋友，瓦格纳——尼采（尼采比瓦格纳年轻30岁）无比敬仰的、唯一的创造性艺术家。

尼采与罗德之间的热烈友谊在1867年达到了顶峰。他们一同去上课，"洋溢着精神活力、健康与青年人的自信，身着马术服装，手中拿着马鞭，这两个年轻人如同年轻的神灵一般，吸引着路人的目光"。他俩被称为狄奥斯库里（Dioscuri）[1]，而他俩觉得像是被众人"抬高到了台座上"一般（罗德致尼采，1867年9月10日）。两人因某种伦理学与哲学上的伙伴关系而联系起来，当他俩"进行深入讨论时，散发出平静而极其和睦的气氛"。他俩于这一年开始的信件往来将这种谈话继续下去，他俩的共同之处在于对"当下时代"的拒绝、对叔本华与瓦格纳的热爱、对语言研究的看法以及对古希腊精神的吸收同化。直到1876年罗德结婚时，两人信件往来才突然变得不那么频繁，并在此后中断了很长一段时间，转变为偶尔的交流与问候，并于1887年因关系破裂而终止。

他们在1867至1876年间的信件往来，是两个思想境界甚高的青年学生之友情的无可比拟的证明。这一段友谊未能持续的事实对尼采有着重大的决定性意义。而这在同时也象征着：尼采对存在的真实性所抱有的绝对要求使他无法生活在世俗社会，即使他遇到的是其中的高贵人物。那是什么导致了两人友谊的破裂？

考虑到后来关系的破裂，我们可以从他俩1867至1876年的信件中看出一些具体特征，这些特征预示着即将来临的危险：

罗德视自己为接受者，视尼采为给予者。他设想自己是那位更强者的学生，是面对那位富有创造力之人的不善创造之人："有时我觉得自己像是在背叛。我无法与您一同去大海深处搜寻珍珠，只能代以自嘲；也无法以一种童稚的快乐心

---

[1] 意为"宙斯之子"，通常指卡斯托耳和波利丢刻斯，也被用以代指孪生兄弟。

情去玩弄语言学的诱饵……但在我所有的美好时光之中，我的思想都随你同在……所以，让我们始终团结一致，我亲爱的朋友，尽管你在用凿子凿刻着庄严的神的塑像，而我则不得不满足于雕刻微小的画作。（罗德致尼采，1871年12月22日）"

结交唯一挚友的这一基本渴望，在罗德的身上其实比在尼采身上显现得更为强烈。因为尼采对这份友情的维系基本是由他自身的使命激发而来。他们信件的大体语气都表现出了罗德更为忘我的热爱。罗德似乎将自己所有的情感都汇集到了这位朋友身上。罗德常常请求尼采给他写一封信，写几行字。他尤其关心尼采对这份友情是否忠实，又对他是否抱有好感。

实际上，一切的确是以尼采为中心的。罗德没有同尼采的著作及其写作规划相匹配的东西。尼采常需要他做一些纯技术上的协助工作，罗德也乐于提供这种协助。这种协助在两人"如同战友一般"反对维拉莫维茨时达到了顶峰，虽然这次协助显现出的更多的是友谊，而非语言学上的一致。当尼采受到语言学家的排斥时，罗德出版了一部作品以支持尼采，致使自己的学术生涯受害，这是一种勇敢的举动。

出于自身性格，罗德对尼采的思想与写作规划中所有偏激、过度之处均保持着审慎态度：比如，对于尼采想要放弃整个悲惨的学术界来组织一个世俗的修道院式群体；对于尼采计划将其教授职位转给罗德，以一生致力于（通过巡回演讲等方式）宣传瓦格纳的作品；对于"相关使命所形成的链条"（这种文化从基础到至高处都必需的东西）尚未明确之时，尼采的最为夸张的文化设计——罗德均持审慎态度。这种防御性的克制出于本能，它不是在表示拒绝，也不是在显示优越。

当罗德将自己的审慎转变为刻意的尊敬，当罗德那青年时期对朋友的基本感情——一种尼采从对等回应过的感情——逐渐消逝，当罗德不再从尼采那里得到启发，也不再以尼采为榜样，那么无需特别做或说什么，这段友情便会湮灭。两人都并非有意，但一些事情发生了。罗德的态度发生了不可察觉的转变，而尼采对罗德的感情则伴随着对朋友的向往而增加（这一点是尼采在历经所有思想转变之后也不曾改变的）。在1876年以后的信件中，罗德的语气变得客套，而尼采则以一种朴素而最为动人的方式表达了旧时的友谊。

疏远的原因显而易见。罗德一结婚便中断了定期的信件往来，这绝非偶然。罗德的友情在很大程度上是在满足他自身渴望爱与倾谈的这一基本需要，而当这种感情需要能以其他方式得到满足时，这段友谊便注定会被淡化。尼采的感情力量则不同，它在青年时期并不繁荣，但贯彻了其一生。在结婚后，罗德开始越发紧密地与世俗世界，与其制度、公认观点以及语言学界的职业规则联系在了一起。

各自不同的天性使得罗德与尼采成为了两个独特世界的模范代表。在青年时代，他们都生活在无限可能中，并因崇高的志向而感到亲密。随后，他们相背而行。尼采保持着年轻，因信仰自己的使命而舍弃现实；罗德则变得苍老、世俗、沉稳而多疑。因此，尼采的基本特征在于勇敢，罗德的特征则在于讽刺性的自嘲。

罗德在青年时期时而的怀疑和时而的向往，表现出了一种不断的痛苦感，这种感觉已成为罗德天性的一个基本特征，令人动容，也令人怜悯："我要是个彻头彻尾的学者就好了！我要能像瓦格纳一样就好了！可这样的我只是半个，甚至二十分之一的浮士德！（1876年6月2日）"罗德知道自己的道路通向何方，但知道到这一点并不能拯救他。一旦采取了处于以下两种话语之间的决定，他就会在极不稳定的状态中来回摇摆：

1869年1月3日（24岁）："真正的确定性（definitivum）是世俭、理智健全之人、弗莱塔克所写的那些模范教授们、崇尚民族自由的聪明人的国度。我们这些心灵孱弱的人只能生活在临时性（provisorium）之中，就像鱼儿只能生活在流水之中。"

1878年2月15日（33岁）："终究是一种有益的麻木状态才会让人活下去……我的婚姻是确保我那发条般的工作得以定期进行的最后一步……至于其他，婚姻是一件值得深思的事情。简直无法想象，婚姻会如何使人变老，因为在某种程度上，一个人在此已到达了顶峰，再没有什么可超越的了。"

罗德保留了青年时代的兴趣而没有保留态度；他将目光投向希腊人的世界是为了将其作为沉思的对象，而非作为语言学的义务规范。他以浪漫的情感寻求着对拜洛伊特时光的遗忘，完全服从于语言学的规则。因此，到1878年，他就再也不能理解尼采了,他倔强地谈论自己说:"我不可能脱离我自己了。(罗德致尼采,1878年6月16日)"最初,罗德对尼采有所拒绝,却似乎仍保留着对尼采优秀天性的认识:"所以,我再次感到了与你在一起时的感觉——我曾一度被提到一个更高的境界上去,就仿佛我是精神上的贵族。(罗德致尼采,1878年12月22日)"但尼采很快就意识到了他们之间的距离。他在接到罗德的一封信后颇为困惑,并致信奥维贝克谈及此事:"我的朋友罗德写了一封谈他自己的长信,其中的两点令我感到痛心:第一,这样一个人在生活方向上竟然毫无考虑!第二,他措辞品味不佳的地方太多了(或许,按德国大学里的说法,这叫'风趣'——愿老天保佑我们不要这样了)。(致奥维贝克,1881年4月28日)"他再也感觉不到罗德同自己还有什么关系了:"罗德写了封信——我不认为他对我的描述是正确的……他已无法向我学习任何东西了——他对我的热情和痛苦都毫无感觉。(致奥维贝克,1882年3月)"罗德仍在试图保持一种夸大的尊敬,这立即拉开了他们之间的距离:"亲爱的朋友,你生活在另一个高度的情绪与思想之中,就仿佛你从我们大家徘徊、喘息于其中的那片迷茫的雾气中腾飞起来了……(罗德致尼采,1883年12月22日)"这种尊敬从本质上说,是一种非自然的逼迫而非自然感受,它转变成了最刻薄而恼怒的否定,在读过《善恶的彼岸》之后,罗德就对奥维贝克流露出了这种否定:

"我对其中的大部分内容都感到非常不满……其中充满了对一切人与事物令人厌恶的贬低。其中真正讲出的哲学既贫乏又幼稚,就如同政治一般愚蠢又不切实际。一切都只是异想天开的念头……我再也无法认真看待这种不断的变态(metamorphoses)……这位有天赋的天才无法以表达来达成他真正想要的东西……这类东西毫无影响力,我觉得是理所当然的……尤其重要的是,作者的极端自负让我非常恼火……这种随处可见的、归根结底纯属模仿与拼凑的思想流露出它的毫无创见……尼采毕竟是也始终是个批评家……我们其他人也对自己不满意,但我们并不期望要崇拜自身的缺陷。他需要的是诚实地、以工人般的方式进行改变……我现在在阅读路德维希·里希特的自传(1886年),以求冷静。"

最后,罗德向奥维贝克否认了自己以前同尼采反对维拉莫维茨时的战友情谊，称其为"年轻时的荒唐事"。在他那部谈论他们青年时期共同课题的《心理学》（1893年）中，他从未提及过尼采。由此，罗德甚至将尼采排除出了古典研究学者的行列之外。

罗德与尼采在天性上的差异，由于对比鲜明，连尼采也意识到了。罗德从一开始就是个无主见的怀疑论者，倾向于听天由命并把握外来的任何依靠。而尼采在早年就与之相反，而且总是与之相反的："不为世上的任何事迈出妥协的一步！只有忠于自我才能获得巨大成功……如果我变得软弱、怀疑了，那我会伤害和摧毁身边许多不断进步着的人。（《致戈斯多夫》，1876年4月15日）"而罗德在1869年就说过，"我同别人一样，开始时内心暴怒而叛逆，后来就逐渐顺从，像他人一样，在沙地上蹒跚而行……"，他已准备好"顺从，顺从那被人们称为'满足'的，像尝了罂粟杆一般昏乱的、扇动着沉重翅膀的女神"（1871年4月22日）。他没有像尼采那样，将每一次失望都转变为自我教育的原料，将每个阶段转变为要克服的对象，而是"在工作中寻求一种慰藉，甚至寻求一种麻醉"（1870年2月15日）。其结果是，一方面，罗德取得了学术"成就"，另一方面，罗德的灵魂被无情的沉重负担压倒了。因此，他常常感叹"我的心灵并不自由"，对外界的失望会让他"整周、整月以最绝望的眼光看待一切"（1873年12月23日）。罗德对自己的诚实是破坏性的，并且，在意识到自己的生活方式后，他对自己愈发不满。他无法摆脱所有的琐碎日常带来的后遗症，他失去了神韵。但"至少要保留自己取得的东西"这种正当的意志保留下来了，而且，按他的话来说，这也足以让他在语言学领域比一般语言学家能做得更多。而正出于此，他与尼采的关系变得愈发不稳定了。他想尽其所能，正确地做所有事情，但却一次又一次地从肯定滑向否定。罗德同尼采的关系已仅限于一段浪漫的回忆。

相隔十年，这两位朋友于1886年在莱比锡最后一次见面。罗德由于"一些根本就无关紧要的思想分歧而觉得非常不悦，这是他的典型情况"。尼采惊讶地发现他这位朋友陷入了"无关痛痒的思想分歧，喋喋不休，对任何事、任何人都不满意"。而罗德谈到尼采时则说："他被一种难以形容的陌生气氛所包围，这在当时真的令我感到诡异……就仿佛他来自一个无人居住过的地方。"尼采当时没有去罗德家里，他从未见到过罗德的妻子和孩子们。一年后，由于罗德对丹纳[1]傲慢的藐视态度，两人中断了书信往来。两个人都曾试图弥补裂痕，但都无果。尼采精神病发后，罗德将他那令尼采勃然大怒的最后几封信销毁了，但没有销毁尼采写给他的信。当尼采的妹妹将罗德的死讯告诉患病的尼采时，他"睁大了悲伤的眼睛看着她"。"罗德死了吗？噢！"他轻声说道……一大串眼泪缓缓地流过他的面颊。

尼采同瓦格纳之间的友谊图景就相对简单：更为年轻的这位将其充满热忱的敬仰奉献给了那位大师。尼采先是在《悲剧的诞生》（1871年），然后在《瓦格纳在拜洛依特》（1876年）中阐释了瓦格纳的作品。但尼采此后改变了自己对瓦格纳的判断，他先是悄然退出，走上了自己的哲学之路，后于1888年撰写了与此前态度截然相反的、反对瓦格纳艺术的小册子。尼采似乎抛弃了他此前崇拜的名家，并产生了不可思议的观念转变。有些人指责尼采不忠，并把这归咎于他的患病——按他们的想法，尼采在写《人性的，太人性了》时就已患病了；另一些人则相反，他们认为尼采发现了真正的自我，他们认可了尼采对瓦格纳的批判，并认为对尼采而言，以前同瓦格纳的友谊是对他自我的暂时遗弃。这两种对这段友谊的解释都太过偏颇了。

首先，尼采对瓦格纳的批判甚至在一开始就有了。实际上，早在1874年1月，这一批判的所有实质内容都已落于纸上了。对于愿意回顾的读者来说，这在《瓦格纳在拜洛伊特》（1876年）中便是一目了然。这一批判初看上去似乎是毁灭性的，但其中必然包含着尼采同那位受到批判者之间的密切联系。

其次，尼采自始至终都将瓦格纳视为那个时代的无与伦比的天才。只要尼采对自己的时代充满信心，认为这一时代有可能会实现一种全新的文化，他就站在了瓦格纳一边；如果尼采认为这个时代会全部沦为废墟，并从与艺术品和剧院所呈现的文化的不同的深度中寻求着人的重生，他就站在瓦格纳的对立面。当尼采意识到自己属于这一时代时，他对瓦格纳的批判就同时是对作为瓦格纳追随者的

---

[1] 依波利特·阿道尔夫·丹纳（1828—1893年），法国评论家与史学家，实证史学的代表。

他自己的批判。

出于这两个原因，尼采尽管在强烈反对瓦格纳，他同样也在反对那些想接受他对瓦格纳的批判，接受他尖锐、无情、揭示性措辞的人们。因为这些人并未被尼采关于"人的存在"这一问题的深刻含义打动，而仅仅掌握了尼采直言不讳的斥责中所包含的心理意愿，他们并不真正理解他所作的批判，仅仅将它当作了论战性小册子。尼采说道："很显然，我不会轻易赋予所有人、所有无礼的乌合之众以挪用我的评价的权利……我绝不允许理查德·瓦格纳这样一个伟人的名字从他们粗俗的口中道出，无论他们是在赞美还是反对。"

尼采无论是表示敬仰还是进行批判，都同存在着的人类的潜在创造力息息相关。在瓦格纳这位当代天才身上，尼采意识到这个时代本身所代表的意义。只要他将瓦格纳看作是新生的埃斯库罗斯，这世上因而拥有着达成至高成就的可能，他就还相信这个时代。如果他因有关真理、真实、实质的准则而对瓦格纳持有怀疑，他的整个时代便破碎了。

人与事业合二为一，友谊与这一时代最重要的问题合二为一，这使得尼采对瓦格纳的热爱成为了一段关于崇高人性的经历。他唯一要做的就是直接尝试、积极协助，使伟大在这世上成为现实：依靠瓦格纳的天赋、依靠古代的遗产、依靠源于人类本质的哲学思辨，全新的文化就会产生。当尼采以自身有关真理、现实、人类文化的准则来衡量拜洛伊特的事业以及瓦格纳所呈现的表象时，它们富丽堂皇，但却无法被视为表现人的存在的、纯粹的剧院。这些准则破坏了他以前在当代现实中发现的价值，还将他同所有的人分离开来，而且使得他不可能在这被如此感知到的世界上发挥任何作用。他一度想要同瓦格纳一道在这世上有所作为，建立、创造，而此后他什么也没做，仅剩思考和写下思考。他被遗忘、被忽略，感到孤独，对现今的一切可能感到绝望，于是，他开始为自己经历不到的未来而努力。那个瓦格纳曾设定的使命——将人提升到其最高的境界——最终也被尼采认知为自己的使命，而尼采对此的解决方法是完全不同的。因此，他后来才会认可这样一些人的看法，这些人"知道，我今天仍同以往一样，信仰瓦格纳所信仰的理想——那种使得我在许许多多'人性的、太人性了'的事情中踌躇不前的东西,与那种理查德·瓦格纳自己放置的、阻挡通向理想的道路的东西,有什么不同?"(致奥维贝克,1886年10月29日)。

因而,我们就可以理解,尼采尽管对瓦格纳抱有种种敌意,却也一直同瓦格纳保持着联系。如果说正像尼采所理解,所深爱的那样。尼采发现,在同时代人中,没有人像他所了解和爱戴的瓦格纳一样,对人的存在问题表示了关注。甚至在生命的尽头,在听了《帕西法尔》前奏曲后,尼采写道:"它感动并振奋了我,想起它时,我被深深地震撼着。仿佛多年以来,终于有人向我诉说我所困扰的问题,尽管它理所当然地没有给出我可能已经准备好接受的答案……(致妹妹,1887年2月22日)"尼采早已完全投身反对瓦格纳的立场,但他突然"大为震惊地意识到,事实上,我同瓦格纳的联系有多么紧密"(致加斯特,1882年7月25日)。

尼采深爱着瓦格纳对人与事业的合一,就仿佛他是他使命的人格化身一般:"瓦格纳是我所认识的最完整的人。(致奥维贝克,1883年3月22日)""除他之外,我不爱任何人。他是我内心深处的一个人……"从同时代人的证言中可以看出,同瓦格纳的交往一定是尼采独特、非凡的幸福源泉。这种人之间的亲近感和对使命的意识达到了顶峰,相形之下,尼采此后建立的所有关系都必然显得平淡无奇。"直至今日,我仍没有遇到任何一个拥有着千分之一的激情与痛苦(要理解我,这种激情与痛苦就是必需)的人,除了瓦格纳。(致奥维贝克,1871年11月12日)""那时我们相互热爱,为彼此希冀着一切——那确实是一种深刻的东西,绝无其他用心。(致加斯特,1888年4月27日)"在《瞧!这个人!》的末尾处,尼采写道:"我很少计较自己其余的人际关系,但没有什么能让我忘却在特里布森的日子,那是一段充满信任、欢乐和崇高事件的日子——一段意义深远的时光……"

只有意识到这一情况,我们才能感受到,尼采那追求真理的不屈意志使得他那残酷又自我折磨的内心挣扎不可避免。这种挣扎原本不是意在摆脱瓦格纳,而是为了瓦格纳所做斗争的准备。尼采在全身心地倾向于瓦格纳之后(例如,他为此而修改和补充发表了《悲剧的诞生》),开始希望对人施加影响,他准备和试图通过斗争来与人交流。在其他人面前,尼采显得有些说教,比如多伊森——尼采与他保持着距离，既善良又友好，随后提出控诉，最后与之断交。对瓦格纳，尼采则没有上述情况：尼采意识到一切都在危险之中，但仍怀着爱意保留了这段友谊；他以坚定不移的诚实，以及为受尊敬的天才而受苦和牺牲的谦逊的准备就绪的意愿，坚持了下来。瓦格纳对于不直接有益于他作品的东西均不感兴趣，且尼采自1873年起就看出了瓦格纳作品潜在与事实上的缺陷，而尼采在试图悄然忽略或遗忘掉这些。尼采强迫自己写下了《瓦格纳在拜洛伊特》，他在其中大胆表述了自己怀有爱意的批评，希望能够影响到瓦格纳的内心世界。尼采因可能遭到彻底拒绝而感到担忧，这可以理解。但瓦格纳未能理解，他只从中听到了对自己的颂扬。

1876年拜洛伊特音乐节开幕时，尼采因出席人数之众，因富裕的市民公众所展现的素质，因浮华盛况而感到惊骇。对他来说，这并非德国文化的复兴。此时他最终确信自己受到了蒙蔽，他要摆脱这种蒙蔽。但即使是在这时——他于1876年突然离开拜洛伊特，以便在孤独中进行沉思时——他依然希望维持同瓦格纳的友谊。尼采从《人性的，太人性了》一书中删去了有可能太过伤人的地方，将这本书寄给瓦格纳，附上了请求对方忠诚与热爱之心的诗句，并正直地相信着互相知晓道路不同之后的友谊的可能性："朋友，没有什么把我们团结起来，但我们从彼此获得了快乐，我们一个人促成了另一个人的道路，即使我们两人的道路背道而驰……我们因而就像两棵大树并排生长着，笔直而挺拔，因为我们彼此在相互培育。"尼采的希望被证明是徒劳。瓦格纳冰冷的沉默——尼采认为这是"致命的侮辱"——就是结局。

瓦格纳没有注意到尼采的挣扎，也没有注意到尼采与自己进行真诚交流的努力。正如后来的研究人员看到的那样，就连瓦格纳也觉得他们的断交突如其来、毫无预兆（从某种意义上说，他拥有着尼采，当《人性的，太人性了》出现时，他将尼采抛弃了）。对瓦格纳来说，同尼采的友情只是一段插曲。这位较尼采年长30岁的人，他的作品早已成熟，尼采的加入是来为这些作品添枝加叶的。但对瓦格纳而言，这段插曲依然是独一无二的。1871年。瓦格纳在收到《悲剧的诞生》后致信尼采："我还没有读过比您的书更好的书！……我告诉柯西玛说，您就在她之后，此之后很长时间不会有别人了……"1872年，瓦格纳写道："准确来说，您是继我妻子之后，生活给我的唯一的恩惠。"1873年他写道："我又读了一遍，我向您对天发誓，我认为您是唯一理解我的意图的人。"1876年，他谈论《瓦格纳在拜洛伊特》时说："朋友！您的著作太棒了！——您是从哪儿得知的这么多关于我的东西？"后来，瓦格纳始终未表示出他对尼采的理解，他只在倨傲地表达着自己。

分离对尼采来说是最具决定性的命运大事，对瓦格纳却并非如此。直至临终，尼采著作与书信中都充斥着直接或间接的关于瓦格纳、关于他们的友情、关于自身困窘的陈述。尼采从未遗忘过这段回忆："我在过去的几年里失去了瓦格纳的善意，这对我来说是无法弥补的……我们之间从未有过一句令人反感的话，甚至在梦中也没有，但却有许多令人鼓舞、令人快乐的话，也许我不曾在其他任何人的陪伴之下有过如此多的笑容。如今一切已经过去——即使在有些地方反对他是有道理的，又有何益呢！好像这样就能抹去记忆中已经失去的友谊似的！（致加斯特，1880年8月20日）"在索伦托（1876年）同瓦格纳的最后几次谈话中，尼采感觉到了一种分离，他是这样表述的："感受与判断不再一致，人们终要分离，这种分离反而使得我们最为接近一个人，我们奋力去推倒了人的不同天性在彼此之间树立起的那一堵墙。"尼采从未后悔同瓦格纳的交往。他对此的回忆总是肯定的："我的错误——包括相信我们两人有共同的、交织的命运——没有令他或我蒙羞……那段时光让我们这两个以极其不同的方式而变得孤独的人都感到了不小的安慰与祝福，这就足够了。"

瓦格纳式的人的形象给尼采留下了一些东西，他必须在自己内心与之斗争，就像他近年来所做的那样："与瓦格纳的全部交往以及是否更进一步的交往——这是我所经受的、关于人的正义的最严峻的考验。（致加斯特，1883年4月27日）"即使是在尼采那毁灭性般爆发的批评中，我们似乎也听到了他对人类命运深切的诚挚，听到一种因人类灵魂的奇怪潜能，只能暂时掩饰为仇恨的爱。

愈发孤独的时期

尼采的友谊中最深刻的转变发生在1876年之后的岁月中，这标志着他的人际交往方式的转变。

1876年不仅是尼采对拜洛伊特的最终幻灭和与瓦格纳在精神上最终分道扬镳的一年。这一年里，奥维贝克结婚了，尼采同奥维贝克共居一室的五年时间结束了；罗德也结婚了。1878年，《人性的，太人性了》出版，作为结果，瓦格纳公开地轻蔑拒斥了这本书，罗德则对此书感到惊讶："难道人们能够这样剥去自己的心灵，再换上另一副心灵吗？（罗德致尼采，1878年6月16日）"几乎尼采身边所有的人，那些曾经同尼采一起仰望瓦格纳的人，都同尼采拉开了距离。

尼采决心承担自己的使命，这使得他必须彻底脱离他迄今为止保持的所有联系。作为一个希望将自己的世界实现得同普遍的世界协调一致的人，尼采当然希望会有另外一条道路。而他在想要把握那普遍的世界的可能性时所感受到的消极经验，只会使他意识到自己的天性是一个例外，他无法通过走别人的道路来实现自我和寻求幸福。从他天性的痛苦，到意识到自己另有使命，从对人走向顺从的动人、质朴的表述，到对自身使命的高傲、自信的专注，其中都流露出了尼采的抉择。总的来说，这个抉择是带着一种闻所未闻的信念作出的，尽管它偶尔还隐藏着一些细节。在罗德宣告订婚后，尼采在给罗德的去信中附上了一首诗——一只小鸟在夜间歌唱，寻求配偶，一名孤独的流浪者在驻足倾听：

不，流浪者，不！我不会向你问候，
以响亮的陈言！
而你将永远流浪，
永远不会理解我的诗篇！

尼采写道："也许我内心有一个严重的缺陷。我的渴望与需求有所不同——我不知道如何表达和解释它。（致罗德，1876年7月18日）"

尼采开始走向孤独的道路，从此，他便意识到了自己道路的孤独。他尝试在新的道路上与新的人交往，这就如同在终于孤独的深渊边缘争取着友情。他又有三次将自己的内心深处献给某一个人：保罗·瑞、露·莎乐美、海因里希·冯·

施泰因。三次他都失望了。

保罗·瑞是医生,也是一部论述道德情感起源的著作的作者,较尼采年轻5岁。他同尼采密切讨论了他们共同关心的话题(尤其是1876至1877年间,两人在索伦托地区的玛尔维达·冯·梅森堡家里度过了冬天)——对道德的起源及经验性实质作了无先验的探讨。可以确定的是,尽管尼采后来明确反对他(因为保罗·瑞分析的本质和目的与尼采自己完全不同,保罗对道德的分析是建立在英国模式基础上的),尽管尼采从保罗·瑞那里什么也没有学到(因为在他们结识之前,尼采已掌握了自己的一些决定性论断),但在当时,同保罗·瑞的谈话实际上对尼采肯定是一种极大的快乐。有机会至少同一个人自由地谈论这些他当时认为是终极问题的东西,令他欢欣鼓舞。彻底的分析中那冷酷的一致性也让他感到欣慰(他因此暂时忽略了这些分析的平庸)。这是一种他得以呼吸的毫无幻想的洁净空气。有一段时间,他想必极其钦佩和喜爱保罗·瑞,但这并没有带来昂扬的友谊,根本不能取代同瓦格纳交往时的无与伦比的充实感。

经玛尔维达·冯·梅森堡和保罗·瑞的介绍,尼采于1882年认识了露·莎乐美。两人于同年秋季最终分别。人们希望将这位非凡的聪明女子引荐给尼采,作为追随尼采自己哲学的学生。尼采对她的思想印象极深,充满热忱地——没有任何性欲色彩地——希望传授自己的哲学。迄今为止,在他的思想将他同所有人完全分隔开后(尽管他在天性深处并不想要这种隔阂),尼采试图将莎乐美培养成能够理解自己哲学中最隐秘思想的学生:"我不想再孤独了,想重新学习成为一个人。啊,在这项学业上,我仍然几乎一切都要学。(致露·莎乐美,1882年)"这一关系不仅限于他和莎乐美,保罗·瑞与尼采的妹妹在其中也起到了决定性作用。事情最终以失望而告终,还在事后被传得沸沸扬扬,尼采无意间获得了一封关于这件事的信。事态最后甚至发展到了逼得尼采要同保罗·瑞决斗的地步,因为他觉得自己被侮辱,对此的忍耐也已到了极限。时至今日,也只有一小部分相关情况的真实信息被公开。

至关重要的是,一开始,尼采经历了一种前所未有的动荡。在确信找到了一个与他拥有"完全相同的使命"的人之后,这种动荡已不仅仅是巨大的失望了:

"要是没有这样草率的信任，我就不会……在孤独中感受到如此的痛苦……只要我梦想一下自己不是孤独的，就有着可怕的危险。现在，我仍不知道如何忍受自己独处的时间。（致奥维贝克，1888年12月8日）"此外，一阵阵向他袭来的感受令他感到异样。他抱怨说，自己"最终会成为一种无情的复仇感的牺牲品"，尽管他"内心的思想方式拒绝了一切报复和惩罚"（致奥维贝克，1883年8月28日）。

同跟瓦格纳决裂时承受的巨大厄运与痛苦相比较，这件事情与之的差异惊人。可以肯定的是，这两次分手的情况都像尼采于1883年所讲的那样："我是个过分紧张的人，凡涉及到我的事，都会触及到我的内心。"但两者还是有区别的。促使和逼迫他同瓦格纳决裂的，是他自己的使命。在同莎乐美和保罗·瑞分手时，他原本以为同他们的共同目标和使命在一时间动摇了："我曾经和现在都极度怀疑，自己是否有权利设定如此的目标——当一切一切都应该给我勇气的那一刻，虚弱的感觉战胜了我。（致奥维贝克，1883年夏）"

通过控制那种他所说的虚弱感，尼采由此揭示自我。他没有屈服于他天性所不具备的怨恨，而是利用自己的经历对所涉人员，尤其是莎乐美，进行了公正的描述，同时实现了与内心的完全隔离："莎乐美是我迄今认识到的最聪明的人。（致奥维贝克，1883年2月）"如今他不想同人们计较："说任何轻蔑的话，写下任何针对保罗·瑞或露·莎乐美小姐的文字，都会让我的心流血。看起来，我并不适于仇恨。（致奥维贝克，1883年夏）"他想解开并澄清所有，不想再接近这一切："我想向保罗·瑞医生和露·莎乐美小姐赔罪……（致奥维贝克，1884年4月7日）"

尼采完全对与任何人进行客观哲学性的亲密关系的可能性感到绝望。他再也没有怀着同样的期待尝试过了。因此，他愈发强烈而深刻地感受到自己的孤独。可以肯定的是，他在继续寻找着新朋友（致加斯特，1883年5月10日），但他对此并未抱希望。单从纯粹的人性理由来看，他也觉得这是不可能的了："我越发认识到，我已不再适应于人了——我总在干蠢事……所以我似乎总是处在错误之中。（致奥维贝克，1883年1月22日）"

海因里希·冯·施泰因于1884年8月前往锡尔斯玛利亚地区，对尼采进行了为期三天的访问。他们之前从未见过面，此后也不再见面。他们彼此认识已有一段时间，自1882年起就彼此交换过自己出版的著作，后来还间歇交换过信件。起初，施泰因对尼采很感兴趣，他感受到尼采的伟大之处，但他并未全盘接受其思想，或哪怕从尼采那里得到过一点儿重要的、新的驱动力。同许多其他人一样，施泰因在同尼采谈话时感受到自己的思想经历了某种自我强化："当我与您交谈时，我对存在的感受更进一步了。（致尼采，1885年10月1日）""与您交谈时，我立即感受到的绝对的内心自由，这对我来说是一次了不起的经历。（致尼采，1885年10月7日）"但这并不意味着他与尼采的哲学思想有任何共识。相反，他的来访最终使尼采受到一丝震动，看到了建立一种哲学式友情的前景。

这次访问的几周后，尼采致信奥维贝克（1884年9月14日）说施泰因男爵，"从德国直接来锡尔斯玛利亚三天。然后又直接去他父亲那里了——他这种强调这次访问重要的方式给我留下了印象。他是个出色的人，我逐渐理解和接受了他那英雄般的心境。终于又有一个我这类的人，他凭本能就对我产生敬畏了！"。他致信彼得·加斯特（1884年9月20日）说："我在他身旁的心情，就如同菲罗克忒忒斯（Philoctetes）在自己的岛屿上接待涅俄普托勒摩斯（Neoptolemus）来访[1]时的心情一般——我的意思是，他显示出了对我这个菲罗克忒忒斯的信任，'没有我的弓，就不能攻下特洛伊'。"后来，尼采在《瞧！这个人！》中回忆道："这个优秀的人……在这三天里如同被自由思想的风暴吹得变了一个人似的，就像一个人突然被举到空中并长出了翅膀。"

显然，施泰因是以同样的口气和感情给尼采写信的（1884年8月24日）："在锡尔斯玛利亚度过的日子对我来说是非常值得回忆的，它是我生命中重要而神圣的一部分。只有珍视这一段生活，我才有可能勇于面对生活的可怕，更重要的是，发现它有价值。"尼采随即回复他一首诗，论述友人、他自己的孤独、他那高处不胜寒的思想王国，这首诗后来被称为《来自山间》，附在《善恶的彼岸》

---

〔1〕特洛伊先知赫勒诺斯曾预言："只有菲罗克忒忒斯和他的弓才能攻下特洛伊。"奥德修斯为了赢得这场战争，曾带着阿喀琉斯之子涅俄普托勒摩斯去利姆诺斯岛拜访并带回了菲罗克忒忒斯。

一书中：

> 我期待着友人，日日夜夜都准备着；
> 来吧，新的朋友！已经很晚了！别再等了！

"这是为您写的，我亲爱的朋友，是用来纪念锡尔斯玛利亚的时光，并感谢您的来信。"施泰因回信称他正在同几位朋友讨论《瓦格纳百科辞典》一些条目的内容，他建议尼采以书面形式参加这一讨论。尼采大为惊讶："施泰因给我写的是一封怎样奇怪的信呀！而且这就是对那一首诗的答复！再也没有人知道该如何答复了。（致妹妹，1884年12月）"在发表这首诗之前，尼采为它附上了几行："这歌声已然结束——甜蜜的向往已窒于我的口中。"

尼采已然放弃：这种失望已不再震动他了，但他的爱是保持不变的。当施泰因1887年于30岁之际去世时，尼采写道："我始终如此喜爱他，他是凭自身就成为我的朋友的少数人之一。我从未怀疑，从某种意义上说，他就像专门给我准备好的一样。（致奥维贝克，1887年6月30日）""我受了伤害，就像遭人抢劫一般。（致妹妹，1887年10月15日）"

在这些年间，他的孤独无处不在，他意识到孤独，悲叹着孤独，出于孤独而绝望般地呼唤着自己的旧友们。1884年，他还想再召唤他们，但是"可以说，亲笔致信'自己的友人'来表白自己，这种想法……是令人沮丧的想法"（致奥维贝克，1884年7月10日）。几周后他就创作了那首告别旧友的感人诗歌（《来自山间》），对施泰因寄予淡淡的希望。他渴望有学生："我所面临的问题似乎极其重要，以至于我几乎每年都有几次想象着，有一些富有思想的人们待我理清了这些问题后，便将他们自己的工作搁置，以暂时全身心地投入我的使命中，而每次的情况总是一种奇怪而怪异的方式而同我的期待相反。（尼采书信集，第3卷，第249页）"在这方面，尼采也放弃了："我心中还有太多思想要成熟、成长起来。培养学生的时机还未到来。（致奥维贝克，1885年2月20日）"

有一个人无疑在这些孤独岁月中替代了尼采被剥夺的一切，而也只是在这些年间，他对尼采才有意义，这个人就是彼得·加斯特。此人自1875年同尼采结识以来，一生追随着尼采。加斯特善解人意，善于表述尼采的道路和目标，在尼采看来，就如同尼采在借另外一个人来神奇地回应自己一般，但这些特征始终算不上重要，因为加斯特这个个体并未引起尼采的重视。尼采让他称自己为"教授先生"以表明保持距离。加斯特为尼采提供了誊写、校对上的帮助。直至临终前，尼采从加斯特那收到的，都是令他高兴的、完全肯定他的信件，这使他感到安慰，并增强了他那经常动摇的自信心。

例如，加斯特在收到《查拉斯图拉如是说》之后写道："这是绝无仅有的——因为您为人类设定的目标，还没有人设定过，也不会有人能设定。真希望这本书会像《圣经》一样普及出版，享有权威法规和专人诠释……"尼采回答说："阅读您的信时，我感到惊叹。假定您是对的——难道这样一来我的生命就终究不是一场失败了吗？至少现在不是如此吗？（致加斯特，1883年4月6日）"

尼采一再承认这位朋友对他所具有的意义："我完全无法控制自己，无法对随便什么人诉说坦诚的、无条件的言词——除了彼得·加斯特先生之外，我再没有任何人可诉说。（致加斯特，1888年11月26日）"

尼采寄予加斯特许多的幻想。他觉得加斯特是超出了瓦格纳的富有创作力的音乐家，创作出了不再是浪漫派式的新型音乐，一种从属于尼采哲学的音乐。尼采时不时主动地关心加斯特的创作，对演奏这些音乐施加影响，让指挥家们对这些作品产生兴趣。此外，在与加斯特的往来中，尼采充分发挥了自己善良和乐于助人的能力。

对孤独的尼采来说，加斯特始终是个可信的帮手，尼采怀念的人物都凝聚到了加斯特身上。通过对比，我们更清楚友谊对于尼采的意义。而在这些年间，尼采屡屡体会到，要真正地建立一种触动内心，同时又长久保持的友谊，是不可能的。

尼采的人际关系中持续存在之物

尼采发现，与他人之间的任何具有生存的严肃性和哲学的实质性的关系，总被证明是难以提摸的：这些关系总会伴随着个体存在的变化而消失。随着时间的增长，尼采在交友时保留住的，恰恰都是对他无足轻重的东西。他在体验生活时的劳神损力都体现在了他那超凡的、例外的天性中。而尽管他可能是个例外，他的人性也触及了自然和普遍的人性。后者虽绝不是决定性的，尼采却也不愿放弃，他追求自然的幸福，他试图抓住它（只要它不会干扰他的使命的话），就好像他想保留下一切放弃和丢失了的东西。

尼采总是感受到一种与家人的天生的亲近。他的母亲与妹妹终生陪伴着他：她们从小就服侍着他，在其生病时照顾他，并按他的意愿行事。他总是感到自己同她们心心相印。《漂泊者及其影子》（1879年）中有一段话听起来就像是在说她们："有两个人我从未彻底思考过，这就是我对她们的爱的明证。"1882年，这种关系因尼采同莎乐美的经历而受到了沉重的压力，其后果似乎从未被彻底消除。尼采的信件表明，这一命运的转折是多么地突如其来。

在尼采对露·莎乐美说的话及谈论露·莎乐美的话中，同样流露出了他内心的巨大矛盾。这些矛盾同尼采理解此事、深思熟虑地表述此事时的总体态度并行不悖：他对事物的多种可能性非常敏感，以至于他总是首先被一种可能性所吸引，然后几乎立即被另一种可能性所吸引。这样，他情绪激动时，便不善于表达，而事后又宁愿这种情绪平静下去。早在1865年7月10日，他就致信妹妹说，他"在一些不快的场合会将一切——人物、事物、天使、凡人与魔鬼——都看得黑暗而丑陋"，且他再度承认，"我很高兴把我写给你——这个属于夜晚的人——的几封信都撕了，但有一封写给我们的母亲的同类情况的信却寄出了"（致妹妹，1883年8月）。他知道自己自相矛盾，知道这种矛盾来自于自己天性之中："谁如此之久地形单影只……因此不仅从两个层面来看待事物，而是从三个、四个方面来看待事物……他对自身经历的判断也会大不相同。（致妹妹，1885年3月）"

如果说只是要对可能之事加以认识，加以准备的话，体会和思考这些可能之事就是很有意义的。而在现实中，我们则必须要作出决断。尼采看起来并未作决断，除非这可能之事从属于他作为创造性思想家的使命（而这一使命是不能为任何事情所阻挠的）。在处理人际关系时，他表现得就像要任凭别人来对他作决断——例如，在同莎乐美的关系上就是这样——仿佛他的主动性仅限于解除关系。当他最终被所有人认为有罪而被抛弃，并在内心深处感到自己对所有人都无关紧要，那么他就会牢牢抓住那种天然性的人际关系：不知何故，他的家人对他而言仍然是最为可靠的人。可以肯定的是，有时候，尼采感觉到母亲对他的内心毫无意义，他的妹妹也并未在哲学上与他紧密相连——就像他生命中的其他阴影一样。但是，他从未在发生冲突的情况下永远地抛弃他的母亲和妹妹（不论他可能暂时做过什么）；相反，出于某种自然的信任感，比起其他所有人，他更喜欢她们：其他所有人都离开了他，而她俩将留下来，尼采不想与她们分离。血缘的束缚与童年时代的回忆不仅不可匹敌，还是一笔珍贵的、无法由他人替代的财富。

他的妹妹对他的悉心照料对后人也大有帮助。存在对尼采各方面的充分记录的资料——这是可能的。因为尼采的妹妹从小就保留了所有手稿，包括其遗物（这些遗物是她在任何人都认为无关紧要时收集和保存下来的）。当然，只有等到它们将来出版后，我们才能揭示尼采的全部面貌。

尼采的交际能力使他直至临终前与相当多的人建立了重要的关系。陪伴他的人们来了又走，有时来了又暂不露面，随后再适时与尼采攀谈。尽管这些人对他来说没有一个不可或缺，但总体而言，这种社交状态（涉及偶尔的深情交往，可观的善意和人文关怀，以及尼采对他人的存在和快乐的愉悦以及他乐于助人的热情）提供了一种氛围，而对尼采而言，这种氛围必不可少。这种情况时而体现在尼采与他人的信件中。

在同学当中，他始终同多伊森、克鲁格、戈斯多夫走得颇近。后来他又结识了新的人：卡尔·福克斯（自1872年起）、玛尔维达·冯·梅森堡（自1872年起）、塞德利茨（自1876年起）等人。在过去的十年中，他旅行中的同伴开始发挥越发重要的作用，但也都没有真正意义上的重要作用。

多伊森在其中的地位有些特殊。在给其他所有人的信件中，尼采都未如此极端和如此毫无顾忌地好为人师。尼采对多伊森思想发展状况的关心是与他自身的优越感联系在一起的，他要将多伊森的思想引导到真正的、实质性的问题上去；因此，尼采向多伊森抱以赞赏的掌声，以鼓舞后者取得出色的成就。尼采在这种关系中的公平性与令人钦佩的真实性都令人印象深刻，这种真实性也促使多伊森将一切都毫无保留地公诸于众。似乎尼采遇到的每一个人，都在各自的层次上，按照自身潜力而达到了一种自身特有的伟大。人们愈是深入地研究尼采的人际关系以及与尼采有关联的个人特征，就愈是能了解其中每个人的特点：从属于尼采的人们在他周围形成了透明的形象，较尼采那深不可测的特征要清晰得多。

对于一些具有全欧洲意义的人物（例如雅各布·布克哈特和卡尔·希勒布兰德），尼采怀有一种非同寻常的敬仰之情。尼采实际上是在恳求着他们的善意，观察他们每一个评语的细微含义，感觉到自己与他们同属一列，而并未发现他们看向他时所留下的沉默。

在他的一生中，他所敬重的其他上等人物都因他并不重要而最终忽略了他，其中就有柯西玛·瓦格纳和汉斯·冯·布洛。

这些友人当中有一个人脱颖而出：教会史学家弗兰茨·奥维贝克。此人自1870年起就陪伴在尼采的身边，他最初是年轻尼采的室友、同事和朋友，后在实际事务中为成年的尼采提供固定的协助。家庭成员尼采天生就有，这位友人则是尼采的终身伴侣。奥维贝克做事是极其可靠的，这并不常见：几十年来，他始终如一地做好了为尼采提供帮助——反复、细微、不引人注目的援助——的内心准备。尼采与奥维贝克之间的友谊没有出现任何睚眦，因为在尼采认为真正重要的事情上，他俩从未有过亲密的关系，尼采也未指望奥维贝克能达到自己真正使命的那一高度。在人事聚散的波涛中，奥维贝克就如同一个稳固的立足之处。

尼采尊重奥维贝克的能力与奉献，喜欢他那坚定不移的性格。有一些信件便流露出了这一点：

"我总是很喜欢思考你工作的情况，它就像一股健康的自然力量在不顾一切地激发着你，但又有一种理性在做着最为精细和关键的编织工作。我如此感激你，我亲爱的朋友，让我如此切近地看着你生活中的每一幕。（致奥维贝克，1880年11月）""每次见面时，我都会从您的平静和温柔的坚定之中获得最大的欢愉。（致奥维贝克，1883年11月11日）""我承认，要同我交往是愈发麻烦了，但我知道你天性平和，我们的友情也会坚定不移。（致奥维贝克，1884年11月15日）"

奥维贝克宁和的天性、他的理性和清醒都令尼采感到极大的慰藉，以至于他在信中像对一位同他心心相印的朋友那样对奥维贝克倾诉衷肠，尽管他并没有指望奥维贝克能理解他存在中的最终冲动。他对奥维贝克的信任近乎无限。只在他最后几年中越发烦躁易怒的时候，他才罕见地有一次讽刺地写道："连像你这样的一位如此优秀和善意的读者也对我的真实意图抱有疑问，这实在是令我安心。（致奥维贝克，1886年10月12日）"

对尼采来说，奥维贝克是独立的，而这不仅仅是因为奥维贝克更为年长。奥维贝克虽然层次不及尼采——他自己意识到并承认过这一点——但也凭借自己特殊的知识成就而在尼采的世界中占有一席之地。他具有可同尼采相比的彻底的求真欲——一种无偏颇的看待问题的方式，听任事物的一切可能。但这些都没有将他像尼采一样引向极端，而是让他随着年龄增长，形成了一种充满条框与保留的风格，这种风格不再表述任何结论，让他陷入毫无辩证的矛盾之中（例如，他有一段札记是这样开场的，"尼采不是真正意义上的伟大人物"，接着写道"尼采真的是个伟大人物吗？——我完全无法表示怀疑"）。他对尼采有所了解，但他自身客观性所发展的方向阻碍了他对尼采自身道路的理解。他缺乏激情，这导致了一种并非完全没有伟大之处的特殊的博学，这使他作为一个不信神者，能够以一种笨拙但有意识的担当——一种诚实的方式——来解决神学教学中固有的问题（即，永远不在学生面前说出自身的信念，而只将自己局限于历史性、科学性的陈述）。这种博学也促使他在面对尼采的问题与观点时封闭了自己的心灵，然后能不仅友好，而且就事论事地研究这些提问与思想。他做了一个人在面对天才的例外人物时所能够做到的一切：谦逊地去帮助；虽然没有真正理解，但表示敬畏和尊重；在不让自身感情受到伤害的情况下，耐心地克服困难，完成朋友该做的事。没有好奇心，没有压抑，没有自我屈服，只有竖立着的非感性的、男子气概般的忠诚。正是这种从忠诚深处而非命运深处寻求到的对友谊的满足，将他们两人联系到了一起。

尼采友谊与孤独的界限

看见处于尴尬境况中的尼采实在是一件令人沮丧的事。我们看着他如何跟随着偶然遇到的人们，向他们表示亲近；看着他如何邀请一位素昧平生的年轻学生一道出行并公然遭到谢绝；看着他如何突然向人求婚，然后在另一场合，又有人给他寻找一名女性作为妻子；看着他如何接近保罗·瑞与露·莎乐美——尴尬的情况如此之多，以至于人们已都倾向于怀疑尼采了。尼采领略到了"突如其来的疯狂，孤独的人在这时会将随便的某个人当作朋友，当做上天的馈赠来拥抱。而一个小时后，又厌恶地将他推开——伴随着对自己的厌恶"（致妹妹，1886年7月8日）。他还苦于"那种对人类的可耻回忆，即，我是把怎样的一类人当作同自己相仿的人来对待的回忆"（致妹妹，1886年7月8日）。但他已能够处理这些和其他情况：比起他参与其中的方式，他克服问题的方式更具特色。

将尼采想象为一个钢铁一般坚韧的英雄，认为其依靠自身就能不为所动地穿行于这个世界，是错误的。尼采的英雄气魄完全是另外一个样子。他必须承受人类的命运，一种人类无法从中获得任何自然而然的满足的命运。在人类冲动的驱使下，他不得不一次又一次偏离并简化自己的使命（Aufgabe）。例如，他必须找到提高自己效率的方法，为他自身的教学渴望寻找出路，并相信他的朋友们——这些英雄般的行为却一再落入失败的境地。这就是他在这世上采取行动抉择时愈发消极的原因。他没有受到年龄增长所带来的冥顽不化的影响，且不抱有任何幻想，这一事实使得他那特殊的、几乎无限的知识经验的飞跃发展成为可能。

尼采的孤独可以分两个层次来加以阐明：（1）人们可以从心理学上加以考察，以人可能有的存在作为一个绝对标准，对尼采的孤独天性提出批判（这么做对尼采其实并不公正，因为这所采用的方法将不可避免地产生贬义性结论）。（2）人们可以去感受尼采那绝不可完全理解的、将他燃烧殆尽的使命，从中洞察到尼采那作为例外的存在，进而达成对尼采自身的认识。

1.如果进行表面上的心理学批判，那就很可能会勾勒出以下形象：尼采因求真意志而获得独立性并未给予他对自我或世界的肯定（确定），相反，倒是令他无论是对自己的缺点还是对他人的低下品性都格外敏感。他只能生活在高尚之人身边。而由于尼采本人并未一直做到正直高尚，且由于他必须经常忍受他人的盲目、卑鄙和虚伪，所以他一再被惊慌所击败，最终陷入一种竭尽所能之后的幻灭状态。因此，无论走到哪里，他都和与日俱增的疏离感相伴：他对任何人都不满意，甚至对他自己也不满意。当洞察填补了他已失去的直觉的位置时，他的求真就以绝对的衡量标准，解构、破坏了一切。尼采那与人交往的强烈渴望就如同他的天性一样不能忍受任何形式的欺骗，这使得他必须不断地质问着所有人。他的天性对欺骗性的适应太过陌生，以至于，他所分得的一切，都暗含着失败的种子。这一切虽然源于他的诚实，但他对目前的精神现实的责任感从不完美，也从不完全高尚，没有从他的灵魂深处获得过任何力量。尼采切断关系，却没有产生任何积极影响；他只是在通过挑战而非平等的争论来教诲他人。他看上去并不准备在具体的历史性中进行真正的交往（这种历史性本来无须人们去适应什么，便可给世界带来丰硕的思想飞跃和普遍提升，可以引领人克服困难，而非毁灭一切）。比起交往中的失败，尼采可能会因自尊受挫而更为受伤；从心理学角度，这就表现为一种不愿进行此类交流的意愿。只有当人们不为伤害所动摇时，才有可能进行真正的交往，因为人们并未假想自己独立于世界，而恰恰是在现实中保持交往的。只有这样，人们才会准备将他人与自己从各种纠葛中解放出来，才能真正地质疑他人并回复他人。人们或许希望大胆介入而与尼采交往，但当尼采失去自制时（例如，当他有时以廉价的坦诚，以无礼和挑剔待人，从而打断了一切交往时；当他出于自己的孤独感而随早地拥抱一位陌生人时；或当他随随便便地求婚时），人们就会变得自制而犹豫。这种失败的原由可能在于，在上述的分析中，尼采的交往意愿最终并未与他人自我的独立意愿产生联系，因而根本不是真正的交往意愿。尼采非常友善，乐于助人，且在帮助人时极其主动，但他似乎总是只爱自己，而爱别人，也只是为了自己。他缺乏对人类这个存在的热爱。他渴望爱，但他不曾抓住过灵魂本身自发产生反应的时刻——而这是爱得以实现的条件。因此，他尽管对生活所给予的一切都表达了真正的感激之情，却能在事实交往中做到不知感恩和不够忠诚（正像他不时对他人论述奥维贝克，甚至谈论母亲和妹妹的那样）。当他人保持忍耐并心甘情愿时（如奥维贝克与他的妹妹），或当他人是一位忠诚的门徒与助手时（如加斯特），尼采才能留住他们，而这是出于他保持人际关系的需要。实际上，尼采只向往着独立和崇高。在自己的内心中，尼采并未自欺而忽略掉那些忍耐着他、从属于他的人们，他在给他们写信时大多带有着不寻常的圆滑甚至谨慎，总在表达谢意。他竭尽全力，想以自己的准则来做出正确的判断，但却使其他所有人陷入混乱或束手无策，他不愿进入任何有活力的团体，也不愿同他人通过彼此间怀有爱意的争斗来达成彼此的自我实现。他保持着不变的挑剔和热情（在他以一种全然的奉献来赞美关系中的对方，表达深厚友谊的时候，也是如此）。我们必须要问：按照上述分析，尼采是否并未以那种源自心灵深处的爱——那种本身包含存在着的现实，不仅仅是绝对的标准和幻想的偶像的爱，那种能达成交流并使之保持活力的爱——来爱人？归根结底，对尼采而言，比起不被他人所爱，不爱他人所带来的孤独，是否更多？

2.只有不相信尼采的使命，不相信他对这一使命具有意识的人，才会接受上述有关尼采的心理学阐释。如果说尼采只爱自己，只把他人当作附属自己的工具来爱，那么后者确实是一项耗尽、剥夺了他的一切，迫使他成为例外存在的使命。当尼采看到另一个人已经意识到当前的必要使命时，他可以将自己献给另一个人（比如，他曾将自己献给瓦格纳）；或者，他可以献身于那尚在思维的阴影中而未被确定的使命。但由此，他就不能适应人际交往。这一存在的缺陷，正是由那例外之人的使命所带有的存在的积极性造成的。

因此，我们无法在心理学上充分确定尼采孤独的决定性原因。他思维存在的本质迫使他违背自身意愿，以例外者的身份与他人分离。他的思想在被公开表达的时刻，就必定会吓跑他人。尼采忍受着自己那极不情愿却不得不做的牺牲："在与完全陌生的人们愉快攀谈了一个小时后，直至现在，我的全部哲学还在动摇不定——我要想以爱为代价来达成正确，认为不破坏友谊情感就无法与我内心的最佳之处达成交流，这似乎如此愚蠢。（致加斯特，1880年8月20日）"

作为人类存在的渴望与作为自身使命承担者的渴望，这两者间那不可避免的矛盾贯穿了尼采的一生。因此，他哀叹孤独，却又乐于接受孤独。他因缺乏一切人之常情的东西而受苦，似乎想要补救，却又有意识地选择成为了例外的存在。"我自身境况与存在方式的矛盾之处在于，我作为激进哲学家（philosophus radicalis）所需求的一切——摆脱职业、妻子、子女、祖国、信仰等等——都令我感到怅然若失。只要我有幸还是个大活人，而不仅是一架分析机器。（致奥维贝克，1886年11月14日；他对妹妹有过类似的表述，1887年7月）"

人们必须在尼采的使命中感受他的命运，不将尼采生平中的非凡之事仅仅理解为他心理上的事实，而是从中倾听到他人未有、仅限于尼采的声响。这种声响在尼采还是学生时给母亲的信件中就可以听到："他人的影响不是值得考虑的问题，因为我首先要结识那些我认为超出我之上的人们。"这种命运的推动贯穿了他的一生：他同瓦格纳分道扬镳，他先选择了离开；他同罗德划界绝交，罗德先选择了离开。这一命运对他已越发清晰，直至最后几年，尼采写道："我看到自己的全部生活俱已瓦解，这一整个怪诞、隐秘的生活，它在每个6年间迈出一步，不曾渴望着超出此步之外的、任何更进一步的其他事物；而所有其他一切，包括我所有的人际关系，都不过与我戴着的面具有关，我不得不继续这种牺牲，过着完全隐秘的生活。（致奥维贝克，1883年2月11日）""如果一个人用事业来衡量自己的生活，也就是说，一个人如果丧失了取悦别人的技巧，那么他实质上就是个要求极高的人。他过于认真了，别人会感受到这一点：坚持尊重自身事业的人背后有一种恶魔般的严肃态度……（致加斯特，1888年4月7日）"

如果说尼采的生活就是实现某种使命的生活，那么从这一使命中便产生出一种全新的交往意愿——同那些认识到同一需要、同一思想、同一使命的人们相互交往，以及同学徒相互交往的意愿。尼采对这两者都有着非同寻常的向往。

（a）无论如何，尼采总在确认自己的朋友们是否经历了那从存在根源撕扯着他的震撼事物，确认他们是否了解到了自己所了解到的东西：

要放弃露·莎乐美与保罗·瑞是如此困难，因为尼采同他们"可以摘下面具地谈论令他感兴趣的一些事情"（致妹妹，1885年3月）。他抱怨说，他"缺少一个可以让自己与之一同思考人类未来的人"（致奥维贝克，1883年11月11日）。"我渴望同你与雅各布·布克哈特举行一次秘密会谈，比起给你们讲述一些新鲜想法，这更是为了向你们寻求解决这一令人苦恼的需要的方法。（致奥维贝克，1885年7月2日）""雅各布·布克哈特的信……令我沮丧，尽管这其中带有着对我的最高敬意。但这现在无关紧要！我希望听到的是'这正是我的困扰！'，而这封信令我哑口无言！……我无求于人，但对这些人，这些分担我的忧虑的人，却不一样。(致奥维贝克，1888年10月12日)""从童年起，直到今天，我还没有找到一个像我一样遭受同样内心和意识困扰的人。(致妹妹，1885年5月20日)"

(b) 使命中诞生的交往意志使尼采寻求着学生与门徒：

他出版的著作应算作是"鱼钩""渔网"，被用以引诱他人："只要还活着，我就需要门徒，如果我迄今的著作起不到鱼钩的作用，则它们便'失去了使命'。最优秀、最本质的思想只能当面传授，它不能够也不应当出版。(致奥维贝克，1884年11月)"他在倾听和寻求着听他说话的人："我没有找到任何人，但总发现那种'愚蠢之极'的情况表现得淋漓尽致，而却如此被当作美德来崇拜。""我对学生与继承人的需求令我总是很不耐烦，而且令我在最近几年间做了些愚蠢的事情……(致奥维贝克，1885年3月3日)""可能我一直秘密地相信着，在我生命的某一刻，我便不再孤独一人，我会收到人们的誓言与许诺，我将建立、组织起某些东西……(致奥维贝克，1884年7月10日)"他在《查拉斯图拉如是说》中讲道："继发自内心的呼吁之后听不到一点回应，这真是种可怕的经历……这使得我摆脱了世间之人的一切束缚。(致奥维贝克，1887年6月17日)""已经有10年了，没有任何声音传达给我"，1887年，他致信奥维贝克，"令我极其受伤的是，在这15年中，没有一个人发现过我，需要过我，爱过我。"

尼采为了自己的使命而牺牲了作为一般人类存在的必需之物。这一使命所要求的、他热切地渴望的那种交往也完全没有实现。尼采对自己的解释如下：

认知的本质在于，当它成为你一生之事时，其中就必然包含着孤独："如果人们有权说，生命的意义在于认知，则认知必然包含疏远、分离，甚至冷漠。(致奥维贝克，1885年10月17日)"尼采的认知方式必定会令这种疏远加剧："在我同人们迄今所敬仰与爱戴的一切进行无情与隐秘的斗争时……我内心不知不觉地形成了某种洞穴般的东西——某种人们即使去寻觅，也寻找不到的隐秘的东西。(致塞德利茨，1888年2月12日)"

尼采还看到，这种孤独的根本原因在于——只有同一水准的人之间才可能有真正的交往。无论是水平更高的人，还是水平更低的人，人们都无法与之交往："肯定有许多人较我头脑更好，更为强大，也更为高尚，但只有在我同他们水平一般，我们能够互相帮助时，他们才对我有所裨益。"尼采"常常捏造某种友谊或系统性的亲属关系，以逃避对孤独的恐惧"，借此表白自己一生"充斥着如此之多的失望与矛盾"，"当然，也有许多幸福与光辉"。（致妹妹，1887年7月）

尼采以全部的热忱渴望着最优秀的人物："为什么我在活着的人中找不到目光比我更加高远，不得不向下瞥视我的人？我如此向往着他们！"但他们没有出现，尼采体会到的是取而代之的绝望："我摔倒在你们的平庸之岸上，就像一道汹涌的海浪，带着厌恶撕咬着，再浸入沙中。"

他从未遇到性质或层次与他相当的人物，因而最终，他被迫说道："我过于高傲，无法相信有人能够爱我。爱我的前提在于——他先要知道我是个什么人；我也几乎不相信自己会爱上任何人，这样的前提则在于——我有朝一日会寻找到一位同我水平相当的人……我从未拥有过一个可以分享那占有、困扰、提升着我的事物的知己和朋友。（致妹妹，1885年3月）"由于个人层次不等而导致交往在关键之处中止——尼采对此尤其担忧："事实上，不可交流，是一切孤独之中最为可怕的，它比任何铁制的面具更加坚硬——只有在朋友之间才会有完满的友谊。朋友之间！真是个令人陶醉的词……（致妹妹，1886年7月8日）"但他不得不接受人们层次不等的这一后果："人与人之间那永恒的距离使我陷入孤独。""谁像我一样。用歌德的话来说，就丧失了一项伟大的人权，即，丧失了受到同类人的评判的权利。""在活着的人当中，没有人有权称赞我。""我再也找不到我可以顺从的人，同样也找不到我可以指使的人了。"

最后，在回顾人生时，尼采将孤独看作是自他童年时代起就从属于他的天性的必然事实："我自孩提时代起就是这副样子了。今天，在我44岁之际，我还是这样。（致奥维贝克，1887年11月12日）"

孤独因此已成为他生活的一部分，无法避免："我渴望着人类，我寻求着人类。我找到的始终只是自己——而我已不再需要自己。""再没有人来找我。而我，则去找所有人，但我一无所获。"

作为结果，尼采在最后的十年中愈发陷入不可名状的悲哀境地，有时表现得近乎绝望：

"如今再没有活着的人爱我，我还能如何热爱生命呢！""在那里，你坐在岸上，冰冷而饥饿：这还不足以挽救生命。""你们抱怨我使用着尖啸般的色彩？……也许我就有尖啸着的天性，就像鹿向着那清澈泉水的呼叫一样，如若你们就是这清澈的泉水，我的声音在你们听来将会多么令人愉悦！""对孤独之人来说，嗓音已经是一种安慰了。""如果能告诉你我的孤独感就好了！我没有与任何人——无论是活着还是死去的——有所关联。这是一种难以形容的恐怖……（致奥维贝克，1886年8月5日）""已很少有友好的声音传达给我。我如今荒唐一人……多年来不再精神焕发，没有人的气息，也没有爱的气息。（致塞德利茨，1888年2月12日）"

真正神奇的是，尼采竟然能够完全死心。尼采实际上很少说过这样的话："我迄今为止都学到了什么？在各种情况下都能自娱自乐，无需他人。"

直至最后几个月的生活变迁中，尼采才不再受难，并似乎遗忘了以往的一切："就连忍受孤独也是一种借口——我向来只是在忍受嘈杂……在很久很久以前，在我7岁时，我就已经知道，我永远不会听到任何来自人类的话语了——有人见到过我，并说过点什么吗？"

患病

尼采的著作中充满着有关疾病意义的问题。在尼采从事创作的一生中，最后20年，他几乎连续遭受着各种疾病的折磨，最终因精神病去世。要理解尼采，就必须先要了解他患病的情况，将各种情况可能具有的意义明确地区分开来，并了解尼采本人对待疾病的态度。

疾病

1889年1月8日，奥维贝克来到都灵，将他这位患精神病的朋友送回家乡。

接受咨询的巴塞尔心理医生维勒看到了尼采精神错乱的信件（致豪斯勒与布克哈特），认为有必要马上采取措施。尼采的情况的确恶化了。在前不久，他就摔倒在大街上。此时，奥维贝克看到他"缩在沙发一角上"，"他向我冲过来，紧紧地拥抱我，然后抽搐着退回到沙发上去"，"他大声唱歌、发狂地弹钢琴、滑稽地跳舞并跳来跳去，继而又以无法描述的压抑语调，讲述自己洞见的神奇、无法名状的事情——称自己是死去的上帝的继承人"。尼采变得越发痴呆，直到于1900年去世。

我们要了解他是从何时开始患病的。他的书信表明，在1888年12月27日以前，尼采没有表现出任何疯狂。这一天他还给福克斯写了一封思维清晰的信。但在同一天致奥维贝克的信中："我正在为欧洲各宫廷写一部备忘录（promemoria），旨在将它们组成一个反德意志联盟。我想将帝国锁进一件铁衣，煽动它陷入一场绝望的战争。"后来的日子中就充满变化，尼采的脑海中弥漫、翻涌着虚幻的思想，这些思想流露在他的信件与他小心翼翼地写下的字条中。尼采成为了上帝，成了狄奥尼索斯与那个被钉上十字架的人，两者在他身上合二为一。尼采成了每一个人，成了所有的人，成了每一个死去和活着的人。他的朋友们被分配了角色。柯西玛·瓦格纳成了阿里阿德涅，罗德成了诸神之一，布克哈特成了伟大的教师。创世史与世界历史均已被尼采握在手中。重要的是，我们要知道，在1883年12月27日之前是寻找不到他疯狂的任何迹象的。在他此日期之前的著作中探寻任何疯狂，都将会是徒劳的。

这样一种病态只是作为精神病才突然爆发的，它同官能性大脑疾病有关，极有可能同渐变性瘫痪有关，无论如何都是由某种偶然的外界原因引起的，无论是由于传染病，还是由于滥用毒品（这不太可能且未经证实）。毫无疑问，这种疾病具有遗传的原发倾向。

关于这一精神崩溃的过程在1888年12月27日之前已经开始多久，这无法用今天的手段来确定。为了诊断他的瘫痪病症并确定这一病症的开始时间，除了需要作精神病理学诊断外，还需要有在当时尚不能使用的身体检查方法（尤其是腰椎穿刺）。事实上，尼采自1873年起就一直在生病，但并非精神病。他死于精神病，这就使得有些人去追溯死亡的阴影，并被暗示认为，在这很长的一段时间内，后来病症的先兆已经很明显了。这种观点同与其相反的看法（相反的看法，认为尼采在1888年底精神完全健康）一样，都令事实情况晦暗不明。对疾病的诊断总要取决于每个人的医学知识，以及他持哪一类看法，在尼采身上永远不会达到充分的确定性。对于都有哪些情况同他后来脑病发作有关这一问题，要找出一个假设性的答案，就要作一番比较：首先要比较大量被观察到的其他人的瘫痪病例的进展情况。但这种比较并不够，因为它始终只能在表面上直观地揭示出尼采在明显患病前那10年的心理活动。再者，要比较那些肯定患有、显然患有或可能患有瘫痪的杰出人物，比如雷特尔、莱瑙、莫泊桑、胡戈·沃尔夫、舒曼。尽管由于言语丰富，比起无创造力的人的案例历史，杰出人物的传记对我们的知识有着更多的启发，但到目前为止，将这些杰出人物与尼采进行比较并没有取得决定性的结果。

我们也不能依据这番比较得知，在尼采瘫痪突发前的10年间，都有可能出现哪些情况，或反过来说，如果偶然地出现了一些情况的话，都有哪些情况不能算是他前期病史的征兆。既然我们即便如今也不能了解任何确切的情况，那么剩下要做的只有简单的任务：描述性地认识尼采患病的过程及其完全不可被当作病症、只可作心理诊断的一些心态，而不必了解哪些因素组成一种病症，哪些因素属于各种不同的病症。这些因素只是偶然出现在了同一个人身上罢了。

这种描述关注的主要是人的躯体与灵魂这一整体的突变，正是这些突变造成了无可挽回的变化。这些突变如下：

突变之一。战争期间，尼采在当战地救护员时患过严重的痢疾，他很快便康复了，但此后每隔一段时间胃病便会复发。1873年，他胃病又一次复发，且此后变得越发频繁，尤其伴随着剧烈的头痛、怕光、呕吐，有一种全身瘫痪的感觉，就像晕船，这使他经常被迫卧床。他有好几次长时间失去知觉。他从小就有的近视因永久性的眼部不适而加剧。除急性发作外，他持续头痛和头胀的时间也很长。这个时候他的思想生活越发依赖他人，如帮忙朗读，尤其是按他的口述来书写。

这些疾病使他终生受到不同程度的严重困扰。改善和恶化交替发生，毫无规律。因此，他在1885年就记录自己"视力迅速下降"。一方面，从书信来看，1878年是情况最糟的一年："我有118天患重病，小病我则没有统计。（致艾瑟，1880年2月）"另一方面，也有情况转好的时候："现在情况明显改善了！当然，这种情况至今才持续了5个星期。（致鲍姆加登，1879年10月20日）"

尽管他的痛苦很强烈，尽管他患病的时间很长，尽管他的生活出现了重大的转折，但人们仍然未能将这些征兆组合为一个明确无疑的病象，给他作一个医学诊断。人们说他的偏头痛是因疏远瓦格纳而产生的精神性神经机能病，是神经系统的某种官能性疾病，但都没有一个明确的结论。

1879年5月。尼采因病被迫放弃了教职，开始了他的旅行生涯。当年夏天他还撰写了《漂泊者及其影子》。第二年冬天他和母亲一同在瑙姆堡度过，他的病情变得如此恶劣，以至于他在期待自己的生命终结（与玛尔维达·冯·梅森堡的诀别信，1880年1月10日）。

突变之二。1880年2月，尼采又到了南部，开始撰写新的著作，并在该年出版了《曙光》。他在此时经历了一个思想上的发展阶段，这个发展阶段为他的思想带来了一个新的起点，使他真正意识到了自己的使命，随之逐渐显现的，是他对自我的意识。从1880年8月至1881年七八月间他思想巅峰的时期，再到1882年、1883年他受到启发的时期，我们都可观察到这一思想转变。

任何依照时间顺序阅读尼采的信件与著作，牢记过去和未来，并有意识地观察时间顺序与尼采各种表述之间的关系的人，都会对尼采的这次深刻的思想转变产生强烈印象。这种转变不仅表现在尼采的思想内容、全新的创作之中，而且还表现在他体验生活的方式上：尼采就仿佛沉浸在一种全新的氛围中；他所讲述的语调已不再相同；而这种看透一切的情绪状态，在1880年以前，是既无先兆又无迹象的。

我们并不追问尼采对自身思想发展的分析是否有其道理，我们不怀疑这种自我认识的真实性。我们也不追问，尼采此刻所把握的思想内容与存在意义究竟有何意义；我们不怀疑这种思想内容与存在意义之间内在联系。但我们要问的是，尼采独立思想的出现方式是否在尼采的生平中并不显见，它在思想上、在存在上是否并非必然，它是否给新思想强加了某种新色彩？换言之，他在遵循自己的精神冲动、追求自己的思想目标时，是否产生出了一些——源于那被我们模糊称为"生理性因素"的——思想元素？

对他1880年及随后几年思想转变进行考察的方法并没有被归入医学范畴，也不是要寻找那些"可疑的征兆"，而仅是按照时间顺序来进行比较。我们要考察的，不是这些现象本身，而是它们是否是新的、以前没有的现象；以及这些现象在心理上、思想上是否不可根据以前的现象来理解。

我们阐释的出发点，就是准确地依照时间顺序阅读时得出的那种总体印象。其目的在于，在读者研究尼采并遇到同样的问题时，通过尼采个别的表述与事实情况来引导读者得出这种印象。与此相反，没有任何论据可以从个别的表述中令人信服地得出结论，称某种疾病在此起到了作用。对我们而言，这种总体印象很重要，因为它使我们了解到，在我们目前的知识水平下，这些印象无法得到证明，而它即便可能性不是很高，却也依然是可能的。使尼采的研究者们颇为激动的，是一个理解尼采生平前的基本问题——即，这一深刻转变（1880—1883年）有着何种意义：无论是因为纯粹内在的思想发展的影响，亦或是因为思想之外的生理性因素（即原则上可为自然科学所认识的因素）的影响，某种事情发生了，它带动尼采的创作达到巅峰，导致他以前的性情无法解释，从而使他无法被完全理解，并导致怪异，使人们与他之间产生一道鸿沟。在大量的事实材料中，有一些可例举出来，以供比较：

1880年1月，尼采对死亡的意识还占据着主导地位："我想我已做完了自己毕生的事情。当然，就像一个时日不多的人一样。我还有如此之多的话要说，我在每时每刻都感受到自己的富有，没有痛苦！（致妹妹，1880年1月16日）"而此刻，在他自我认识的方式中，在他对存在的体会中，在他那无所不包的基本情绪中，都产生了一种巨大的转变：

他在玛丽恩巴特写道："我最后的日子总处于一种不曾间断的兴高采烈之中！（致加斯特，1880年8月2日）""我已远远超出了自己。一次，在森林里，一名从我身旁走过的绅士使劲凝视着我：那一刻，我感觉到，我的脸上肯定流露出了光彩四射的幸福神情……（致加斯特，1880年8月20日）"他在热内亚地区写道："我大多时候都病着，但是精神比以前同期要好得多。（致妹妹，1880年12月25日）"他在锡尔斯玛利亚写道："再没有一个人比我更无缘于'意气消沉'这个词了。那些了解我毕生使命的朋友们认为，我即使不是最幸运的人，也无论如何也是最勇敢的人……我仪表堂堂；由于长期旅行，我的肌肉如同士兵的一般；肠胃等均良好；考虑到我的神经系统要承担大量的活动，它是非常出色的，既精密又强壮。（致妹妹，1881年7月中旬）""我感觉强烈，这使得我颤动大笑……我在漫游时痛哭……这是欢腾的泪水。同时，我引吭高歌并言之无物，眼前充满我先于所有人而看到全新景象。（致加斯特，1881年8月14日）"他在热那亚又写道："在热那亚，我感到自豪和快乐，这完全是多利亚的风格！——亦或是哥伦布的风格？我在漫游途中为莫大的幸福而欢呼雀跃，我展望未来，而在我之前尚无人敢于做到这一点。至于我能否完成自己的伟大使命，则不取决于我，而是取决于'事物的本性'。相信我，我如今达到了全欧洲及其他一些地方的道德沉思与道德研究的顶峰。或许，已经到了连雄鹰都要敬畏地向我仰视的时候了。（致妹妹，1881年11月29日）"

这些情绪高涨的时刻穿插在境况不佳的日和周之间。但这种好坏不同的境况完全不同于以往。旧病虽未消失，但他身体上的痛楚没有1878年患病时严重。他在1882年某次状态良好时对艾斯勒讲道："总的来说，我认为自己可能已经康复了，或者至少正在康复。"在随后的几年间，他从没有停止过抱怨病症与自己的眼睛，尤其是身体好坏随天气而变这一令人痛苦的情况。从这时候起，他患病与无病的不同情况被另一种更为投入感情的不同情况的强烈对比所掩盖：他有时在情绪高昂地、富有创作力地体验生活，有时在压抑沮丧的周或月里陷入可怕的悲观情绪。与此相应，尼采在1876至1880年间这一段思想荒芜的日子里，依然保持着思想的主权，并未陷入动摇不定的状态。当时他只是对身体不抱希望，等待死亡（在此期间，他有意识地保持着一种深邃感，保持着宁静的朴素，有意避免狂热，并有意识地深呼吸着）。直到1881年后，他才意识到那无中生有再归于虚无的思想转变。此后，他不仅欢呼雀跃地来把握那伟大的肯定性，而且在不能持肯定的态度时，便因对持肯定态度的必要性感到绝望而受尽折磨，从未出现过稳妥、和平的心态。这种心态起伏是非同寻常的。在回顾这些年时，尼采写道："过去的几年中，我情绪波动的剧烈程度令人感到恐惧。（致福克斯，1887年12月14日）"

尼采在这一时期的书信也证实了他后来所记述的：《查拉斯图拉如是说》三卷中的每一卷都是在十天左右写就的，是对他那闻所未闻的亢奋情绪的实质所作的一个概括。此后的时间中则出现了更长的绝望、空虚和忧郁状态。这种情况清楚地表露出来，尼采称之为"灵感"，并描述了它们深奥的神秘本质：

"只要还私下怀有着一点迷信，人们就无法拒绝纯粹的道成肉身（incarnation）、上帝喉舌和压倒性力量的媒介。启示一词的含义是，突然之间，由于某种难以置信的确定性和精美性，某种事物变得可见、可闻，而这种事物朴实地描述了实际情况，因而最能动摇并推翻另一种事物。人们听到了却不去探寻，拿走了却不去询问，这一切来自于谁。这时，一个想法像闪电一般，必然而毫不迟疑地闪现出来——我向来别无选择。这是一种心醉神迷的状态，它扣人心弦，令人潸然泪下，脚步时而踉踉跄跄，时而凝滞迟缓；这是一种彻底的怅然若失状态，人凭直觉意识到自己周身透过无数细微的震颤与战栗；这是一种深沉的幸福感，在这种幸福感中，最为痛楚、最为忧郁的感觉都未与之形成对比，而成为一种必要的感觉，它是这一片澄明的状态中所需要的某种色彩；一切都完全是不由自主形成的，却仿佛是随自由，随绝对，随某种力量，随着神性的风暴喷涌而出的。这种比喻中的不由自主之处是最为显眼，人们已不知道何为描述，何为比喻。"

在这几年中，除了那灵感激发的状态外，尼采还体会到了那如同置身可怕深渊中的状态。这既是一种令他颤栗的临界体验，又是一片完全澄明的神秘高峰。尼采罕见但明确地描述了它们：

"我曾陷落在真正的感情深渊里，但我笔直地从这深渊里飞升了起来。（致奥维贝克，1883年2月3日）"他随后说道，"夜幕再次降临，我觉得好像划过了一道闪电——一瞬之间，我完全处于自己本身的元素和光明之中。（致奥维贝克，1883年3月11日）"尼采通过一个极其动人的比喻来表达这难以形容的含义："我形单影只，疲惫倦怠，前面……深渊环绕，身后……则是崇山峻岭。我颤抖地抓向某个稳固之物……这只是一棵灌木，它在我手中折断……我感到惊惶，闭上了眼。我这是在哪里？我看到暗紫的夜色，它吸引并召唤着我。这是什么感觉？是什么使得你突然间哑口无言，仿佛被掩埋在了迷醉恍惚的感受之下？你眼下正忍受着什么？忍受——这是个恰当的词！是哪条毒蛇在啃食着你的心？"

各种神秘体验、对临界状态的极度恐惧、激发创作的灵感，都仅限于1881至1884年间。自1885年起，这类感受、对存在的经历和启示就无从谈起了。尼采后来写信称自己"毫无把握"，"很容易在一夜之间被风暴卷走"。他的境遇是："爬得很高，无法上下，但始终离危险不远，而且对'向何处去？'毫无答案"。（致加斯特，1887年2月）此刻，他并没有出于对自身使命的关注，来言及自己体验到的各种状态，而他以前的言论则在论述他实际体验到的临界感受。现在，尼采只是在"夜以继日地被自己的问题所折磨"（致奥维贝克，1886年春季）。当他写道，"最近几周我产生出异乎寻常的灵感"时，这只是一些想法在促使他，即使是在夜间，"也要记下一些东西"（致福克斯，1888年8月9日）。

与他那亢奋的心态相交织在一起的，是一种巨大的威胁感。这种感受的强烈程度并不自然："有时，我在脑中预感到，自己实际上过着一种极其危险的生活，因为我是架有可能爆炸的机器。（致加斯特，1881年8月14日）"后来，他认为整本《查拉斯图拉如是说》"就是几十年来积聚的力量爆发了的结果"："这样的爆发会将作者本人炸飞，我总有这样的感觉……（致奥维贝克，1884年2月8日）"即使在这种毁灭尚未形成威胁时，尼采的整体状态也极不稳定，以至于他一再因感受强烈而患病："我的感觉……爆炸力极强，以至于，一瞬间，它就足以产生变化……来让我彻底病倒（这在大约12小时后就发生了，病情持续了两至三天）。（致奥维贝克，1883年7月11日）""如果强烈的感受如同一道闪电，在一瞬间就破坏人体所有身体机能的秩序，那么，最为理性的生活方式又有何益呢？（致奥维贝克，1888年12月26日）"

在这些陈述中，尼采进行创作时的灵感与那种攻向并击败他的无处不在的病痛经历密不可分。如果人们不深入到这些经历的整体，不深入这个整体变化了的氛围，那么他们可能会说，每一个特别的案例，都是尼采随时随地都富有创造性的表现。尼采的创作过程（这一过程的目的在于完成他此前不同阶段的哲学）提供了一些基础性的东西，如果不考虑"生理学因素"的话，这些东西就不能被简单地视为创造者的一个属性；以下几点虽然算不上是证明，但也可作为对此的一种揭示：

（a）他那欢欣狂喜的心态常表现为癫痫般的形式，这使人有可能去设想，这是非精神性原因使然。关于这些原因的精神性意义以及创造这种意义的力量，它们发生的时间和顺序是偶然的。它们仅在1881至1884年间才表现出了独特特征。

（b）尼采的诸多状态，其相互之间的关系难以理解，也缺乏连贯的变化。它们产生于尼采的创作时期之前，自1884年起逐渐平息。它们有超出精神性创造过程及其结果之外的巧合现象——这一切，都暗示着一个影响了尼采整个构造的过程，它们在同时也成为了尼采创作工作的有益因素。

（c）尼采在36岁时首次经历了这些加剧的感触，这些感触使得他超出了人们通常的情况。从事创作的人们想必熟知高昂的情绪、深刻的目光、丰富的灵感，但这同尼采所经历的在实质上有所不同，这就类似于，"温暖"与"真正的火焰"是不同的概念。对于从事创作的人们而言，那是一种自然而普遍的期望，几乎无法与尼采所遭受的心理—物理层面真实的奇怪经历相提并论。从尼采的整个生物学构造看来，似乎有新的东西显现出来了。

至于这一生理性因素是什么，这是无法回答的。尼采自1880年发生的一切，目前还不得而知。但在我看来，连毫无偏见的研究人员——如果他们依照时间顺序深入研究了尼采的全部书信与著作的话——也很难怀疑，有一些深刻的事情发生了。只要不能通过案例比较表明这些初步情况是瘫痪过程的一部分，那就没有理由将这一情况理解为他患上瘫痪的第一阶段；而且，这些情况本身也不像瘫痪那样是一个破坏性过程。将这一情况当作精神分裂症或认为它具有精神分裂症的特点，在我看来，是意义不大的，因为这种诊断界限模糊，也不了解病情的因果关系。如果没有援引切实的证据（即精神病症状，如在梵·高和斯特林堡的情况中出现的那样），那么这种诊断在各个方面都毫无意义。我观察到尼采统一天性的两面，就像看到尼采被一下子分开的"面相"一样，相信这里不经诊断也可谈论某种生理性因素。或许，随着精神病学的进步，我们会得以认识的。

突变之三。尼采最后一次决定性转变显然发生于1887年年底。这一思想转变再次引发了新的现象，并令他自1888年9月起掌握了一切。这时，尼采第一次确信，自己的行动将决定世界历史的整个过程，他如此自信，以至于精神失常，最终带来一次富有意义的飞跃——即用幻想中的现实性取代现实实际。接下来，尼采开始承诺要确保自己的即刻成功（这是一项他并不熟悉的事业），一种新的论战风格随之而来，最后，他屈服沉浸于心醉神迷的狂喜之中。

在这些奇怪但也许真实的陈述中，人们听到了一种新的声音，它表达了一种极端的加剧："我是这个时代最重要的哲学家，甚至还不限于此。在这两千年间都具有至关重要、命运攸关的意义。（致塞德利茨，1888年2月12日）"在整整一年中，他都在讲"至关重要的使命……它将人类历史一分为二"（致福克斯，1888年9月10日），并说"就结果而言，我现在偶尔会缺乏信心地凝视我的双手，因为在我看来，我掌握着人类的命运"（致加斯特，1888年10月30日）。

他的自信（尤其是关于自身主旨的自信）始终是可以理解的，因为这种信心就是他思维方式的一部分，且自1880年以来已被反复表达过。尼采现在投身于与他此前天性毫无关系的行动之中。过去几年，尼采一再拒绝了他人为他立传的提议，比如，他拒绝了帕内特（致奥维贝克，1884年12月12日）。尽管他希望摆脱孤独的苦痛，希望不经宣传就能有真正的门徒——他现在从事着这样的事业：鼓励人翻译自己的著作，同艺术名流（Kunstwart），如施皮特勒、布兰德斯、斯特林堡建立了联系。

直到1888年8月，尼采仍能写道："我全部的非道德式立场现在还为时过早，过于缺乏准备。我本人离替自己做宣传的想法相去甚远，我还从未为此而动过一根手指头。（致克诺茨，1886年8月21日）"但在7月间，他就向福克斯提供了详细的建议，告诉后者可以怎样来写些关于他东西（如果时机合适的话）。8月，福克斯未作反应，尼采便对自己的"文学秘诀"受到重视不抱希望。但12月，尼采再次致信福克斯："难道您就没有某种论战式的情绪吗？如果有位富有才华的音乐家公开支持我反对瓦格纳，那就再好不过了……写一本小册子……眼下是有利的。人们现在还可以真实地评述我，过两年再这样做，就近乎是傻事了。"他因布兰德斯宣扬他的演讲而兴奋得忘乎所以，他应布兰德斯之邀撰写了一份自己的传记，如果按照尼采早期的普遍态度来看，这是一次老练而不甚得体的宣传。他向自己的出版商展示了一份他自发撰写的"内容简介"，意图引起人们对布兰德斯那宣扬他的演讲的关注。他向加斯特陈述此事："我让弗里奇就我在哥本哈根取得的成就在新闻界作些报导。（致加斯特，1888年6月10日）"出版商并未遵守他的意愿。此外，他劝诱加斯特在《艺术名流》上撰述《瓦格纳事件》（致加斯特，1888年9月16日），希望在对方在如此做后再出版一本特殊的著作，将加斯特的文章同福克斯的另一篇文章一并附在其中〔指《尼采事件，两位音乐家的旁注》〕；致加斯特，1888年12月27日〕。尼采在最后撰写的著作意图即刻产生影响，因此是按计划写就，并按一定的顺序设计出版的。

尼采所写的那些使他与亲近或尊敬之人决裂的直率信件表明了尼采的另一种迹象。他于1887年5月21日致罗德的书信就是一个先兆，但此时他还有所控制。他于1888年10月9日与毕洛夫决裂时写道："尊敬的先生，您对我的信未予答复。我向你保证，我将不会再骚扰你了。我想，您已意识到，这一时代的第一精神向您表达过意愿。——弗里德里希·尼采"其后，他于1888年10月18日同玛尔维达·冯·梅森堡决裂。于1888年12月给妹妹写了诀别信。

如果将他创作《查拉斯图拉如是说》时的激昂同他1888年的这种激昂情绪相比较，人们就会看出，后一时期的尼采缺乏远见和宁静，表现出一种膨胀的进取、激进的严肃和过分夸张但合乎理性的言语。这时，占据尼采思想主导地位的，是一种要有所作为的意志。

这种新情况的关键性标志就是一种狂喜，这种狂喜以往在一年间偶尔出现，但在尼采最后的几个月里则一成不变。

首先，在他致塞德利茨（1888年2月12日）的信中，便可听到一些这样的语气："这里的日子都有着肆意的美丽，从来没有比现在更完美的冬天了。"他对加斯特说（1888年9月27日），"奇迹般的澄明，秋日色彩，以及一种蕴含在所有事物均感到优雅的幸福"。后来他写道，"如今，我是这世上最心怀感激之人。我的任何词句的出色含义都带有秋日的气息；这是我的丰收时日。我对一切都举重若轻，我在一切上都取得了成功"（致奥维贝克，1888年10月18日）。"我正在镜子里看自己。我从未像现在这样——精神振奋、状态滋润，看上去比实际年龄年轻10岁……我很高兴有个出色的裁缝，我无论在哪都被人看作是个高贵的陌生人。我无疑在自己常去的意大利餐馆里吃到了最好的食物……直至今日，我才知道什么叫做津津有味。这里万事如意、阳光充足，日复一日……这里有一流咖啡馆里最好的咖啡馆，还有一个小咖啡壶，质量极好，而且是我从未见到过的上佳质量……（致加斯特，1888年10月8日）"自此之后，尼采那幸福的语气就不曾断绝："一切继续，工作和心情都很好。这里的人们仿佛将我当做了高贵人物来对待。他人为我开门的那种方式是我在别处从未遇到过的。（致奥维贝克，1888年11月13日）""我闹了如此之多的愚蠢恶作剧，想出了这一类喜剧演员才想得出的念头，以至于我在大街上咧嘴嬉笑（我找不出其他词来形容）了半个小时。（致加斯特，1888年11月26日）""秋日真美。我刚从一场大型音乐会中回来，它给我留下了平生对音乐会最强烈的印象。我在内心不断做着鬼脸，以应对这种过分的快乐……（致加斯特，1888年12月2日）""几天来，我都在翻阅自己的著作。如今，我才第一次感觉到自己成熟得适于这些著作了……我一切都做得很好，只是我从未对此有所意识。（致加斯特，1888年12月9日）""所有现在同我打交道的人，包括为我挑拣上好的葡萄的女摊贩，都是些人类模范，礼貌、开朗、有点肥胖——甚至服务员也是这样。（致加斯特，1888年12月16日）""我发现了这束稿纸，这是我能用来书写的最好的纸张。钢笔很好、墨水也很好，后者来自纽约，价格昂贵，品质卓越……四个星期以来，我熟悉了自己的著作；不仅如此，我珍视着这些著作……此时我绝对相信，一切都做得很好，从一开始就很好——一切都融为一体，有着共同的目标。（致加斯特，1888年12月22日）"他在圣诞节期间致信奥维贝克说："在都灵这里值得留意的是，我格外引人注意……当我走进一家大商店时，每张面孔都会转过来……我吃到了上等饭菜中最为上等的——我从未明白过，既不懂肉，又不懂蔬菜，也不懂真正的意大利食品到底会做成什么样……我的服务员彬彬有礼，和蔼可亲……"

几天后尼采便精神错乱，自此在毫无感觉的暮色之中生活了十年。

对尼采的了解并不取决于对他的诊断，但我们必须知道：首先，他在1888年底的精神病是一种官能性大脑病症，是由外界原因而非内心性情引发的；其次，在19世纪80年代中期，显然有一种生理学因素改变了尼采的总体精神状态；再者，1888年，就在他马上患上严重的精神病前不久，他的情绪、举止都流露出了以前从未有过的变化。

如果要作诊断的话，那么他1888年底患的脑病有极大可能是一种瘫痪。此外，人们还将他1865年那蔓延至胳膊与牙齿的严重的风湿病诊断为由感染引起的脑膜炎，他认为屡次情绪发作是偏头痛的结果（无疑它是一种综合征的组成部分，但问题是，它是否也是另外一种疾病的病症）；将他自1873年起的病症视为由于他在内心同瓦格纳决裂而产生的神经官能症；将他于1880至1882年的变化视为后来的瘫痪的初期表现；认为他后来多次出现的迷醉现象乃至精神崩溃是服用毒品（尤其是大麻）的结果。如果遵循着尽可能将所有病症归结为一项原因的这一原则，我们就可以总结，自1866年起，所有病症俱已出现了，其结果就是瘫痪。但这很值得商榷。就尼采的哲学相关概念而言，医学病症的分类只在明确无疑的情况下才有意义。除了结论性——这种精神疾病几乎肯定是瘫痪——的事实之外，其他诊断都是可疑的。

患病与著作

在有些人看来，追问尼采的病情是在贬低尼采，他们认为将尼采著作的特征同他的病情联系起来，实属无益之举。有人说这些是一位瘫痪患者的著作，另有人说："在1888年底以前，尼采没有精神病。"出于懒惰，人们可以采取这样简单的选择——要么，尼采就是病了，要么，尼采就是个世界历史上的伟人。他们否认了二者同时出现的可能。我们要反对这类——无条件的、最终的、绝对的——试图毁灭尼采或拯救尼采的错误尝试，因为它们两者都没有表现出对尼采思想或生活事实的任何理解。它们两者都以教条式的论断作为掩护，阻止了对这一问题的提问与研究。

一般而言，被创造的著作的价值只能从其精神实质上加以考虑和判断。著作得以完成的潜在因果与著作本身的价值无关。人们知道一名讲演者为缓解紧张情绪而习惯于在讲演前喝一瓶葡萄酒，这并不会影响人们对其演讲做出更好或更坏的评价。我们所有人都涉及其中的那个自然过程的内在原因难以理解，它使得我们无法理解因其引起的精神事件的性质、含义和价值。它只能揭示完全不同的思想层次上的不可知性（如果我们能认识到这一点的话）。而这种一般的界定是不够的。

如果某一病情或其他生理学因素对精神活动构成了影响，那么问题在于：这一影响是有益的，有害的还是无所谓的？在新的条件下，精神活动是否会呈现出另外一个样子？如果是的话，该如何确定它的方向？这些问题无法通过先验的方法来解决，而只能通过经验进行，尤其是通过对病人作比较性观察来加以解决。要在经验上有所了解，则问题就是：第一，在某一个人那里，在无可替代的某一个人那里，有什么是同病症相伴而生的（如果回答是肯定性的，它会给出有关这个世界上的精神现实的令人震惊的消息）？第二，在不考虑病症的情况下进行批评，可以发现哪些缺陷——这些缺陷当中有哪些可同病症建立起联系，又有哪些缺陷是由特定的病症而来的（这种情况下的答案倾向于去拯救著作的纯洁性，因为我们已经找到一种方法，将这一外来缺陷的精神实质同思想变化中带有的问题区分开来）？

对于使用这种病理学观察的人来说，这种方法并非没有危险。它使人看不到著作中纯洁高尚的思想，反而不当地因此掩盖了作品和创作者的伟大之处。至于精神创作中是否有什么应归因于疾病，则绝不可凭借所谓的批评性判断，单单从作品的意义与内容中得出结论，进而确定此处或彼处是病态的。先是拒绝陈列在我们面前的这些作品（以病态为由），然后拒绝通过心理病理学调查来客观确定的事实结果，这既不科学也不诚实。

只有几个可供出发的点可以回答关于尼采的病和他的工作之间关系的问题。从总体上说，如果我们要正确研究尼采，那么有几个开放性问题我们需要时刻保留在脑海中。要在经验上确定尼采精神病同著作之间的关系，只能采取间接的方法。我们列举出两种方法：

其一，我们来探寻时间上的吻合之处。如果他的文风、思维方式、基本观念的变化在时间上同他身体与心理上的变化相一致，如果他的思想变化不像他其他的思想变化一样，无法以相同的方式来加以理解，那么这种时间性的联系就是显而易见的了。这种方法在诊断上具有不确定性，不能带来显然的结论；它只是关于相互联系的总体性观点，其中总有一些东西缺失。事实上，在尼采的一生中，确实表现出了他作品的精神发展与根据传记确定或推测的心理生理变化之间的相似之处。

（a）尼采自1873年起出现的各种身体疾病同他在精神上"与人决裂"的时间一致的。但是在那些年里，他的病并没有形成出改变精神的特征，它们与任何精神改变的关系都是表面和偶然的。不曾康复的这一事实虽然在尼采的生活中具有极其的重要性，但对尼采的精神经历并没有什么实质深刻性。间接的影响则来自于他工作能力极度受限，来自于眼痛限制了他的阅读与书写。这是1876年后在他的出版物中流行的格言语调的一个成因，虽然不是决定性的原因。他同其他人决裂是由他思想发展中可以理解的动机而来的，他患病的情况或许会促成但不能决定这种决裂。

（b）自1880年起，与他一些新的经历及改变体验事物的方式同时发生的，是他改变了自己全部的创作活动：

一种新的文风开始体现在尼采的描述图景所具有的力量之中，体现在他越发神话般的比喻中，体现在他视野的柔软之中，体现在他言词的音调之中，体现在他措辞的奋进之中，体现在他语言的简密之中。自然与风景都变得富有生活和命运的色彩，就仿佛他已与它们彼此交融，合为一体。他的朋友们注意到了这种新的情况："你……开始形成自己的风格了，你的语言也真正开始变得完满了。（罗德致尼采，1883年12月22日）"

一种愈发强烈的积极主动态度取代了一味的沉思与质疑，形成一种以摧毁基督教、道德、传统哲学为取向的，寻求建树新思想的意志。当然，即使是在他的童年时期，这种决心的方向也早已显现了。

对现在的尼采而言，他那全新的基本思想——如永恒轮回、权力意志的形而上学、对虚无主义的彻底洞悉、超人的观念——具有非同寻常、不曾知晓的重量与奥秘。这些思想建立在向他侵袭而来的本源性的、哲学式的临界体验这一基础上，其中有许多已经出现在他以前的著作中（包括永恒轮回）。但这些思想在以前只是可能，在此时则是实质，它们拥有着那种消耗性真理的压倒性力量。

尼采不仅有很好的哲学感受性，而且深深地被本原性的存在之体验所感动和渗透。以此来衡量，他以前的一切（无论是明智还是远见，是崇敬还是贬低）都只表现为纯粹的智力型思考。此时，尼采的话语已仿佛来自一个全新的世界。

这种新的思想保持着一种令人惊讶的张力，思想与象征都开始变得凝固了。凡以前是个别式的、在思想运动中不断被抛弃的东西，此时则被绝对化了，当然，它也可能在其后的一种愈发有力的思想运动中被再次抛弃。最极端的虚无主义同无条件的肯定态度结合了起来。意外的空虚同有意为之的象征结合在一起，使得读者有可能产生一种不寒而栗的情绪，而随后表达出来的，正是尼采最原始的哲学思想。

（c）与他在1884年开始规划创作主要哲学建筑相对应的，是他于1881至1884年间的遗著，在这些年里，神秘的体验常常突如其来地向他袭来，为其创作提供灵感，他的语气变得更加合乎理性。1884至1885年间他的思想转变是深刻的：在此之前，尼采主要是在脑力性创作，在此之后，尼采则主要是在进行系统性建构与攻击性的尝试。"重估价值"占据了核心地位。对此，莱因哈特作出了先是令人惊异，其后令人恍然的未经证实的论述："没有一首诗是他在最后几年中创作的。就连被人们普遍认为如同是他最后纵声歌唱的诗歌——《威尼斯桥畔》——也是早就写好的。"

1887年年底与1888年，他明显地再度出现了1884年那种倾向于创作"主要哲学建筑"的思想危机。他没有做这项至今为止至关重要的工作，而是将其搁置一旁，以飞快的速度创作出完全出人意料的著作。然而，这些著作的惊人之处在于，其中改变的不是尼采的精神实质或思想意义，而是他交流的形式。

其二，我们来探究一下，尼采是否出现了在身体上有可能出现的一些现象。

由于尼采在1888年以前的情况没有最终的可靠诊断，因此我们目前无法寻找、确定疾病的症状。根据对病情及其病因的了解，寻找出被经验性观察确证为与某种病情有关的情况，这种判断方法在尼采那里得不到任何结果。我们所能做的就是假设存在一个基础的生物学因素——即使对此不能作精确诊断——并询问尼采精神活动的面貌会有哪些变化（类似于所有官能性精神疾病的特征）。

尼采的著作并非那种我们会因无条件的仰慕而感到满足的作品。他有能力深深地撼动我们，唤醒我们最基本的冲动，增强我们的诚挚，并启蒙我们的洞察见解；但这并不能阻止他反复给人以失败、陷入虚无或者因狭隘、无度、荒谬而令人压抑的印象。这种缺陷不能被简单解释为一种因自身哲学目标而必须保持开放的思想运动的结果；不能仅仅看作是我们对自己愿意适应的思想内容依赖的结果；不能以"一切哲学在本质上都是不完整的"来解释。而这里面似乎有什么东西，自1881年以来一直在起着干扰的作用。当然，关于因寻求原因所必需的真正开放同彻底失败，要将两者彻底而完全区分开来是不可能的；但由此我们意识到了我们的任务：我们必须了解这些干扰之处，以便更为明确地深入尼采的哲学思想运动中去。简而言之，这些干扰有下述三种：

（a）尼采过度波动的情绪所导致的缺乏约束将他引向了极端，这束缚了他的视野，让他以一种教条式的对立形式，简化表现出了一种夸张。以前惯常的灵活的减少，加以偶尔不加批判的态度（现在这种情况在以前绝不会出现，也绝不会占据主导地位），导致了无理取闹的争辩，并增加了无差别的谩骂。而在这种情况下，在直到尼采学会辨别之前，都会存在挣扎和困惑的根源——这会使得读者误入歧途，甚至以对待其哲学的严肃态度对待尼采自身的重大错误。尼采刻意地走着极端：他试图达到极端的临界，不让自己固步自封，而是辩证地同对立面统一起来；他还喜欢寻求那种在斗争中占有优势的"极端的魔力"。极端的上述两点只有当它们与极端不同时才能被清楚地识别出来，而极端，则是由于缺乏约束而无意识发生的。

（b）缺乏约束只会造成放纵或狭隘，它虽然没有毁灭尼采的真实本质，但却扭曲了尼采的真实本质。因此，尼采令人感到陌生的第二种情况就是：自1881年以来，一些激动人心的新感受使他产生了神秘的体验。这些体验达到了极致，并且在阐释出来时显得极其完美，这虽然令我们深受感动，却不能让我们产生同感。

同时代人都感到他这种"陌生"的情况。罗德在最后一次同他会面后（1886年）写道："他被一种难以形容的陌生气氛所包围，这在当时真的令我感到诡异……他的里面有些我此前不曾知晓的东西，而我用以分辨他的许多过去的东西已经不复存在了。就仿佛他来自一个无人居住过的地方。"尼采本人也察觉到了这种"我所有的问题与阐释均带有的难以言喻的陌生感"，察觉到在这个夏季，人们多次向他表示出这种陌生感（致奥维贝克，1884年9月14日）。

（c）第三次，也是彻底的一次干扰，是他于1888年底由于瘫痪而提前中断了思维进步。这样一来，尼采的思想便未臻完善，而这种不完善性绝不是他思想的固有性质。正如尼采在出乎他意料地去世前不久所表白的那样，他的著作尚未成熟。在最后一个时期，他以强烈紧张的心情、以对特定问题的明确洞见、以并不合理的想法、以压倒性的措辞写下的无比富有论战性的文章取代了他原本的著作。因此，正如他在最后一年中所表露的那样，他的一生被提前中止，他的思想则在事实上成了永远的疑问。这就像19世纪个世纪最为深邃、最为关键的思想成就被冷漠的自然因果关系从背后毁灭了一样，以至于，这种成就无法实现其固有的清晰和宏伟。

现在，我们已经按上述两种方法了解了尼采的疾病与其著作之间的关系，我们必须停下来思考一下我们所做探索的意义。

对这个问题的思考可能不是决定性的，但对整体理解尼采意义重大。这关乎尼采自1880年以来的思想转变，以及这种转变是否有可能同某种新出现的生理学现象相吻合。对此，目前尚没有掌握全部资料的并加以整理了的彻底的研究成果，而这是研究尼采生平的当务之急。莫比乌斯最早认识到这种转变，但他的观点有许多荒谬之处，以至于他的观点理所当然地没有得到认可。这种转变的本质（包括对其的医学诊断）仍然模糊不清，我越是频繁查阅迄今为止公布出来的他的信件与遗著，就越是明白其情况。

尼采思想与感受上的转变，自1880年起一直延续到1888年，这种转变所表现出的特点是，生理学因素的作用、他全新感受的直接表露，以及全新的哲学内容都交织在一起，成为了一个不可分解的统一体。那被尼采正确理解了，用以推动自身思想必然发展的东西；那构成了他思想上伟大之处与天性上深刻之处的东西；那以一种日渐普遍的联系揭示出尼采那例外天性的秘密的东西——如果这一切突然间都被认为是病症或某种人们所不了解的生理学因素，那这肯定会令我们感到困惑不解。我们的论述有可能是模棱两可的，它将尼采在总体上具有无可替代意义的思想当作自身的对象，而暗地里即使套用了所有限定词，也对这些思想作了改变，并将其贬低为无所谓的东西。凡是被当作精神上的创造而揭示出来的，随即又被当作病症再度掩盖起来了。

　　应当说，我们无法宣称有这样一种"统一性"，无论我们了解了一个人的什么情况，它都是在一定观点中呈现出来的一个特定方面，而不是一个完整的人。此外，某一个方面总是令我们困惑地在表面上转变为另外一个方面，就仿佛这两方面是一回事似的，其晦暗不明的理由是我们无以了解的。尼采凭借1880年的思想飞跃达到了他真正的思想高度，这的确是特定的例外人物生平中令人不解的地方——荷尔德林、梵·高的情况与此类似，只是具体情况有所不同，"病理性"因素——如果我们可以这样来称谓我们并不了解的生理性因素的话，因为它有可能同我们所了解的尼采后来的病况处于同一因果关系之中——不仅起到了干扰作用，而且甚至有可能造成了通常不可能出现的情况。直至此时，尼采才径直及本求源地达到了自己思想的起源处。在他思辨的丰富内容中，他那带有彻底地追本溯源式基本特征的思想实质——自1880年以后——令人回想起前苏格拉底哲学家们。他风格上出格的地方似乎也来自这同一个理由，并由此而变得闻所未闻。无疑，他愈发具有诗意的力量，他轻易地克服了一切干扰，在每一个音中都做得稳妥可靠，始终怀有源于深沉的思想起源处、无需苍白的思想作中介便直接落实到语言中的强烈意识。一度出现的偶然想法与让人感到陌生的想法会径直表露出深刻的真理或富有意义的异样性的例外。就连他患精神病也因上述精神而获得了某种意义，以至于他在患精神病时写下的东西也成为了他著作的一个不可取消的组成部分。

例如，自1880年以后，尼采深切地体验到了这个世界面临的危机，他因自己对未来的认识而感到莫大的恐惧，他被自己要在世界历史的这一瞬间——即一切都取决于人，而一切都要化为乌有，这一可怕的危险就摆在人们的面前——占据思想上一席之地的这一使命搞得筋疲力尽。这种感受同他另有来源的痛楚、激动、压抑的心态正相吻合。在一时间受到病理制约的自我意识既是可以理喻的，又是理所当然的。谁要想在这里以明确的非此即彼式的心态作抉择，就会以牺牲他可能具有的真理性来将他谜一般的实际情况变得简单明了，因为这里需要承认这团迷雾，无论如何都要去领会他那值得探究之处。

因此，我们有必要联系到尼采的著作，对他的病症采取三种态度。

首先要对事实情况作经验性研究。其次，在对他的著作作批判后，要将他的著作同那些可理解为由病症造成的偶然性干扰而来的缺陷之处分离开来，以便纯正地把握尼采的哲学；第三，要愈发虚构地洞悉他全部的现实情况，就是在这种现实情况中，他的病症看起来才成为他的思想具备积极意义、充分地表述存在、直接地表露出通常无法企及的东西的机制。

在第一种态度中起决定性作用的是经验性科学的方法，它永远无法达到最终洞察这一知识的尽头。这一态度是人们有分寸地做到另外两种态度的前提，没有这一前提，另外两种态度中的一种——即批判式的——就会变成悲天悯人式的，并因此而变成无法控制的批评。即下个"生病"的结论了事；没有这一前提，另外一种态度——即作虚构性洞悉——会变成毫不实际的呓语。探寻尼采的纯粹真理性的态度绝不能同这种真理分离开来。无论他误入歧途之处、他的色彩与语气中有哪些是与此真理无关、需要剔除出去的因素。我们不能借间接的表述来虚构性地洞察尼采的全部事实情况。经验性确定、批判性澄清、虚构性表述的意义是不可彼此替代的，绝不可彼此混淆。

尼采对疾病的态度

有两个问题必须区分开来，一个是尼采是如何对待他在医学上可以确定的或尚属猜测的病情的，另一个完全不同的问题是，他是如何明确生存的意义并以此来论述他的病情，以及他的病情对他平生的实质问题所起到的作用。

我们要问，尼采是如何对待他的病情，如何对此作医学上的理解与判断的，这就要区分开：首先是自1873年以来的身体痛楚与强烈的情绪紊乱，其次是自1880年以来由医学上无法确诊的"生理学因素而来的心理变化"，第三是自1888年底以来的精神变态及其在这前几年当中的先兆。与这些问题相应的，是病人对待自身病情的态度，这种态度在处理病情时起到了重要的作用，与此相应的还有他对病情的认识。在精神病医生看来，这就是某种精神病的一个标志。问题在于，病人采取了怎样的一种医学观点，他作为一个人要么能够采取医学观点，要么就因为病情而无法采纳医学观点。我们不妨从下述三个方面对尼采作一番质询：

1.尼采对待作为身体痛楚而出现的病症（像病情发作、视力不清、头痛等等）的态度，最初是同那一时代的看法相符合的：他向医生、专家、权威人士咨询，认为对此只能根据合理的知识来加以治疗。但有些医生不仅仅在经过合理论证后才采用医疗方法，而且总是采用这种医疗方法，就好像——不仅仅是在特定的、突出的情况下——总有某种明智的、起着因果作用的治疗方法似的，所以尼采就多次地——无效地——去疗养。尼采的做法超出了医生的建议，他根据自己的观察和东鳞西爪读到的东西，自行采取治疗。他同采取实证性、科学至上性思维方式的医生们一样，时不时变换着采用合理的、有经验性保证的各种方法与各种实证性的、可能有的想法。他利用精确的气象数据，有步骤地选择最适合于他的气候条件，也许取得了一定的效果，此外，他终生都在做着必要的但没有把握的各种试验。"尼采在巴塞尔家里的壁炉上放着各种混合药剂，他就是用这些药剂来治疗自己的。"奥维贝克很早就这样论述过他1875年的情况。后来，尼采还使用了各种药物、盐类，尤其是合理且有效的催眠剂（大量的氯水化合物）——而定期使用这种催眠剂的效用就是很成问题的了，并最终还有可能使用了从一名荷兰人那里得到的含有大麻的药剂。有时他对自己的医学"发明"感到荣耀："令我感到荣耀的是，布莱庭医生给我开了我以前就使用过的钾磷，他对这种东西的疗效深信不疑。这样，我就是自己服用药剂的发明人了。我同样对自己在去年冬季采取的合理治疗方式感到光荣……（致奥维贝克，1883年10月27日）"

尼采的成就感不在于他的医学奇想得到认可，这些想法完全是旁枝末节、无关紧要的。他的成就感在于，他摆脱了医生没完没了的医嘱、治疗和指导。这种解脱是他自我治疗的一个部分，使他在病危的情况下也不至于将病情当作自己的生活内容。不至于以此来决定自己的思想和态度。他不能够躲避由肌体上的某种过程而来的死亡，却可以避免造成长久的歇斯底里的、神经官能症的、令人恐惧的、并让人忙个不停的各种可能情况。

从医学角度而言，尼采对自我的预先诊断（prognosis）是错误的。当他身体上的痛楚马上就要好转时（1880年），尼采思想就要产生一个重大发展时，他给玛尔维达·冯·梅森堡写了诀别信（1880年1月14日）。"根据一些迹象，我马上就要彻底解脱地患上脑中风了"，他在预感自己生命的终结即将来临之前，还给别的人写了信。

2.我们自1880年起就在尼采那里发现的生理学因素，自然不能够以这种方式成为他关心的问题，除非他事后惊讶地发现，自己在形成新思想之前，就改变了"趣味"但尼采作为冷静的观察者有时注意到，精神上的创造有可能同身体上、生理上的现象联系在一起。这种观察的倾向他并不陌生，但观察的内容却是偶然的。例如，"昨天我想到，我'思想与诗作'（《悲剧的诞生》与《查拉斯图拉如是说》）的重要巅峰同最大强度的具有磁场的日照影响息息相关。反之，我有关语言学的决断（反对叔本华的决断，这是一种自我迷误的情况）以及《人性的，太人性了》（这同时是我健康状况最糟糕的危机时期），是同最小强度的具有磁场的日照影响息息相关的"（致加斯特，1884年9月20日）。

3.尼采不承认自己患有精神病（任何患有瘫痪病的病人都缺乏对自身病情的认识），也没有料到自己会患有精神病。1888年，当他情感生活的变化与极度紧张的情绪已然预示出，精神病很快就会向他袭来时，他还坚定不移地确信着自己的健康。尼采从未考虑到自己有可能精神失常，相反，他常常预感自己很快要死亡，或患脑中风病等等。他有一次致信奥维贝克（1885年5月4日）说："我怀疑你会认为《查拉斯图拉如是说》的作者精神失常了。我的危险的确很大，但不是这种危险。"

当尼采研究自己平生的疾病时,他只是额外注意到,任何一种疾病也都带来了益处。疾病使得尼采如愿以偿地以退休来摆脱职务,这有助于他在面对人们时最为委婉地摆脱了他所陌生的人物与事情:"这省却了我所有的决裂、所有粗暴与鲁莽的步骤。"但尼采患病绝非因此就像是"有目的的神经官能症"。深入来看,根据他的身体状况来说,这只不过是附带的外在的结果而已。

尼采赋予了他的病情一个在他从事精神创造这一整体活动中的意义,这种解释方式的由来,有别于有目的的观察,有别于可依据因果关系来研究的、在个别情况下可加以观察的、可加以经验性核查的认识:"我既不是精神,亦不是躯体,而是某种第三者。我总在因整体性而受难。并在整体上受难……我的自我克服实质上就是我最强大的力量。(致奥维贝克,1882年12月31日)"这第三者就是承担与控制着精神与躯体的生存,它透过容纳一切的自我克服的思想运动而显露出来,尼采以此为根据,既复杂又出色地解释了自己的病情以及自己对待病情的态度。这种生存性阐释超出了有用性范畴、医学范畴及治疗的范畴,它从全新的角度感受到了患病的概念与健康的概念。

尼采是以他特有的双关语义来看待患病概念与健康概念的:疾病是由某种真正的健康(内心的健康或生存的健康)所承担,并服务于这种健康的,它本身就是这种健康的一个标志。医学意义上的健康属于某种非实质性存在,它是真正的疾病的标志。"健康"与"患病"这两个词可相互替换,其结果是尼采的语句中呈现出一种表面上的矛盾,它既明确反对健康的自满自足,提升患病的价值,也反对一切病症,提升健康的价值。他一再对人们的麻木表示轻蔑,麻木的人们感到自己健康,拒绝一切让自己感到陌生的东西:"可怜的人们自然感觉不到,他们这种健康显得有多么苍白与阴森"。他描述了有知识的市侩的样子,他"为着自己的习惯、认识方式、拒绝态度与倾向性而发明了普遍有效的健康公式,并借怀疑别人患病和过于紧张来将任何令人不快的捣乱分子挤到一旁"。尼采发现:"'精神'习惯于偏爱'不健康、无益处'的事情,这真是件令人不快的事实。"这些表述并不能掩盖尼采的全部哲学恰恰是在反对病态、希望健康,要克服一切病症，而有关健康的各种不同意义又使得这种矛盾成为可能。

　　尼采承认，这种多样性的意义并不是偶然的。"固有的健康是没有的。关键在于你的目标是要确定，对你的躯体而言，健康意味着什么……标准的健康概念……必定会湮没……在一个人那里，健康看起来自然会同另一个人的健康正相反。""人们并不认为。健康似乎是个固定的目标……""健康与患病并非在实质上完全不同……人们并不一定要从中得出清晰的原则或实存来……事实上，在这两种存在状况之间，只有程度上的差别……"

　　在尼采的生存式阐释中，有一个健康的观念是标准性的，它不可在生理与医学上得以论证，而是以人在自身完整的生存意义上的价值为取向。只有从这种意义出发，他那奇特的论述才具有内容，尼采就是借这些阐述来看待患病一事的：他投身于患病一事，倾听着它，克服了它，这是值得专门来考察的：

　　在这种阐述中，作为自然事件的疾病并非真正的患病，而只是自然而然地形成了而已。要采用这种阐述，就需要迈上完全不同于因果式认识的另一个思维层次。在毫无意义的单纯自然事件中，可以思考生存的意义，而无需某种普遍的因果性作用——在这种情况下，因果律是魔法、是迷信——那种对生存有所倾诉的东西，为这番阐述带来了病症，为的是同病症一道发挥生存的作用。尼采感激疾病在他的思想过程中起到了性命攸关的作用。也本来要不知不觉地——他就是这样回顾性地概括各方面的联系的——借语言学、教授的职业，对瓦格纳与叔本华的敬仰，以及所有理想主义与浪漫主义的态度来回避自己真正的使命的："患病才令我趋于理性。""当我们怀疑自己是否有权利履行自己的使命时，当我们开始对此掉以轻心时，患病就给出了答复……令我们轻松一下的，就是我们不得不付出最惨痛的代价！"当疾病召唤着尼采回到自己使命中去后，疾病并未消失。依照尼采的解释，他直至生命的终点都在期望战胜疾病："我有一项使命……这项使命让我病倒，它还会让我康复起来……（致奥维贝克，1887年11月12日）"

　　无论疾病是何种情况，对尼采而言，它的意义都是悬而未决的。关键在于，生存从疾病中汲取了什么，"患病是一次要恢复健康的笨拙尝试，我们必须求助于自然的精神"。因此，尼采一再指明他那消失不掉的疾病，指明自己是如何克服疾病的，他在利用疾病，他了解疾病的危险，即使不能控制疾病，也在控制着这种危险。

利用患病，便正如他所认为的那样，使得他不仅可以形成自己新思想的特点："疾病赋予了我彻底改变自己习惯的权利……它强迫我安宁下来，无所事事，耐心等待……而这就叫做思考！"而且患病本身就是体验与观察的手段。他告诉自己的医生说，他"正以这种受难的状态来在思想与道德领域从事最有意义的试验与尝试……渴求认识的欢乐提高了我的境界，使我战胜了一切磨难与无望心情"（致艾瑟尔，1880年1月）。他回忆着《瞧！这个人！》说："三天来我不断地头疼，并在难受地呕吐，我在痛苦中出色地形成了一名辩证法大家那样的清醒态度，我冷静地思考着事情，而在健康的情况下，我是做不到这点的，是不够精明、不够冷静的。"最终，他将患病理解为一种动力，他就是靠了这种动力摆脱外界一切事物的凝固性，摆脱了一切虚假的、理想式的自以为是的好心态，无需宗教与艺术地走上独立自主的道路的，"就痛楚与断念而言，我最近这几年的生活可同任何时候的任何苦行僧相比……这种彻底的孤独令我发现了自己那自助的来源"（致玛尔维达·冯·梅森堡，1880年1月14日）。

但患病同时也带来了其新的生存性危险。正像尼采依据自己的经验所指明的那样，它会带来一种揭露一切的认识，令人高傲地摆脱一切事物。当病态教人"以极其冷静的态度去看待事物"，当生活中所有"骗人的小把戏"都消失殆尽，这时，受难的人便会"怀着轻蔑之情……追忆那朦胧的世界，健康的人就无思无虑地畅游在那里；并以轻蔑之心去追忆那些最为高贵、最为可爱的幻象……他会以令人毛骨悚然的明确洞见呼吁自己，作你自己的起诉人吧……享受你作法官的优越感吧。超越你的痛楚吧"。这时，在患病时至少还在认识的人便会展示出高傲之情，"以不折不扣的变形的傲慢来进行抗争"。但当身体好转与复元的曙光升起之时，"我们第一个反应就是抗拒我们高傲之心的强大力量……让这高傲之情走开！我们喊道，这是一种病态，抗争是多余的！……我们用渴望的眼神重新凝视人与自然……当健康重又开始玩弄那套小把戏时，我们便不再动怒了"。

正如尼采指明了患病的生存性危险作用一样，患病还会进而终生地激发人的思想内容，这就是说，让患病的人透过他的病情来思考。患病不会取消人的思考，而是形同将思考纳入自身之中。尼采对一切哲学思想都提出了质疑，即这些思想是否是因为人的患病而创造出来的。

尼采摆脱了思想被支配性病情所吞噬的危险，他要如此地理解对病情的体会，使得他虽然在一瞬间要听命于病情，但随后便了解了病情，并更为果断地面对病情。他听任任何一种病情展示出来，但不向任何一种疾病投降。他在患病时不仅体验到冷静的认识所带有的高傲之情，而且还体验到病愈时的陶醉。他从患病的角度来看待健康，从健康的角度来看待患病。他有时在患病的压力下进行思考，为的是看看在这种情况下都能形成哪些思想，有时又在健康时对自己患病时形成的思想进行批判。因而尼采对痊愈不了的病情怀有感激心态："我对自己了解得足够清楚，知道自己在健康状态变来变去的情况下要比那身体结实的人强多少。一名一向健康并永远健康的哲学家，他的道路是同其他哲学家的道路别无二致的。他只会在每一次都将自己的身体状态转变为精神状态——这种转变的艺术就是哲学。"患病则揭示出"通向诸多的，彼此对立的思想方式之路"，患病是"教人产生重大怀疑的老师"。

掌握患病的情况，利用任何形式的患病来为认识起到无可替代的作用，以及克服患病时产生的虚无主义思想，则正像尼采所指出的那样，是以真正的健康为前提的。这种健康"时不时要听命于患病的身体与心灵"。"它本身不能缺少患病的情况。作为促成认识的手段，钓起认识的鱼钩。"谁在内心渴望体验迄今的一切有价值与值得寄予希望之事，他就"需要伟大的健康——这样一种健康不是人们单单拥有就行的，而要人们去争取并不得不去争取，因为人们总要失去它并且不得不失去它"。这种健康就像吞噬了患病一般，它根本不会患病，只会把患病当作手段。这种精神健康的标准在于，"它能承受并征服多少患病的情况，并治愈多少患病的情况"。由于患病是通向真正健康之路，尼采发现，"恰恰是患病的作家们——不幸的是，几乎所有伟大作家都位列其中——惯于在自己的著作中保持一种更为稳妥、更为均衡的健康语调。因为他们较身体粗壮的人更能领会心灵健康与痊愈的哲学"。

正如尼采对自己患病所作的理解那样，依据这些解释的原则所得出的结论是：患病是伟大的、克服一切的健康的象征。

这最初表现在他始终要恢复健康的意志中。如果要针对患病、针对虚弱说点什么的话，那么就是人在患病时那要痊愈的本能，即人身上自我保护的本能过于脆弱了。尼采在把握病情时，意识到自己"趋向健康的强韧意志"："前进！我对你说，明天你就会痊愈。今天只需想象你的健康就足够了……趋向健康的意志、假设健康的做法是我病愈的手段"。

另外，尼采明确意识到自己的实质是健康的。虽然他在书信中不断地抱怨自己的病情，"我健康的后果是令人恐惧、无助、泄气的"（致奥维贝克，1885年12月）；终于，他还称自己早期几年是"颓废的时光"（致加斯特，1888年4月7日）。他尽管疾病缠身，仍然坚信："我掌握着自己的命运，我令我自己康复起来，其前提是，一个人在实质上是健康的。一种典型的病态实质上是无法康复的，更无法让人康复起来；对一个典型的健康者而言，患病反而会成为他生活中强有力的兴奋剂。""我患病与健康的方式，都是我性格很好的组成部分。""我身上没有任何患病的特征，即使是在病重期间，我也不是病态的。"

结局

我们呈现了尼采生平三个部分中的每一个部分，它们都展示出了一种崩溃。他的思想发展未能通过著作而取得成果，它们不曾完成，遗留为一片废墟。尼采的生平"尽管有上百条理由，也永远是成问题的存在"。他的友谊导致了一种可能无与伦比的孤独感；他的病不仅以一种毁灭性的方式终止了他的生活，而且逐渐发展成他生命的一部分，如果没有患病，尼采的生平与著作几乎是无法想象的。

除此之外，在尼采生平中非凡之处随处可见：他过早地被任命为教授；在出版上的窘境到了荒诞的地步；成为一种失控的存在。在彻底的孤独中，1888年，尼采的辩证上升为无限的否定，但他没有提供任何根本性的"否"，而只有不确定的"是"。这条路不可能走得下去。

而在最后的10年间，他那神秘的体验达到了对存在的完美确证——在酒神狄奥尼索斯身上，尼采看到"太阳沉落"，看到了他生命的尽头：

焦灼的心灵，你不再渴望！
从不知名者的嘴中，微风向我吹来，
冷寂降临……

他对自己说：

"保持坚强，勇敢的心，
不要问："这是为什么？"

他的要求是："哦，珍贵的快乐，来吧！你这死亡的最为隐秘、甜蜜的预兆！"这得以实现的方法是："只绕着波浪嬉戏。沉重的东西，就沉入蓝色的遗忘之中。"他发现了通往无限存在的道路：

银色，轻盈，像一条鱼，
我的小船驶向远方。

尼采年表

1844年10月15日	出生于普鲁士萨克森州莱比锡附近的洛肯镇
1849年5月	父亲——一位路德教派牧师——病逝
1858年10月	在南姆堡近郊普尔塔高等学校读书
1864年10月	进入波昂大学，修习神学
1865年10月	转入莱比锡大学攻读古典语言学。偶然发现了那本对其影响深远的叔本华的《作为意志与表象的世界》
1868年11月8日	在莱比锡的一个私人宴会上，初识55岁的瓦格纳，他们共同讨论了叔本华。瓦格纳邀请尼采去瑞士特里布森
1869年春	受聘于巴塞尔大学，担任古典文献学的副教授
1870年春	升为正教授
1870年5月	为纪念一位同事的退休，个人出版了小册子《第欧根尼·拉尔修来源的研究与批评之贡献》
1871年1月18日	法国战败，德意志第二帝国建立，普鲁士皇帝威廉一世加冕
1871年5—6月	私人出版发行节选自其手稿《音乐与戏剧》的"苏格拉底和希腊悲剧"，还有一篇"致理查德·瓦格纳的序言"
1872年1月2日	出版《悲剧从音乐精神中诞生》
1872年1—3月	发表了5场公开演讲，题目为《论我们教育机构的未来》
1872年5月18—23日	首访拜洛伊特，并参加了音乐节剧院的奠基仪式，认识了瓦格纳富裕的赞助人玛尔维达·冯·梅森堡
1872年5月末	古典语言学家乌尔里希·冯·维拉莫维茨·默伦多夫出版了他的小册子《未来的语言学》，对尼采的《悲剧的诞生》以及尼采专业能力进行了攻击
1872年6月	瓦格纳发表公开信，为《悲剧的诞生》辩护

1873年1月17日	出版了《致新德意志周报编辑的新年词》，为瓦格纳辩护
1873年4月	完成了《希腊悲剧时代的哲学》校订本，第二次拜访拜洛伊特期间，给瓦格纳选读了部分内容；瓦格纳的回应并不热情。之后，尼采开始撰写《大卫·施特劳斯：告白者与作家》
1873年8月8日	出版《大卫·施特劳斯：告白者与作家》
1873年秋	代表拜洛伊特筹款运动协会起草了《告德意志人民书》，此书虽然也印刷了一些预发本，但被出版者拒绝了
1874年2月22日	出版《历史对于人生的利与弊》
1874年10月15日	出版《教育家叔本华》
1874年11月	瓦格纳完成了《指环》系列的配乐，并邀请尼采1875年夏天去拜洛伊特，参加1876年《指环》系列首演排练
1875年夏	未参加排演，尼采在黑森林的施泰瑙巴德疗养，并开始撰写《瓦格纳在拜洛伊特》，但秋天就停笔了
1875年11月初	遇到曾听过他讲课的彼得·加斯特
1876年夏	因健康原因，巴塞尔大学批准了他一年的带薪休假。尼采开始撰写第五篇《不合时宜的沉思》，标题为《犁铧》，大部分内容最终收录到了《人性的，太人性了》
1876年8月10日	出版《瓦格纳在拜洛伊特》
1877年秋到冬	回到巴塞尔，恢复授课，但获准可以无限期延长假期；在加斯特的帮助下撰写《人性的，太人性了》
1878年5月7日	出版《人性的，太人性了》
1878年8月	瓦格纳在《拜洛伊特报》上公开攻击尼采
1878年9月4日	出版得到略微修订的第二版《悲剧的诞生》（1874年起草印刷）
1879年3月20日	出版《混杂的观点与箴言》
1879年5月2日	因健康原因，辞去巴塞尔大学教授职位，并因此得到了一笔养老金
1979年12月18日	出版《漂泊者及其影子》
1881年7月末	出版《朝霞：关于道德偏见的思考》
1882年6月初	在国际月刊上发表《墨西拿的田园诗》

1882年8月末	发表《快乐的科学》
1883年1月	10天内撰写了《查拉斯图拉如是说》
1883年2月13日	瓦格纳离世
1883年8月末	出版《查拉斯图拉如是说》第一部
1883年底至1884年初	出版《查拉斯图拉如是说》第二部
1884年4月10日	出版《查拉斯图拉如是说》第三部
1885年5月	私人出版发行了7本《查拉斯图拉如是说》第四部
1886年8月4日	出版《善恶的彼岸》，在封底声明即将撰写的《权力意志：对一切价值进行重估的尝试》一书
1886年10月31日	出版了新修订的扩充版《悲剧的诞生》以及《人性的、太人性的》第Ⅰ与第Ⅱ卷
1886年底	第二次出版了未经修订的《不合时宜的沉思》，按四个独立卷本发行，《查拉斯图拉如是说》第Ⅰ—Ⅲ部合为一卷出版
1887年6月24日	出版了新修订的扩充版《曙光》与《快乐的科学》
1887年10月20日	露·莎乐美出版了尼采为之配以音乐的诗歌——《生活赞歌》
1887年11月16日	出版了《论道德的谱系》，该书大部分内容于1887年夏在锡尔斯玛利亚写成
1888年9月	在都灵完成了《敌基督》初稿，被认为是第一本《重估一切价值》
1888年9月22日	出版《瓦格纳事件》
1889年10—11月	撰写《瞧！这个人！》，修订《敌基督》，尼采开始把这两本书说成是整个《重估一切价值》的全部
1889年1月3日	在托里诺大街病倒，患上重度中风。奥维贝克把尼采送到贝塞尔后，尼采就被送进耶拿大学医院精神科
1889年1月24日	出版《偶像的黄昏》
1889年2月中旬	出版《尼采反瓦格纳》
1890年5月	转到南伯格由母亲照顾
1892年3月	出版《酒神狄奥尼索斯》
1894年11月末	出版首版尼采作品全集第8卷《敌基督》
1897年7月	母亲死后，尼采的妹妹伊丽莎白把他接到魏玛，朝夕照料

1900年8月25日	逝世于魏玛
1901年12月	出版15卷《权力意志》，是对尼采19世纪80年代以来文学遗著之笔记与片段随意编辑的合集（由其妹妹伊丽莎白所编）
1904年12月	出版最终版《权力意志》，内容得到大幅扩充
1908年8月	出版《瞧！这个人！》